普通高等教育应用型人才培养教材
应用型本科高校推荐用书
全国计算机等级考试二级 Access 数据库程序设计推荐教材

Access 2016 数据库应用技术
（含实训）

主　编　**封俊红　张　捷　刘兴林**
副主编　**肖志军　肖租秀　苏翠红**

西南交通大学出版社
·成 都·

图书在版编目（C I P）数据

Access 2016 数据库应用技术：含实训 / 封俊红，张捷，刘兴林主编. —成都：西南交通大学出版社，2020.5

ISBN 978-7-5643-7410-5

Ⅰ. ①A… Ⅱ. ①封… ②张… ③刘… Ⅲ. ①关系数据库系统－高等学校－教材 Ⅳ. ①TP311.132.3

中国版本图书馆 CIP 数据核字（2020）第 059444 号

Access 2016 Shujuku Yingyong Jishu (Han Shixun)

Access 2016 数据库应用技术（含实训）

主　编／封俊红　张　捷　刘兴林

责任编辑／李华宇
封面设计／墨创文化

西南交通大学出版社出版发行
（四川省成都市金牛区二环路北一段 111 号西南交通大学创新大厦 21 楼　610031）
发行部电话：028-87600564　028-87600533
网址：http://www.xnjdcbs.com
印刷：四川森林印务有限责任公司

成品尺寸　185 mm × 260 mm
印张　19.5　　字数　487 千
版次　2020 年 5 月第 1 版　　印次　2020 年 5 月第 1 次

书号　ISBN 978-7-5643-7410-5
定价　56.00 元

课件咨询电话：028-81435775
图书如有印装质量问题　本社负责退换

前　言

在大数据和云计算时代，数据库管理软件更为重要。Access 2016 是微软公司推出的一种关系型数据库管理软件，已嵌入 Office 办公软件。相比于其他数据库，Access 2016 简单易学，操作性强，深受广大用户的喜爱。本书对计算机专业和非专业人员均是适用的，大、中专学生可以作为教材使用，零基础、不懂编程的人员可以作为自学教材。书中内容浅显易懂，操作步骤详尽，图文并茂，全书使用“教学信息管理系统”从创建到维护作为一个完整的例子进行讲解，让用户体验创建一个数据库管理系统的全过程。

本书与同类书籍相比，有以下突出优点：

（1）采用任务驱动型案例教学法，将数据库管理系统知识融于“教学信息管理系统”，从无到有地创建该系统，知识从易到难，环环相扣，让读者有兴趣去体会和完成数据库系统创建的全过程；

（2）讲练结合，各个章节均设计了一些结合实际应用的案例，配套书中例题的扩展有助于实现举一反三，从而让读者更容易掌握 Access 2016 软件；

（3）在教材的编排上，注重理论与实践的结合；

（4）提供了完整的电子课件供读者使用。

全书共分为 9 章，各章内容如下：

第 1 章介绍数据库基础知识，包括基本概念，如什么是数据、数据库、数据库系统、数据库管理员、数据库管理系统等，通过一些生活中的案例对数据管理技术的发展、数据库系统的基本特点、概念模型、数据模型、关系数据库及数据库的设计方法等内容进行了讲解。

第 2 章从 Access 2016 的启动和退出讲起，介绍了 Access 2016 的工作界面、Access 2016 的对象及其各对象间的关系、Access 2016 中将会使用的各种数据和数据库操作。

第 3 章介绍 Access 2016 数据库中的核心对象——表，介绍了表的多种创建方法，详细介绍了表中字段属性的设置，包括类型属性、常规属性和查阅属性的设置，讲解了数据表的操作、表的格式化和创建表间关系等内容。

第 4 章讲述查询的功能及类型、查询的各种视图、创建选择查询、参数查询、交叉表查询、操作查询等，重点讲述了利用设计视图创建查询和 SQL 查询。SQL 查询是本书的难点，因其是第一次接触编程语句。SQL 查询用到的编程语句相对简单而且内容不多，本书主要讲解如何应用这些结构化语句。

第 5 章介绍窗体，包括窗体的分类、如何创建各种窗体，重点介绍了如何利用窗体的各个控件来修饰窗体等。

第 6 章介绍报表的功能、结构和视图，重点介绍了创建各类报表的方法、报表的排序、分组统计以及打印报表等。

第 7 章介绍宏和宏组的概念、功能，重点介绍了如何创建和应用宏、宏组。

第 8 章介绍模块和 VBA 编程，从 VBA 的编程环境讲起，介绍了 VBA 模块、VBA 编程基础、流程控制语句，面向对象程序设计的对象、属性、方法、事件的概念，重点介绍了 VBA 模块的创建、操作和调试。

第 9 章为实训内容。

本书由长期从事“Access 数据库开发基础”课程教学的一线教师编写，编写组成员对课程教学内容深有体会，具有较丰富的教学与实践经验和较高的理论水平，这为本书的编写提供了有力的支撑和保障。本书由封俊红、张捷、刘兴林任主编，肖志军、肖租秀、苏翠红任副主编。本书在编写过程中，得到了很多老师和同学的大力协助，也得到了许多部门和领导的大力支持和无私帮助，在此表示由衷的感谢！本书获得了广西自然科学基金“基于生物启发式智能优化的单细胞 RNA 数据特征选择与分类”（2018JJA170050）项目的资助。

由于编者水平有限，书中难免存在疏漏和不足之处，敬请各位同仁和读者多提宝贵意见和建议（E-mail：jgxyzjzj@126.com）。

本书编写组

2020 年 1 月

目　录

第 1 章　数据库基础知识

1.1　数据库系统概述

自 1946 年第一台电子计算机诞生以来，数据处理便应运而生。随着计算机的发展，数据处理技术也不断创新，目前大数据处理技术已遍布日常生活的角角落落。数据库技术是信息系统的核心和重要基础。

学习数据库系统的相关理论是学习和掌握数据库技术的前提和基础，数据、数据库、数据库系统、数据库管理系统、数据库管理员等基本概念的掌握对学习和使用数据库管理系统有着十分重要的意义。

1.1.1　数据库系统的几个基本概念

1. 数据

数据（Date）是描述事物的符号记录，用来表示各种事物的特征、特点和属性，是数据库中存储的基本对象。

数据包括数据类型和数据值，数据类型可以是数字、文本、日期、图形、图像、声音等多种类型，数据值是符合给定类型的具体的值。

数据示例：我们要了解一个学生的基本信息，可以通过如下数据了解，见表 1-1。

表 1-1　学生数据

学号	姓名	性别	出生日期	专业
201901006	张三	男	2000-10-12	软件工程

在此例中，学号、姓名、性别、专业均为文本数据类型，出生日期是日期时间型数据类型，照片是 OLE 对象数据类型，201901006、张三、男、2000-10-12、软件工程这些是具体的数据值，又叫属性值。从这条记录中我们可以得到如下信息：学号为 201901006 的张三同学是位男同学，2000 年出生，是软件工程专业的学生。这些数据我们可以将它记载在 Word 文档或纸上，如果用计算机来存储，就称为计算机中的数据。

计算机中的数据分为两类，一类与程序仅有短时间的交互，随着程序的结束而消亡，称为临时性数据，这类数据一般存放于计算机内存中；另一类则是对系统起着长期持久的作用，称为持久性数据。数据库系统中处理的数据是持久性数据。

2. 数据库

数据库（Database，DB）是指长期存储在计算机内的、有组织的、可共享的数据集合。它不仅反映了描述事物的数据本身，还反映了相关事物之间的联系。可以把数据库看作存储数据的“仓库”，在这个“仓库”中，数据被分门别类、有条不紊地保存。

数据库的特点：

（1）数据库中的数据被所有用户共享。

数据共享包括所有用户可同时存取数据库中的数据，也包括用户可以用各种方式通过接口使用数据库并提供数据共享。

（2）数据的冗余度小。

同文件系统相比，由于数据库实现了数据共享，从而避免了用户各自建立应用文件。这样便减少了大量重复数据，减少了数据冗余，维护了数据的一致性。

（3）数据的独立性高。

数据的独立性包括数据库中数据库的逻辑结构和应用程序相互独立，也包括数据物理结构的变化不影响数据的逻辑结构。

（4）数据实现了集中控制。

文件管理方式中，数据处于一种分散的状态，不同的用户或同一用户在不同处理中其文件之间毫无关系。利用数据库可对数据进行集中控制和管理，并通过数据模型表示各种数据的组织以及数据间的联系。

（5）数据的一致性和可维护性，以确保数据的安全性和可靠性。主要包括：

① 安全性控制：以防止数据丢失、错误更新和越权使用；

② 完整性控制：保证数据的正确性、有效性和相容性；

③ 并发控制：使在同一时间周期内，允许对数据实现多路存取，又能防止用户之间的不正常交互作用；

④ 故障发现：由数据库管理系统提供一套方法，可及时发现故障和修复故障，从而防止数据被破坏。

（6）故障恢复。

由数据库管理系统提供一套方法，可及时发现故障和修复故障，从而防止数据被破坏。数据库系统能尽快恢复数据库系统运行时出现的故障，可能是物理上或是逻辑上的错误，如对系统的误操作造成的数据错误等。

3. 数据库管理系统

数据库管理系统（Database Management System，DBMS）是一种操纵和管理数据库的软件，是数据库系统的核心。数据库中的数据有着复杂的结构和存储方式，用户如果直接访问数据库的数据是很困难的，通过数据库管理系统让数据处理变得简单。Access 2016 便是数据库管理系统之一。

数据库管理系统的主要功能有以下几个方面。

（1）数据定义功能。DBMS 提供相应数据语言（DDL）来定义数据库结构，它们刻画数据库框架，并被保存在数据字典中。

（2）数据存取功能。DBMS 提供数据操纵语言（DML），实现对数据库数据的基本存取操作：检索、插入、修改和删除。

（3）数据库运行管理功能。DBMS 提供数据控制功能，即从数据的安全性、完整性和并发控制等方面对数据库运行进行有效的控制和管理，以确保数据正确有效。

（4）数据库的建立和维护功能。DBMS 提供数据库初始数据的输入，数据库的转储、恢复、重组织，系统性能监视、分析等功能。

（5）数据库的传输。DBMS 提供处理数据的传输，实现用户程序与 DBMS 之间的通信，通常与操作系统协调完成。数据库是按照数据结构来组成、存储和管理数据的仓库，用户根据需要，把所需的数据存放在数据库中，并对数据进行相应的处理。

著名的数据库管理系统有 MS SQL、Sybase、DB2、Oracle、MySQL、Access、Visual FoxPro 等，常见的数据库管理系统有 Oracle、Sybase、Informix、Microsoft SQL Server、Microsoft Access、Visual FoxPro 等。

4. 数据库管理员

数据库管理员（Database Administrator，DBA），是从事管理和维护数据库管理系统（DBMS）的相关工作人员的统称，主要负责业务数据库从设计、测试、使用到维护的全生命周期管理。DBA 的核心目标是保证数据库管理系统的稳定性、安全性、完整性和高性能。

5. 数据库系统

数据库系统（Database System，DBS）是指在计算机系统中引入数据库之后组成的系统，是用来组织和存取大量数据的管理系统。数据库系统是由计算机系统（硬件和软件系统）、数据库、数据库管理系统、数据库管理员和用户组成的具有高度组织性的整体，如图 1-1 所示。

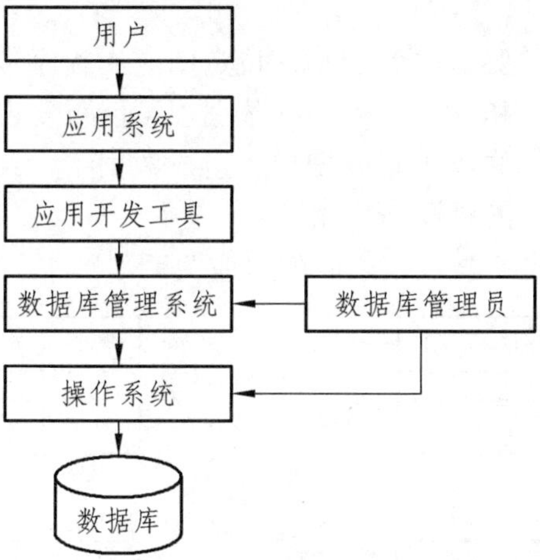

图 1-1　数据库系统的组成

1.1.2　数据库管理技术的发展

数据库管理技术的发展分为五个阶段：人工管理阶段、文件系统阶段、数据库管理系统阶段、分布式数据库系统阶段和面向对象数据库系统阶段。

1. 人工管理阶段

20 世纪 50 年代中期以前，计算机的软硬件均不完善，计算机主要用于科学计算。外部存储器只有磁带、卡片和纸带等，还没有磁盘等直接存取的存储设备。软件还没有操作系统，只有汇编语言，尚无数据管理方面的软件，数据处理方式基本是批处理。程序员在程序中不仅要规定数据的逻辑结构，还要设计其物理结构，包括存储结构、存取方法、输入方式和输出方式等。当数据的物理组织或存储设备改变后，程序员就必须重新编程。由于数据的组织面向应用，不同的计算机之间不能共享数据，使得不同的应用之间存在大量的数据冗余。在人工管理阶段，应用程序与数据之间是一一对应的关系，如图 1-2 所示。

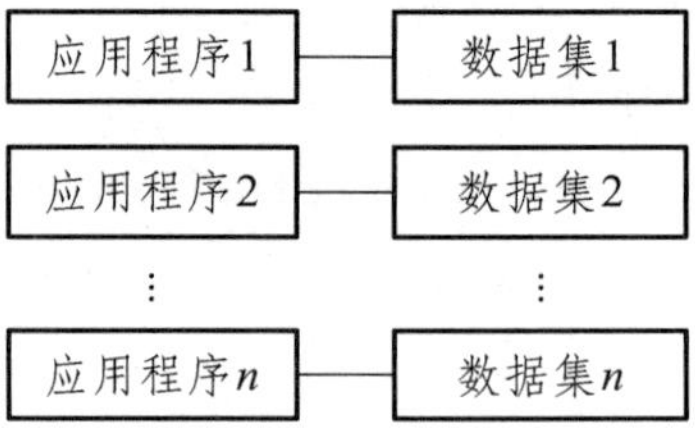

图 1-2　人工管理阶段应用程序与数据之间的对应关系

2. 文件系统阶段

20 世纪 50 年代后期至 60 年代中期，计算机不仅用于科学计算，还利用在信息管理方面。随着数据量的增加，数据的存储、检索和维护成为紧迫的需要，数据结构和数据管理技术迅速发展起来，有了专门管理数据的软件——操作系统（文件管理）。在文件系统阶段，数据以文件为单位存储在外存储器上，并且由操作系统统一管理。操作系统为用户使用文件提供了友好界面。文件的逻辑结构与物理结构脱钩，程序和数据分离，使得数据与程序有了一定的独立性，程序可以对数据进行查询、插入和删除等操作。各个应用程序可共享一组数据，实现了以文件为单位的数据共享。

但这一时期的数据文件主要是服务于某一特定的应用程序，数据和程序相互依赖，数据不能被多个程序所通用；文件相互独立，同一数据项可能重复出现在多个文件中，数据冗余量大，浪费空间，也不能统一修改重复数据项，造成数据不一致性；数据文件之间不能建立任何联系，因而数据的共享性仍然较差。

在文件系统阶段，应用程序与数据之间的对应关系如图 1-3 所示。

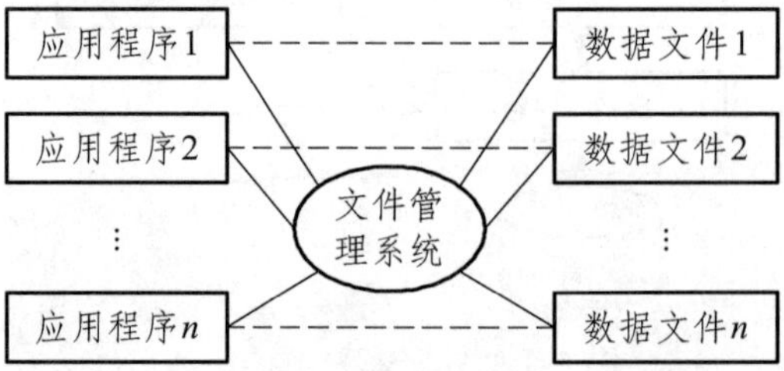

图 1-3　文件系统阶段应用程序与数据之间的对应关系

3. 数据库系统阶段

20 世纪 60 年代后期，随着计算机在数据管理领域的普遍应用，人们对数据管理技术提出了更高的要求：以数据为中心组织数据，减少数据的冗余，提供更高的数据共享能力，同时要求程序和数据有较高的独立性，当数据的逻辑结构改变时，不涉及数据的物理结构，也不影响应用程序，从而节省程序研发和维护的费用。数据库管理系统正是在这样的形势下应运而生。

数据库管理技术的主要目的是有效地管理和存取大量的数据资源，它可以对所有的数据实行统一规划管理，形成一个数据中心，构成一个数据仓库，使数据库中的数据能够满足所有用户的不同要求，供不同用户共享。在该管理方式下，应用程序不再只与一个孤立的数据文件相对应，而是通过数据库管理系统实现数据的访问，使得应用程序与数据之间完全独立；

另外，由于数据文件间可以建立关联关系，所以数据的冗余大大减少，数据共享性显著增强。

在数据库系统阶段，应用程序与数据之间的对应关系如图 1-4 所示。

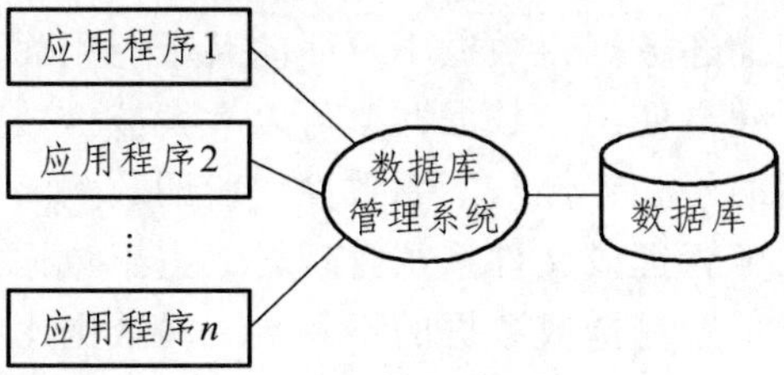

图 1-4　数据库系统阶段应用程序与数据之间的对应关系

4. 分布式数据库系统阶段

分布式数据库系统是数据库技术与网络技术相结合的产物。

随着传统数据库技术的日渐成熟、计算机网络技术的飞速发展，数据库应用已经建立在计算机网络之上。集中式数据库系统显示出不足之处：按实际需要在网络上存储，再采用集中式处理，出现通信开销大的情况；应用程序集中在一台计算机上运行，一旦此计算机发生故障，影响整个系统的运行，可靠性不高；集中式数据处理导致系统的规模和分配不够灵活，系统的可扩充性差。在这种形式下，集中式数据库的“集中计算”开始向“分布计算”发展。

分布式数据库系统适合分散办公的形式，允许各个部门将其常用的数据存储在本地，实施就地存放本地使用，从而提供响应速度，降低通信费用。分布式数据库系统与集中式数据库系统相比具有可扩充性，适当增加了数据冗余、增加了系统的可靠性。

分布式数据库系统有两种：一种是物理上分布，逻辑上集中；另一种是物理上和逻辑上都是分布的，也就是联邦式分布数据库系统。

目前使用较多的分布式数据库系统是基于客户机/服务器（Client/Server，C/S）系统结构，C/S 系统结构将应用程序根据应用情况分布到客户的计算机和服务器上，将数据库管理系统和数据库放置在服务器上，客户端的程序使用开放数据库连接（Open DataBase Connectivity，ODBC）标准协议通过网络访问远端服务器。

Access 为创建客户端/服务器应用程序提供了专门的工具。客户端/服务器具有本地客户机用户界面，但访问的是远程服务器上的数据。

5. 面向对象数据库系统阶段

数据库技术与面向程序设计技术结合产生了面向对象的数据库系统。面向对象数据库系统采用面向对象的观点描述现实世界的逻辑组织、对象之间的限制和联系等，它解决了传统数据库的局限性，能够自然地存储复杂的数据对象以及对象间的关系，从而提高了数据的管理效率。

Access 2016 虽然是传统的数据库，但它在用户界面、程序设计等方面有了很好的扩展，提供了面向对象程序设计的强大功能。

1.1.3　数据库系统的基本特点

1. 数据结构化

数据结构化是数据库与文件系统的根本区别。在文件系统中，相互独立的文件的记录内部是有结构的。传统文件的最简单形式是等长同格式的记录集合。

2. 数据的共享性高、冗余度低及易扩充

数据库系统从整体角度描述数据，数据不再面向某个应用而是面向整个系统，因此数据可以被多个用户、多个应用共享使用。数据共享可以大大减少数据冗余，节约存储空间。数据共享还能够避免数据之间的不相容性与不一致性。所谓数据的不一致性，是指同一数据不同拷贝的值不一样。采用人工管理或文件系统管理时，由于数据被重复存储，当不同的应用使用和修改不同的拷贝时就很容易造成数据的不一致。在数据库中数据共享，减少了由于数据冗余造成的不一致现象。由于数据面向整个系统，是有结构的数据，不仅可以被多个应用共享使用，而且容易增加新的应用，这就使得数据库系统弹性大，易于扩充，可以适应各种用户要求。可以取整体数据的各种子集于不同的应用系统，当需求改变或增加时，只要重新选取不同的子集或加上一部分数据便可以满足新的需求。

3. 数据的独立性高

数据的独立性是数据库领域中的一个常用术语，包括数据的物理独立性和数据的逻辑独立性。

物理独立性是指用户的应用程序与存储在磁盘上的数据库中的数据是相互独立的。也就是说，数据在磁盘上的数据库中的存储是由 DBMS 管理的，用户程序不需要了解，应用程序要处理的只是数据的逻辑结构，这样当数据的物理存储改变了，而应用程序却不用改变。

逻辑独立性是指用户的应用程序与数据库的逻辑结构是相互独立的。也就是说，数据的逻辑结构改变了，用户程序也可以不变。数据与程序的独立，把数据的定义从程序中分离出来，加上数据的存取又由 DBMS 负责，从而简化了应用程序的编制，大大减少了应用程序的维护和修改。

4. 数据由 DBMS 统一管理和控制

数据库的共享是并发的共享，即多个用户可以同时存取数据库中的数据，甚至可以同时存取数据库中的同一数据。为此，DBMS 还必须提供以下几方面的数据控制功能。

（1）数据的安全性（Security）保护。

数据的安全性保护是指保护数据以防止不合法的使用造成数据的泄密或破坏。每个用户只能按规定，对某些数据以某些方式进行使用和处理。

（2）数据的完整性（Integrity）检查。

数据的完整性指数据的正确性、有效性和相容性。完整性检查将使数据控制在有效的范围内，或保证数据之间满足一定的关系。

（3）并发（Concurrency）控制。

当多个用户的并发进程同时存取、修改数据库时，可能会发生相互干扰而得到错误的结果，或使得数据库的完整性遭到破坏，因此必须对多用户的并发操作加以控制和协调。

（4）数据库恢复（Recovery）。

计算机系统的硬件故障、软件故障、操作员的失误，以及故意的破坏会影响数据库中数据的正确性，甚至造成数据库部分或全部数据的丢失。DBMS 必须具有将数据库从错误状态恢复到某一已知的正确状态（亦称为完整状态或一致状态）的功能，这就是数据库的恢复功

能。数据库是长期存储在计算机内有组织的、大量的、共享的数据集合。它可以供各种用户共享，具有最小冗余度和较高的数据独立性。DBMS 在数据库建立、运用和维护时对数据库进行统一控制，以保证数据的完整性、安全性，并在多用户同时使用数据库时进行并发控制，在发生故障后对系统进行恢复。数据库系统的出现使信息系统从以加工数据的程序为中心转向围绕共享的数据库为中心的新阶段。这样既便于数据的集中管理，又有利于应用程序的研发和维护，提高了数据的利用率和相容性，提高了决策的可靠性。目前，数据库已经成为现代信息系统的不可分离的重要组成部分。具有数百万甚至数十亿字节信息的数据库已经普遍存在于科学技术、工业、农业、商业、服务业和政府部门的信息系统。

1.2 概念模型

计算机信息管理的对象是现实世界中存在的事物，但这些事物是无法直接进入计算机的，必须经过整理和归类，进行信息规范化处理，才能将规范后的信息输入计算机的数据库中保存起来。这个过程经过三个领域，及现实世界、信息世界和计算机世界，之间的转换关系如图 1-5 所示。

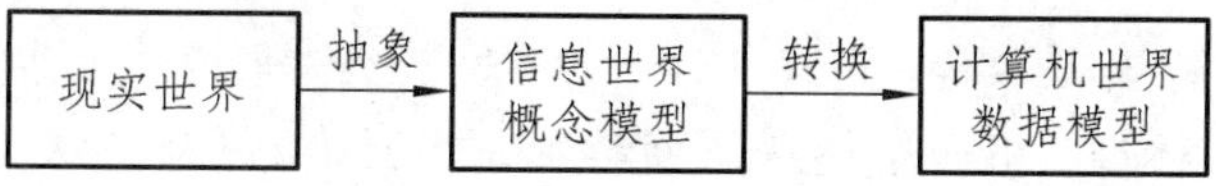

图 1-5 数据模型的转变

现实世界：存在于人脑之外的客观世界，事物及其相互联系就处于现实世界之中，它是可感知的世界。

信息世界：是现实世界在人们头脑中的反映，又称观念世界，是通过抽象对现实世界进行数据库级别上的刻画所构成的逻辑模型。信息世界与数据库的具体模型有关，如层次、关系、网状模型等。

计算机世界：存入计算机系统里的数据是将概念世界中的事物数据化的结果。为了准确地反映事物本身及事物之间的各种联系，数据库中的数据必须有一定的结构，这种结构用数据模型来表示。数据模型将概念世界中的实体，以及实体间的联系进一步抽象成便于计算机处理的方式。

概念模型是现实世界到信息世界的第一层抽象，是现实世界到计算机的一个中间层次。概念模型是数据库设计的有力工具和数据库设计人员与用户之间进行交流的语言。

概念模型必须具有较强的语义表达能力，能够方便、直接地表达应用中的各种语义知识，且简单、清晰，易于用户理解。

1. 概念模型中的几个基本概念

客观事物在信息世界中称为实体，反映事物间联系的是实体模型或概念模型。现实世界是物质的，相对而言信息世界是抽象的。

（1）实体（Entity）。

实体是客观存在并可相互区别的事物及其事物之间的联系。实体可以是实际事物，也可以是抽象事件或联系。例如，学生、教师、课程都是属于实际存在的事物，而选课属于抽象的事物，是由学生和课程之间的关系产生的。

（2）属性（Attribute）。

属性是指描述实体的某一方面的特性。属性由两部分组成，即属性的名称和属性的取值。一个实体可以由若干个属性构成，如一个学生实体有学号、姓名、出生日期等方面的属性。每一个属性具体的值就是该属性值，例如，对某一学生的“性别”属性取值为“男”，其中“性别”是属性名，“男”为属性值。

（3）实体型。

用实体名及其属性名集合来抽象和刻画同类实体，称为实体型。

描述格式为：

实体名（属性 1，属性 2，……，属性 n）

例如，学生实体型为：

学生（学号，姓名，性别，出生日期……，属性 n）

属性值的集合表示一个实体。例如，属性值的集合（2018010006，张三，男，1998-10-12，软件工程专业）代表一个具体的学生。

每个学生是学生“实体型”中的一个具体“值”。

（4）实体集。

同类型实体的集合称为实体集。例如，对于“学生”实体来说，全体学生就是一个实体集。

例如，根据学生实体型，可以描述一系列学生，如表 1-2 所示，这些学生的集合构成了学生实体集。

表 1-2　学生实体集

实体型	学号	姓名	性别	生日	班级
实体 1	201901401104	刘文秀	女	2000-2-8	汉语言文学 191 班
实体 2	201901401315	陈秋杏	女	2001-10-3	汉语言文学 191 班
实体 3	201902401327	黄莹	女	2001-8-23	软件工程 192 班
实体 4	201902406101	周小小	男	2000-10-10	软件工程 192 班
⋮					
实体 62	201901406162	赵梅芬	女	2000-4-8	软件工程 191 班

2. 联　系

实体之间对应的关系称为联系，它反映现实世界事物之间的相互关联。两个实体（通常是指两个实体集）间的联系有 3 种类型。

（1）一对一联系。

实体集 A 中的每一个实体至多与实体集 B 中的一个实体有联系，反之亦然，则称实体集 A 与实体集 B 具有一对一联系，记为 1∶1。

例如，学院与院长两个实体集，一个学院只有一个院长，一个院长也只能在一个学院任职，这样院长与学院之间就存在一对一的联系，记作 1∶1，如图 1-6 所示。

（2）一对多联系。

实体集 A 中的每一个实体与实体集 B 中的 n 个实体（$n \geqslant 0$）有联系，反之，对于实体集 B 中的每一个实体，实体集 A 中至多只有一个实体与之联系，则称实体集 A 与实体集 B 具有一对多联系，记为 1∶n。

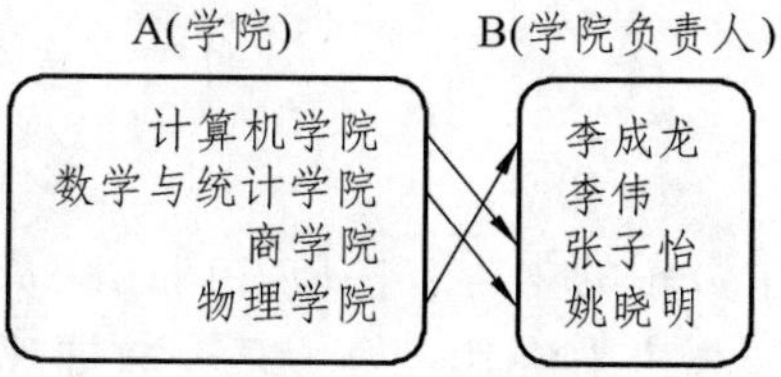

图 1-6　一对一联系

例如，图书管理员与图书的关系，一个图书管理员管理多类图书，而某一类图书只能由一位管理员负责，管理员与图书之间就是一种一对多的关系，如图 1-7 所示。

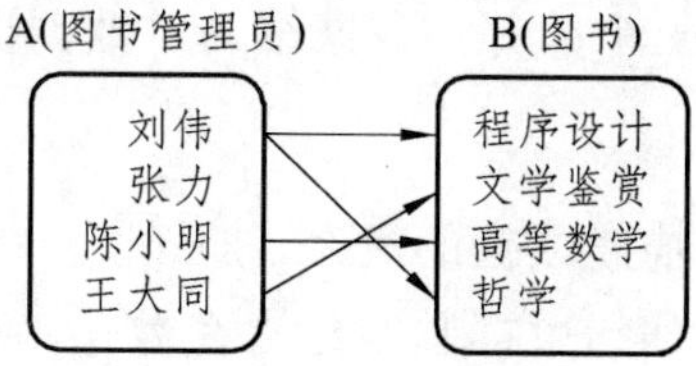

图 1-7　一对多联系

（3）多对多联系。

实体集 A 中的每一个实体与实体集 B 中的 n 个实体（$n\geqslant 0$）有联系，反之，对于实体集 B 的每一个实体与实体集 A 中也有 m 个实体（$m\geqslant 0$）有联系，则称实体集 A 与实体集 B 具有多对多联系，记为 $m:n$。

例如，一个顾客可以光顾许多商场，而商场也需要许多顾客去购买东西，那么商场与顾客之间就产生了一种多对多的关系，如图 1-8 所示。

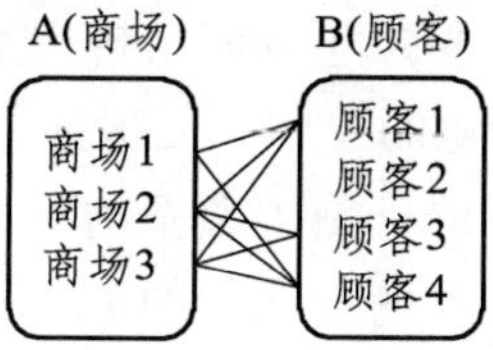

图 1-8　多对多联系

3. 概念模型的表示方法（E-R 模型）

E-R 模型（实体联系模型）简称 E-R 图。它是描述概念世界，建立概念模型的实用工具。E-R 图包括三个要素。

实体（型）——用矩形框表示，框内标注实体名称。

属性——用椭圆形表示，并用连线与实体连接起来。

实体之间的联系——用菱形框表示，框内标注联系名称，并用连线将菱形框分别与有关实体相连，在连线上注明联系类型。实体与属性 E-R 图如图 1-9 所示。学生实体与班级实体之间的联系 E-R 图如图 1-10 所示。

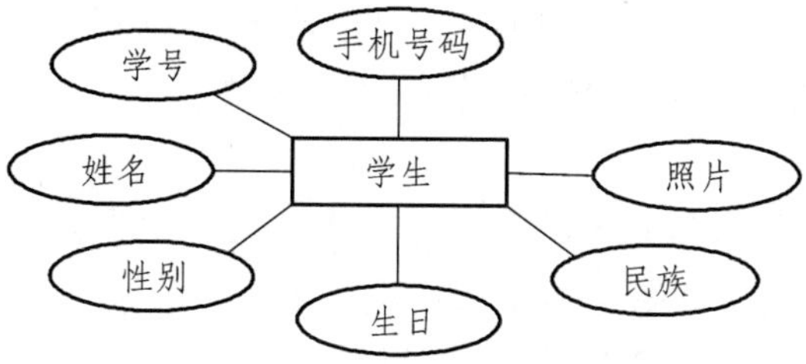

图 1-9　实体与属性 E-R 图

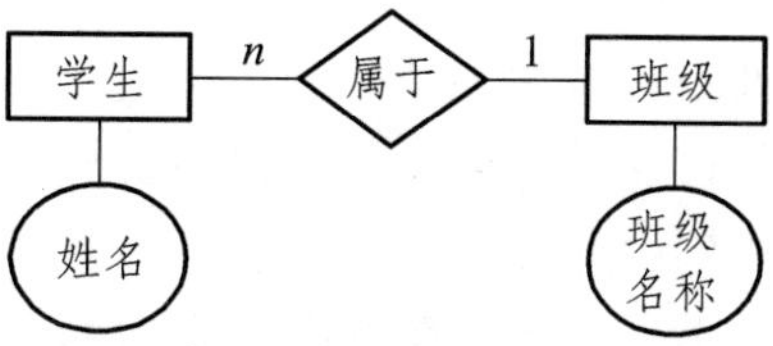

图 1-10　实体与实体之间的联系

1.3 数据模型

数据库需要根据应用系统中数据的内容、性质、内在联系，按照系统的需求来设计和组织。有了概念模型，就可以在计算机中将其转换为某一数据库管理系统支持的数据模型，见图 1-5。

1.3.1 数据模型的组成部分

数据模型所描述的内容包括三个部分：数据结构、数据操作、数据完整性约束。

1. 数据结构

数据模型中的数据结构主要描述数据的类型、内容、性质以及数据间的联系等。数据结构是数据模型的基础，数据操作和约束都基本建立在数据结构上。不同的数据结构具有不同的操作和约束，因此，数据模型以不同的数据结构而分类。

2. 数据操作

数据模型中数据操作主要描述在相应的数据结构上的操作类型和操作方式。如插入、修改、删除、查询、更新等操作，数据模型要定义这些操作的具体含义、操作符号、操作规则以及实现操作的语言等。

3. 数据完整性约束

数据模型中的数据完整性约束主要描述数据结构内数据间的语法、词义联系、它们之间的制约和依存关系，以及数据动态变化的规则，以保证数据的正确、有效和相容。

数据模型提供定义完整性约束条件机制。数据约束条件是完整性规则的集合，用以限定符合数据模型的数据库状态，以及状态的变化。约束条件可以按不同的原则划分为数据值的约束和数据间联系的约束、静态约束和动态约束、实体约束和实体间的参照约束等。数据模型中的数据及其联系都要遵循完整性规则的约束。

1.3.2 数据模型的层次类型

数据模型按不同的应用层次分成三种类型：概念数据模型、逻辑数据模型、物理数据模型。

1. 概念数据模型

概念数据模型（Conceptual Data Model），是面向数据库用户的现实世界的模型，主要用来描述世界的概念化结构，它使数据库的设计人员在设计的初始阶段，摆脱计算机系统及 DBMS 的具体技术问题，集中精力分析数据以及数据之间的联系等，与具体的数据管理系统（Database Management System，DBMS）无关。概念数据模型必须转换成逻辑数据模型，才能在 DBMS 中实现。

概念模型用于信息世界的建模，一方面应该具有较强的语义表达能力，能够方便直接表达应用中的各种语义知识，另一方面它还应该简单、清晰、易于用户理解。

在概念数据模型中最常用的是 E-R 模型、扩充的 E-R 模型、面向对象模型及谓词模型。

2. *逻辑数据模型*

逻辑数据模型（Logical Data Model），是用户从数据库所看到的模型，是具体的 DBMS 所支持的数据模型，如网状数据模型（Network Data Model）、层次数据模型（Hierarchical Data Model）、关系模型（Relation Model）等。此模型既要面向用户，又要面向系统，主要用于数据库管理系统（DBMS）的实现。

3. *物理数据模型*

物理数据模型（Physical Data Model），是面向计算机物理表示的模型，描述了数据在储存介质上的组织结构，它不但与具体的 DBMS 有关，而且还与操作系统和硬件有关。每一种逻辑数据模型在实现时都有其对应的物理数据模型。DBMS 为了保证其独立性与可移植性，大部分物理数据模型的实现工作由系统自动完成，而设计者只设计索引、聚集等特殊结构。

1.3.3 数据模型按其数据结构的分类

数据模型按其数据结构分为层次模型、网状模型和关系模型，根据这 3 种数据模型建立的数据库分别为层次数据库、网状数据库和关系数据库。Access 数据库是关系数据库。

1. *层次模型*

层次模型是指用树形结构表示实体及其之间的联系，树中每一个节点代表一个记录类型，树状结构表示实体型之间的联系。层次模型是最早用于商品数据库管理系统的数据模型。如学校的行政机构、家族关系等。以学校的行政机构设置为例，其层次模型如图 1-11 所示。

层次数据模型中最基本的数据关系是基本层次关系，它代表两个记录型之间一对多的关系，也叫作双亲子女关系（PCR）。

层次模型的主要特征如下：

（1）有且只有一个结点无双亲结点（这个结点称为根结点）。

（2）其他结点有且仅有一个双亲结点。

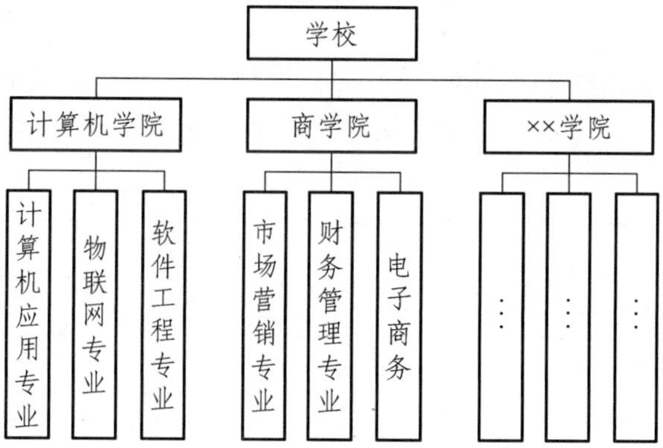

图 1-11　层次模型

层次模型的优点：存取方便且速度快；结构清晰，容易理解；数据修改和数据库扩展容易实现；检索关键属性十分方便。

层次模型的缺点：结构呆板，缺乏灵活性；只能表示 1∶n 的联系，不能直接表示多对多的联系；同一属性数据要存储多次，数据冗余大；不适合于拓扑空间数据的组织。

2. 网状模型

用有向图结构表示实体类型及实体间联系的数据结构模型称为网状模型。顾名思义，一个事物与另外两个或多个事物有联系，这样构成一张网状图。

以学生选课为例，其网状模型如图 1-12 所示。学生选课数据库包括 3 个记录类型：学生、课程和教师。每个学生可以选修多门课程。显然对于学生记录中的一个值，课程记录中可以有多个值与之联系。而课程记录中的一个值，只能与学生记录中的一个值联系。学生与课程之间的联系是一对多的联系，联系名为学生-课程。同样，课程与教师之间的联系也是一对多的联系，联系名为课程-教师。

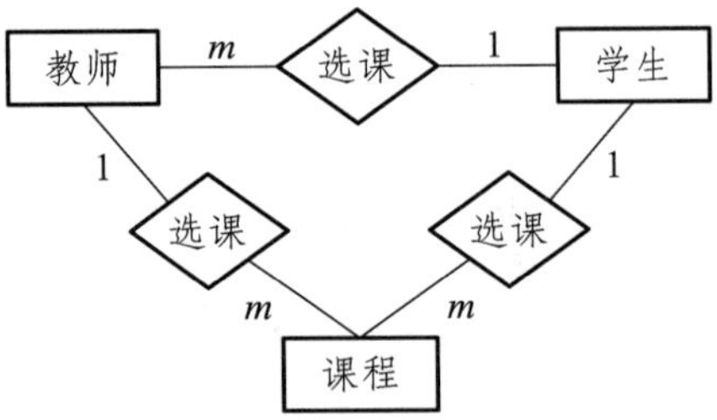

图 1-12 网状模型

网状模型的数据结构是一个网状结构。结点之间的联系不受层次限制，任意两个结点都可以发生联系。

网状模型的主要特征如下：

（1）一个结点可以有多于一个的父结点。

（2）允许一个以上的结点无父结点。

网状模型的优点：能明确而方便地表示数据间的复杂关系；数据冗余小。

网状模型的缺点：结构复杂，增加了用户查询和定位的困难；需要存储数据间联系的指针，使得数据量增大；数据的修改不方便。

3. 关系模型

用二维表的形式表示实体和实体间联系的数据模型称为关系模型。关系模型的数据结构是二维表，由行和列组成，一张二维表称为一个关系。例如，学生关系模型如表 1-3 所示。

表 1-3 学生表

学号	姓名	性别	民族	出生日期	分数
201903406105	陈茂文	男	汉族	1999-2-1	90
201903406107	聂国富	男	汉族	1999-2-9	80
201903406103	韦海铭	男	汉族	1999-6-1	86
201903406110	姜小涛	男	汉族	1998-4-7	68
201903406128	唐雅妮	女	壮族	2000-8-28	100
201903406114	罗婷婷	女	壮族	1998-4-26	65
201903406142	覃 璇	女	壮族	1999-2-12	78

关系模型的特点：

（1）在关系模型中，并不是任何属性的组合都可构成一个关系，每一个关系都必须满足一定的条件，即具备一定的特点。

（2）关系中的每一个属性不可再分，属性是关系中最基本的单位。

（3）在同一个关系中，不允许有完全相同的属性名，同一列中数据项属性相同。

（4）在同一个关系中，每一行记录由一个事物的诸多属性组成，不允许有完全相同的记录。

（5）在同一个关系中，属性名和元组与次序无关，即可以任意交换，不改变关系的实际意义。

关系模型的优点：结构灵活，概念单一，满足所有布尔逻辑运算和数学运算规则形成的查询要求；能搜索、组合和比较不同类型的数据；增加和删除数据非常方便；具有更高的数据独立性和更好的安全保密性。

关系模型的缺点：数据库大时，查找满足特定关系的数据费时；对空间关系无法满足。

1.4 关系数据库

关系数据库是建立在关系模型之上的数据库，由很多二维表组成，其中表和表之间存在一定的关系。例如在教学信息管理数据库中，有学生表、教师表、课程表、教室表等，这些表同在一个数据库中，它们之间是有一定关系的，类似这样的数据库就是关系数据库。

目前使用的大部分数据库都是关系数据库，如 Access，SQL Server，MySQL，Oracle，DB2，Sybase 等。

1.4.1 关系数据库中的基本概念

1. 关 系

在关系模型中，一个关系就是一张二维表，每一个关系都有一个关系名。在数据库中，一个关系存储为一个数据表。表示形式为：

关系名（属性名 1，属性名 2，……，属性名 *n*）

在 Access 中，一个关系可以存储在一个数据表中，关系称为表，每个表有唯一的表名。表示的格式为：

表名（属性名 1，属性名 2，……，属性名 *n*）

如表 1-3 表示学生关系，表示为：

学生表（学号，姓名，性别，民族，出生日期）

2. 关系数据库

一个关系模型中的所有的集合称为关系数据库。

3. 属 性

在二维表中，每一列称为一个属性，每一个列的列标题称为属性名，具体的值称为属性值。如表 1-3 中的“姓名”称为属性名，“陈茂文”是属性值。

在 Access 中，属性名又称为字段名，属性值又称字段值。

4. 元组（记录）

在二维表中，每一行称为一个元组，又称一条记录，每个元组由多个属性构成。在 Access 中，元组又称为记录，一条记录由具体的字段值构成，表示一个实体。

如表 1-3 所示，在“学生”关系中，“陈茂文”同学所在的这一行由多个字段值组成，构成一条记录，表示“陈茂文”这个学生实体。

5. 分　量

元组中的一个属性值称为分量。关系模型要求关系的每一个分量不可再分。

6. 域

属性的取值范围称为域，即不同元组对同一个属性的取值所限定的范围。

如表 1-3 中，在“学生”关系中，对于“分数”这个属性，设置其取值范围在 0 ~ 100，所以属性值不可以少于 0，也不可以超过 100。

7. 候选关键字

关系中的某个属性或属性组能唯一地标识一个元组，称该属性或属性组为候选关键字。

如表 1-3 中，在“学生”关系中，学号、姓名、分数均可以作为候选关键字。

8. 主关键字

若关系中有多个候选关键字，则选定其中一个为主关键字。一个关系中只能有一个主关键字，主关键字又称为主键或主码。主键的属性值要求不能重复，也不能为空。

如表 1-3 所示，在“学生”关系中，学号作为主键。

9. 公共属性

两个关系中都有的属性称为公共属性。

10. 外部关键字

若关系中的属性或属性组不是本关系的主关键字，而是另外一个关系的主关键字，则称该属性或属性值为外部关键字，外部关键字又称为外键或外码。外键的属性值要么为空，要么为参照关系里的有效值。

如在教学信息管理数据库中，有学生表和成绩表两个关系，两个关系表示如下：

学生表（学号，姓名，性别，出生日期，政治面貌，班级编号）

成绩表（学号，课程编号，成绩）

成绩表中的学号是学生表中的主键，所以成绩表中的学号称为外键，学号存在于两个表中，所以“学号”又称为公共属性。

通过外键让表与表之间产生联系，以外部关键字作主关键字的表称为参照关系（主表、父表），具有外部关键字的表称为被参照关系（从表、子表）。两表之间的联系一般为一对多的联系，一对一是一对多的特例。

如学生表与成绩表中，学生表为主表，成绩表为子表；成绩表中学号的取值要不是学生表里的学号的取值，要不为空；一个学生可以选择多门课程，所以成绩表中的学号不唯一，通过学号让成绩表与学生表建立了一种一对多的关系。

在具体的关系数据库中，只能存在一对一、一对多的联系，并没有多对多的联系，这是由于两个关系“多对多的联系”没有公共属性，无法直接表达，必须通过建立两关系公共属性所构成的第 3 个关系，将“多对多的联系”转换为多个“一对多的联系”。

1.4.2 关系运算

关系数据库建立在严格的数学二维理论基础上，数据结构简单，易于操作和管理，同一个关系中不存在相同的记录，从而避免了数据的重复输入，最大限度地减少了数据冗余。

1. 数据操作

数据操纵是数据模型描述内容之一，关系模型是数据模型的一个分支，所以关系数据库中的关系也存在对数据的操作。在关系数据库中的数据操作对象和操作结果都是关系，即若干记录的集合。

关系的基本数据操作包括 4 种操作类型。

（1）数据查询：查找用户需要的元组。

（2）数据插入：在关系内插入一些新的元组。

（3）数据删除：在关系内删除没有用的一些元组。

（4）数据修改：在关系内修改一些元组的属性内容。

2. 关系运算

关系可以看作集合，关系也有运算，关系的运算有两类：一类是传统的集合运算（并、差、交等），另一类是专门的关系运算（选择、投影、连接、除运算等）。有些查询需要几个基本运算的组合，要经过若干步骤才能完成。

1）传统的关系运算

进行并、交、差集合运算的两个关系必须具有相同的关系模式，即具有相同的属性。

（1）并运算（R∪S）。

两个关系的元组组成的集合。运算符为“∪”，记作“R∪S”，即将 S 中的元组追加到 R 中。

（2）交运算（R∩S）。

交运算是由既属于 R 又属于 S 的元组组成的集合。运算符为“∩”，记作“R∩S”。

（3）差运算。

差运算即从 R 中去掉 S 中也有的元组组组成的集合。运算符为“-”，记作“R-S”。

例 1-1 已知关系 R（表 1-4）和关系 S（表 1-5）具有相同的属性，求 R 与 S 的并、交、差运算的结果。

表 1-4 R

学号	姓名	性别	民族
201903406105	陈茂文	男	汉族
201903406107	聂国富	男	汉族
201903406122	韦亚利	女	壮族
201903406110	姜小涛	男	汉族

表 1-5　S

学号	姓名	性别	民族
201903406110	姜小涛	男	汉族
201903406108	龚小良	男	苗族
201903406130	欧阳容	女	瑶族

R 与 S 的并运算结果如表 1-6 所示。

表 1-6　R∪S

学号	姓名	性别	民族
201903406105	陈茂文	男	汉族
201903406107	聂国富	男	汉族
201903406122	韦亚利	女	壮族
201903406110	姜小涛	男	汉族
201903406108	龚小良	男	苗族
201903406130	欧阳容	女	瑶族

R 与 S 的交运算结果如表 1-7 所示。

表 1-7　R∩S

学号	姓名	性别	民族
201903406110	姜小涛	男	汉族

R 与 S 的差运算结果如表 1-8 所示。

表 1-8　R−S

学号	姓名	性别	民族
201903406105	陈茂文	男	汉族
201903406107	聂国富	男	汉族
201903406122	韦亚利	女	壮族

（4）广义笛卡儿积运算。

设两个关系 R 和 S 的属性列数分别是 m 和 n，元组分别是 i 和 j，R 和 S 的广义笛卡儿积是一个（$m+n$）个属性列的元组的集合，每一个元组的前 m 个分量来自 R 的一个元组，后 n 个分量来自 S 的一个元组，共有 $i\times j$ 个元组。运算符号为“×”笛卡儿积记为“R×S”。

例 1-2　已知学生表（表 1-9）和课程表（表 1-10）两个关系，求两关系的广义笛卡儿积。

表 1-9　学生表

学号	姓名	性别	民族
201903406114	罗　婷	女	壮族
201903406142	覃　璇	女	壮族
201903406131	黄爱宣	女	壮族
201903406147	刘希敏	女	汉族

表 1-10 课程表

课程编号	课程名称
B001	Access 数据库
B002	高数
B003	大学英语

学生表与课程表的广义笛卡儿积运算结果如表 1-11 所示。

表 1-11 学生表×课程表

学号	姓名	性别	民族	课程编号	课程名称
201903406114	罗 婷	女	壮族	B001	Access 数据库
201903406114	罗 婷	女	壮族	B002	高数
201903406114	罗 婷	女	壮族	B003	大学英语
201903406142	覃 璇	女	壮族	B001	Access 数据库
201903406142	覃 璇	女	壮族	B002	高数
201903406142	覃 璇	女	壮族	B003	大学英语
201903406131	黄爱宣	女	壮族	B001	Access 数据库
201903406131	黄爱宣	女	壮族	B002	高数
201903406131	黄爱宣	女	壮族	B003	大学英语
201903406147	刘希敏	女	汉族	B001	Access 数据库
201903406147	刘希敏	女	汉族	B002	高数
201903406147	刘希敏	女	汉族	B003	大学英语

注：做广义笛卡儿积运算的关系不一定要求属性相同。

2）专门的关系运算

专门的关系运算包括选择、投影、连接和除运算。这些运算不仅涉及关系的水平方向（元组），而且也涉及关系的垂直方向（属性）。

设有学生表（关系 R）如表 1-12 所示，以下运算都是基于关系 R 的运算。

表 1-12 学生表（关系 R）

学号	姓名	性别	民族
201903406105	陈茂文	男	汉族
201903406107	聂国富	男	汉族
201903406142	覃 璇	女	壮族
201903406110	姜小涛	男	汉族
201903406128	唐雅妮	女	壮族
201903406114	罗 婷	女	壮族
201903406131	黄爱宣	女	壮族
201903406103	韦海铭	男	汉族
201903406147	刘希敏	女	汉族

（1）选择运算。

选择又称为限制，它是在关系 R 中选择满足给定条件的诸元组，记作：σ_f（R）。其中 f

表示选择条件，它是一个逻辑表达式，取逻辑值“真”或“假”。

选择运算实际上是从关系 R 中选取使逻辑表达式 f 为真的元组，这是从行的角度进行的运算。

例 1-3 对表 1-12 中的关系 R，求性别为男的学生，记作 $\sigma_{性别=}$“男”（学生表），结果如表 1-13 所示。

表 1-13 选择运算的结果

学号	姓名	性别	民族
201903406105	陈茂文	男	汉族
201903406107	聂国富	男	汉族
201903406103	韦海铭	男	汉族
201903406110	姜小涛	男	汉族

（2）投影运算

关系 R 上的投影是从 R 中选择出若干属性列组成新的关系，记作：$\prod_A(R)$。其中 A 为 R 中的属性列。

投影操作是从列的角度进行的运算，相当于对关系进行垂直分解，其属性的个数往往比原属性少或排列顺序不同。

例 1-4 对表 1-12 中的关系 R，要得到由学生的学号和姓名的一个新关系。

分析：要得到由学生的学号和姓名的一个新关系，需用投影运算，运算的表达式为：

$\prod_{学号,姓名}$（学生表），运算结果如表 1-14 所示。

表 1-14 投影运算结果

学号	姓名
201903406105	陈茂文
201903406107	聂国富
201903406103	韦海铭
201903406110	姜小涛

（3）连接运算。

连接运算是从两个或多个关系的笛卡儿积中选取属性间满足一定条件的元组，记作：$R \underset{A\theta B}{\bowtie} S$。其中 A 和 B 分别为 R 和 S 上列数相等且可比的属性组。θ 是比较运算符。连接运算从 R 和 S 的笛卡儿积 R×S 中选取关系 R 在 A 属性组上的值与关系 S 在 B 属性组上值满足比较关系 θ 的元组。

连接运算有两种最为重要也是最为常用的连接，即等值连接和自然连接。

① 等值连接。

当 θ 为“=”时的连接称为等值连接。它是从关系 R 与 S 中的选取 A，B 属性值相等的元组做笛卡儿积，组成新的元组。等值连接记作：$R \underset{A=B}{\bowtie} S$。

例 1-5 已知关系 R“档案”表（见表 1-15）和关系 S“借阅”表（见表 1-16），若想由“读者卡号”确定借书详细情况组成的新关系，可通过下面的等值连接来实现。

结果为关系“借书明细表”，如表 1-17 所示。

答案解析：档案表里的读者卡号与借阅表里的读者卡号相比较，如果两者相等，那么相等的元组做笛卡儿积运算。

表 1-15　R（档案）

读者卡号	读者姓名	读者单位
2301	马跃峰	数学 031
2302	齐心	中文 032
2303	王一如	地理 031
2304	毛利	数学 031

$\bowtie$

（R）档案.读者卡号=借阅.读者卡号（S）

表 1-16　S（借阅）

读者卡号	书籍编号	书籍定价
2301	8001	25.60
2301	8007	20.40
2302	9010	30.00
2303	8007	20.40

表 1-17　借阅明细表

读者卡号（R）	读者姓名	读者单位	读者卡号（S）	书籍编号	书籍定价
2301	马跃峰	数学 031	2301	8001	25.60
2301	马跃峰	数学 031	2301	8007	20.40
2302	齐心	中文 032	2302	9010	30.00
2303	王一如	地理 031	2303	8007	20.40

② 自然连接。

自然连接是一种特殊的等值连接，它要求两个关系中进行比较的属性含有相同的属性组，并且要在结果中把重复的属性去掉。即若 R 与 S 具有相同的属性组 B，自然连接可记作 $R \bowtie S$。

若对例 1-5 进行自然连接，其结果如表 1-18 所示。

答案解析：在表 1-17 中去掉重复的属性"读者卡号"。

一般的连接是从行的角度进行运算的，但自然连接还需要取消重复列，所以是同时从行和列的角度进行运算。

表 1-15　R（档案）

读者卡号	读者姓名	读者单位
2301	马跃峰	数学 031
2302	齐心	中文 032
2303	王一如	地理 031
2304	毛利	数学 031

$\bowtie$

表 1-16　S（借阅）

读者卡号	书籍编号	书籍定价
2301	8001	25.60
2301	8007	20.40
2302	9010	30.00
2303	8007	20.40

表 1-18　借阅明细表

读者卡号（R）	读者姓名	读者单位	书籍编号	书籍定价
2301	马跃峰	数学 031	8001	25.60
2301	马跃峰	数学 031	8007	20.40
2302	齐心	中文 032	9010	30.00
2303	王一如	地理 031	8007	20.40

连接运算除常用的等值连接和自然连接外，还有条件连接和外连接。

③ 条件连接。

条件连接是指从两个关系的笛卡儿积中选取属性间满足一定条件的元组。

例 1-6 已知关系 R 和关系 S，进行 R 与 S 的条件连接运算，即：（R）$\bowtie_{R.C>S.D}$（S）。求解步骤如图 1-13 所示。

关系 R

A	B	C
a_1	b_1	10
a_2	b_2	5
a_3	b_3	6
a_4	b_4	2

关系 S

B	D
b_1	15
b_2	3
b_3	5
b_4	20

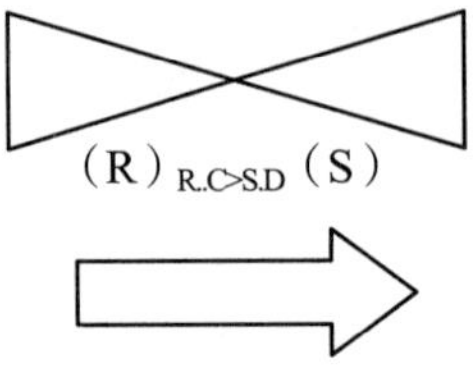

R 与 S 的条件连接

A	R.B	C	S.B	D
a_1	b_1	10	b_2	3
a_1	b_1	10	b_3	5
a_2	b_2	5	b_2	3
a_3	b_3	6	b_2	3
a_3	b_3	6	b_3	5

图 1-13　关系的条件连接运算

答案解析：将关系 R 的 C 列与关系 S 的 D 列相比较，如果 C 列的值大于 D 列的值，那么对应的元组做笛卡儿积运算。

④ 外连接——左外连接。

两个关系做笛卡儿积运算，结果集包括指定的左表的所有行，而不仅仅是连接列所匹配的行。如果左表的某行在右表中没有匹配行，则在相关联的结果集行中右表的所有列为空值。

例 1-7 已知关系 S“读者借阅表”和关系 T“超期罚款表”，依据“读者卡号”为公共连接属性，则关系 S 与关系 T 左外连接结果如图 1-14 所示。

关系 S

读者卡号	书籍编号	书籍定价
2301	8001	25.60
2301	8007	20.40
2302	9010	30.00
2303	8007	20.40

关系 T

读者卡号	书籍编号	超期天数	罚款总额
2301	8001	5	2.5
2304	8017	10	5.0
2302	9010	15	7.5
2302	8012	10	5.0

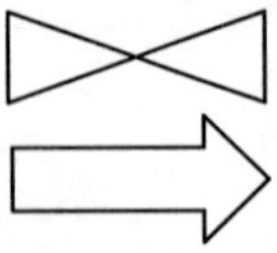

S 与 T 的左外连接

读者卡号 S	书籍编号 S	书籍定价 S	读者卡号 T	书籍编号 T	超期天数 T	罚款金额 T
2301	8001	25.60	2301	8001	5	2.5
2301	8007	20.40	2301	8001	5	2.5
2302	9010	30.00	2302	9010	15	7.5
2302	9010	30.00	2302	8012	10	5.0
2303	8007	20.40				

图 1-14　关系的左外连接运算

⑤ 外连接——右外连接。

右外连接是左外连接的反向连接，即返回右表的所有行，如果右表的某行在左表中没有匹配行，则将为左表各列返回空值。

例 1-8 已知关系 S“读者借阅表”和关系 T“超期罚款表”，依据“读者卡号”为公共连接属性，则关系 S 与关系 T 右外部连接结果如图 1-15 所示。

关系 S

读者卡号	书籍编号	书籍定价
2301	8001	25.60
2301	8007	20.40
2302	9010	30.00
2303	8007	20.40

关系 T

读者卡号	书籍编号	超期天数	罚款总额
2301	8001	5	2.5
2304	8017	10	5.0
2302	8007	15	7.5
2302	8012	10	5.0

S 与 T 的右外连接

读者卡号 S	书籍编号 S	书籍定价 S	读者卡号 T	书籍编号 T	超期天数 T	罚款金额 T
2301	8001	25.60	2301	8001	5	2.5
2301	8007	20.40	2301	8001	5	2.5
			2304	8017	10	5.0
2302	9010	30.00	2302	8007	15	7.5
2302	9010	30.00	2302	8012	10	5.0

图 1-15　关系的右外连接运算

（4）除运算。

关系 R 与关系 S 的除法运算应满足的条件是：关系 S 的属性全部包含在关系 R 中，关系 R 的一些属性不包含在关系 S 中。关系 R 与关系 S 的除法运算表示为 R÷S。除法运算的结果也是关系，而且该关系中的属性由 R 中除去 S 中的属性之外的全部属性组成，元组由 R 与 S 中在所有相同属性上有相等值的那些元组组成。

例 1-9 已知关系 R 与关系 S，求 R÷S，结果如图 1-16 所示。

关系R

A	B	C
a	1	2
b	2	1
c	3	1

÷

关系S

A	B
c	3

=

关系R÷S

C
1

图 1-16　关系的除运算

1.4.3　关系的完整性

关系完整性约束是为保证数据库中数据的正确性和相容性，对关系模型提出的某种约束条件或规则。关系完整性通常包括实体完整性、参照完整性和用户定义完整性。

1. 实体完整性（Entity Integrity）

实体完整性是指关系的主关键字不能重复也不能取“空值”。实体完整性用于保证关系数据表中的每条记录是唯一的。

例如，在“图书”关系：图书（书籍编号，书籍名称，书籍定价，出版社，作者），其中书籍编号是主键，因此，书籍编号不能为空，也不能重复。这样保证了每本图书都有各自的编号。

2. 参照完整性（Referential Integrity）

参照完整性是定义建立关系之间联系的主关键字与外部关键字引用的约束条件。

参照完整性规则：如果表中存在外键，则外键的值必须与主表中的某个记录的主键值相同，或者外键的值为空。参照完整性用于确保相关联的表间的数据保持一致。当添加、删除或修改关系数据库表中记录时，可以借助于参照完整性来保证相关表间数据的一致性。

例 1-10 已知两关系，如图 1-17 所示，“读者档案表.读者卡号”为主键（主码）；“读者借阅表.读者卡号”为外键（外码）。则在关系“读者借阅表”中“读者卡号”属性的取值只能是关系“读者档案表”中某个“读者卡号”的值，或者取 Null（空）值。

主码 读者档案表

读者卡号	读者姓名	读者单位
2301	马跃峰	数学031
2302	王大昕	英语041
2303	齐心	中文032
2304	王一如	地理031

外码 读者借阅表

读者卡号	书籍编号	书籍定价
2301	8001	25.60
2301	8007	20.40
2302	9010	30.00
Null	7001	28.60

图 1-17 参照完整性

3. 用户定义完整性

用户定义完整性及域完整性。如对百分制的取值遵守分数在 0 ~ 100，不能超出范围。

1.4.4 关系的规范化

关系数据库中的关系（表）要满足一定要求，满足不同程度要求的为不同范式。根据满足规范的条件不同，可以划分为 5 级，从第一范式[1NF（Normal Forms）]到第五范式（5NF），其中第一范式为最低级范式。

在实现一般的数据库应用时，通常只要把数据表规范到第三范式就可基本满足要求。

规范化设计的过程就是按不同的范式，将一个二维表不断地分解成多个二维表并建立表间的关联，最终达到一个表只描述一个实体或者实体间的一种联系。

1. 第一范式（1NF）

第一范式是指数据库表的每一列都是不可再分割的基本数据项，同一列不能有多个值，即实体中的某个属性不能有多个值或者不能有重复的属性。如果出现重复的属性，就可能需要定义一个新的实体，新的实体由重复的属性构成，新实体与原实体之间为一对多关系。在第一范式中表的每一行只包含一个实例的信息。

简而言之，第一范式就是无重复的列。在任何一个关系数据库中，第一范式是对关系模型的基本要求，不满足第一范式的数据库就不是关系数据库。

例 1-11 将表 1-19“出版社明细表”规范为满足第一范式的表。

表 1-19　出版社明细表

出版社编号	名称	地址	出版社联系方式	
			联系电话	Email
101	人民教育出版社	北京	010-58768316	Jcfk@126.com
102	人民邮电出版社	北京	010-81054121	Ydian@163.com
…	…	…	…	…

满足第一范式的“出版社明细表”如表 1-20 所示。

表 1-20　满足第一范式的出版社明细表

出版社编号	名称	地址	联系电话	Email
101	人民教育出版社	北京	010-58768316	Jcfk@126.com
102	人民邮电出版社	北京	010-81054121	Ydian@163.com
…	…	…	…	…

如果一个关系的所有属性都是不可再分的基本数据项，则该关系满足第一范式。第一范式是最低的规范化要求，是每个关系必须要满足的。

2. 第二范式（2NF）

若关系模式 R 属于 1NF，且每个非主属性都完全依赖于主键，则该关系模式属于 2NF，2NF 不允许关系模式中的非主属性部分依赖于主码。

第二范式是在第一范式的基础上建立起来的，即满足第二范式必须先满足第一范式。第二范式要求数据库表中的每个实例或行必须可以被唯一地区分。这个唯一属性列被称为主关键字或主键。

第二范式要求实体的属性完全依赖于主关键字。所谓“完全依赖”是指不能存在仅依赖主关键字一部分的属性，如果存在部分依赖，那么这个属性和主关键字的这一部分应该分离出来形成一个新的实体，新实体与原实体之间是一对多的关系。

一个关系模式如果不满足第二范式，就会产生插入异常、删除异常、修改复杂等问题。

例 1-12　表 1-21 是否满足第二范式，若不满足，规范使其满足第二范式。

表 1-21　读者借阅图书综合数据表

读者卡号	读者姓名	读者单位	书籍编号	书籍名称	书籍定价	管理员	性别
2301	高峰	数学 181	8001	C 语言	25.60	陈欣	男
2301	高峰	数学 181	8007	数据库原理	20.40	陈欣	男
2302	王小昕	英语 181	9010	美学原理	30.00	王明达	男
2303	齐乐	中文 182	7001	世界近代史	28.60	张新丽	女
2303	齐乐	中文 182	7007	中国古代史	23.50	张新丽	女
2304	王如意	生科 171	8007	数据库原理	20.40	李新锐	男

分析：

例如在表 1-21 的“读者借阅图书综合数据表”，表中没有哪一个数据项能够唯一标识一条记录，则不满足第二范式。该数据表存在如下缺点：

（1）冗余度大。一个读者如果借 n 本书，则他的有关信息就要重复 n 遍，这就造成数据的极大冗余。

（2）插入异常。在此数据表中，若要插入一本书的信息，但此书没有读者借阅，则很难将其插入表中。

（3）删除异常。表中王小昕只借一本书《美学原理》，如果他还书了，这条记录就要被删除，那么整个元组都随之删除，使得他的所有信息都被删除了，造成删除异常。

根据第二范式设置主键，主键设置成“读者卡号+书籍编号”只有这样，才可以唯一标识每一条记录不重复，但读者姓名与读者单位只跟读者卡号有关而与书籍编号无关，即不满足第二范式“非主属性都完全依赖于主键”，同时书籍名称、书籍定价、管理员、性别存在同样的问题。需要规范，规范后满足的第二范式如表 1-22 和表 1-23，用两个不同的实体来表达。

表 1-22　读者档案表

读者卡号	读者姓名	读者单位
2301	高峰	数学 181
2302	王小昕	英语 181
2303	齐乐	中文 182
2304	王如意	生科 171

表 1-23　图书编目表

书籍编号	书籍名称	书籍定价	管理员	性别
8001	C 语言	25.60	陈欣	男
8007	数据库原理	20.40	陈欣	男
9010	美学原理	30.00	王明达	男
7001	世界近代史	28.60	张新丽	女
7007	中国古代史	23.50	张新丽	女
8007	数据库原理	20.40	李新锐	男

3. 第三范式（3NF）

若关系模式 R 属于 1NF，且每个非主属性都不传递依赖于主键，则该关系模式属于 3NF。

满足第三范式必须先满足第二范式。也就是说，所有的非主属性的值只可以从主键得到，而不能从其他的属性得到。

简而言之，第三范式就是属性不依赖于其他非主属性，不能产生传递依赖。

例 1-13　分析学生联系关系（见表 1-24）是否满足第三范式，如果不满足，加以优化使之满足。

表 1-24　学生联系表

学号	姓名	性别	学院编号	二级学院名称	二级学院院长	联系电话
201903406105	陈茂文	男	101	管理学院	李毅	13912345678
201903406107	聂国富	男	101	管理学院	李毅	13912345678
201903406103	韦海铭	男	102	计算机学院	张大伟	13999875631
201903406131	黄爱宣	女	103	生科院	王敏浩	13999875622
201903406128	唐雅妮	女	103	生科院	王敏浩	13999875621
201903406114	罗　婷	女	102	计算机学院	张大伟	13999875633

分析：设置学号为主关键字，则“学院编号”依赖于“学号”，而“二级学院名称”“二级学院院长”“联系电话”等属性依赖于“学院编号”，这称为传递依赖，不满足 3NF。

解决方法：将表 1-24 拆分成两个表，即两个实体，结构如表 1-25 和表 1-26 所示。

表 1-25　学生表

学号	姓名	性别	学院编号
201903406105	陈茂文	男	101
201903406107	聂国富	男	101
201903406103	韦海铭	男	102
201903406131	黄爱宣	女	103
201903406128	唐雅妮	女	103
201903406114	罗　婷	女	102

表 1-26　学院表

学院编号	二级学院名称	二级学院院长	联系电话
101	管理学院	李毅	13912345678
102	计算机学院	张大伟	13999875631
103	生科院	王敏浩	13999875622

1.4.5　数据库设计方法

数据库设计是指对于一个给定的应用环境，构造（设计）优化的数据库逻辑模式和物理结构，并据此建立数据库及其应用系统，使之能够有效地存储和管理数据，满足各种用户的应用需求，包括信息管理需求和数据操作需求。

数据库设计过程如图 1-18 所示。

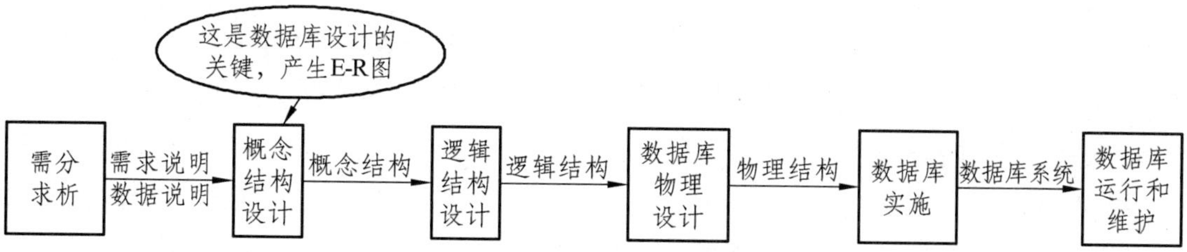

图 1-18　数据库设计过程

数据库设计分 6 个阶段。

1. 需求分析

需求分析是数据库设计的第一阶段，也是数据库应用系统设计的起点。准确了解与分析用户需求（包括数据与处理），是整个设计过程的基础，是最困难、最耗费时间的一步。

2. 概念结构设计

将需求分析得到的用户需求抽象为信息结构，即概念模型的过程就是概念结构设计。

概念结构是各种数据模型的共同基础，它比数据模型更独立于机器、更抽象，从而更加稳定。它是数据库设计的关键，是对现实世界的第一层面的抽象与模拟，最终设计出描述现实世界的概念模型。概念模型是面向现实世界的，它的出发点是有效和自然地模拟现实世界，给出数据的概念化结构。长期以来被广泛使用的概念模型是实体-联系模型（Entity-Relationship Model，即 E-R 模型）。该模型将现实世界的要求转化成实体、属性、联系等几个基本概念，以及实体间的联系，即描述概念模型的工具就是 E-R 图。

数据库设计的关键是通过对用户需求进行综合、归纳与抽象，形成一个独立于具体 DBMS 的概念模型。

3. 逻辑结构设计

把概念结构设计阶段设计的基本 E-R 图转换为与选用 DBMS 产品所支持的数据模型相符合的逻辑结构。

逻辑结构设计的步骤：

（1）将概念结构转化为一般的关系、网状、层次模型。

（2）将转换来的关系、网状、层次模型向特定 DBMS 支持下的数据模型转换。

（3）对数据模型进行优化。

4. 物理结构设计

数据库在物理设备上的存储结构与存取方法称为数据库的物理结构，它依赖于选定的数据库管理系统。为一个给定的逻辑数据模型选取一个最适合应用环境的物理结构（包括存储结构和存取方法）的过程，就是数据库的物理设计。

数据库物理设计的步骤：

（1）确定数据库的物理结构，在关系数据库中主要指存取方法和存储结构。

（2）对物理结构进行评价，评价的重点是时间和空间效率。

如果评价结果满足原设计要求，则可进入物理实施阶段，否则，就需要重新设计或修改物理结构，有时甚至要返回逻辑设计阶段修改数据模型。

5. 数据库实施

数据库实施是指运用 DBMS 提供的数据库语言（如 Access）及宿主语言，根据逻辑设计和物理设计的结果建立数据库、编制与调试应用程序、组织数据入库、进行试运行等。

6. 数据库运行和维护

数据库试运行合格后，数据库即可投入正式运行。数据库投入运行标志着开发任务的基本完成和维护工作的开始。对数据库设计进行评价、调整、修改等维护工作是一个长期的任务，也是设计工作的继续和提高。

在数据库运行阶段，对数据库经常性的维护工作主要是由 DBA 完成的，包括：

（1）数据库的转储和恢复。

（2）数据库的安全性和完整性控制。

（3）数据库性能的监督、分析和改进。

（4）数据库的重组织和重构造。

设计一个完善的数据库应用系统往往是上述 6 个阶段的不断反复，相互参照，相互补充，以完善各方面的设计。

习　题

1. 简述数据、数据库、数据库系统、数据库管理员、数据库管理系统的基本概念。
2. 简述数据库管理技术发展的几个阶段及各阶段的优缺点。
3. 简述数据库系统的基本特点。
4. 简述实体、实体型、实体集、主关键字、域、分量和外部关键字的基本概念。
5. 简述数据模型分类并举例说明。
6. 实体的联系有哪几种？举例说明。
7. 关系完整性约束有哪些？举例说明。
8. 关系运算有哪些？

第 2 章　Access 2016 数据库

Access 2016 是微软公司推出的 Access 版本，是微软办公软件包 Office 办公软件的组成之一，是 Windows 环境下的数据库管理软件。它具有可视化的操作界面，简单易学。本章将介绍 Access 数据库的基本知识。

2.1　Access 2016 的启动与退出

当用户安装完 Office 2016 后，Access 2016 也会被安装，启动 Access 2016 就能创建数据库了。

1. Access 2016 的启动

（1）执行“开始”→“所有程序”→“Access 2016”命令，即可启动 Access 2016 应用程序。

（2）若在桌面上建立了 Access 2016 的快捷方式，可直接双击桌面上的快捷方式图标，即可启动 Access 2016 应用程序。

（3）若在任务栏中建立了 Access 2016 的快捷方式，单击任务栏中的快捷方式图标，即可启动 Access 2016 应用程序。

启动界面如图 2-1 所示，在此界面中即可打开最近使用过的数据库，也可使用模板新建数据库。

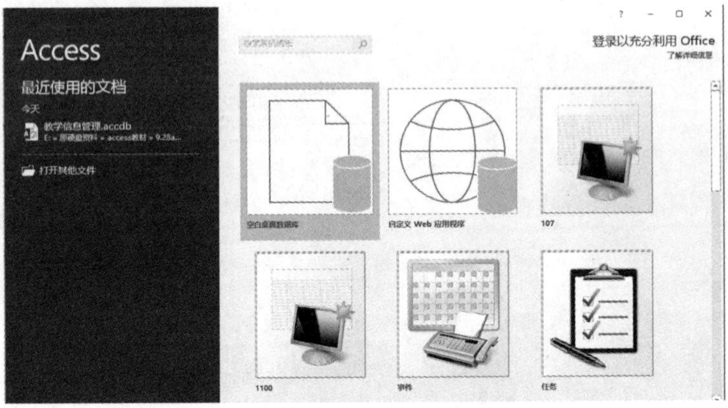

图 2-1　Access 2016 启动界面

2. Access 2016 的退出

（1）单击“文件”选项卡→“退出”按钮。

（2）单击已打开的应用程序窗口右上角的“关闭”按钮。

（3）直接按【Alt+F4】组合键。

（4）双击打开的应用程序控制菜单的左上角。

2.2 Access 2016 的工作界面

打开“Database1”数据库，了解 Access 的工作界面，以便更好地掌握 Access 的使用方法及技巧，如图 2-2 所示。

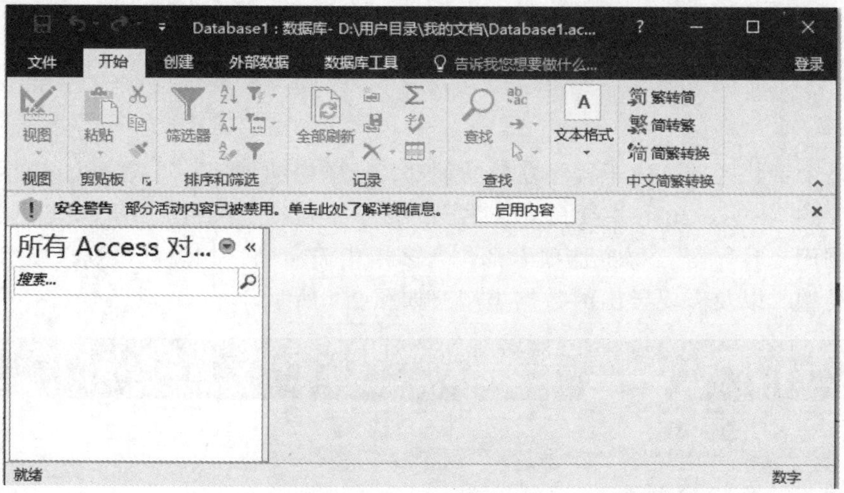

图 2-2　Access 2016 的工作界面

Access 2016 的主窗口由标题栏、功能区、工作区和状态栏组成。

1. 标题栏

标题栏由控制图标、自定义快速访问工具栏、标题以及最小化”“最大化”和“关闭”按钮组成。

标题显示当前数据库的名称。

快速访问工具栏提供了常用文件操作命令，只需一次单击即可访问命令。默认位置在功能区的上方，也可以设置在功能区的下方；默认命令集包括“保存”“撤销”和“恢复”，可以自定义快速访问工具栏，将常用的其他命令包含在内。

自定义快速访问工具栏的操作步骤：

（1）单击工具栏最右侧的下拉箭头，如图 2-3 所示。

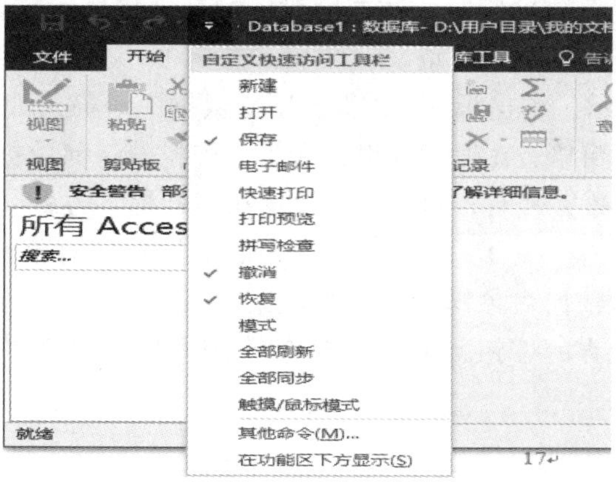

图 2-3　自定义快速访问工具栏

（2）在下拉列表中单击要添加的命令即可，若某选项前显示“√”，说明该命令已经添加成功。如果命令未列出，单击“其他命令”按钮，弹出“Access 选项”对话框，选择要添加的一个或多个命令，然后单击“添加”按钮。

（3）若要删除命令，列表中单击“√”即可去掉“√”；或者在列表中双击该命令；或者单击“其他命令”按钮，在弹出的“Access 选项”对话框中选择要删除的一个或多个命令，然后单击“删除”按钮，完成后单击“确定”按钮。

2. 功能区

功能区是个带状区域，位于程序窗口的顶部，标题栏的下部，见图 2-2。包括主要功能选项卡及其相关的 Access 2016 主要命令。主要的选项卡包括“文件”“开始”“创建”“外部数据”和“数据库工具”等。每个选项卡都包含多组相关命令，如外部数据选项卡显示导入并链接的数据类型，以及需要导出的数据类型，如图 2-4 所示。

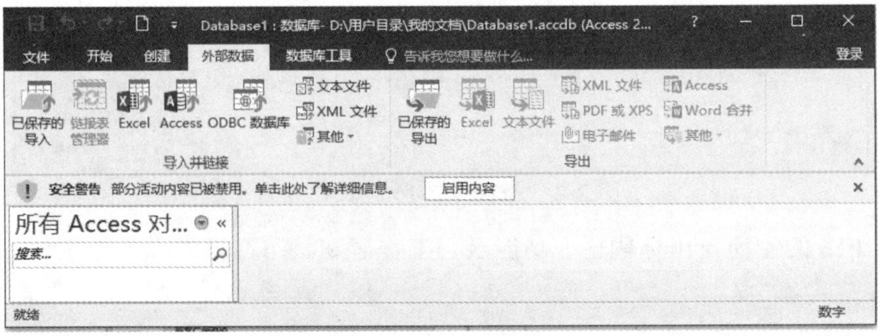

图 2-4 外部数据选项卡

通过这些命令可以将 Excel 等数据导入数据库的表中，也可以将数据库的表中数据以 Excel 等形式导出。

3. 工作区

工作区分为左右两个区域，左边的区域是数据库导航窗格，显示 Access 2016 的所有对象，用户使用该窗口选择或切换数据库对象；右边区域是数据库对象窗口，用户通过该窗口实现对数据库对象的操作。

在打开数据库或创建新数据库时，数据库对象的名称将显示在导航窗格中。数据库对象包括表、查询、窗体、报表、宏和模块。

导航窗格如图 2-5 所示，单击标注 1，得到所有数据库对象，如图 2-6 所示。

单击标注 2 隐藏导航窗格；在搜索框里输入想要查找的任何数据库对象，单击标注 3，会完成在当前数据库中的搜索，若有，则会将其显示在搜索框下方；单击标注 4，会将所选数据库对象全部折叠，再次单击标注 4 的位置，会展开所有数据库对象。

在导航窗格中，右击任何对象即可打开快捷菜单，可以从中选择需要的命令执行相应的操作。单击导航窗格右上方的按钮，弹出“浏览类别”菜单，选择需要查看的对象即可进行切换。

4. 状态栏

状态栏位于窗口最下方，用于显示数据库管理系统的工作状态。

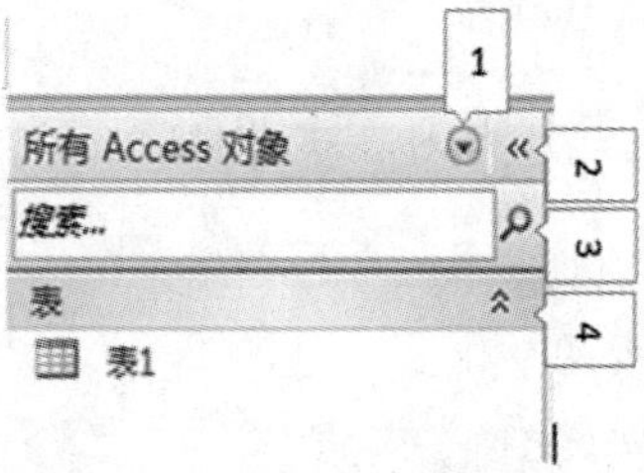

图 2-5　导航窗格

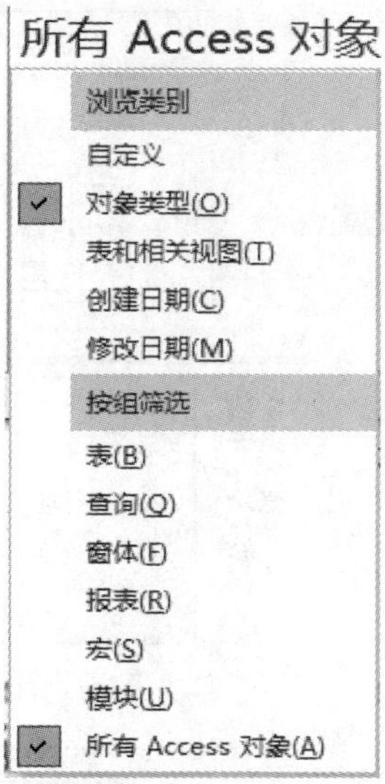

图 2-6　所有数据库对象

2.3　Access 2016 数据库对象

Access 数据库管理系统操作对象是数据库，数据库对象包括表、查询、窗体、报表、宏和模块，数据库文件的扩展名为.accdb。

1. 表

表是数据库中用来存储数据的对象，是保存数据的容器，是整个数据库系统的数据源。Access 2016 中一个数据库中包含多个表，这些表往往有直接或间接的联系，用户可以在不同的表中存储不同的数据。数据在表对象中的保存是有组织的，要受某些规则的约束，要求其数据冗余度降到最低。

表由不同的列、行组合而成，每一列代表某种特定的数据类型，称为属性或字段；每一行由多个字段组成，称为元组或记录。

Access 2016 中不同的实体应当创建不同的表，这样可以提高数据库的应用效率，同时也会减少数据处理时的错误。

使用表对象主要通过表设计视图完成对表的设计，通过数据表视图完成对数据的输入。

2. 查　询

查询对象是以表或查询作为数据源的。按照一定的条件从一个或多个表或查询中筛选出需要的字段，组合成记录，满足条件的记录集合称为查询结果，以二维表的形式显示。查询结果是一个动态数据集合，将查询保存为一个对象后，每执行一次查询操作，都会显示数据源中最新的数据。

查询也有设计视图和数据表视图，设计视图里显示数据源之间的联系以及查询的条件，如要查找“计算机科学与技术 2 班”的学生信息，其设计视图如图 2-7 所示。

运行查询，显示为查询的数据表视图，显示满足查询条件的记录，如图 2-8 所示。

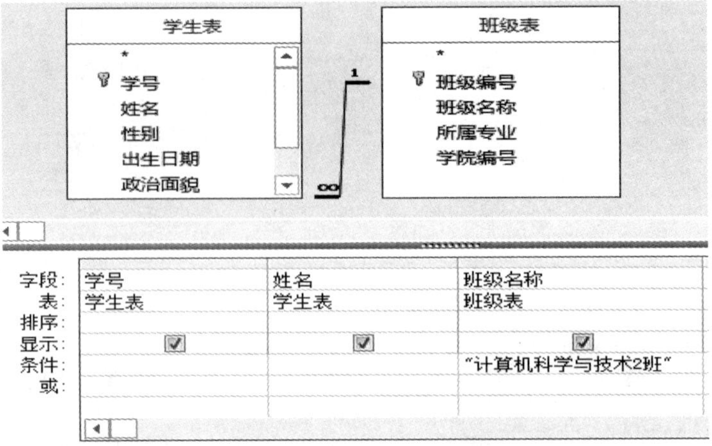

图 2-7 查询设计视图

学号	姓名	班级名称
1001010103	李晓	计算机科学与技术2班
1001010108	李柳林	计算机科学与技术2班
1001010110	郭俊超	计算机科学与技术2班
1001010113	丁大少	计算机科学与技术2班

图 2-8 查询数据表视图

3. 窗 体

窗体对象是用户与 Access 数据库进行交互的人机界面，结构与 Windows 下的窗口十分相似，不仅结构相似，性能也差不多。在设计阶段称为窗体，在程序运行后称为窗口。它主要用于提供数据库的操作界面，通过窗体可以输入、编辑数据，也可以将查询到的数据以用户需要的形式输出。

窗体的数据源为表和查询。

窗体常用视图有窗体设计视图和窗体视图，窗体设计视图是对窗体结构的一个详细设计，决定数据如何显示；窗体视图是将窗体设计的结构展现给用户，以便用户对数据进行查看等操作。

4. 报 表

报表是数据库中数据输出的一种形式，利用报表可以将数据库中需要的数据进行分析、统计或以特定方式打印数据。报表对象的数据来源可以是表或查询。

常用的报表视图有报表设计视图和报表视图，报表设计视图是对报表的详细设计，包括计算函数及其布局等，报表视图显示报表设计的结果，包括函数运算的结果等。

5. 宏

宏是一个或多个操作的集合，其中每个操作实现特定的功能，用户使用一个宏或宏组可以方便地执行一系列任务。

宏可以是包含一系列操作的一个指令，也可以是由若干个宏组成的宏组，还可以在宏操作中设置条件来控制其是否执行。

宏相当于 DOS 中的批处理，用来执行一系列命令，简化用户操作，使一系列重复性的操作通过设置自动完成，从而使数据库管理和维护更加简单。

Access 2016 提供了一些常用的操作供用户选择，使用起来十分方便。

6. 模　块

模块是使用 VBA（Visual Basic Forapplication）语言编写的程序，其实质是通过编程语言来完成数据库的操作任务。

模块的功能与宏类似，但它定义的操作比宏更精细和复杂，用户可以根据自己的需要编写程序。

创建模块的过程就是使用 VBA 编写程序的过程。Access 2016 中的模块分为类模块和标准模块。类模块中包含各种事件过程，标准模块包含与任何其他特定对象无关的常规过程。

Access 2016 数据库中的 6 种对象，彼此独立，但又相互关联。表是数据库的核心和基础，它是查询、窗体、报表等的数据源；查询是基础，它也可以作为查询、窗体、报表的数据源。表和查询用于在数据库中存储数据和查询数据；窗体、报表是直接面向用户的对象，用于数据的输入、输出和引用系统的驱动控制；宏和模块是代码类型的对象，用于通过组织宏操作或编写程序来完成复杂的数据库管理工作，并使得数据库数据管理工作自动化。

2.4　Access 2016 中的数据

在 Access 2016 数据库中的数据是有类型之分的。在设计表的过程中，首先应当定义字段的数据类型，在操作数据库时会使用表达式和函数。下面我们将对数据类型、表达式和常用的函数进行学习。

2.4.1　字段的数据类型

Access 2016 数据库中，表是核心，表中首先要定义字段，字段的第一个属性即为类型属性，也就是要定义字段的数据类型。Access 定义了 12 种数据类型：短文本、长文本、备注、数字、日期/时间、货币、自动编号、是/否、超链接、OLE 对象、附件、计算及查阅向导等。各字段具体说明如表 2-1 所示。

表 2-1　字段的数据类型及其说明

数据类型	含义	大小
短文本	用来存储文本、文本和数字组合、不参加数学运算的数字，是 Access 默认的数据类型，也是最常用的数字类型。如姓名、学号、电话号码等均可以设置为短文本数据类型	1～255 个字符
长文本	长文本或文本和数字的组合，较长的说明和段落使用文本格式（可能超过 255 个字符）	可以输入 1～65 535 个字符
数字	可以进行算术计算的数值数据	1、2、4、8、12、16 字节
日期/时间	用于存储日期、时间或日期时间的组合数据	8 字节，范围为 100～9 999 年
货币	用于存储货币值	8 字节
自动编号	添加记录时，Access 会自动插入一个唯一数字值，作为主键字段。可以生成三种类型编号：每次增加 1 的顺序编号、随机编号及同步 ID	4 字节或 16 字节（用于同步复制 ID 时）

续表

数据类型	含义	大小
是/否	用来存储只包含两种取值的数据，可以使用三种格式之一：是/否、真/假或开/关，常用来表示逻辑判断结果，不能用于索引	1个二进制位
OLE 对象	用于链接或嵌入其他应用程序所创建的对象，如图片、Word 文档、Excel 电子表格、声音等	最大为 1 GB，受磁盘空间限制
超链接	当需要存储的内容为邮箱地址、网站或网页地址时，由三部分组成： 显示文本：在字段或控件中显示的文本。 地址：到文件的 UNC 路径或网页的 URL 路径 子地址：在文件或页面的地址。 格式为：显示文本#地址#子地址#	每一部分最多包含 2 048 个字符
附件	用于存储任何受支持的文件类型，如图像、二进制文件、Office 文件等	对于压缩附件为 2 GB。对于未压缩附件大约为 700 KB，具体大小取决于附件的可压缩程度
计算	用于表达式或结果类型为小数的数据	8字节
查阅向导	没有实际的数据类型。启用查阅向导，可以创建使用组合框来查找另一个表、查询或值列表中的字段	基于表或查询：绑定列的大小。基于值：用于存储值的文本字段的大小

定义新字段时，系统自动为相应字段指定默认数据类型，这个数据类型可以通过表的设计视图改变，可以根据实际需要设置。

2.4.2 常　量

常量是指固定不变的数据，主要有以下几种。

1. 数字常量

数字常量是指整数或小数。如：10，234，6789，3.1415 等。

2. 字符串常量

字符串常量是指用半角单引号“'”或双引号“"”括起来的字符串，优先使用双引号。如'abc'，"Access"，'计算机'，"你好"等。

3. 日期/时间常量

日期/时间常量在使用时必须用数字符“#”括起来，一般格式为年-月-日顺序。日期/时间常量分为常规日期、长日期、中日期、短日期、长时间、中时间、短时间等 7 种形式。如#2020-01-31 11:45:50#，#2020-01-16#，#11:45:50#等。

4. 逻辑型常量

逻辑型常量为逻辑值，表示“是/否”。如表示“是”的 yes、true、on、-1，表示“否”

的 no、false、off、0 等。

5. NULL

“NULL”表示未知的数据，是个空值。对于字段或控件值，若没有输入值或数据已删除，其值为 NULL。

2.4.3 函　数

函数是由事先定义好的一系列确定功能的语句组成，并最终返回一个确定类型的值。 标准函数一般用于表达式中，有的能和语句一样使用。其使用形式如下：

函数名（ <参数 1> <，参数 2> [，参数 3]……[，参数 *n*]）

其中，函数名必不可少，函数的参数放在函数名后的圆括号中，参数可以是常量、变量或表达式，可以有一个或多个。少数函数为无参函数。

使用函数一般要注意以下几个方面：

函数名：起标识作用，根据名字可知其基本功能。

参数：即函数名称后圆括号内的常量、变量、表达式和函数，使用时要注意其位置、类型、含义及默认值等。

返回值：即函数运行后的结果，既要关注其类型又要关注其具体值。

Access 2016 提供了大量的标准函数，如数学函数、字符函数、日期时间函数和统计函数等。

1. 数学函数

数学函数是完成数学计算的函数，其常用的函数如表 2-2 所示（表中 *n* 为参数或表达式）。

表 2-2　数学函数

函数名	格式	功能	示　例
求和函数：sum	sum(n_1,n_2⋯)	返回所有参数 n_1，n_2⋯的和	Sum(10,4,6,30,50)=100
平均值函数：Average	Average(n_1,n_2⋯)	返回所有参数 n_1，n_2⋯的平均值	Average(10,30,50)=30
绝对值函数：Abs	Abs(*n*)	返回参数的绝对值	Abs(−6.9)=6.9
向下取整函数：Int	Int(*n*)	返回参数向下取整的最大整数	Int(6.9)=6 Int(−6.9)=−7
取整函数：Fix	Fix(*n*)	返回参数的整数部分，参数为负值时返回大于等于参数值的第一个负值	Fix(6.9)=6 Fix(−6.9)=−6
平方根函数：Sqr	Sqr(*n*)	返回 *n* 的平方根	Sqr(81)=9
四舍五入函数：Round	Round(n_1,n_2)	返回 n_1 四舍五入，保留 n_2 位小数，n_2 不能省略，没有默认值。如果 n_2 等于 0，则四舍五入到最接近的整数。如果 n_2 小于 0，则在小数点左侧进行四舍五入	Round(123.456,2)=123.46 Round(123.456,0)=123 Round(123.456,−2)=100 Round(163.456,−2)=200

续表

函数名	格式	功能	示 例
产生随机数函数：Rnd	Rnd()	返回一个大于 0，小于 1 的单精度随机数。随机生成一个［*a*,*b*］之间的整数的公式为 =Int(Rand()*(b−a+1))+a	Rnd()=0.123456 产生［50,100］之间的随机整数：Int(Rand()*51)+50
符号函数：Sgn	Sgn(*n*)	返回 *n* 的符号值，当 *n* 大于 0 时，返回 1；当 *n* 等于 0 时，返回 0；当 *n* 小于 0 时，返回−1	Sgn(6.9)=1 Sgn(−6.9)=−1 Sgn(0)=0

2. 字符函数

字符函数如表 2-3 所示（表中 *s* 为字符串或文本，*n* 为数字）。

表 2-3　字符函数

函数名	函数	说　明	举　例
文本的长度：Len	Len(*s*)	返回 *s* 字符个数，当字符表达式为 Null 时，返回 Null 值	Len（"欧阳文静"）=4
左截取：Left	Left(*s*, *n*)	返回一个值，该值是从 *s* 左侧第 1 个字符开始，截取 *n* 个字符	Left（"欧阳文静"，2）="欧阳" Left（"欧阳文静"，0）="" Left（"欧阳文静"，6）="欧阳文静"
右截取：Right	Right(*s*, *n*)	返回一个值，该值是从 *s* 右侧第 1 个字符开始，截取 *n* 个字符	Right（"欧阳文静"，2）="文静" Right（"欧阳文静"，0）="" Right（"文静"，6）="文静"
中间截取：Mid	Mid(*s*, n_1, [n_2])	返回一个值，该值是从 *s* 最左端 n_1 个字符开始，截取 n_2 个字符	Mid（"欧阳文静"，2，2）="阳文"
生成空格：Space	Space(*n*)	返回由 *n* 的值确定的空格个数组成的空字符串	Space（2）="　"
从左边删除空格：Ltrim	Ltrim(*s*)	返回去掉 *s* 前导空格的字符串	Ltrim $（"　文静"）="文静"
从右边删除空格：Rtrim	Rtrim(*s*)	返回去掉 *s* 尾部空格的字符串	Rtrim$（"文静　"）="文静"
删除左右两边空格：Trim	Trim(*s*)	返回去掉 *s* 前导和尾部空格的字符串	Trim$（"　文静　"）="文静"

3. 日期/时间函数

日期/时间函数如表 2-4 所示。

表 2-4　日期/时间函数

函数	功能	举例
Date(n_1, n_2, n_3)	返回日期（n_1 为年份，n_2 为月份，n_3 为日期）	Date(2018, 2, 6)= 2018/2/6
Today()	返回系统当前日期	Today ()=2018/1/25
Now()	返回系统当前日期和时间	Now()=2018/1/25 17:13
Time()	返回系统当前时间	Time (10, 11, 12)= 10:11 AM
Year(date)	返回日期中的年	Year(#2018-2-6#)=2018
Month(date)	返回日期中的月	Month(#2018-2-6#)=2
Day(date)	返回日期中的日	Day(#2018-2-6#)=6
Weekday(date)	返回日期中的星期几，从星期日到星期六分别是 1～7	Weekday(#2018-2-6#)=1(星期日)
DateSerial（表达式 1，表达式 2，表达式 3），表达式 1 为年，表达式 2 为月，表达式 3 为天	返回指定年月日的日期	DateSerial(2018,2,6)=#2018-2-6# DateSerial(2018+2,8-2,0)=#2020-5-31#

注：Weekday（<表达式>[，W]）：返回 1～7 的整数，表示星期几，返回的星期值如表 2-5 所示。

在 Weekday()函数中，参数 *W* 可以指定一个星期的第一天是星期几。默认星期日是一个星期的第一天，*W* 的值为 vbSunday 或 1。

vbSunday 的取值如表 2-5 所示。

表 2-5　vbSunday 的取值

常数	返回值	说明
vbSunday	1	星期日（默认值）
vbMonday	2	星期一
vbTuesday	3	星期二
vbWednesday	4	星期三
vbThursday	5	星期四
vbFriday	6	星期五
vbSaturday	7	星期六

DateSerial 函数指定某个日期，如 2019 年 12 月 31 日。DateSerial 函数中的每个参数的取值范围应该是可接受的，即日的取值范围应在 1～31，而月的取值范围应在 1～12。但是，当一个数值表达式表示某日之前或其后的年、月、日时，也可以为每个使用这个数值表达式的参数指定相对日期。

DateSerial 函数格式如下：

```
DateSerial(year, month, day)
```

DateSerial 函数中的三个参数取值如下：

（1）year：必要；Integer（整数），100～9999 的整数，或一数值表达式。year 参数的数值若介于 0 与 29 之间，则将其解释为 2000～2029 年，若介于 30 和 99 之间，则解释为 1930～

1999 年。而对所有其他 year 参数，建议用 4 位数值表示（如 2019）。

（2）month：必要；Integer（整数），任何数值表达式。

（3）day：必要；Integer（整数），任何数值表达式。

此外，当任何一个参数的取值范围超出可接受的范围时，它会适时进位到下一个较大的时间单位。例如，如果指定了 36 天，则这个天数被解释成一个月加上多出来的日数，多出来的日数将由其年份与月份来决定。

例如：DateSerial（2018，2，6）返回 2018 年 2 月 6 日的函数值，即 2018-2-6。

DateSerial（2018-1，8-2，1-1）返回 2018 年 8 月 1 日的 1 年（2018-1）零两个月（8-2）又一天（1-1）之前的日期；换句话说，就是 2017 年 5 月 31 日。

2.4.4 表达式

表达式是由运算符、常量、变量、函数以及控件和属性等连接起来的式子，其结果是一个确定类型的值。

表达式可以作为许多属性和操作参数的设置值，在表中定义约束条件，在查询中设置查询条件或定义计算字段；在窗体、报表中可以定义计算控件，还可以在宏中设置条件等 。

表达式的主要组成之一是运算符，Access 提供多种不同类型的运算符，主要有算术运算符、比较运算符、逻辑运算符、字符连接符等。

1. 算术运算符

算术运算符用于实现常用的算术运算，常用的算术运算符如表 2-6 所示。

表 2-6 算术运算符

运算符	功能	表达式示例	示例表达式结果
+	加	1+1	2
-	减	9-3	6
*	乘	2*5	10
/	除	10/5	2
\	整除	10\3	3
^	乘方	2^3	8
Mod	求模（求余）	13 Mod 4	1

注：算术运算符的优先级，^>（*、/）>\> Mod >（+、-）括号里的运算不区分优先级。

2. 关系运算符

关系运算符是对两个数据做比较的运算符号，运算结果为逻辑值，若关系成立，结果为 True；若关系不成立，结果为 False。

比较规则：数字型数据按数值大小进行比较；字符型数据按 ASCII 码顺序从左到右一一对应进行比较；日期型数据按年、月、日顺序进行比较。

关系运算及示例如表 2-7 所示。

表 2-7 关系运算符

关系运算符	功能	表达式示例	示例表达式结果
=	等于	2−2=0	True
>	大于	3>2	True
<	小于	3<2	False
>=	大于等于	3>=2	True
<=	小于等于	“a”<=“A”	False
<>	不等于	“a”<>“A”	True

注：关系运算符的优先级相同，即按从左到右的顺序进行。

3. 逻辑运算符

逻辑运算符用于逻辑运算，常用的有逻辑非（Not）、逻辑与（And）和逻辑或（Or）三种运算，除 Not 是单目运算符外，其余都是双目运算符。逻辑运算结果为逻辑值 True 或 False；优先级顺序为 Not>And>Or。逻辑运算符及示例如表 2-8 所示。

表 2-8 逻辑运算符

逻辑运算符	说明	表达式示例	示例表达式结果
Not （逻辑非）	当 Not 连接的表达式为真时，整个表达式为假，否则为真	Not(2−2=0) Not(2) Not(0)	False False True
And （逻辑并）	当 And 连接的表达式都是真时，整个表达式为真，否则为假	3>2 And 5<9 3>2 And 6>5	True False
Or （逻辑或）	当 Or 连接的表达式有一个为真时，整个表达式为真，否则为假	3>2 Or 5<9 3>2 Or 6>5 3<2 Or 6<5	True True False

说明：对于逻辑非运算，如果是表达式，对表达式的结果取反；如果是具体的数值，0 为 False，非 0 值为 True，那么 Not(0)得到 True，而 Not（非零值）就得到 False。

4. 字符串运算符

字符串运算符用于字符串连接，有“&”或“+”两个连接运算符。

（1）连接运算符“&”：两个操作数既可为字符型也可为数值型，当操作数是数值型时，系统自动先将数据转换为字符串进行连接。

（2）使用“+”运算符时，当两边操作数都为字符串时，进行字符串的组合；当两边均为数值时，进行算术加法运算；当一个为数值型字符串，另一个为数值型时，则先将数值型字符串转换为数值，然后进行算术加法运算；当一个为数值型，另一个为非数值的字符串，则出错。

示例如下：

"Acc" & "ess"　　　　计算结果："Access "

"日期：" & #2018-2-6#　　计算结果："日期：2018-2-6"

"36" + "9"　　计算结果："369"

"12" + 48　　计算结果：60

"ab" + 456　　#错误

5. 特殊运算符

特殊运算符用于一些特殊运算，常用的如 In，Between…And，Like，Is 等。

（1）In（含义：在……里）。

In 运算符后面加一对括号，用于指定一个字段值或者表达式的列表，列表中的任意一个值都可与字段或表达式的值相匹配，列表中的数据要符合常量的表示。

例 2-1　In 运算：

表示性别的取值的表达式：

```
In（"男"，"女"）
```

表示班级为“软工 181”或“软工 182”的表达式：

```
[班级名称] In（"软工 181"，"软工 182"）
```

表示班级不是“软工 181”或“软工 182”的表达式：

```
[班级名称] Not In（"软工 181"，"软工 182"）
```

（2）Between…And（含义：在……和……之间）。

检测字段或表达式在两个值之间。

例 2-2　Between…And 运算：

表示成绩在 70 ~ 80 的表达式：

```
Between 70 and 80
```

表示入学在 2019 年间的表达式：

```
Between #2019-1-1# and #2019-12-31#
```

（3）Like（含义：像……一样）。

字段或表达式按指定格式的字符串进行匹配，字符串中可以使用通配符。通配符如下：

?：表示该位置可以匹配任何一个字符。

*：表示该位置可以匹配 0 个或多个字符。

#：表示该位置可以匹配任何一个数字（0 ~ 9）。

[字符表或字符上界-字符下界]：表示匹配字符表中或一个范围内的单一字符，用英文状态下逗号“,”分隔字符，用连字符“-”分隔上下界。

[! 字符表或字符上界-字符下界]：表示不在字符表中或不在一个范围内的单一字符（! 为左中括号后的第 1 个字符）。

例 2-3　Like 运算：

表示姓张的同学的表达式：

```
[姓名] Like "张*"
```

表示是 1 班或者 2 班的表示式：

```
[班级名称] Like "*[1-2]"
```

（4）Is。

Is 只有两种情形。

Is NULL：用于测试一个字段或表达式为空（没有数据）。

Is Not NULL 或 NOT Is Not：用于测试一个字段或表达式为非空（存在数据）。

6. 访问运算符

表示对数据库里的某个对象、字段的引用，主要有以下几种：

（1）等于号“=”：用于引用表达式，计算表达式的值。

（2）方括号“[]”：标识对象的名称，包括表、查询、窗体、报表、字体、控件等。

（3）感叹号“!”：引用所属对象名。

（4）点号“.”：引用字段所属对象名、属性所属对象名。

格式为：

对象类型！对象名称. 属性名称

例 2-4 访问教师表对象里的姓名字段：

教师表！教师表.姓名

查询学生表里计算机学院的学生：

学生表！学生表.所在学院=“计算机”

7. 运算符的优先级

表达式中若有多个运算，运算的优先级如表 2-9 所示。

表 2-9 运算符的优先级

<table>
<tr><td>优先级</td><td colspan="4">高 ←———— 低</td></tr>
<tr><td rowspan="7">高
↑
低</td><td>算术运算符</td><td>连接运算符</td><td>关系运算符</td><td>逻辑运算符</td></tr>
<tr><td>指数运算（^）</td><td rowspan="6">字符串连接（&）
字符串连接（+）</td><td>相等（=）</td><td rowspan="2">非（Not）</td></tr>
<tr><td>负数（-）</td><td>不等于（<>）</td></tr>
<tr><td>乘法和除法（*、/）</td><td>小于（<）</td><td rowspan="2">与（And）</td></tr>
<tr><td>整数除法（\）</td><td>大于（>）</td></tr>
<tr><td>求模运算（Mod）</td><td>小于等于（<=）</td><td rowspan="2">或（Or）</td></tr>
<tr><td>加法和减法（+、-）</td><td>大于等于（>=）</td></tr>
</table>

优先级：算术运算符>连接运算符>关系运算符>逻辑运算符。

括号优先级最高，即用括号可以改变优先级顺序。

2.5 Access 2016 数据库操作

Access 2016 提供了两种创建数据库的方法：一是使用数据库中的模板创建数据库，使用这种方法用户只需要一些简单的选择操作，就可以建立相应的表、查询、窗体、报表等对象，从而建立一个完整的数据库；二是先创建一个空数据库，然后创建表、查询、窗体、报表等对象。无论使用哪一种方法，在创建数据库之后，都可以在任何时候修改或扩展数据库。

2.5.1 创建数据库

1. 创建空数据库

例 2-5 创建“教学信息管理管理”空数据库，保存在“D:/Access”文件夹里。

操作步骤：

（1）启动新建数据库的方法有两种。

方法 1：启动 Access 2016，执行“开始”→“所有程序”→“Access 2016”，打开启动界面，如图 2-1 所示。

方法 2：打开任意 Access 2016 数据库，单击→“文件”选项卡→“新建”打开新建数据库界面，如图 2-9 所示，类似于启动界面。

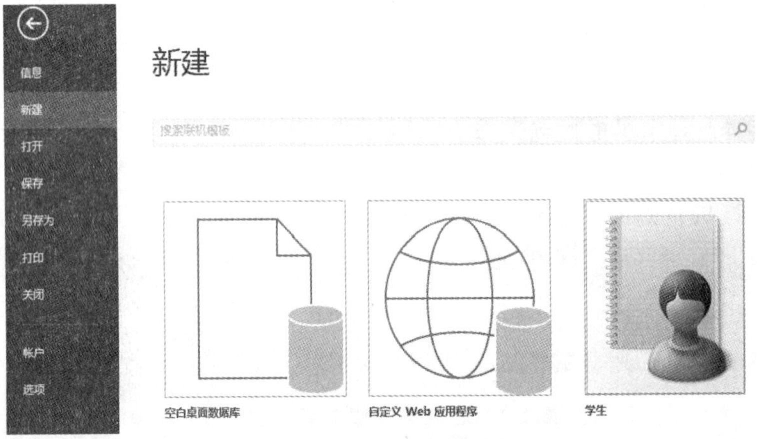

图 2-9 新建数据库界面

（2）单击界面中的“空白桌面数据库”，将弹出“空白桌面数据库”对话框，如图 2-10 所示。在文件名中输入“教学信息管理”→设定保存位置→“创建”，即可创建一个名为“教学信息管理”空的数据库。

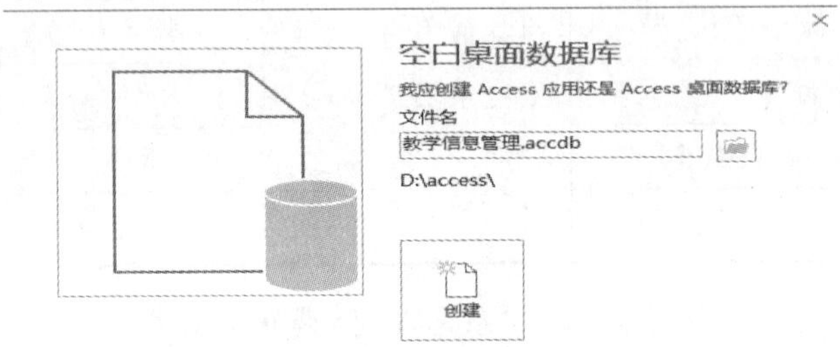

图 2-10 创建空白桌面数据库

2. 利用系统提供的模板创建数据库

例 2-6 利用系统模板创建“学生”数据库，存放在“D:\Access”中。

操作步骤：启动 Access 2016，执行“文件”→“新建”命令，在图 2-9 中找到“学生”并单击，将弹出如图 2-11 所示的界面，输入数据库的名称，指定保存位置，单击“创建”，弹出“正在准备模板对话框”，如图 2-12 所示，当此对话框关闭时即可创建“学生”模板数据库，如图 2-13 所示。

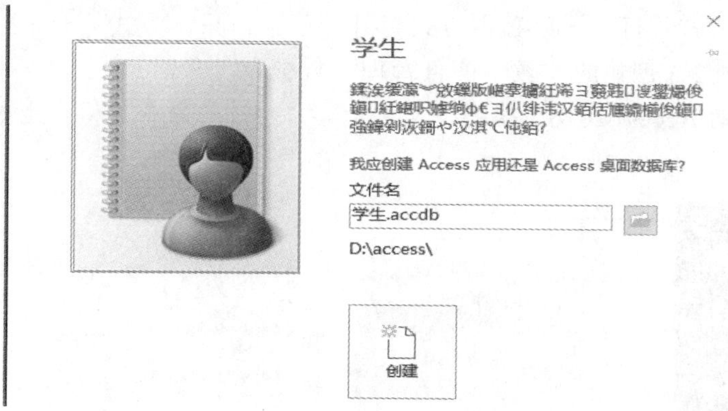

图 2-11　利用模板创建数据库

图 2-12　准备学生模板

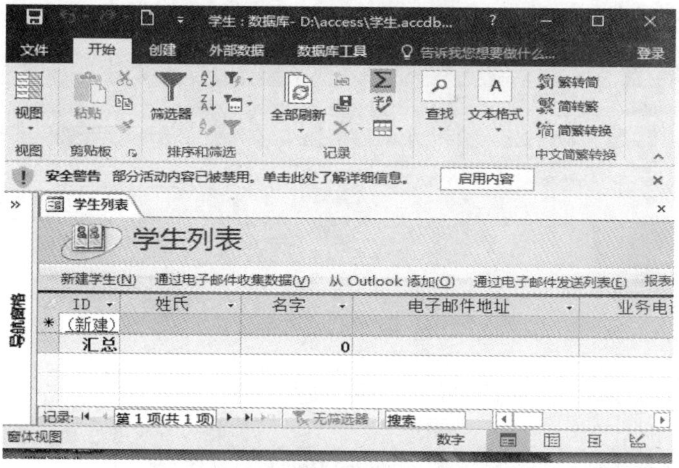

图 2-13　创建的学生数据库

利用模板创建的数据库给用户提供了一些常用信息，用户可以根据自己的需要对数据库里的对象进行操作。如“学生”数据库中的新建学生、通过电子邮件收集数据等。

Access 2016 数据库只有一个单一文件，其扩展名为.accdb，数据库中所有对象都保存在同一个数据库文件中，便于计算机对文件管理和用户对数据库的操作；直接创建的数据库是一个空的数据库，没有任何对象，更没有对象中的数据，需要用户根据实际需求，添加数据库的对象及对象中的数据；利用模板创建的数据库，只有各对象名称，其数据是空的，创建的只是一个数据库的框架，所有数据需要用户输入。在创建数据库时，用户可根据个人需求创建适合的数据库。

2.5.2　数据库的打开

对于已经存在的数据库，要对数据库进行操作，首先需要打开数据库，数据库的打开方式有：打开、以只读方式打开、以独占方式打开、以独占只读方式打开。

例 2-7 打开例 2-5 创建的“教学信息管理”数据库。

操作步骤：启动 Access 2016，执行“文件”→“打开”命令，将弹出如图 2-14 所示的打开界面。

图 2-14　打开最近使用的数据库

注意：若是最近使用的数据库，直接单击想要打开的数据库即可。否则应找到文件存放的位置及文件名，根据需要选择打开方式打开。文件的打开及打开方式如图 2-15 所示。

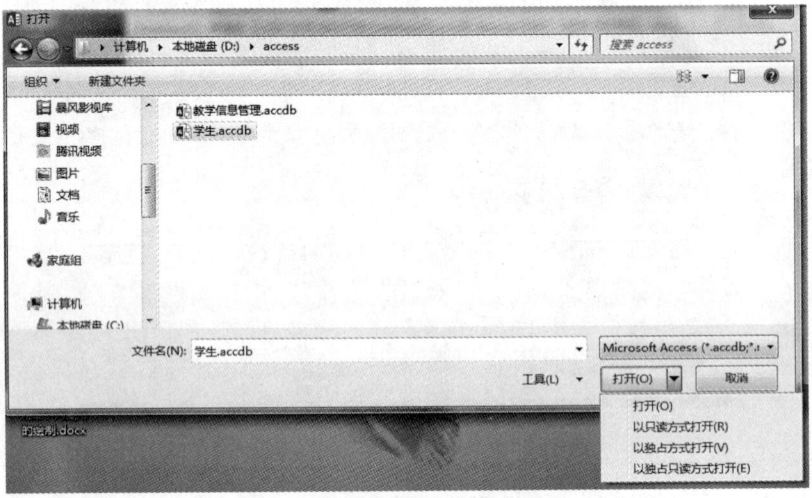

图 2-15　数据库的打开方式

“打开”方式的含义如下：

打开：以共享方式打开数据库文件。使用这种方式，网络上的其他用户可再打开这个文件，也可以同时编辑这个文件，这是默认的打开方式。

以只读方式打开：如果只是想查看已有的数据库而不想对它进行修改，可以选择以只读方式打开，选择这种方式可以防止无意间对数据库的修改。

以独占方式打开：可以防止网络上的其他用户同时访问这个数据库文件，也可以有效地保护自己对共享数据库文件的修改。

以独占只读方式打开：不对数据库进行修改时，可以选择这种方式。选择这种方式可以防止网络上的其他用户同时访问这个数据库文件。

2.5.3 数据库的保存与关闭

1. 数据库的保存

保存数据库有两种，一种是以原文件名、原位置保存，可以直接单击快速访问工具栏上的按钮，也可以单击“文件”→“保存”命令；如果要改变文件名或路径，需要单击“文件”→“另存为”命令，设置文件名和文件存取路径，单击保存即可。

2. 数据库的关闭

关闭数据库文件而不关闭 Access 2016，单击数据库窗口的“关闭”按钮即可；若要退出 Access 2016，只需要单击主窗口中的“关闭”按钮，或者选择“文件”→“退出”命令。

2.5.4 数据库加密与解密

当创建的数据库有一些重要信息或作为其他用途，不希望他人随意打开时，可以设置密码保护。设置密码后，输入正确的密码方能打开数据库进行操作，若密码输错则不能打开数据库。当数据库需要公开使用时，一般不需要加密，加了密码保护的需要解除保护。

1. 数据库加密

数据库加密时，一般根据数据库的重要性设置不同复杂度的密码，一般建议密码使用字母与数字或符号的组合。

例 2-8 对例 2-6 创建的“学生”数据库进行加密，密码设置为“123”。

操作步骤：

（1）打开除“学生”数据库以外的其他任一数据库。

（2）参照例 2-7 以独占方式打开“学生”数据库。

（3）单击“文件”选项卡→“信息”→“用密码进行加密”选项，弹出如图 2-16 所示的设置数据库密码对话框，设置正确的密码后单击“确定”，关闭对话框，密码设置成功。

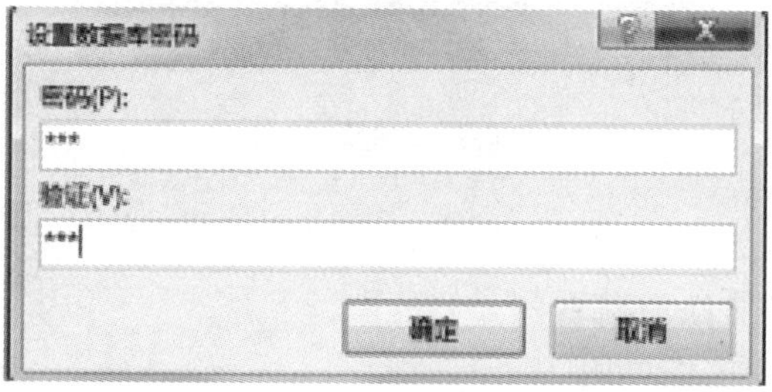

图 2-16 设置数据库密码

注：密码文本框与验证文本框中应当输入同样的数据，否则会出错。

（4）观察结果：先关闭学生数据库，然后打开学生数据库，打开时需要输入密码，密码输入正确方可打开该数据库，否则弹出密码无效对话框。

2. 数据库解密

当数据库编辑完成，需要对外界公开时，可对数据库撤销密码保护。

例 2-9 对例 2-8 创建的“学生”数据库取消密码保护。

操作步骤：

（1）前两步同例 2-8，以独占方式打开，输入正确的密码打开“学生”数据库。

（2）单击“文件”选项卡→“信息”→“解密数据库”选项，弹出如图 2-17 所示的撤销数据库密码对话框，输入正确的密码后单击“确定”，关闭对话框，取消密码设置成功。

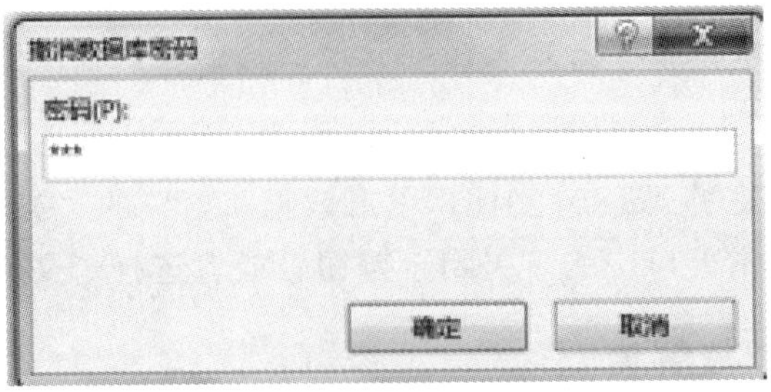

图 2-17　撤销数据库密码

（3）观察结果：先关闭学生数据库，然后打开学生数据库，打开时已经不需要输入密码。

2.6　Access 2016 帮助系统

Access 2016 帮助系统对于学习、研究和解决 Access 疑难问题有非常重要的意义。

1. 及时帮助

在使用 Access 的过程中，如创建表、创建宏时，对当前不了解的内容可随时使用帮助获取信息。按【F1】键可帮助用户随时随地获取帮助。

2. 全面系统的帮助

在功能选项卡“帮助”中输入操作过程中遇到的问题，按回车键，系统会自动完成搜索功能，帮助用户解决问题。帮助界面如图 2-18 所示。

图 2-18　帮助界面

习　题

1. Access 2016 的启动方法有哪些？
2. 简述 Access 2016 的工作界面。
3. Access 2016 是什么类型的数据库管理统？
4. Access 2016 数据库对象有哪些？各有什么特点？
5. 打开 Access 2016 数据库文件的方法有哪些？不同的打开方式的含义是什么？
6. Access 2016 的数据类型有哪些？

第3章　表

在 Access 2016 数据库中，表是数据库对象的核心和基础，保存着数据库中的所有数据信息，是其他对象的数据源，同一个数据库里可以有多张相互关联的表。

表是存储二维表的容器，每个二维表均由行、列组成。相关概念参看 1.4.1 关系数据库中的基本概念。

3.1　创建表

在 Access 2016 数据库里，当数据库创建后，即可在数据库中设计并创建存放数据的各个表，一个数据库中包括一张或多张表。

表是与特定主题（如班级或成绩）有关的数据的集合。在 Access 2016 中，表将数据组织成列和行的形式，列又称字段，行又称记录、元组。表由表结构和表内容两部分组成。表结构就是每个字段的字段名、字段的数据类型和字段属性，表内容就是表的记录。

1. 字段的命名规则

每个字段均具有唯一的名字，称为字段名称，简称字段名，在 Access 数据表中，表现为每一列的列标题，字段名的命名规则如下：

（1）长度为 1 ~ 64 个字符。

（2）可以包含字母、数字、空格和其他符号，但不能以空格开头。

（3）不能包含句号（.）、叹号（!）、方括号（[]）、和单引号（‘）。

（4）不能使用 ASCII 码为 0 ~ 32 的 ASCII 字符。

2. 字段的数据类型

在设计表的过程中，相应的字段必须使用明确的数据类型，具体的字段数据类型参见 2.4.1 节。选择数据类型的原则是既要满足计算需要，又不浪费存储空间，同时还要确保数据不溢出。

在“教学信息管理”数据库中共有 9 张表，分别为“专业表”“班级表”“学生表”“课程表”“成绩表”“教师表”“授课表”“用户表”和“学院表”。“专业表”的结构设计如表 3-1 所示，其他表结构在下文中显示。

表 3-1　“专业表”结构

字段名	字段类型	字段大小	是否主键
专业编号	短文本	8	是
专业名称	短文本	10	否
学院编号	短文本	10	否

表结构设计好后，下面就是创建表。Access 2016 提供了几种创建表的方法，分别为通

过设计视图创建表、通过表创建表和通过导入表创建表。下面我们分别介绍这几种创建表的方法。

3.1.1 使用“数据表视图”创建表

Access 2016 默认创建表的方式就是通过“数据表视图”创建表，步骤如下：

（1）创建表：打开 Access 2016 数据库，单击“创建”选项卡，单击“表”选项组中的“表”按钮，即可创建默认名为“表 1”的数据表。

（2）添加字段：添加字段的方法在此介绍两种。

① 单击“单击以添加”后的下拉列表选择字段类型即可添加一个新的字段。

② 单击“表格工具”→“字段”→“添加和删除”中选择需要的字段类型。

（3）更改字段名：

① 在默认字段名上右击，弹出快捷菜单，选择“重命名字段”，输入正确的字段名。

② 在默认字段名上双击，当字段名处于编辑状态时输入正确的字段名

（4）更改主键：更改 ID 字段名（ID 字段为默认主键）。

（5）添加数据：若要添加数据，从第一个单元格开始输入数据。

（6）更改表名：数据输入完毕，在“表 1”所在位置右击弹出快捷菜单，选择“保存”，输入表的名称，点击“确定”按钮，保存表格。

例 3-1 利用“数据表视图”创建如表 3-2 所示的“班级表”。

表 3-2 “班级表”结构

字段名	字段类型	字段大小	是否主键
班级编号	短文本	10	是
班级名称	短文本	20	否
所属专业	短文本	20	否
学院编号	短文本	10	否

步骤如下：

（1）打开例 2-5 创建的“教学信息管理管理”空数据库，单击“创建”选项卡下的“表”命令，默认创建了“表 1”，并自动创建了“ID”字段，如图 3-1 所示。

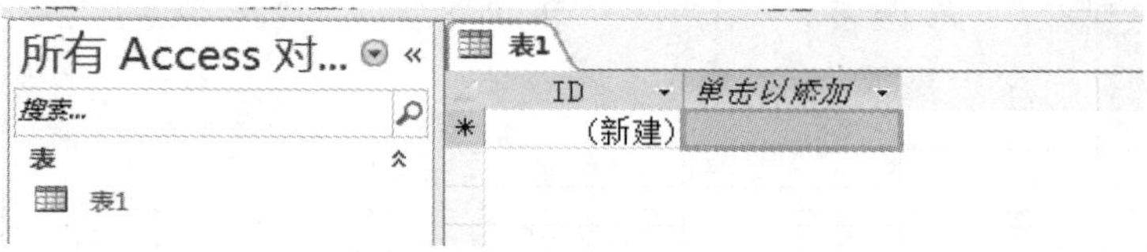

图 3-1 利用表创建表

（2）更改主键为班级编号：默认创建了 ID 主键字段，根据实际，班级编号作为主键，需要将 ID 字段更名为班级编号，在 ID 上单击鼠标右键弹出快捷菜单，在弹出的快捷菜单中单击“重命名字段”，输入班级编号，ID 字段改为班级编号，如图 3-2 所示。

（3）单击图 3-2 中“单击以添加”的下拉菜单，如图 3-3 所示。根据表 3-1 结构设置，班

级名称设置为短文本字段类型，所以单击短文本，即出现如图 3-4 所示的“字段 1”，且“字段 1”处于编辑状态，输入“班级名称”，即将“字段 1”更名为“班级名称。”

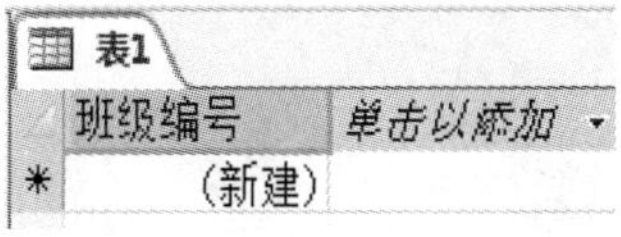

图 3-2　ID 更名为班级编号

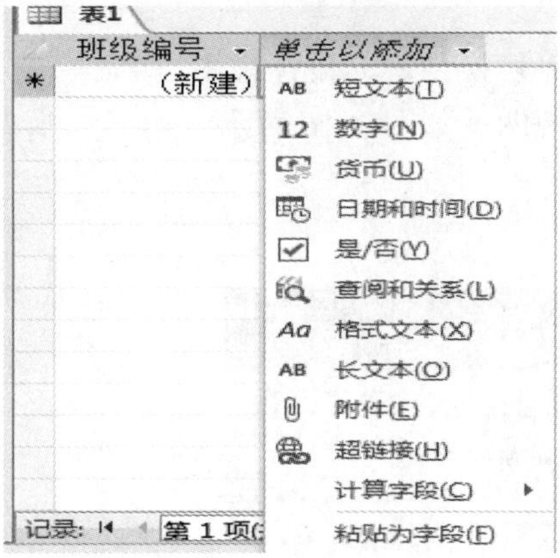

图 3-3　设置班级名称字段

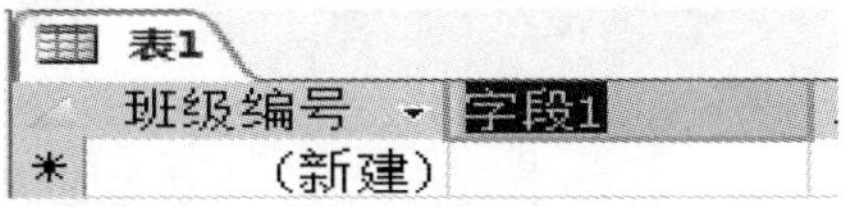

图 3-4　编辑字段名

（4）同理设置所属专业和学院编号，自此班级表设置完毕，如图 3-5 所示。

图 3-5　班级表结构设置

（5）更改表的名称：默认表的名称为“表 1”，如图 3-5 所示，根据实际需要，需将“表 1”更名为“班级表”。在“表 1”所在的位置单击右键弹出快捷菜单，如图 3-6 所示。在快捷菜单中单击“保存”，弹出“另存为”对话框，如图 3-7 所示。

图 3-6　重命名表

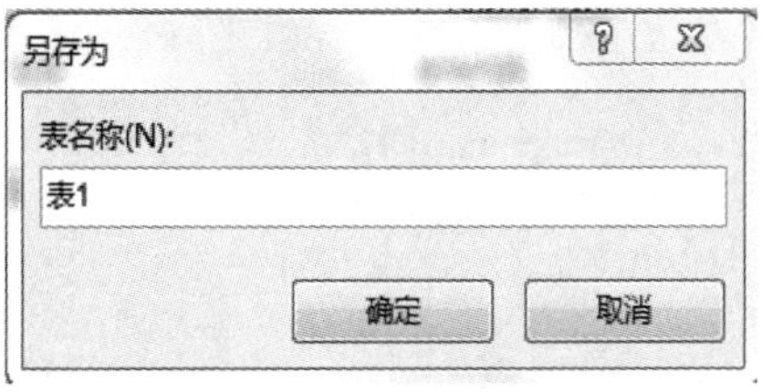

图 3-7　“另存为”对话框

在“表名称”下的“表 1”位置输入“班级表”，单击“确定”，表名更改为班级表，如图 3-8 所示。

图 3-8　班级表

（6）更改字段类型。

用数据表创建的表，字段类型设置好后，一般不需更改。但在此例中，ID 字段需更改为班级编号。

首先需切换到表的设计视图，单击“开始”→视图→设计视图，如图 3-9 所示，打开班级表对设计视图，如图 3-10 所示。

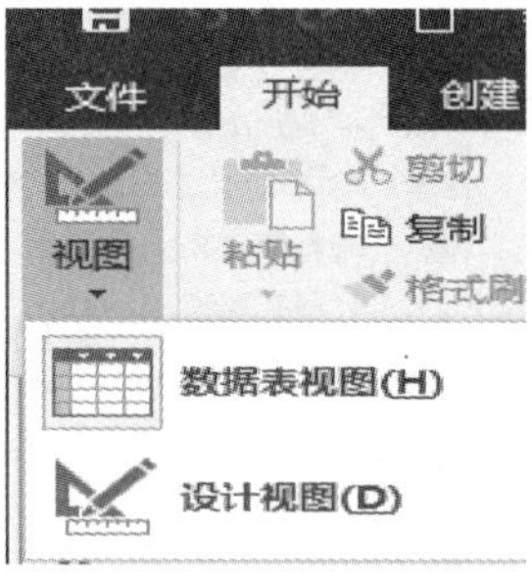

图 3-9　视图切换

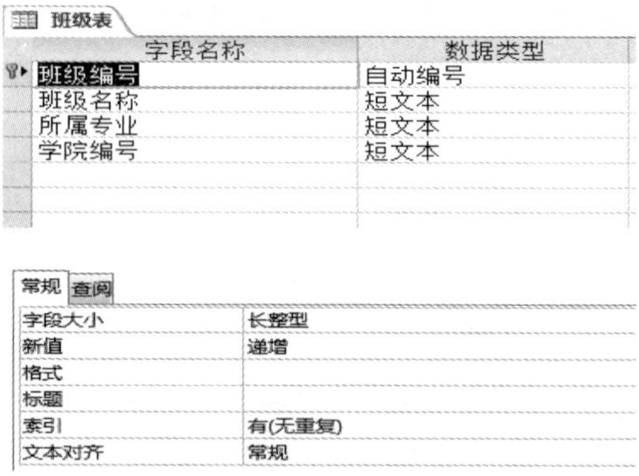

图 3-10　班级表的设计视图

单击班级编号的数据类型“自动编号”，弹出如图 3-3 所示的数据类型字段，按照题目要求单击“短文本”，

即将“自动编号”型更改为“短文本”型。

更改表结构（包括字段类型、大小等属性），需要切换到设计视图下进行更改。

（7）更改字段大小。

字段大小往往是系统给出的默认大小，譬如，短文本的字段大小默认为 255，自动编号的为长整型等。这样既浪费存储空间，又不满足题目要求，所以根据实际需求，在设计视图下更改字段大小。

在“班级编号”行单击，即选中该字段，在字段大小栏根据题目要求输入“10”，如图 3-11 所示。

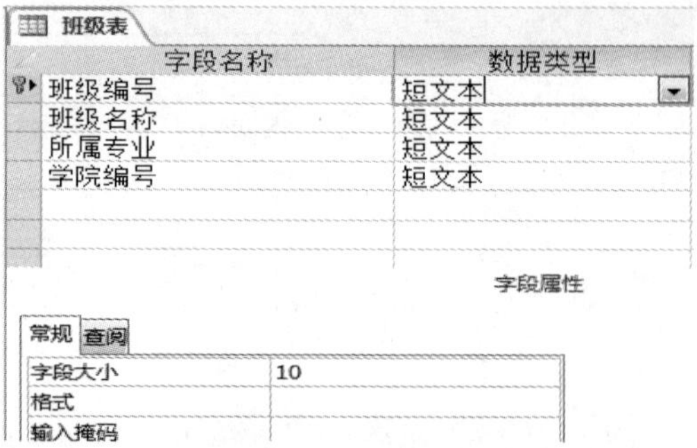

图 3-11　设置字段大小

同理设置班级名称字段大小为“20”，所属专业为“20”，学院编号为“10”。

（8）切换到数据表视图，向“班级表”中输入如图 3-12 所示的数据。

（9）保存表。单击“快速访问工具栏”上的“”按钮，保存工作表。

说明：利用表创建表中，最后一个字段名为“单击以添加”，当用户不需要该字段时，不

用更改其字段类型，此为默认字段名。利用表创建的数据表，需要在设计视图中进一步进行详细设置，因为此处只是对表进行了简单的设置，比如虽设置了短文本型但未指定短文本的大小，均采用数值默认的大小，默认短文本为 255 个字符，所以要在设计视图中对表进行完善。

班级编号	班级名称	所属专业	学院编号	单击以添加
19010101	计算机科学与技术1班	计算机科学与技术	101	
19010102	计算机科学与技术2班	计算机科学与技术	101	
19010103	计算机科学与技术3班	计算机科学与技术	101	
19010104	计算机科学与技术4班	计算机科学与技术	101	
19010105	计算机科学与技术5班	计算机科学与技术	101	
19010201	物联网工程1班	物联网工程	101	
19010202	物联网工程2班	物联网工程	101	
19020101	电子商务1班	电子商务	102	
19020102	电子商务2班	电子商务	102	
19020103	电子商务3班	电子商务	102	
19030101	会计学1班	市场营销	104	
19030102	会计学2班	市场营销	104	
19040101	英语1班	英语	103	
19040102	英语2班	英语	103	

图 3-12　班级表中数据

3.1.2　使用“设计视图”创建表

使用“设计视图”创建表，对表的结构进行详细设计后，再切换到数据表视图，输入数据。

使用“设计视图”创建表的步骤：

（1）单击“创建”，在“表格”选项组里单击“表设计”。

（2）根据表的结构，对表中每个字段，在“字段名称”里输入字段名称，在“数据类型”里选择合适的数据类型。

（3）在“说明”中可对字段附加说明信息。

（4）添加完所有字段后，单击“”，保存该表的设计。

（5）切换到数据表视图，输入数据。

说明：表设计器是提供创建表结构的专用工具，以表设计视图显示，表设计视图分为上、下两部分，如图 3-11 所示。上部分是表设计区，又称表设计器，包含字段名称、数据类型、说明等 3 列，用来定义字段名称、所属数据类型和说明该字段的用途；下部分是字段属性区，用来设置字段的属性。

例 3-2　在“教学信息管理数据库”中使用“设计视图”创建如表 3-3 所示的“学生表”。

表 3-3　“学生表”结构

字段名	字段类型	字段大小	是否主键
学号	短文本	10	是
姓名	短文本	10	否
性别	短文本	1	否
出生日期	日期/时间	长日期	否
政治面貌	短文本	8	否
班级编号	短文本	10	否
照片	OLE 对象		否

操作步骤：

（1）打开“教学信息管理数据库”，单击“创建”选项卡，在“表格”选项组里单击“表设计”，打开如图 3-13 所示的表格设计界面。

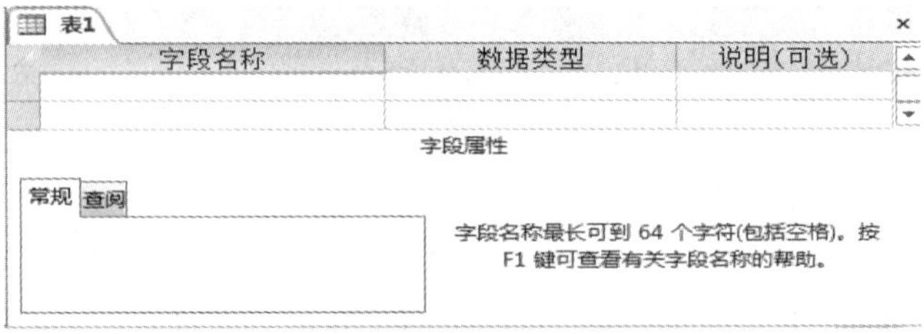

图 3-13　表格设计界面

（2）单击“设计视图”第一行“字段名称”下的第一空行，输入“学号”；单击“数据类型”下的第一空行，弹出默认“短文本”数据类型，如图 3-14 所示。

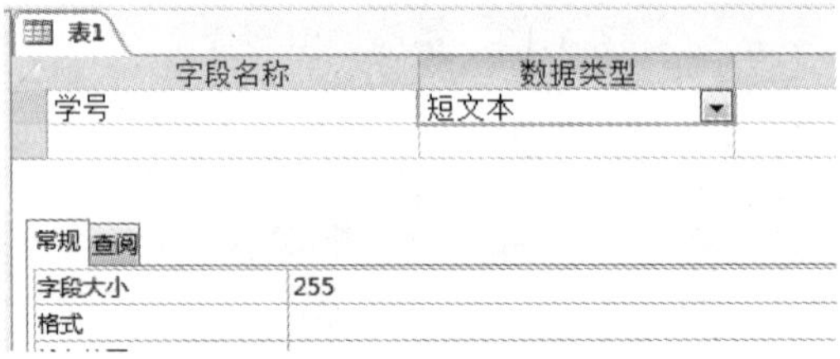

图 3-14　数据类型

（3）将图 3-14 中“字段属性”区默认短文本的“常规”属性字段大小由“255”改为“10”。

（4）单击“表格工具”→“设计”→“工具”→，将“学号”设置为主键（“学号”前出现钥匙），如图 3-15 所示。

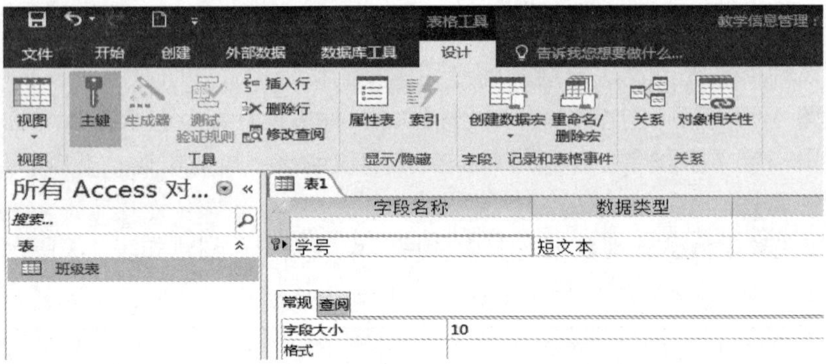

图 3-15　设置主键字段

（5）同理输入“姓名”，字段类型为“短文本”，字段大小设置为“10”（不需要设置成主键）。

（6）同理设置性别、政治面貌、班级编号等。

（7）在“字段名称”列输入“出生日期”，单击“数据类型”中“短文本”，弹出如图 3-3 所示的对话框，单击“日期/时间”，即将此字段设置为日期/时间型数据。

在“字段属性”区设置“出生日期”为“长日期”：单击“常规”→“格式”后的下拉菜单，在弹出的菜单中选择符合题目要求的“长日期”，如图 3-16 所示。

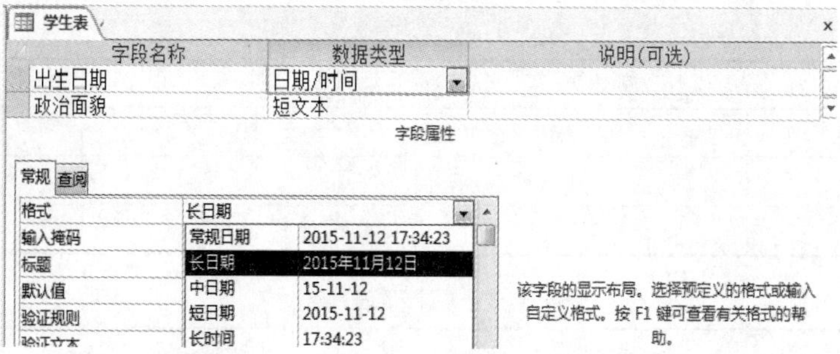

图 3-16　设置“出生日期”的常规属性为“长日期”

（8）同理设置“照片”数据类型为“OLE 对象”。

（9）单击“快速访问工具栏”的保存按钮，弹出“另存为”对话框，输入“学生表”，保存该表。

3.1.3　主键的设置与取消

设计表结构时，最好定义主键，以确保记录的唯一性，即避免任何重复的数值或 NULL（空）值保存到主键字段中。在 Access 2016 中，可以定义 3 种主键：自动编号、单字段及多字段主键。

1. 自动编号主键

创建一个空表时，在保存表之前如果未设置主键，Access 2016 会询问是否需要设置一个自动编号的主键，如图 3-17 所示。如果点击“是”按钮，系统自动在表中添加一个 ID 字段，数据类型默认为“自动编号”，在输入记录时，系统会自动输入连续数字的编号，不需用户输入。

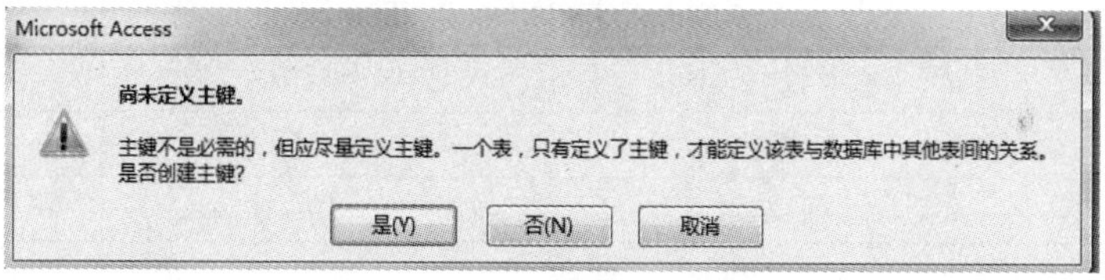

图 3-17　定义主键对话框

2. 单字段主键

在表中，如果某一字段的值能唯一标识一条记录，就可以将此字段指定为主键。在设计视图中，选中该字段，单击“主键”即可设置该字段为主键。

3. 多字段主键（组合主键）

在表中，可以将两个或更多字段指定为主键（至多包括 10 个字段）。如果主键由多个字段组成，设置时，可按“Ctrl”键单击字段选择，选中作为主键的字段，再单击“主键”按钮，即可设置组合主键。

如果要取消字段的主键定义，可选择已设置的主键字段后，再单击“主键”按钮，或者重新设置主键，之前设置的主键自动取消。

例 3-3　使用表“设计视图”，创建“成绩表”“课程表”“授课表”“用户表”和“学院表”等，结构如表 3-4 ~ 表 3-8 所示。

表 3-4 “成绩表”结构

字段名	字段类型	字段大小	是否主键
学号	短文本	10	是
课程编号	短文本	5	是
成绩	数字	单精度（1 位小数）	否

表 3-5 “课程表”结构

字段名	字段类型	字段大小	是否主键
课程编号	短文本	5	是
课程名	短文本	20	否
课程类型	短文本	5	否
学分	数字	字节	否

表 3-6 “授课表”结构

字段名	字段类型	字段大小	是否主键
课程编号	短文本	5	否
教师编号	短文本	5	否
班级编号	短文本	10	否

表 3-7 “学院表”结构

字段名	字段类型	字段大小	是否主键
学院编号	短文本	10	是
学院名称	短文本	20	否

表 3-8 “用户表”结构

字段名	字段类型	字段大小	是否主键
用户 ID	数字	字节	是
用户名	短文本	10	否
密码	短文本	10	否
Email	短文本	30	否
电话	短文本	20	否

3.1.4 创建表的不同方法及不同视图的区别

使用表设计器是创建表的主要方法，使用数据表创建的表往往需要切换到设计视图下对表进行进一步完善。表的视图方式分为数据表视图和设计视图。

1. 数据表视图与设计视图的区别

数据表视图与设计视图都是对表的操作窗口，前者重点是对表的数据操作，后者重点是对表的结构操作，两者的共同点是字段名的修改操作。

数据表视图是按行和列显示表及数据的窗口，主要完成对数据的操作，如修改表的字段，对数据进行修改、添加、删除和查找等操作。

设计视图是专门修改表结构的窗口，用来创建、修改表结构及设置字段属性等操作。

2. 数据表视图与设计视图的切换

① 打开数据库，双击要打开的表，打开表，单击功能区的“开始”→“视图”→选择“数据表视图”或“设计视图”。

② 在表对象中选中某张要打开的表，单击鼠标右键，在快捷菜单中若单击“打开”，即打开表的数据表视图；若单击“设计视图”，即打开表的设计视图。

3.2 设置字段属性

在设计表结构时，除了考虑字段名、字段类型属性外，还要考虑字段的其他属性，如字段大小、格式、输入掩码、标题、默认值、验证规则和验证文本等。合理设置字段属性，可以保证输入数据的正确性，加快数据的输入速度以及控制字段显示方式等。表结构设计的合理性和完整性是一个数据库系统设计好坏的关键。

3.2.1 设置字段大小

短文本型、长文本型、数字型和自动编号的字段可以设置字段的大小，用来设置文本的最大长度或数字的取值范围。

1. 短文本型字段大小

短文本型字段大小取值在 1 ~ 255。Access 2016 使用 Unicode 编码，无论汉字、英文字符还是数字字符均用两个字节表示，称一个字符。如“性别”字段的字段大小设置为 1 就可以了。

Access 2016 以实际输入的字符数来决定所需的磁盘存储空间，而不是以设定的字段大小，字段大小只限定字符数的最大值。

2. 长文本型字段的大小

长文本型字段允许存储的最大字符个数为 65 535，如备注字段可以设置为长文本。

3. 数字型字段的大小

数字型字段的大小如表 3-9 所示。

表 3-9　数字型字段的大小及小数位数

可设置项	数据范围（说明）	小数位数	存储空间（字节数）
字节	0 ~ 255	0	1
整型	−32768 ~ 32767	0	2
长整型	−2147483648 ~ 2147483647	0	4
单精度型	绝对值为 1.4×10^{-45} ~ 3.4×10^{38}	7	4
双精度型	绝对值为 4.9×10^{-324} ~ 1.797×10^{308}	15	8
同步复制 ID	ReplicationID，全球唯一标志符 GUID，它的每条记录都是不重复的	0	16
小数	绝对值为 10^{-28} ~ 1	28	12

其他类型的字段（如日期、是/否、货币等）无须指定大小，它们占用固定长度的存储空间。

3.2.2 设置“格式”和“小数位数”

格式属性用来规定文本、数字、日期和是/否型字段的数据显示或打印格式，使字段值的显示风格符合用户的要求。

对数字型数据，可以设置小数位数，控制显示的小数位数。

1. 文本格式设置

预定义格式为系统提供的格式，自定义格式为用户根据实际需求创建的格式。

（1）文本自定义。

文本类型没有预定义格式，只有自定义。其自定义格式为：

<格式符号>；<字符串>

其中，<格式符号>用来定义文本字段的格式，如表 3-10 所示；<字符串>用来补充定义字段为空时的字段格式。

表 3-10　文本自定义格式符

字符	说　明
@	用于显示在格式字符串中的相应位置上可用的任何字符。数据以点位符位数右对齐。如果输入数据少于点位符位数，则在左边剩余的占位符将显示为空格
&	用于显示在格式字符串中的相应位置上可用的任何字符，数据左对齐。如果输入的数据少于点位符的位数，则右边剩余的占位符将不会显示任何内容
!	用于数据左对齐。必须在任何格式字符串的开头使用此字符
-	用于数据右对齐。必须在任何格式字符串的开头使用此字符
<	用于将所有文本强制为小写。必须在格式字符串的开头使用此字符，但可以在其前面放置一个感叹号（!）
>	用于将所有文本强制为大写。必须在格式字符串的开头使用此字符，但可以在其前面放置一个感叹号（!）
*	使用星号（*）时，紧随其后的字符将变成填充字符（用来填充空格的字符）。Access 一般会以左对齐方式显示文本，并用空格填充该值右侧的任何区域。可以在格式字符串中的任何位置添加填充字符
空格+-$()	用于根据需要在格式字符串中的任何位置插入空格、数学字符（+-）、金融符号（$¥£）和圆括号。如果想使用其他常见的数学符号，如斜杠（\或/）和星号（*）等，需用双引号，可以将这些字符放置在格式字符串中的任何位置
"文本"	用双引号引起希望显示给用户的任何文本
\	用于强制 Access 显示紧随其后的字符，这与用双引号引起一个字符具有相同的效果
[颜色]	用于向格式中某个部分的所有值应用颜色。必须用方括号括起颜色的名称并使用下列名称之一：黑色、蓝色、蓝绿色、绿色、洋红色、红色、黄色或白色等

表 3-10 列出并说明了可应用于具有“短文本”和“长文本”数据类型字段的自定义格式。

（2）文本自定义格式知识要点。

格式属性只影响值如何显示，不影响表中值如何存储。而且显示格式只有在输入的数据被保存后才应用，在字段中不会显示任何信息以建议或控制数据的输入格式。如果要让数据按输入时的格式显示，则不要设置格式属性。Access 会将数据表中的所有文本对齐。

2. **数据、货币格式设置**

（1）预定义格式说明。

数字、货币预定义格式如表 3-11 所示。

表 3-11　数字和货币预定义格式

字　符	说　明	以单精度数 3456.789 为示例
常规数字	（默认值）以输入的方式显示数字	3456.79
货币	使用千分位分隔	¥3,456.79
固定	至少显示一位数字	3456.79
标准	使用千分位分隔	3,456.79
百分比	乘以 100 再加上百分号（%）	345678.90%
科学记数	使用标准的科学记数法	3.46E+03

（2）自定义格式。

数字、货币的自定义格式如下：

<正数格式>；<负数格式>；<零值格式>；<空值格式>

格式共分 4 部分，每个部分都可以省略，未指定格式的部分将不显示任何信息。

自定义的格式化符号如表 3-12 所示。

表 3-12　数字和货币格式化符号

字符	说　明	示例	显示
#	用于显示一个数字。此字符的每个实例都表示一个数字的位置。如果某个位置不存在任何值，则该位置将显示空格	##.###	输入 0.01 显示　.01
0	用于显示一个数字。此字符的每个实例都表示一个数字的位置。如果某个位置不存在任何值，则 Access 将显示 0	00.000	输入 456.7 显示 456.700
,	千位分隔符	#，###.##	输入 4567.89 显示 4,567.89
.	小数分隔符	00.00	输入 2 显示 02.00
空格+－$()	用于根据需要在格式字符串中的任何位置插入空格、数学字符（+ －）、金融符号（￥£$）	$#.##	输入 4567.89 显示$4567.89
%	用作格式字符串中的最后一个字符。将该值乘以 100 并在结果后面显示一个尾随百分号	#0.0%	输入 9 显示 900.0%
E+、E-或 e+、e-	用于使用科学记数法显示值。使用 E+或 e+显示正指数，E-或 e-显示负指数。必须将这些占位符与其他字符一起使用	##E+00	输入 4567.89 显示 46E+02

3. 日期/时间格式设置

（1）系统提供了日期/时间型的预定义格式，共分为 7 种格式，如图 3-22 所示。日期/时间的显示格式主要与 Windows 操作系统的区域设置一致。

（2）用户也可自定义格式，格式为：

<日期格式>；<时间格式>

自定义符号如表 3-13 所示。

表 3-13 日期/时间自定义格式

字 符	说 明
/	用于控制 Access 放置年月日的分隔符的位置。Access 将使用在 Windows 区域设置中定义的分隔符
C	用于显示常规日期格式
D 或 dd	用于将月中的某一天显示为一位或两位数字。对于一位数字，使用单个占位符；对于两位数字，使用两个占位符
ddd	用于将星期几缩写为三个字母
dddd	用于拼写出星期几的全称
ddddd	用于显示短日期格式
dddddd	用于显示长日期格式
W	用于显示星期几的编号
m 或 mm	用于将月份显示为一位或两位数字
mmm	用于将月份的名称缩写为三个字母
mmmm	用于拼写出月份的全称
Q	用于显示当前日历季度的编号（1～4）
Y	用于显示一年中的某一天（1～366）
yy	用于显示年份中的最后两个数字，建议输入和显示给定年份的全部四个数字
yyyy	用于显示介于 0100 和 9999 之间的年份的所有数字
:	用于控制 Access 放置小时、分钟和秒钟的分隔符。Access 将使用在 Windows 区域设置中定义的分隔符
H 或 hh	用于将小时显示为一位或两位数字
N 或 nn	用于将分钟显示为一位或两位数字
S 或 ss	用于将秒钟显示为一位或两位数字
ttttt	用于显示长时间格式
AM/PM	用于显示尾随有 AM 或 PM 的 12 小时制时间值。Access 根据计算机中的系统时钟来设置该值
A/P 或 a/p	用于显示尾随有 A、P、a 或 p 的 12 小时制时间值。Access 根据计算机中的系统时钟来设置该值
AMPM	用于显示 12 小时制时间值。Access 使用在 Windows 区域设置中指定的上午和下午指示符

4. 是/否格式设置

（1）“是/否”类型提供了 Yes/No、True/False、On/Off 预定义格式，如果设置了某个预定义格式，输入其他格式时，则自动转换为设置格式，以保持统一样式。

（2）“是/否”型字段的“查阅”选项卡中，“显示控件”属性包括复选框、文本框、组合框。

如果“显示控件”选用复选框时，是以控件显示数据，对所有格式显示都一样，控件“☑”表示真，控件“□”表示假。

如果“显示控件”选用文本框和组合框，选择预定义格式，则以字符显示数据，Yes、True、On 表示真，No、False、Off 表示假。在数据表视图输入数据时，输入 1 显示 Yes、True 或 On，输入 0 显示 No、False 或 Off。

（3）当选“显示控件”选用文本框和组合框，还可以采用自定义格式，格式如下：

；<真的格式>；<假的格式>

例 3-4 在“教学信息管理”数据库中使用设计视图创建如表 3-14 所示的“教师表”，设置“教师编号”右对齐；“教师姓名”用蓝色显示，并以 3 个字符为基准；设置“工资”为货币型，保留两位小数。

表 3-14 “教师表”结构

字段名	字段类型	字段大小	是否主键
教师编号	短文本	5	是
教师姓名	短文本	10	否
性别	短文本	1	否
参加工作时间	日期/时间	短日期	否
政治面貌	短文本	8	否
职称	短文本	4	否
学院编号	短文本	10	否
工资	货币	2 位小数	否
联系方式	短文本	10	否

操作步骤：

（1）打开“教学信息管理”数据库，通过设计视图创建“教师表”。

（2）打开“教师表”的设计视图，选择“教师编号”字段，在“常规”属性选项卡的“格式”文本框中，输入“-”，如图 3-18 所示。

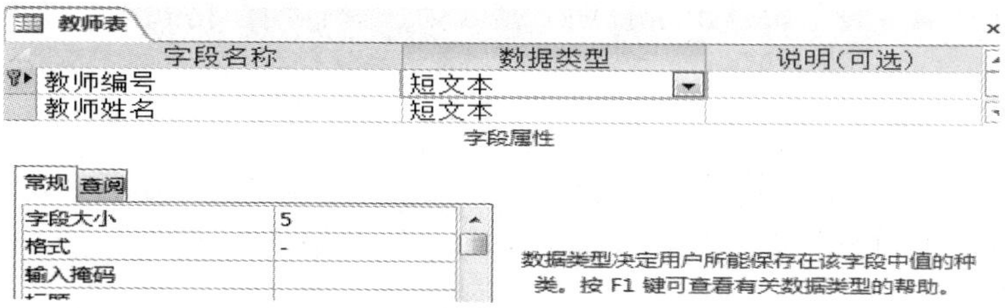

图 3-18 设置“教师编号”格式

（3）选择“教师姓名”字段，在“常规”属性选项卡的“格式”文本框中“[蓝色]@@@”，如图 3-19 所示。

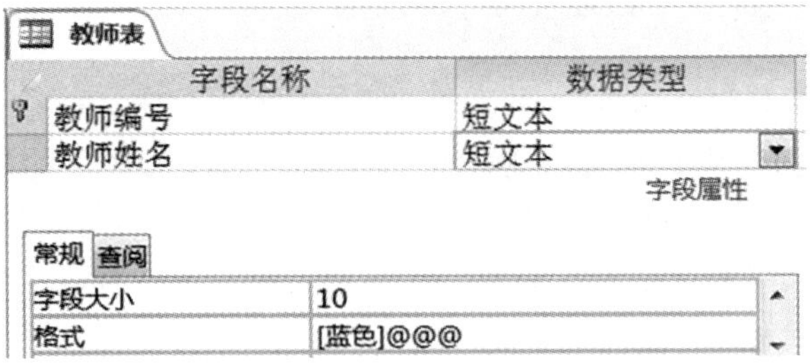

图 3-19　设置“教师姓名”格式

说明：格式“@@@”表示 3 个字符位，如果字段的数据个数小于 3 个，则前面填充空格，使总个数为 3 个；如果采用格式符“&&&”，则数据前不填充任何字符，直接显示原字段数据。

（4）选择“工资”字段，在“常规”属性选项卡的“格式”下拉列表框中选择“货币”，如图 3-20 所示。

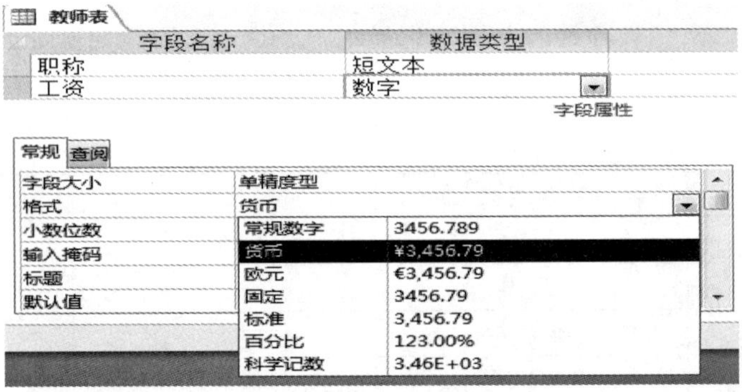

图 3-20　“货币”格式设置

（5）选择“工资”字段，在“常规”属性选项卡的“小数位数”下拉列表框中选择“2”，如图 3-21 所示。

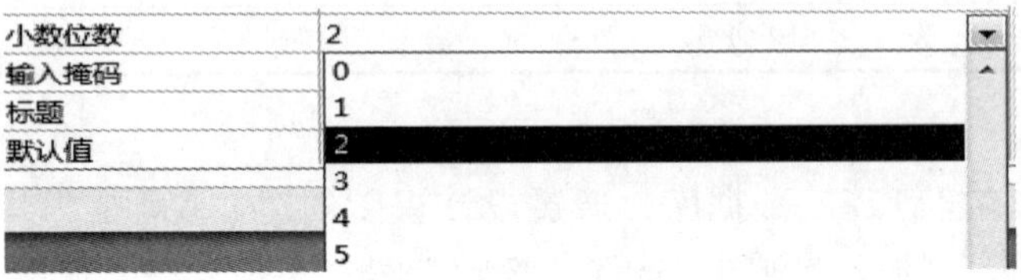

图 3-21　小数位数设置

例 3-5　设置“学生表”中“出生日期”格式为“短日期”格式。

操作步骤：

打开“学生表”的设计视图窗口，选中“出生日期”字段，在“常规”选项卡中，单击“格式”右侧向下按钮，在弹出的下拉列表框中，选择“短日期”，如图 3-22 所示。

例 3-6　设置“教师表”中“参加工作时间”字段的格式显示样式为“Mar,06,2018”。

操作步骤：

打开“教师表”的设计视图窗口，选中“参加工作时间”字段，在“常规”选项卡的“格式”文本框中输入“mmm","dd","yyyy”，系统自动转换为“mmm\,dd\,yyyy”，如图 3-23 所示。在数据表视图中输入“2019.3.1”，显示为“Mar,01,2019”。

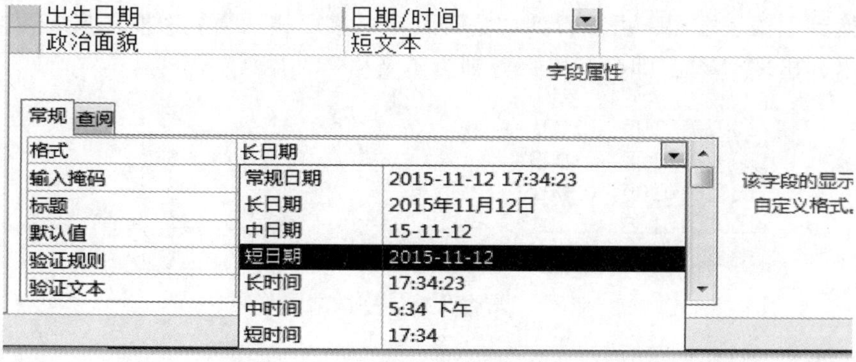

图 3-22　日期/时间的预定义格式

图 3-23　日期自定义格式设置

例 3-7　在“成绩表”中，增加一个字段“是否及格”，数据类型为“是/否”，格式设置为：真显示为“及格”，假显示“不及格”。

操作步骤：

（1）打开“成绩表”的设计视图，在“成绩”字段后，添加“是否及格”字段，设置数据类型为“是/否”。

（2）选择“查阅”选项卡，单击“显示控件”右侧向下按钮，选择“复选框”选项，如图 3-24 所示。

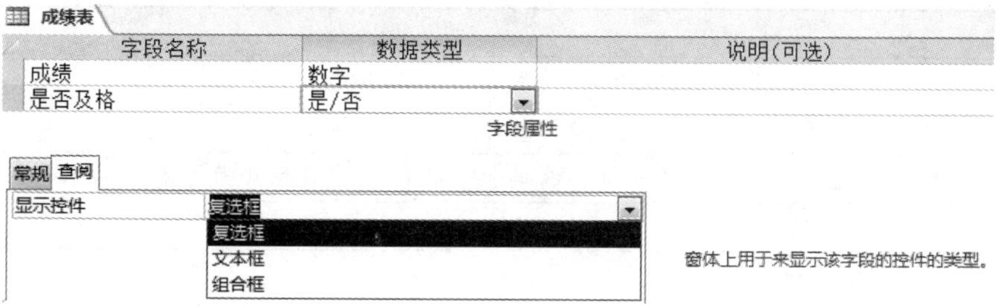

图 3-24　设置“显示控件”样式

（3）选择“常规”选项卡，在“格式”文本框中输入格式“；"及格"；"不及格"”，如图 3-25 所示。

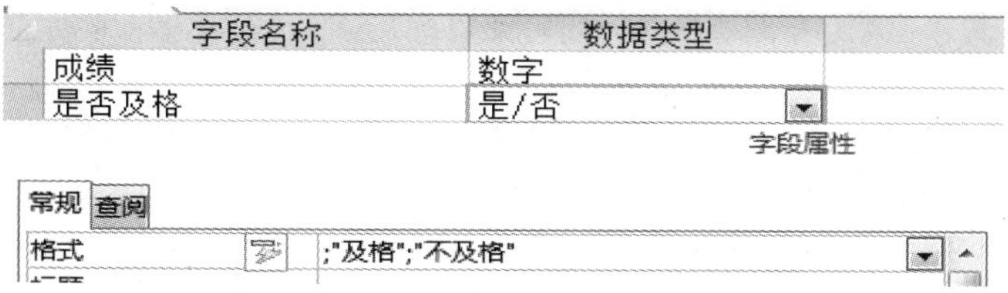

图 3-25　设置“是否及格”字段格式

（4）切换到数据表视图，可以看到“是否及格”字段显示为复选框，当成绩≥60 时，在复选框中单击，出现“✓”，即为及格，否则为不及格，如图 3-26 所示。

1002010105	01001	93	☑
1002010105	01003	55	☐
1002010105	02002	95	☑
1002010105	03001	83	☑
1002010106	01001	92	☑

图 3-26　“是否及格”字段显示形式

3.2.3　设置“输入掩码”

“输入掩码”属性是保证输入的数据与数据表数据设计要求相一致，保证了输入数据的格式统一性，输入数据时系统自动判断输入的数据是否符合掩码规则，对于不符合掩码规则的数据，不能存放到数据表的字段中。

（1）自定义输入掩码的格式为：

<输入掩码的格式符>；<0、1 或空白>；<任何字符>

其中，输入掩码的格式符用于定义字段输入数据的格式，如表 3-15 所示；<0、1 或空白>用于确定数据的存储方式。

完整保存方式：存储方式的值为 0，若输入掩码采用这种方式，系统会将用户输入的字符与提示字符一起保存到记录中。

部分保存方式：存储方式的值为 1 或空白。系统只保存用户输入的字符。部分保存方式虽然可以节约存储空间，但有可能产生异常错误。所以，输入掩码的存储方式一般应该定义为 0。

表 3-15　输入掩码的格式符

格式字符	说　明
0	数字（0~9，必选项；不允许使用加号[+]和减号[-]）
9	数字或空格（非必选项；不允许使用加号和减号）
#	数字或空格（非必选项；空白将转换为空格，允许使用加号和减号）
L	字母（A~Z，必选项）
?	字母（A~Z，可选项）
A	字母或数字（必选项）
a	字母或数字（可选项）
&	任一字符或空格（必选项）
C	任一字符或空格（可选项）
. , : ; - /	十进制占位符和千位、日期和时间分隔符（实际使用的字符取决于控制面板中指定的区域设置）
<	使其后所有的字符转换为小写
>	使其后所有的字符转换为大写
!	使输入掩码从右到左显示，而不是从左到右显示。输入掩码中的字符始终都是从左到右填入可以在输入掩码中的任何地方包括感叹号

续表

格式字符	说　明
\	使其后的字符显示为原义字符。可用于将该表中的任何字符显示为原义字符（例 A 显示为 A）
“文本”	用双引号括起来希望用户看到的文本
密码	将“输入掩码”属性设置为“密码”，可以让输入的数据显示为一串“*”号，保存时还是以原字符保存

（2）输入掩码只为文本型和日期/时间型字段提供向导，其他数据类型没有向导帮助。因此，对于数字或货币型的字段来说，只能使用字符直接定义输入掩码属性。

（3）如果为某个字段定义了输入掩码，同时又设置了格式属性，格式属性在数据显示时优先于输入掩码的设置。所以设置掩码时，不要与格式相冲突。

例 3-8　将“学生表”中的“出生日期”字段的输入掩码设置为“长日期”型。

操作步骤：

（1）打开“学生表”设计视图，选择“出生日期”字段，在“常规”选项卡中，单击“输入掩码”框右侧“生成”按钮[...]，弹出输入掩码向导第一步：“请选择所需的输入掩码”对话框，如图 3-27 所示。

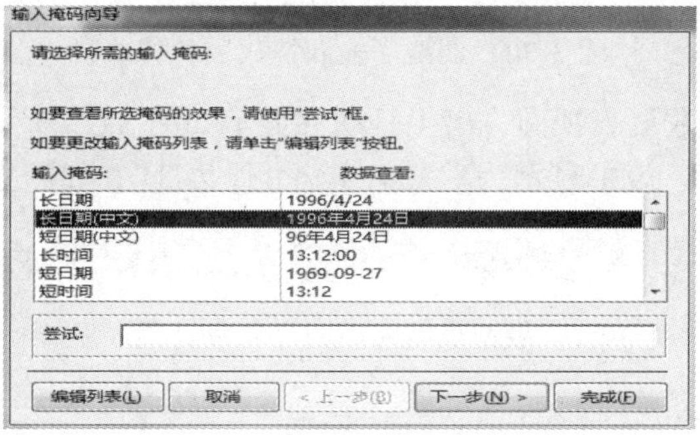

图 3-27　选择所需的输入掩码

（2）在输入掩码列表框中，选择“长日期”类型，然后单击“下一步”按钮，弹出“请确定是否更改输入掩码及占位符”对话框，如图 3-28 所示，输入掩码向导第二步：选择默认的输入掩码“9999/99/99”；占位符“_”单击“下一步”按钮。

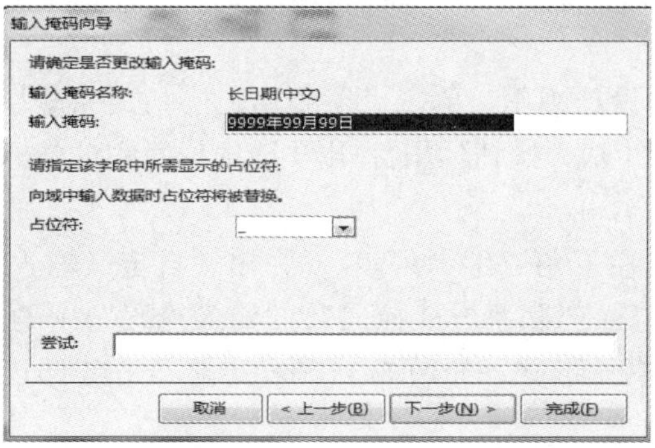

图 3-28　确定输入掩码及占位符

（3）弹出输入掩码向导第三步：显示向导已经创建完成输入掩码，如图 3-29 所示。

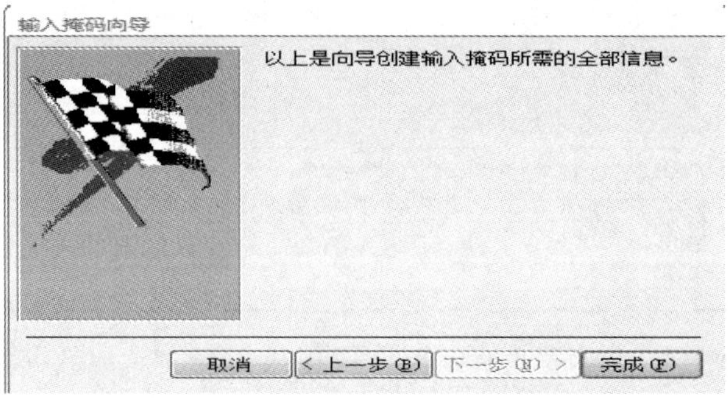

图 3-29　“完成”对话框

（4）单击“完成”按钮，系统会自动创建输入掩码，如图 3-30 所示。

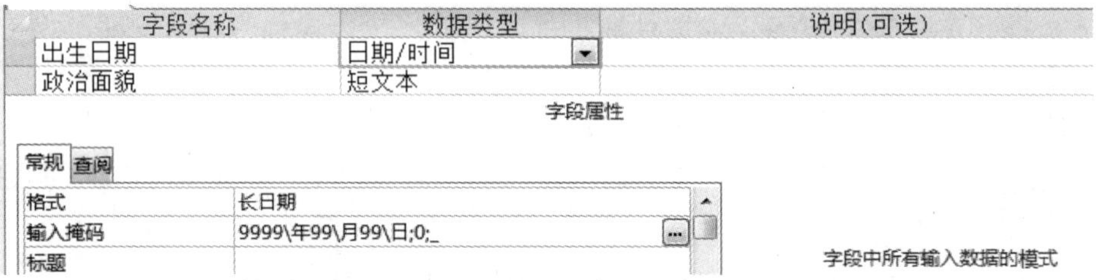

图 3-30　创建“输入掩码”的样式

（5）保存表，切换到数据表视图，出生日期列显示如图 3-31 所示，一个“-”为一个占位符，如输入“2001.11.02”，表中显示为“2001 年 11 月 2 日”，如图 3-32 所示。

图 3-31　数据表视图中的“出生日期”显示

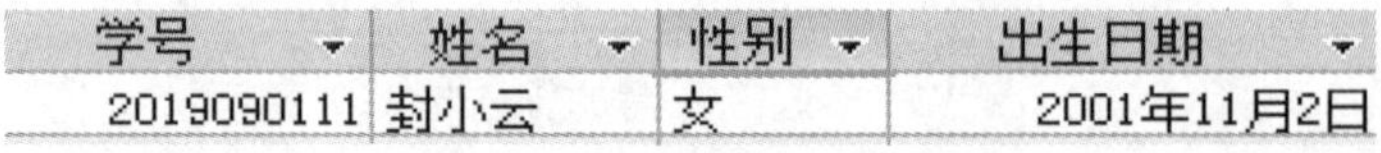

图 3-32　输入数据后的显示

例 3-9　将“教师表”中的“联系方式”字段的输入掩码设置为“010-########”形式。其中，“010-”部分自动输入，后 8 位为 0 ~ 9 的数字。

操作步骤：

（1）打开“教师表”的设计视图，单击“联系方式”，在“常规”选项里选择“输入掩码”，单击“输入掩码”框右侧“生成”按钮[...]，弹出“请选择所需的输入掩码”对话框，如图 3-33 所示。

（2）在图 3-33 中单击左下角“编辑列表”，弹出“自定义输入掩码向导”，如图 3-34 所示。在“说明”对话框里输入“联系方式掩码”，“输入掩码”中输入“"010"-00000000”，占位符用“#”号，其他采用默认形式，如图 3-35 所示（注意 010 两边需加英文双引号，以文本形式处理）。

（3）在图 3-35 中单击右侧“关闭”按钮，弹出如图 3-36 所示，选择“联系方式掩码”。

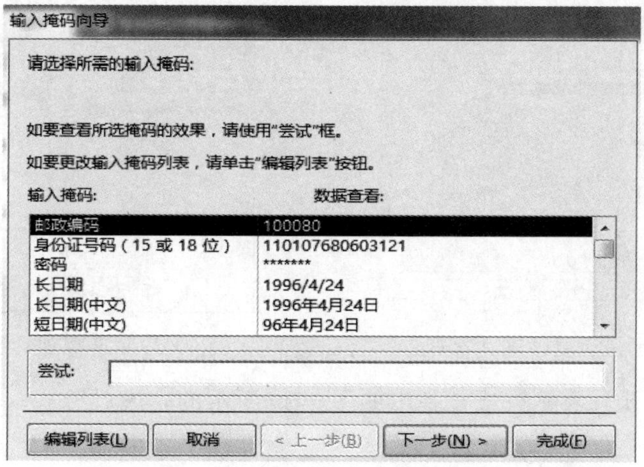

图 3-33　选择需要的输入掩码

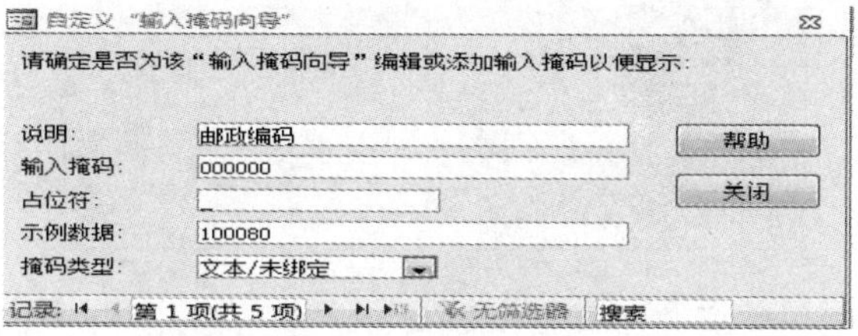

图 3-34　自定义输入掩码

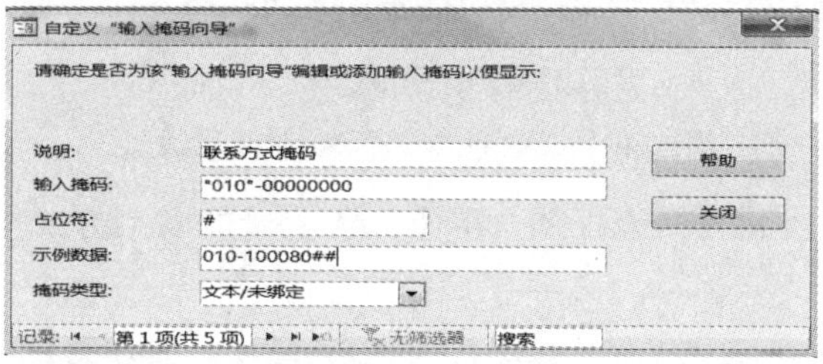

图 3-35　联系方式掩码

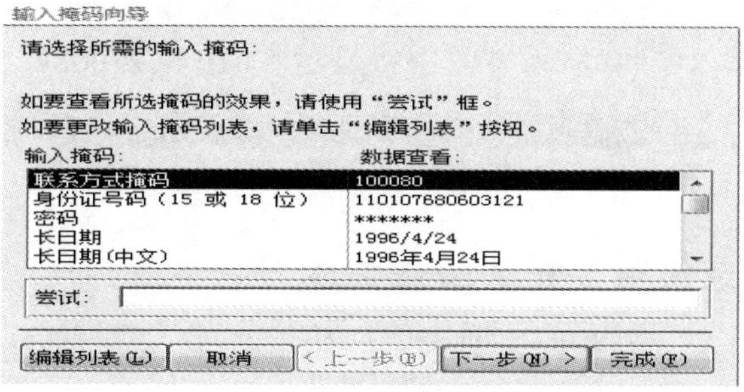

图 3-36　“请选择所需要的输入掩码”

（4）单击“下一步”，将弹出“请确定是否更改输入掩码”对话框，如图 3-37 所示。

（5）单击“下一步”，进入“请选择保存数据的方式”，这里选择“像这样使用掩码中的符号”，如图 3-38 所示。

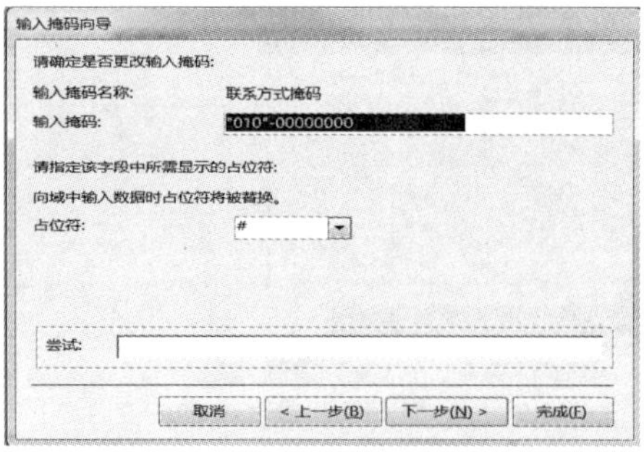

图 3-37　确定是否更改输入掩码

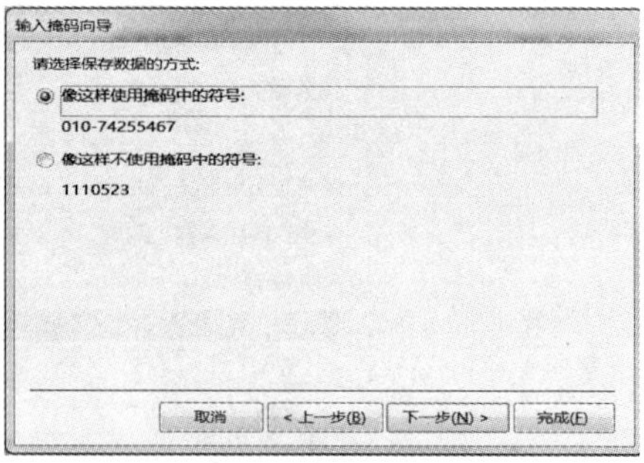

图 3-38　选择保存数据的方式

（6）继续“下一步”直到完成，弹出如图 3-39 所示的完成对话框。

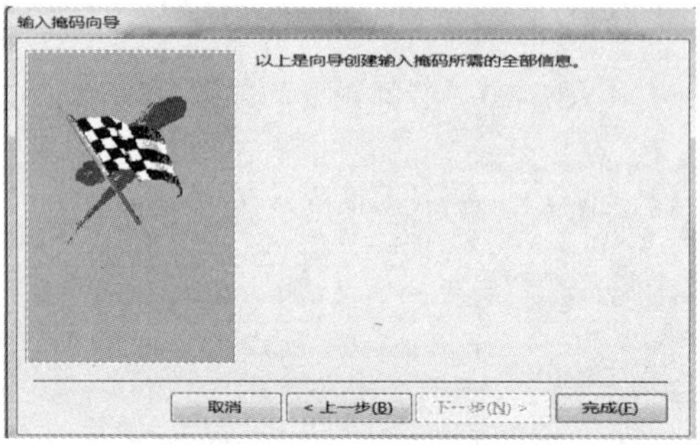

图 3-39　完成输入掩码创建提示信息框

（7）单击“完成”返回到设计视图，如图 3-40 所示。

图 3-40　“联系方式”输入掩码设置

（8）保存表设计，切换到数据表视图，在任一条记录的联系方式中单击，将出现如图 3-41 所示的显示形式。

图 3-41　“联系方式”输入掩码

“#”为占位符，若输入“”，联系方式中将显示“010-56280088”，如图 3-42 所示。

图 3-42　“联系方式”中的数据显示

3.2.4　设置“验证规则”和“验证文本”

字段的验证规则是在输入数据时设置字段的约束条件，限制非法输入，即用户自定义完整性。

设置“验证规则”和“验证文本”的意义：

（1）设置字段的“验证规则”和“验证文本”能对输入的数据进行检查，对不符合规则的数据，系统会显示验证文本提示信息，并拒绝输入，用户可启用帮助功能或重新输入正确的数据。

（2）验证规则的条件表达式，随对应字段的数据类型不同而不同，数字或日期时间可表示一定的范围，文本可限制在几个特定字符之间。

（3）对于复杂的条件表达式设置可在“验证规则”框中单击右侧的按钮，在打开的“表达式生成器”对话框内设置。

例 3-10 定义“教师表”中“性别”字段的“验证规则”为：“男”或“女”；“验证文本”的提示信息为：“性别只能输入"男"或"女"。

操作步骤：

（1）打开“教师表”设计视图，设置验证规则。

① 选择“性别”字段，在“常规”选项卡的“验证规则”文本框中输入“[性别]="男" Or [性别]="女"”，如图 3-43 所示。

验证规则	[性别]="男" Or [性别]="女"
验证文本	只能输入"男"或"女"

图 3-43 设置“验证规则”和“验证文本”

② 单击“验证文本框”右侧...，打开表达式生成器，在表达式生成器里输入“[性别]="男" Or [性别]="女"”，如图 3-44 所示。

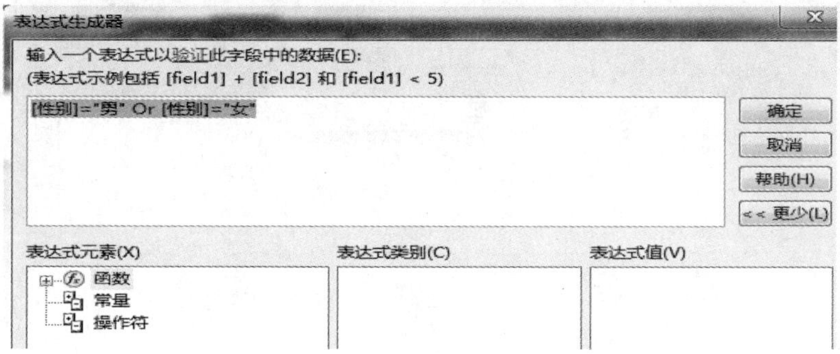

图 3-44 表达式生成器对话框

注：对于指定字段的条件表达式，可以省略条件运算符左边的引用字段，如果运算符为“=”号，其运算符也可省略。

例 3-10 中，条件表达式可简化为“"男" Or "女"”，使条件表达式书写更简单，如图 3-45 所示。

验证规则	"男" Or "女"
验证文本	只能输入"男"或"女"

图 3-45 简化条件表达式

（2）设置验证文本。

在“验证文本”文本框中输入“只能输入"男"或"女"”，如图 3-43 所示。

（3）切换到“教师表”数据表视图，输入数据。

在性别字段输入值，当值不是“男”或“女”时，系统会弹出提示框，如图 3-46 所示，拒绝接受错误数据输入，直到用户输入正确或取消输入。

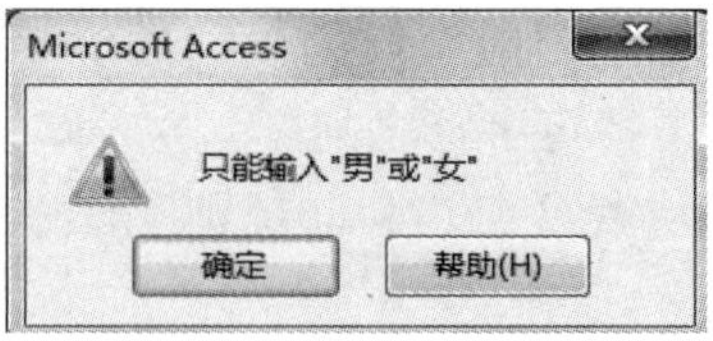

图 3-46 输入错误提示对话框

例 3-11 设置“成绩表”的成绩字段“验证规则”：只能大于等于 0，小于等于 100；“验证文本”提示信息“成绩应在 0 ~ 100”。

操作步骤：

（1）设置验证规则。

打开“成绩表”的设计视图，选择“成绩”字段，在常规选项卡的“验证规则”文本框中单击右边的...，弹出“表达式生成器”对话框，在编辑框里输入“>=0 And <=100”，如图 3-47 所示，单击“确定”按钮。

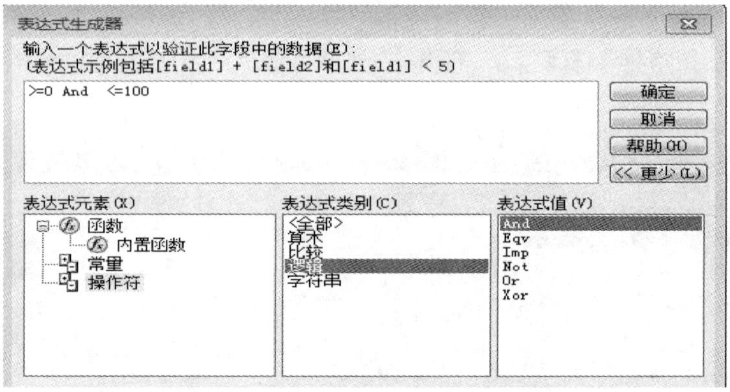

图 3-47 设置“成绩”字段的有效性

（2）设置验证文本。

在“验证文本”文本框中输入“成绩应在 0 ~ 100”，

（3）输入数据。

切换到数据表视图，输入成绩时，若输入的数据小于 0 或大于 100 时，Access 将弹出一个提示对话框，直到输入正确的数据。

3.2.5 设置“标题”

字段标题类似字段名的别名，在数据表视图里显示为字段名，但字段真正的名称还是字段名，数据库只认识表结构中定义的字段名称，如果某一字段未设置标题，系统默认将字段名设置为标题。

例 3-12 在“学生表”中将字段名为“出生日期”的标题改为“生日”。

操作步骤：

（1）打开“学生表”设计视图，选择“出生日期”字段，在“常规”选项卡中的“标题”文本框中输入“生日”，如图 3-48 所示。

（2）保存表，切换到数据表视图，结果如图 3-49 所示。

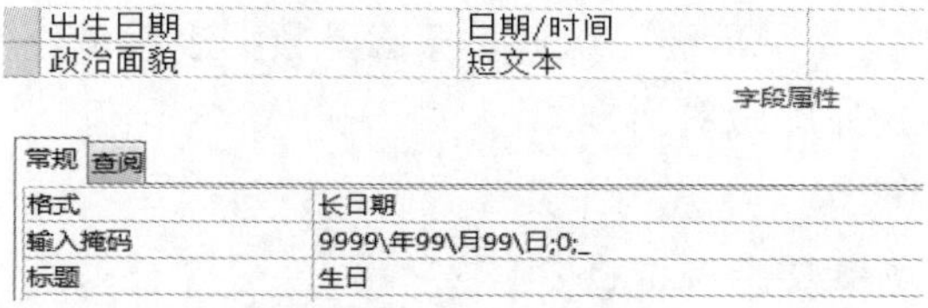

图 3-48　更改“标题”

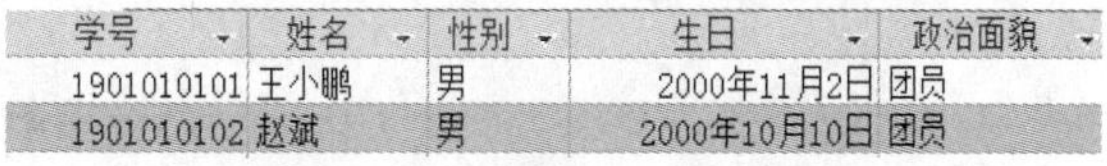

图 3-49　“标题”显示结果

3.2.6　设置“默认值”

在输入表的数据时，如果某个字段值大量重复使用，使用“默认值”属性，当添加新记录时系统会为该字段自动填充“默认值”，减少数据的输入量。默认值的设置应与所设置的字段类型相一致或兼容，否则会出现类型不匹配的错误。文本型数据加双引号，日期时间数据加#。

例 3-13　将“学生表”里的“性别”字段“默认值”设置为“男”。

操作步骤：

（1）打开“学生表”设计视图，选择“性别”，在“常规”选项卡中的“默认值”文本框中输入“男”，如图 3-50 所示。

图 3-50　设置“默认值”

（2）保存表，切换到数据表视图，结果如图 3-51 所示，默认新的记录中的“性别”为“男”。

图 3-51　“默认值”显示结果

输入文本值时，也可以不用双引号，系统会自动加上双引号。默认值只对新的记录有效，对已经输入的数据无效，即不能改变已有记录。

3.2.7　设置“必需”属性

“必需”属性又称“必填属性”，该属性取值有两个选择：“是”和“否”（默认），当选择“是”时，表示该字段必须填写内容，不允许为空；当选择“否”时，表示该字段可以不填写内容，允许为空。

例 3-14　将“学生表”里的“姓名”字段“必需”设置为“是”。

操作步骤：

（1）打开“学生表”设计视图，选择“姓名”字段，在“常规”选项卡中的“必需”下拉列表框中选择“是”，如图 3-52 所示。

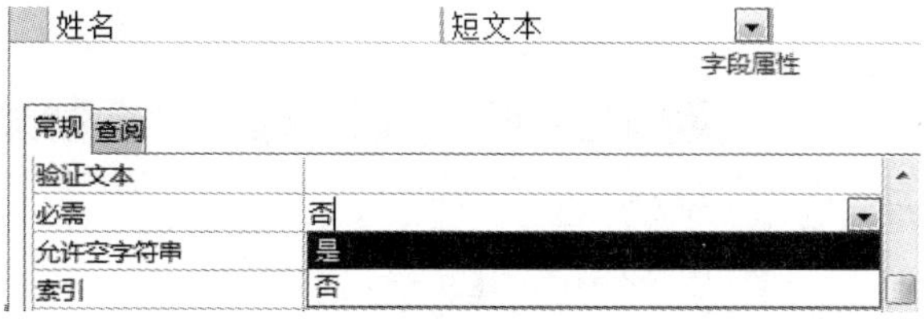

图 3-52　设置“必需”属性

（2）保存表，切换到数据表视图，弹出如图 3-53 所示的提示框。原因是数据表里已经有数据输入，如果在初始设计时设计此属性，就不会弹出此对话框。

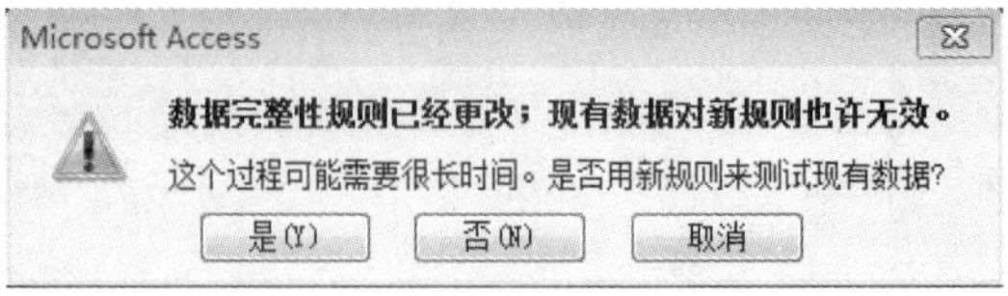

图 3-53 “必需”显示结果一

（3）根据需要选择上图中的“是”，切换到数据表视图，要求从第一条记录检查“姓名”是否为空，若为空则需要输入，也可以不输入，因为规则是针对新记录的，对已输入数据无效。

（4）在新记录“姓名”中若不输入数据，会弹出如图 3-54 所示的提示框，按“确定”返回数据表视图，输入合适的值，才可进行下一条记录的输入。

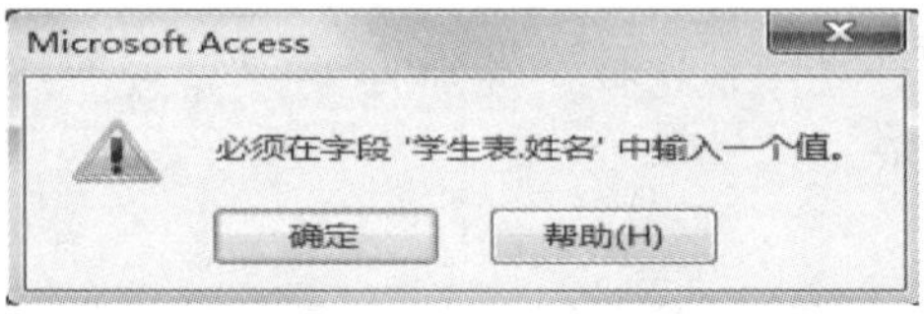

图 3-54 “班级名称”为必填字段

3.2.8 设置“索引”

索引通过对数据进行逻辑排序，建立一种数据快速查找的机制。创建索引有利于加快数据的检索速度，加快排序和分组操作。

（1）索引的分类。

索引有三种类型，分别为唯一索引、主索引和普通索引。

唯一索引：索引字段值不能重复，一个表可以建立多个唯一索引。

主索引：从多个唯一索引中，可以设置其中一个为主索引，一个表只能有一个主索引，设置主索引的字段称为主键。

普通索引：索引的值可以重复，一个表可以设置多个普通索引。

（2）索引名称为“PrimaryKey”的索引为“主索引”，这是创建主键时自动生成的。

（3）单字段索引属性用来指定字段是否创建索引和索引的创建方式。

（4）单字段索引有三个取值，分别为无、有（重复）和有（无重复）索引。

无索引：不创建索引。

有（重复）索引：创建普通索引，并且各记录中该字段的数据可以重复。

有（无重复）索引：创建唯一索引，即各记录中该字段的数据不能重复。

索引设置如图 3-55 所示。

图 3-55 设置字段“索引”

（5）多字段索引，可以创建多个字段索引，使用多字段索引排序记录时，Access 2016 将首先使用定义在索引中的第一个字段进行排序，如果记录在第一个字段中的值相同，使用索引中的第二个字段进行排序，以此类推。

创建组合索引时，在第二字段索引名称中，不要输入任何字符，否则就不能构成组合索引。

（6）编辑索引。可以在“索引”对话框中，修改已创建的索引，包括更改索引名称、索引字段、索引的排序次序以及删除索引等操作。

例 3-15 在“学生表”中，设置“姓名”的“索引”为“有（有重复）”。

操作步骤：

打开“学生表”数据表视图，选择“姓名”字段，在“常规”选项卡中，单击“索引”向下按钮，在下拉列表框中选择“有（无重复）”，如图 3-56 所示。

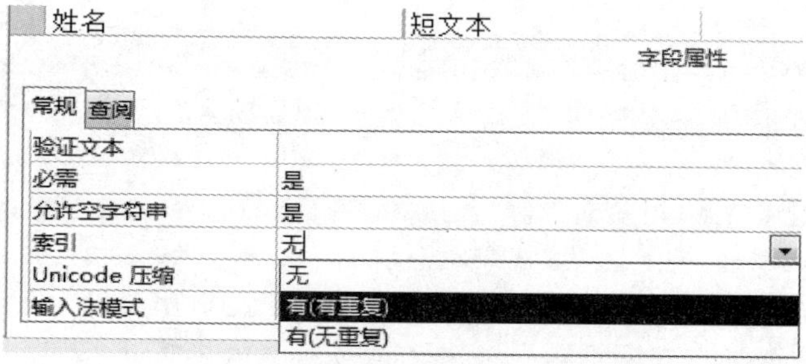

图 3-56 创建“姓名”重复索引

例 3-16 在“教师表”中，建立“性别+工资”多字段的索引。

操作步骤：

（1）打开“教师表”设计视图，单击“表格工具设计”工具栏上“索引”命令，如图 3-57 所示。

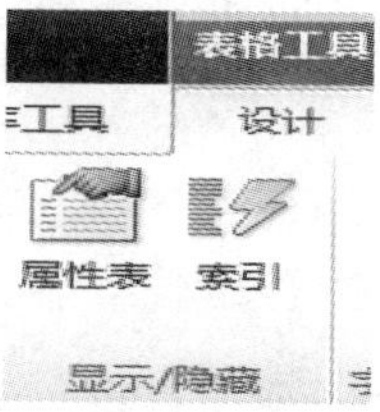

图 3-57 “索引”命令

（2）弹出“索引”对话框。如果当前表已定义了主键，Access 自动在“索引”对话框的第一行显示主键索引的名称、字段名称及排序次序。

在“索引名称”列中输入索引名称“性别工资”。在“字段名称”列中，单击右边向下箭头，从下拉列表中选择索引的第一字段“性别”，在“排序次序”列中，选择“升序”选项；再设置第二字段，字段名称选择“工资”，排序次序选择“降序”如图 3-58 所示。

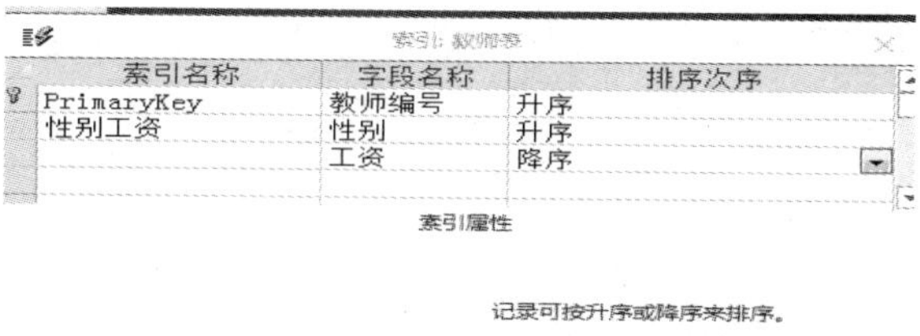

图 3-58 设置组合字段索引

（3）观察结果。

保存表，切换到数据表视图下观察结果，如图 3-59 所示，创建的组合索引未起作用，原因是系统默认以主索引即教师编号升序排序的，要想观察结果，需删除教师编号主键。

方法：① 可在索引对话框中选择 primary key 行，删除此行。

② 返回到教师表设计视图，取消“教师编号”作为主键，即不设置主键。

再次切换到数据表视图，观察结果，如图 3-60 所示，按前边创建的组合索引，先按性别升序排列，再按工资由高到低的降序排列。

注：在创建组合索引时在第二个“索引名称”中不要输入数据，否则创建不成功。升、降序根据要求在下拉列表框中进行选择。

教师表

教师编号	教师姓名	学院编号	性别	参加工作时间	政治面貌	职称	工资
20101	陈美丽	101	女	Aug, 09, 1995	党员	教授	¥8,000.00
20102	杜少雄	101	男	Jan, 11, 2000	群众	教授	¥7,500.00
20103	李黎华	104	男	Feb, 03, 1983	群众	教授	¥9,200.00
20104	关学敏	101	女	Jul, 16, 2009	党员	副教授	¥6,000.00
20105	郭启航	101	男	Oct, 13, 2005	群众	副教授	¥6,500.00
20106	郭波	103	男	Oct, 12, 2002	群众	教授	¥7,200.00
20107	李伟峰	104	男	Jun, 05, 1984	群众	教授	¥9,500.00
20108	李曦	102	女	May, 27, 2006	群众	副教授	¥7,000.00
20109	李秋玲	103	女	Feb, 03, 2012	党员	讲师	¥5,500.00
20110	刘伟业	102	男	Mar, 05, 2013	党员	讲师	¥5,000.00
20111	刘小君	103	女	Mar, 08, 2013	群众	讲师	¥5,000.00
20112	汪小峰	101	男	Mar, 05, 1998	群众	教授	¥7,800.00
20113	王大成	104	男	Jan, 23, 1996	党员	副教授	¥7,200.00
20114	封家成	104	男	Jan, 01, 2010	党员	助教	¥3,600.00

图 3-59　教师编号作为主键的数据显示

教师表

教师编号	教师姓名	学院编号	性别	参加工作时间	政治面貌	职称	工资
20107	李伟峰	104	男	Jun, 05, 1984	群众	教授	¥9,500.00
20103	李黎华	104	男	Feb, 03, 1983	群众	教授	¥9,200.00
20112	汪小峰	101	男	Mar, 05, 1998	群众	教授	¥7,800.00
20102	杜少雄	101	男	Jan, 11, 2000	群众	教授	¥7,500.00
20106	郭波	103	男	Oct, 12, 2002	群众	教授	¥7,200.00
20113	王大成	104	男	Jan, 23, 1996	党员	副教授	¥7,200.00
20105	郭启航	101	男	Oct, 13, 2005	群众	副教授	¥6,500.00
20110	刘伟业	102	男	Mar, 05, 2013	党员	讲师	¥5,000.00
20114	封家成	104	男	Jan, 01, 2010	党员	助教	¥3,600.00
20101	陈美丽	101	女	Aug, 09, 1995	党员	教授	¥8,000.00
20108	李曦	102	女	May, 27, 2006	群众	副教授	¥7,000.00
20104	关学敏	101	女	Jul, 16, 2009	党员	副教授	¥6,000.00
20109	李秋玲	103	女	Feb, 03, 2012	党员	讲师	¥5,500.00
20111	刘小君	103	女	Mar, 08, 2013	群众	讲师	¥5,000.00

图 3-60　未设置主键只有组合索引的数据显示

3.2.9　字段的其他属性

1. 允许空字符串

该属性只对文本型字段有效，其值仅有“是”和“否”两个选项。当取值为“是”时，表示该字段可以不填写任何字符；当取值为“否”时，表示该字段必须填写。

2. Unicode 压缩

该属性只有“是”和“否”两个选项，当取值为“是”时，表示该字段可以存储和显示多种语言的文本。

3. 输入法模式

该属性只对文本型字段有效，可设置随意、开启和关闭等多个选项。当在数据表中输入数据时，自动切换到输入法模式所指定的输入法。

4. 智能标记

该属性可将智能标记添加到字段和控件中。当向字段添加智能标记后，在激活该字段的单元格时，将显示智能标记操作按钮。

3.2.10 表结构的修改

创建表结构后，如果发现表的结构不完善，可以对表结构进行修改，修改对象包括增加字段、删除字段、移动字段、重命名字段、修改字段属性等。表结构的修改都是在表的设计视图中完成的，完成后，保存修改，才能有效。

例 3-17 在“教师表”的“政治面貌”字段前添加“籍贯”字段，数据类型为短文本，大小为 30，移动“籍贯”到照片后面；最后删除“籍贯”字段。

操作步骤：

（1）打开“教师表”的设计视图，选择“政治面貌”字段，单击“表设计”工具栏中的“插入行”按钮，插入一空行，如图 3-61 所示，输入字段名“籍贯”，数据类型为“短文本”，大小为 30。单击“保存”按钮。

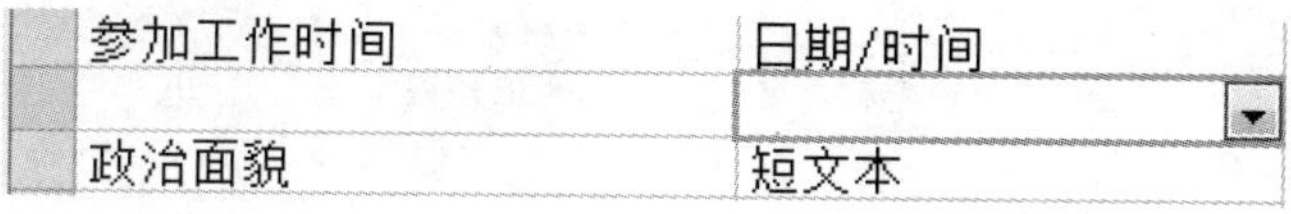

图 3-61　插入行

（2）选择“籍贯”字段，拖动“行选择”按钮至照片后面，在拖动时，行的下面出现一条实线，实线的位置表示字段的新位置。单击“保存”按钮。

（3）选择“籍贯”字段，单击“表设计”工具栏中的“删除行”按钮，或者选择“籍贯”字段，右击，执行“删除行”命令，或者直接按“Delete”键，删除行。

3.3 数据表中数据的操作

数据表的操作包括表中数据的操作和表之间的操作。

3.3.1 表中数据的输入

1. 输入不同类型的数据

根据创建表时设置的字段不同类型，输入不同类型的数据。

例 3-18 向“教师表”中输入如表 3-16 所示的数据。

表 3-16　输入记录

教师编号	姓名	性别	学院编号	参加工作时间	政治面貌	职称	工资	照片
20201	陈大力	男	103	1980/11/30	党员	教授	6000	
20202	陈思怡	女	104	2000/1/11	群众	讲师	4000	
20203	杜文涛	男	105	1983/2/3	群众	副教授	5000	

文本、数据直接输入，日期时间按年、月、日、时、分、秒顺序输入。如果没有定义输

入掩码，则分隔符连同数据一起输入；如果定义了掩码，则分隔符不必输入。

操作步骤：

（1）输入文本、数字、日期时间数据。

打开“教师表”数据表视图，在“✱”按钮所表示的新增的空记录中输入教师编号，这时按钮标记变为“✎”，表示正在编辑记录，并自动添加一条空记录，如图 3-62 所示。

图 3-62　向表中输入数据

（2）输入 OLE 对象数据。

在某条记录的“照片”单元格，单击右键，弹出快捷菜单，如图 3-63 所示。

单击“插入对象”，弹出如图 3-64 所示的对话框。

图 3-63　插入图片快捷菜单

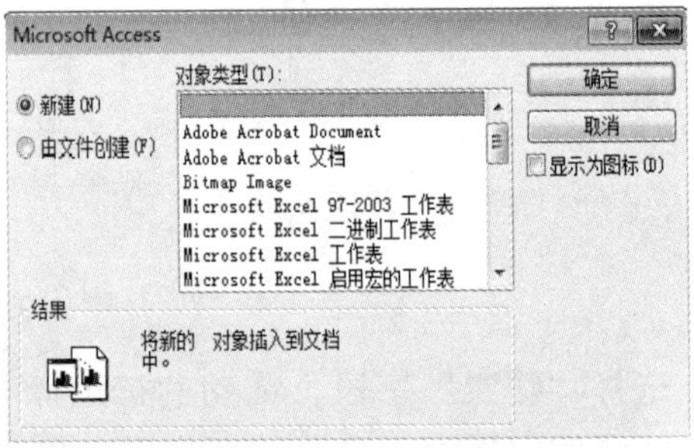

图 3-64　插入照片对象

“新建”可以绘制图形，“由文件创建”可以插入文件中的图片，但在数据表里分别显示为位图文件（Bitmap Image）或程序包（Package），如图 3-65 所示，在数据表视图里双击可以打开图片并查看图片。

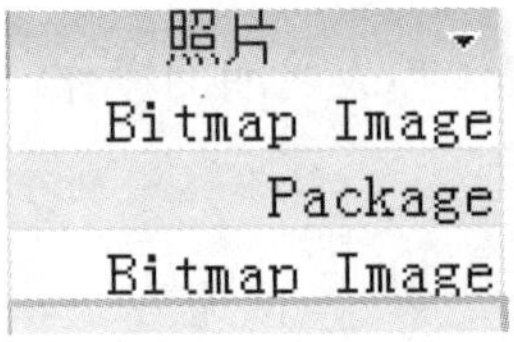

图 3-65　图片在数据表中的显示

2. 通过查阅向导输入数据

表中的数据大多数是直接输入的，有时某列数据的值是固定的，为了提高输入数据的准确性和快速性，将数据类型定义为查阅向导，从固定的数据列表中选择数据。

查阅向导数据类型其实是文本型数据，只是为了建立快速准确输入数据的一种方式。建立“查阅向导”有两种方法，一种是“查阅向导”，另一种是“查阅”属性。“值列表”或“查阅列表”都是提供一种列表输入数据的方式，但数据源不同，前者是固定的，后者随提供数据表的字段值而变化。

例 3-19　通过数据类型中的“查阅向导”为“教师表”的“职称”字段创建值。

操作步骤：

（1）打开“教师表”表设计视图，选择“职称”字段。在“数据类型”下拉列表中选择“查阅向导”选项，弹出“查阅向导”对话框，选择“自行键入所需的值”，如图 3-66 所示，单击“下一步”按钮。

（2）弹出查阅列值的输入，确定列数为“1”，在列的单元格中输入“教授”“副教授”“讲师”“助教”和“其他”，如图 3-67 所示，单击“下一步”按钮。

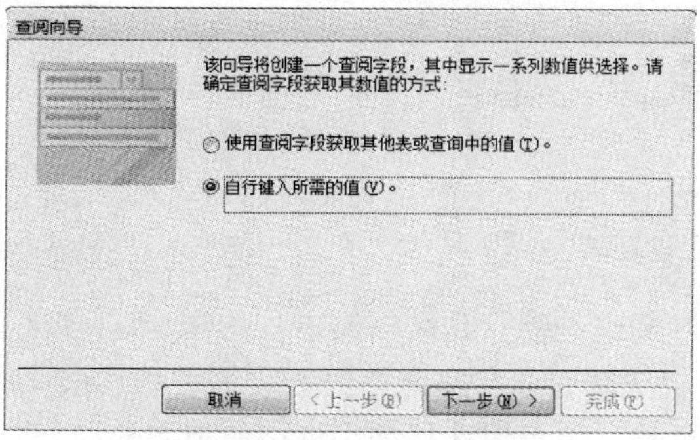

图 3-66　确定职称字段的数据来源

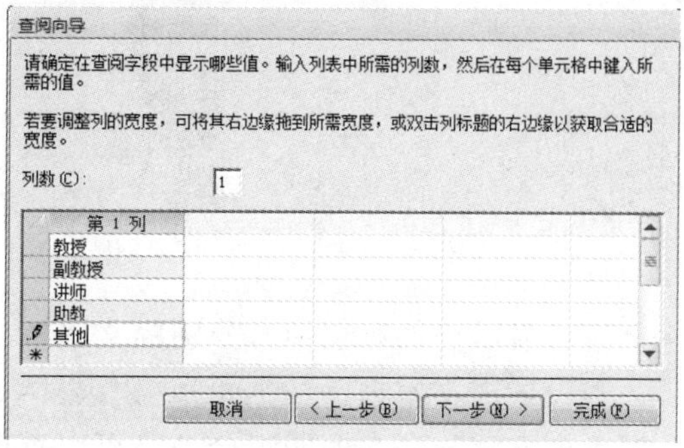

图 3-67　输入查阅列中的数据

（3）弹出值列表的“标签”，默认值为字段的名称，如图 3-68 所示，单击“完成”按钮，向导创建的值列表结果保存到表中，完成“查阅向导”字段的创建。

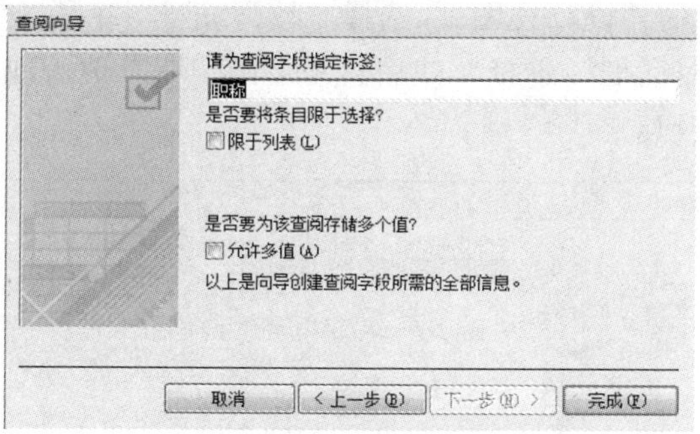

图 3-68　创建“标签”

（4）切换到“教师表”的“数据表视图”，单击“职称”字段单元格右侧的向下按钮，弹出列表选项，如图 3-69 所示，只要单击相应的职称即可。

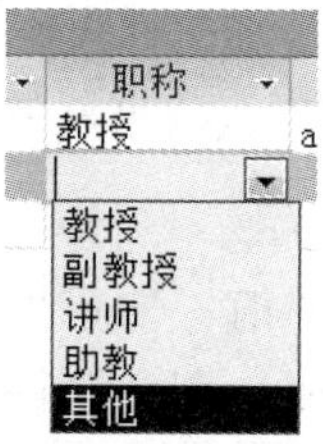

图 3-69　通过“查阅向导”向表中输入数据

例 3-20　通过字段“查阅”属性为“教师表”的“政治面貌”字段创建值列表，政治面貌为“党员”“团员”或“群众”。

操作步骤：

打开“教师表”的设计视图，选择“政治面貌”字段，在“查阅”选项卡中的“显示控件”属性列表框中选择“组合框”选项；在“行来源类型”属性列表框中选择“值列表”选项；在“行来源”属性框中输入“"党员"；"团员"；"群众"；"其他"”，如图 3-70 所示。保存“教师表”，完成值列表的创建。

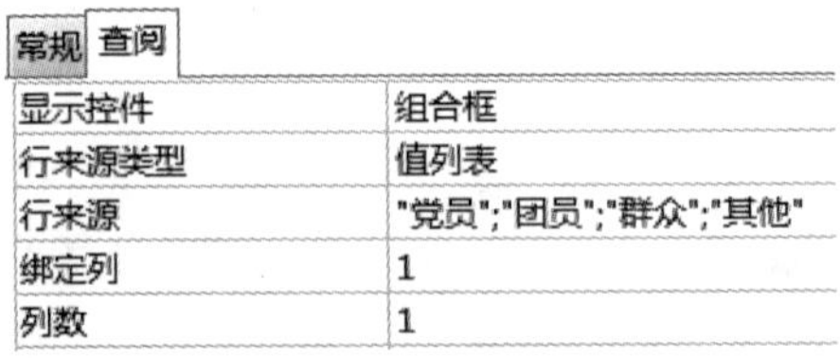

图 3-70　定义“值列表”

注：显示控件有三种，分别为文本框、列表框和组合框，其区别如下：

若设置成文本框，数据可以直接输入；若设置成列表框，只能选择列表框中的数据；组合框为文本框与列表框的组合，既可以直接输入数据，也可以选择列表框中的现有数据。

例 3-21　应用数据类型的“查阅向导”，根据“教师表”教师编号，向“授课表”中输入“教师编号”数据，同步显示“教师姓名”。

操作步骤：

（1）打开“授课表”的“设计视图”，选择“教师编号”字段，设置数据类型为“查阅向导”，弹出“查阅向导”对话框，选择“使用查阅字段获取其他表或查询中的值”，如图 3-71 所示，单击“下一步”按钮。

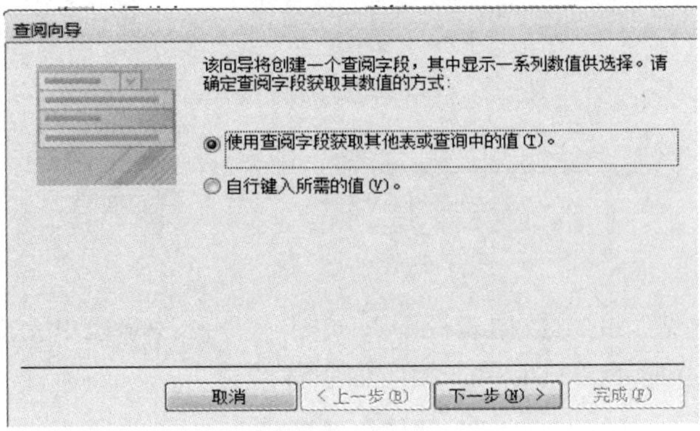

图 3-71　确定值的获取方式

注：在图 3-71 中有两个选项，分别为：

使用查阅字段获取其他表或查询中的值：值可取存在于其他表或查询中的值。

自行键入所需的值：值根据实际需要由用户创建。

（2）弹出选择数据表，选择“教师表”表，如图 3-72 所示，单击“下一步”按钮。

（3）弹出选择字段对话框，选择“教师编号”，如图 3-73 所示，单击“下一步”按钮。

（4）弹出“值列表排序”对话框，选择“教师编号”，点击“升序”，如图 3-74 所示，单击“下一步”按钮。

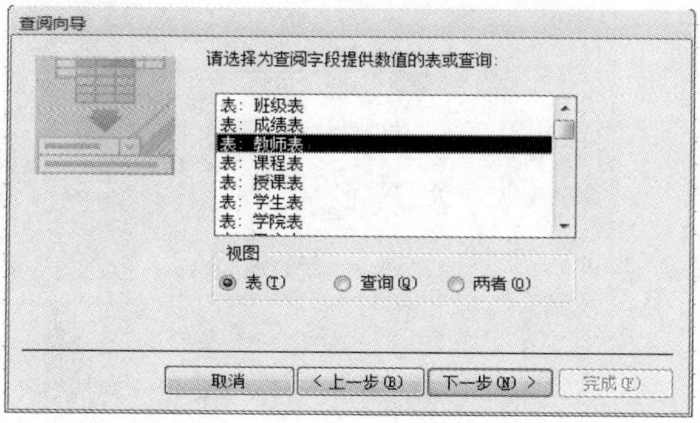

图 3-72　确定值的来源

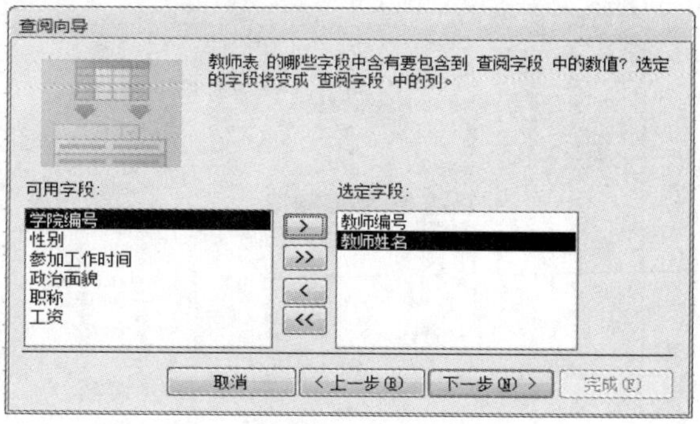

图 3-73　选择教师表中的字段

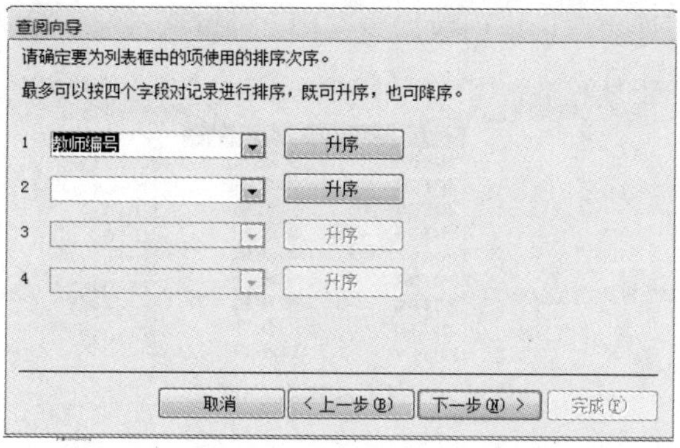

图 3-74　“值列表排序”对话框

（5）弹出调整查阅列的列宽，调整列宽，如图 3-75 所示，这里建议将“教师姓名”隐藏，但根据题目要求同步显示“教师姓名”，故单击复选框前的“✓”，取消隐藏，界面显示如图 3-76 所示。继续单击“下一步”按钮。

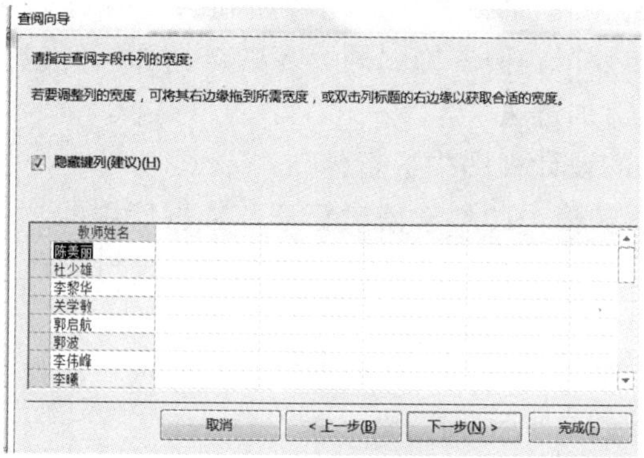

图 3-75　调整列宽

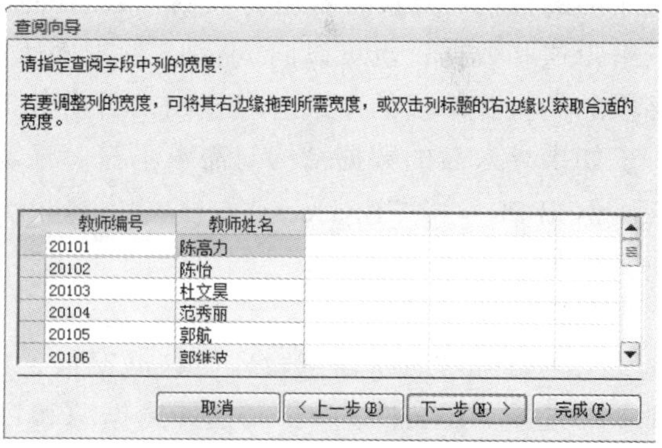

图 3-76　取消隐藏键列

（6）选择一个可以唯一标识该行的字段作为将在“授课表”里显示的字段，这里选择“教师编号”，如图 3-77 所示，单击“下一步”按钮。

（7）弹出“请为查阅列表指定标签:”，默认标签值为字段名，如图 3-78 所示，单击“完成”按钮，向导创建的值列表结果将保存到表中，完成“查阅向导”字段的创建。在行来源例显示查询语句“Select [教师表].[教师编号]，[教师表].[教师姓名] From 教师表 Order By [教师编号];”。

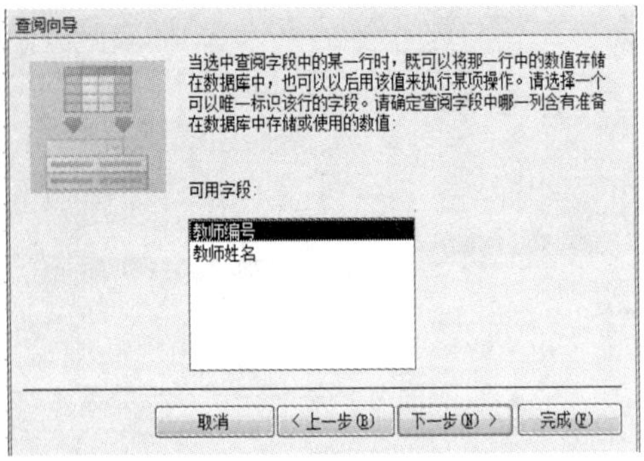

图 3-77　确定在数据表里使用的值

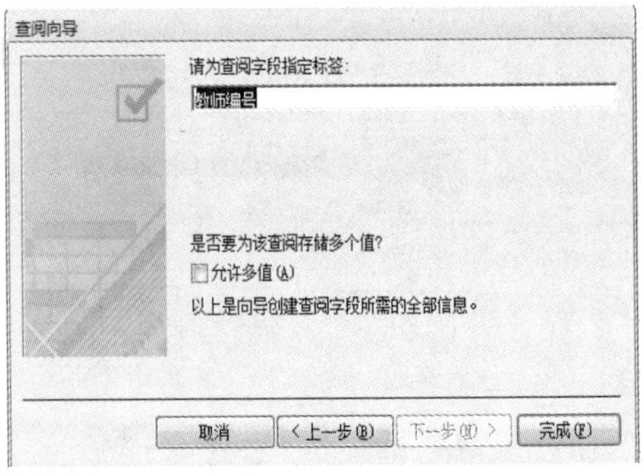

图 3-78　创建“标签”

（8）保存表，将“授课表”切换到数据表视图，在教师编号列输入数据，如图 3-79 所示。

图 3-79　输入“教师编号”

3.3.2　不同类型的表和 Access 数据库表之间的相互转换

使用数据的导入、导出和链接功能，可以将外部数据源（如文本文件、Excel、ODBC、其他 Access 数据库、XML 文件、SQL Server 数据库等）的数据导入到当前数据库中；或者将 Access 数据库中的对象导出到其他格式的数据文件中；也可以作为链接表，链接到其他应用程序中的数据，链接表不用将数据导入 Access 数据库中，而是在原应用程序和 Access 中均可以编辑这些数据；也可以向 Access 数据库表中追加数据，但要确保两个表的结构相同，包括字段的类型和字段的格式对应相同，否则数据不能追加进去。

如果导入表的数据结构与需求不符，还需在表的设计视图中进行修改。

例 3-22　将“E:\access 教材\学生名单.xls”表转换为“教学信息管理”数据库中的“学生名单”。

操作步骤：

（1）打开“教学信息管理”数据窗口，单击功能选项卡“外部数据”→“导入并链接”命令→选择“Excel”，弹出“选择数据源和目标”，如图 3-80 所示。

（2）单击“浏览”找到要导入的文件存放的位置“E:\ access 教材”，选择“学生名单.xls”，如图 3-81 所示，单击“打开”按钮。

（3）返回图 3-80，确定导入的数据在数据库中的储存方式和存储位置。

在图 3-80 中有三个选项：

① 将源数据导入当前数据库的新表中：导入的表作为数据库中单独的一个表对象存在，可以对表做任何编辑。

② 向表中追加一份记录的副本：可以向数据库中原有表追加记录。前提是两个表的结构

应当一致，或者追加的表是被追加表的一部分，即被追加的表应当完全容纳追加的表中数据。

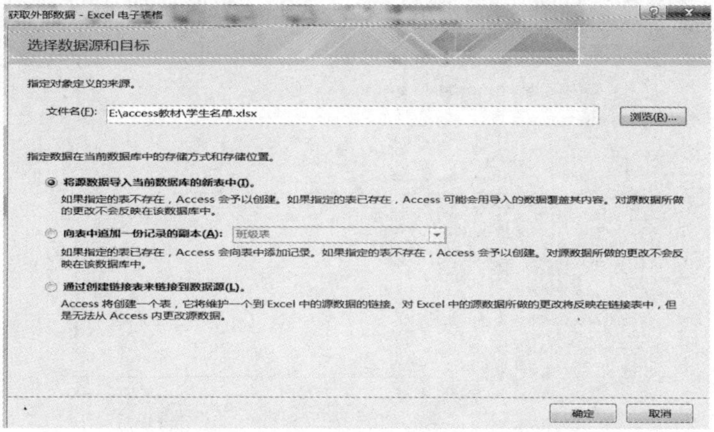

图 3-80　选择要导入的数据源文件

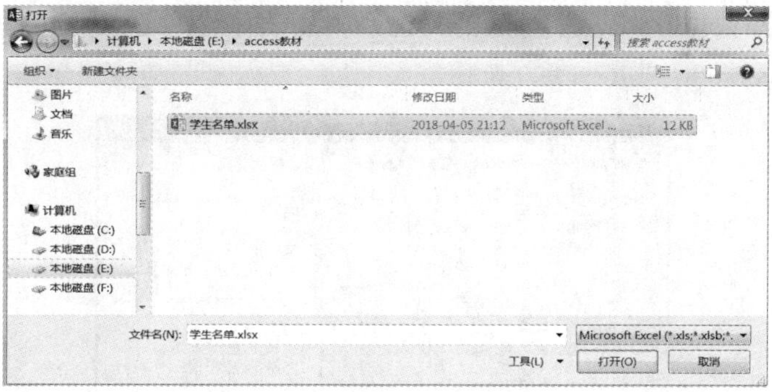

图 3-81　确定导入的文件

③ 通过创建链接表来链接到数据源：数据以链接的形式显示在数据库中，数据本身并未作为独立的表对象存在，源数据的更改会引起链接表中数据的更改。

这里选择“将源数据导入当前数据库的新表中”，即将 Excel 数据表作为 Access 中的单独的一个表对象，单击“确定”。

（4）弹出“选择工作表或区域”对话框，选择“显示工作表”单选按钮，选择“Sheet1”工作表，如图 3-82 所示，单击“下一步”按钮。

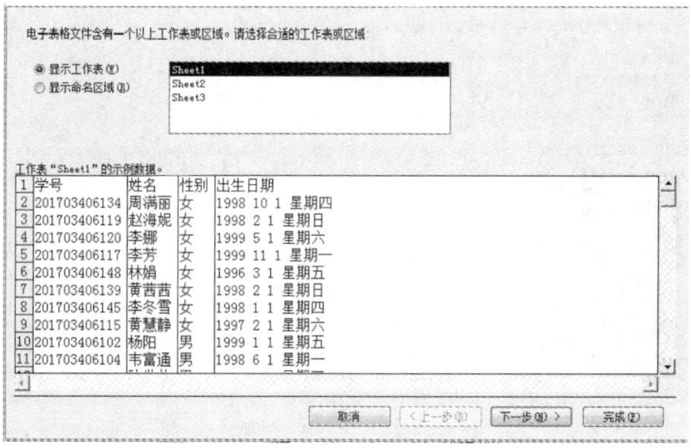

图 3-82　选择工作表

（5）弹出“选择标题”对话框，选择“第一行包含列标题”复选框，即将原表的第一行作为数据库表的字段名称，如图 3-83 所示，单击“下一步”按钮。

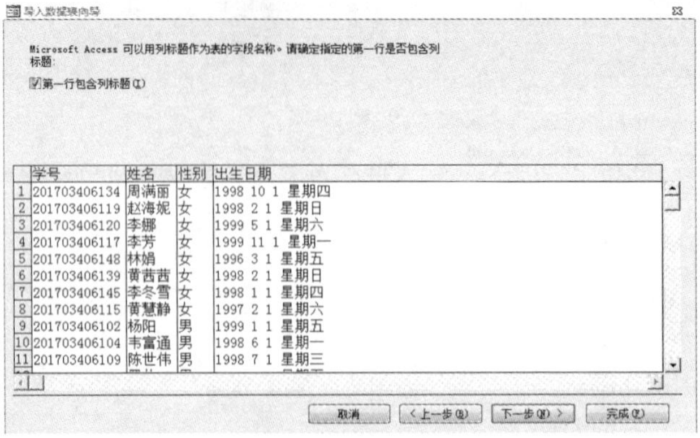

图 3-83　选择“标题”

（6）弹出“选择数据存放表”对话框，选择“新表中”单选按钮，即将数据存放在新表中，如图 3-84 所示，单击“下一步”按钮。

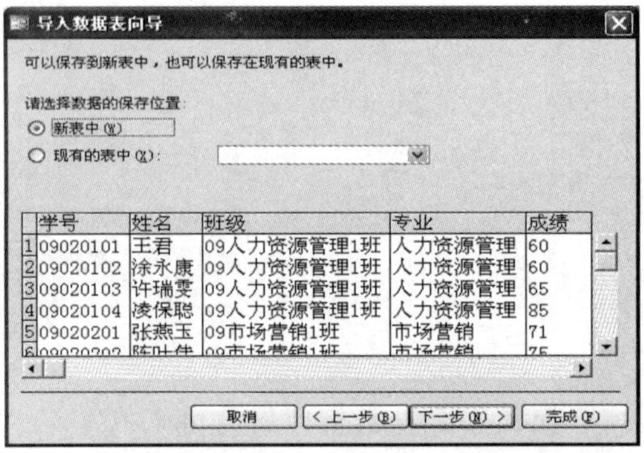

图 3-84　选择数据存放表

（7）弹出“确定数据表字段”对话框，如图 3-85 所示，在下方数据显示栏中选择列，在“字段选项”选项区域的“字段名”文本框中确定字段名称和字段的“索引”属性，一般选择原有的字段名称。如果需要修改，可在字段名文本框中输入字段的新名称。

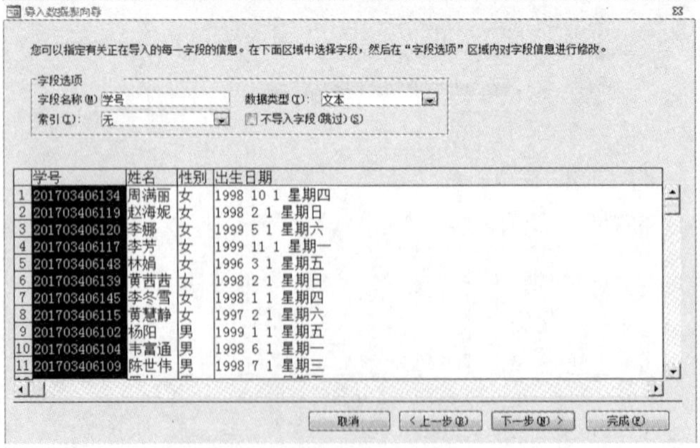

图 3-85　确定数据表的字段

如果不需导入某列数据，可选择“不导入字段（跳过）”复选框，然后单击“下一步”按钮。

（8）弹出“确定主键”对话框，如图 3-86 所示，选择“我自己选择主键”单选按钮，在右边字段列表框中选择“学号”，单击“下一步”按钮。

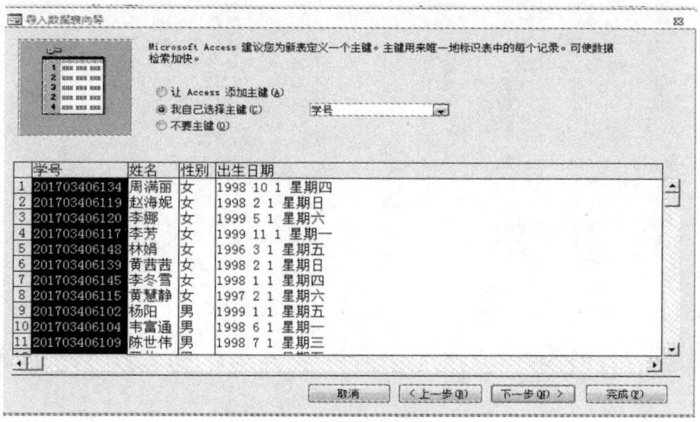

图 3-86　确定主键

（9）弹出“确定数据表名”对话框，如图 3-87 所示，输入表名“学生名单”，单击“完成”按钮。

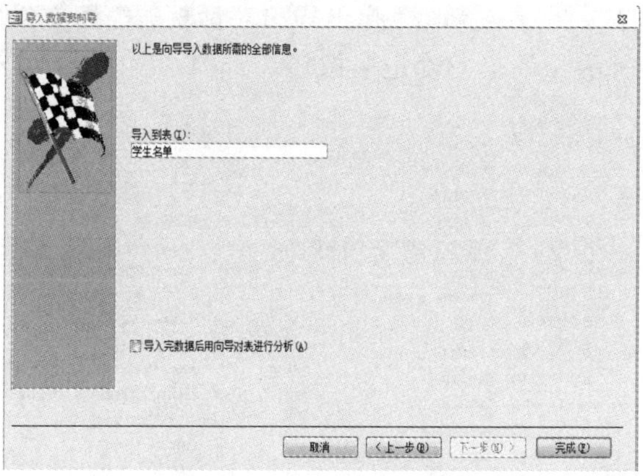

图 3-87　确定数据表名

（10）弹出“保存导入步骤”对话框，如图 3-88 所示，单击“关闭”按钮。

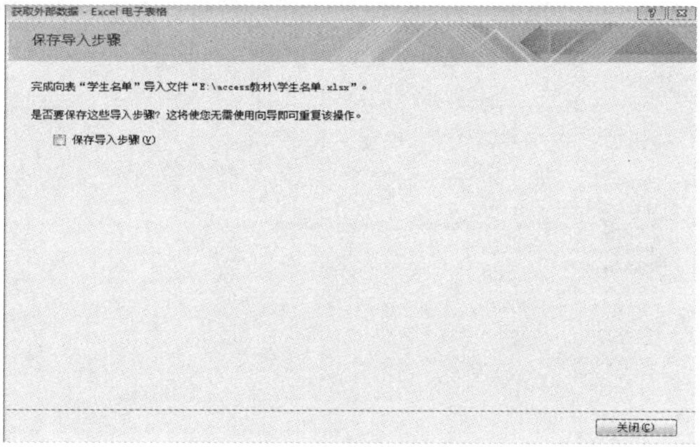

图 3-88　保存导入步骤

（11）在“教学信息管理”数据库表对象中，查看“学生名单”表，并击打开检查，验证导入数据是否正确，如图 3-89 所示。

学号	姓名	性别	出生日期	单击以添
20170340613	周满丽	女	1998/10/1 Thursday	
20170340611	赵海妮	女	1998/2/1 Sunday	
20170340612	李娜	女	1999/5/1 Saturday	
20170340611	李芳	女	1999/11/1 Monday	
20170340614	林娟	女	1996/3/1 Friday	
20170340613	黄茜茜	女	1998/2/1 Sunday	
20170340614	李冬雪	女	1998/1/1 Thursday	
20170340611	黄慧静	女	1997/2/1 Saturday	
20170340610	杨阳	男	1999/1/1 Friday	
20170340610	韦富通	男	1998/6/1 Monday	
20170340610	陈世伟	男	1998/7/1 Wednesday	
20170340610	罗伟	男	1997/8/1 Friday	
20170340610	龚凤根	男	1998/7/1 Wednesday	
20170340611	李路	男	1998/4/1 Wednesday	
20170340613	区艳容	女	1998/2/1 Sunday	

图 3-89　验证导入数据表

例 3-23　将“教学信息管理”数据库中的“教师表”转换为名为“教师”的 Excel 文件。

操作步骤：

（1）打开“教学信息管理”数据库，选择“教师表”，单击右键，弹出快捷菜单，在“导出”选项上稍作停留，弹出如图 3-90 所示的级联菜单，或者使用“外部数据”→“导出”→“Excel”。

（2）单击图 3-90 中的“Excel(X)”弹出导出对话框，选择文件的保存位置和保存类型，输入文件名，如图 3-91 所示，单击“确定”按钮。

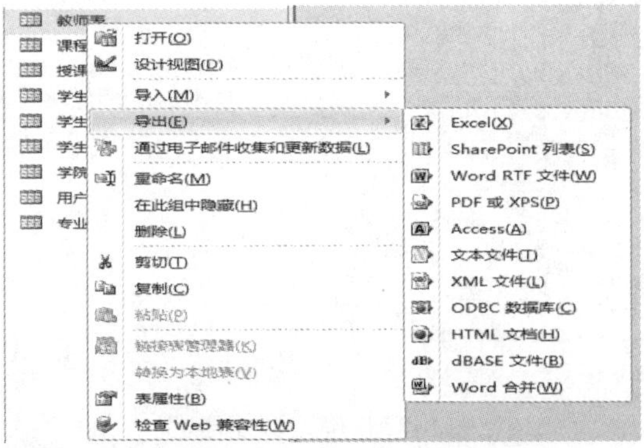

图 3-90　导出快捷菜单

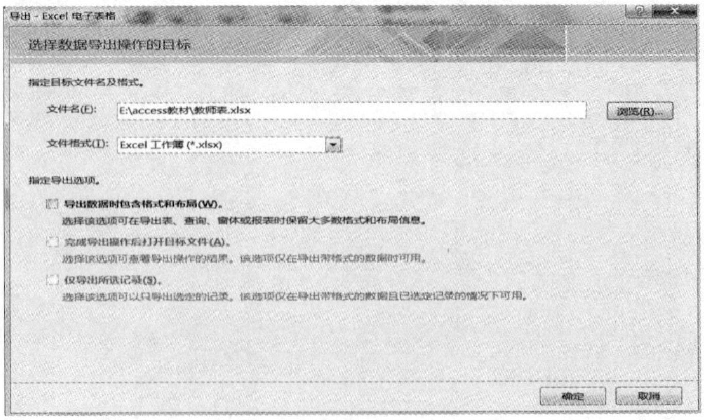

图 3-91　确定导出文件名

（3）显示导出成功对话框，如图 3-92 所示，单击“关闭”。在文件存放位置查看导出的 Excel 文件。

（4）在文件存放位置查看导出的 Excel 文件，如图 3-93 所示。

图 3-92　导出成功对话框

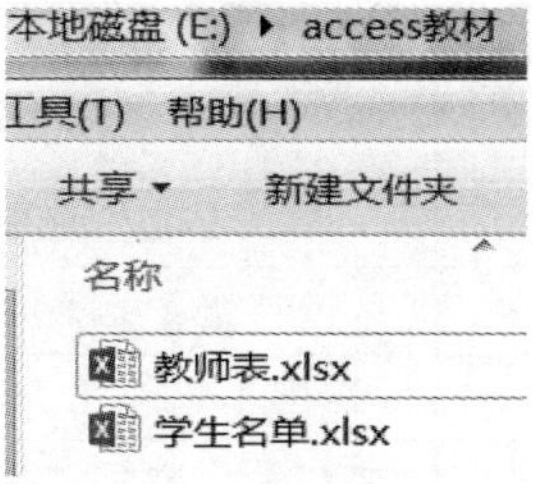

图 3-93　导出的“教师表”Excel 文件

3.3.3　表中记录的编辑

1. 添加记录

添加记录，即向原有数据表中添加新记录。添加记录只能添加在表的数据的最后，不能插入原表的中间。

例 3-24　给教师表中添加一条记录，各字段值依次为：（"20119","封俊美","206","女","1999-9-1","群众","讲师","5000"）

操作步骤：

打开“教师表”的“数据表视图”，单击导航器上“新记录 *”按钮，或者单击“开始”选项卡→“记录”→新建按钮，鼠标会移到新记录上，分别在“教师编号”输入“20119”，在“教师姓名”列输入“封俊美”，在“学院编号”列输入“206”，在“性别”列输入“女”，在“参加工作”列输入“1999-9-1”，在“政治面貌”列输入“群众”，在“职称”列输入“讲师”，在“工资”列输入“5000”，至此新记录添加成功，如图 3-94 所示。

图 3-94　插入的记录

2. 删除记录

删除记录，即将原数据表中的记录删除。

例 3-25　删除例 3-24 输入的记录。

操作步骤：

打开“教师表”的数据表视图，选中例 3-24 输入的记录，然后单击“开始”选项卡→“记录”→“✕ 删除”，弹出“删除记录”确认对话框，如图 3-95 所示，单击“是”按钮。

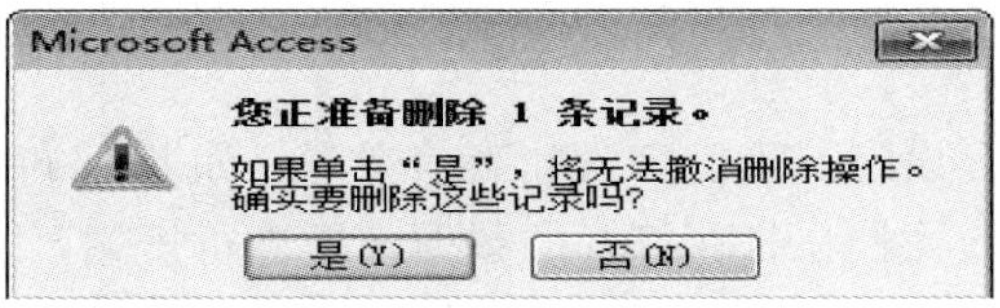

图 3-95　确定“删除记录”

3. 修改记录

修改记录，即对已有记录进行修改。

要想修改数据，先要找到数据，常用在查找与替换中的通配符如表 3-17 所示。

表 3-17　常用的通配符

通配符	说　明	示　例
*	匹配任意数目的字符	Wh*可以找到 what、white 和 why 等
?	匹配任意单个字母字符	B?ll 可以找到 ball、bell 和 bill 等
[ ]	匹配方括号内任意单个字符	B[ae]ll 可以找到 ball 和 bell，但找不到 bill
!	匹配不包含在方括号内的任意字符	B[!ae]ll 可以找到 bill 和 bull，但找不到 bell
-	匹配某一字符范围内的任意一个字符	B[a-c] d 可以找到 bad、bbd 和 bcd 等
#	匹配任意单个数字字符	1#3 可以找到 103、113、123 等

例 3-26　将班级表中的所有“软件工程”更改为“计算机科学与技术”。

操作步骤：

（1）双击打开“班级表”的数据表视图，执行“开始”→“查找”→替换命令，弹出“查找与替换”对话框，选择“替换”选项卡，在“查找内容”文本框中输入“软件工程”，“替换为”文本框里输入“计算机科学与技术”，“查找范围”选择“当前文档”字段，“匹配”选择为“字段开头”，“搜索”选择“全部”，如图 3-96 所示，单击“全部替换”按钮。

（2）弹出“确定替换”对话框，如图 3-97 所示，单击“是”按钮。

（3）返回到数据表视图，结果显示，已经将班级表中所有以“软件工程”开头的字段全部替换成了“计算机科学与技术”。

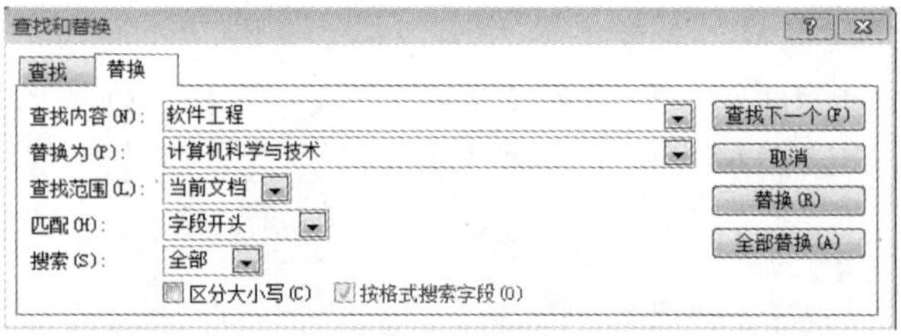

图 3-96　“查找与替换”对话框

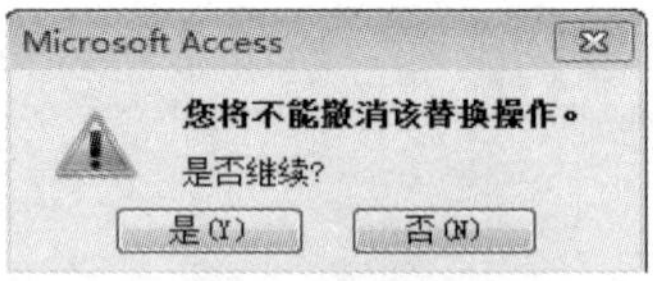

图 3-97　确定替换

例 3-27　在学生表里查找所有王姓同学。

操作步骤：

双击打开“学生表”的数据表视图，执行“开始”→“查找”→查找命令，弹出“查找与替换”对话框，选择“查找”选项卡，在“查找内容”文本框中输入“王*”，查找范围”选择“当前文档”字段，“匹配”选择为“字段开头”，“搜索”选择“全部”，如图 3-98 所示，单击“查找下一个”按钮，系统会跳转到下一个姓“王”的同学。

补充说明：

查找范围：有两种情况设定，当前字段和当前文本，如图 3-99 所示。当前字段，指在光标所在的列进行搜索；当前文档，指在打开的数据表里进行搜索。

匹配：匹配字段如图 3-100 所示。“字段任何部分”，即找到该字段，不论它的位置；“整个字段”，即与整个字段匹配；“字段开头”，即与开头的字段匹配。

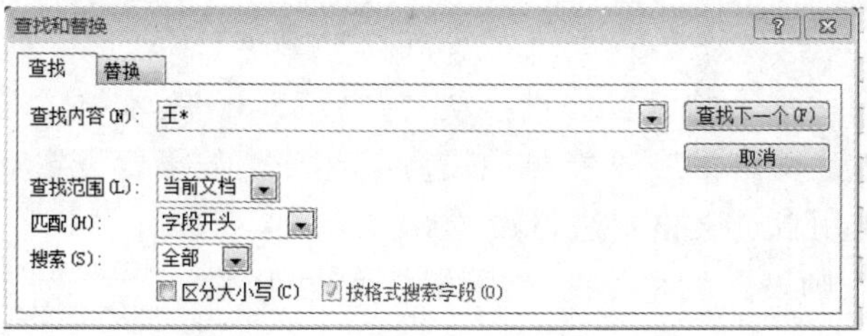

图 3-98　查找“王”姓同学

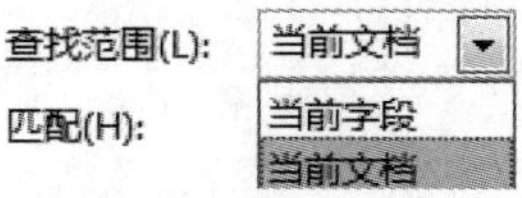

图 3-99　查找范围设定

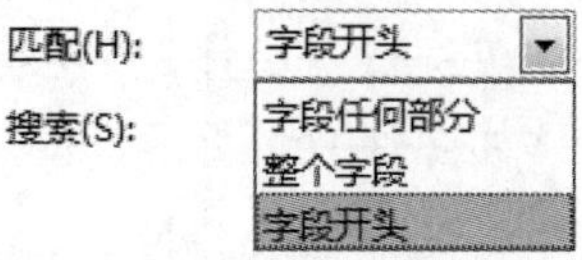

图 3-100　匹配字段设定

搜索：搜索设定的搜索的方向，以光标所在的位置，向上（即从光标所在位置向上搜索）、向下（即从光标所在位置向下搜索）或在整个工作表里进行搜索。

3.4　数据表的格式化

对数据表进行格式化，使表看上去更清楚、美观。对表的格式化包括对行高、列宽的调整，隐藏、冻结列，字体设置等。

3.4.1　设置字体

1. 对数据库中所有表的字体、字号等的设置

在 Access 2016 中，数据库中创建的表默认都是宋体，11 号字，对字号进行调整，采用下列方式：

单击“文件”→“选项”→“数据表”→“字号”等进行设置，如图 3-101 所示。

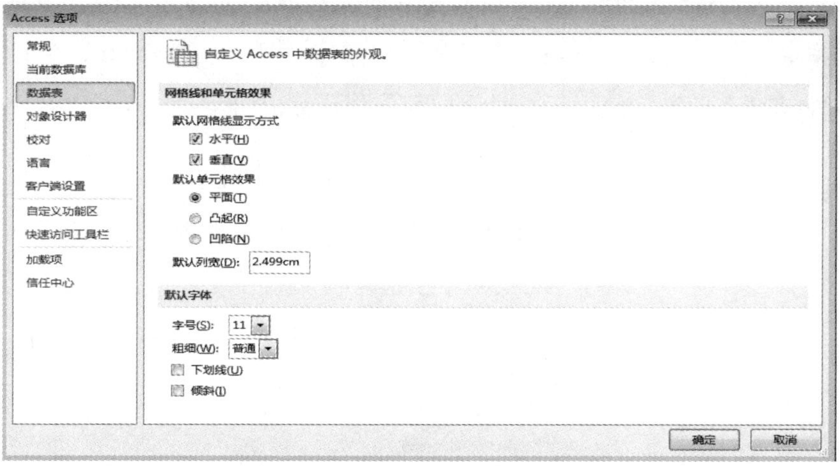

图 3-101　修改数据表的字号大小

设置完毕后，要想看到设置结果，需要重新打开数据库或数据表，即对数据库的刷新后，即可看到修改后的结果。

2. 对数据库中单独的一张表的字体、字号等的设置

对数据库中单独的一张表的设置，直接从“开始”→“文本格式”选项卡里进行相关设置。设置的字体是对整表而言的，不能单独设置某部分，如果要设置某字段数据的字体，只能在设计表中字段时应用自定义格式进行设置。

例 3-28 设置“教师表”的字体为“黑体”，字号为 11。

操作步骤：

打开“教师表”的数据表视图，执行“开始”→“文本格式”命令。在默认的“宋体”右边的下拉列表框里选择“黑体”，在字号下拉列表框里选择“11”。

设置好的字体如图 3-102 所示，即刻教师表中的字体变成目标字体，如图 3-103 所示。

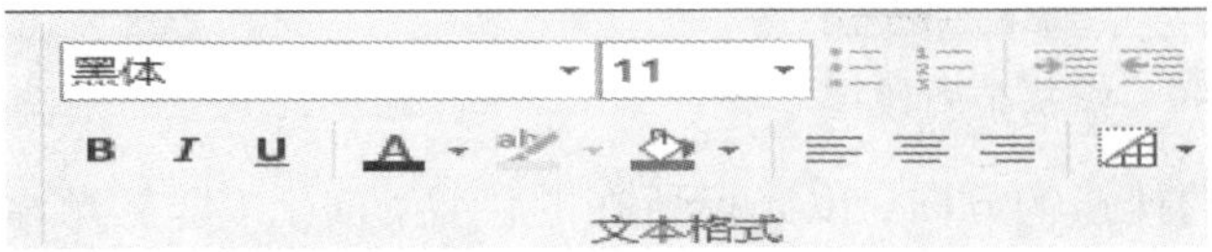

图 3-102 字体的设置

教师表

教师编号	教师姓名	学院编号	性别	参加工作时间	政治面貌	职称	工资	联系方式
20104	范秀丽	102	女	Jul,16,2009	党员	副教授	#######	
20105	郭启航	101	男	Oct,13,2005	群众	副教授	#######	

图 3-103 设置后的数据显示

工资列的显示出现异常，显示多个“#”，这是由于列宽不够，鼠标放在“工资”与“联系方式”的分界线上双击即可给“工资”一个合适的列宽。

3.4.2 设置数据表的其他格式

数据表行高的调整是对整个表的行高进行调整，而不能只针对某一行；列宽的调整既可以调整全表，也可以调整指定的列；如果要设置每一列数据的字体颜色，需要自定义字段的格式；还可设置不同表对象的格式，如“单元效果”“网络线”“背景色”“边框和线条样式”等。

1. 调整行高

调整行高的方法有两种：使用行高对话框和使用鼠标拖动。

（1）使用行高对话框。

① 打开要处理表的数据表视图，选中表中某行，利用“开始”→“记录”→“其他”（见图 3-104）→“行高”，弹出“行高”对话框，在“行高”文本框中，输入合适的值。

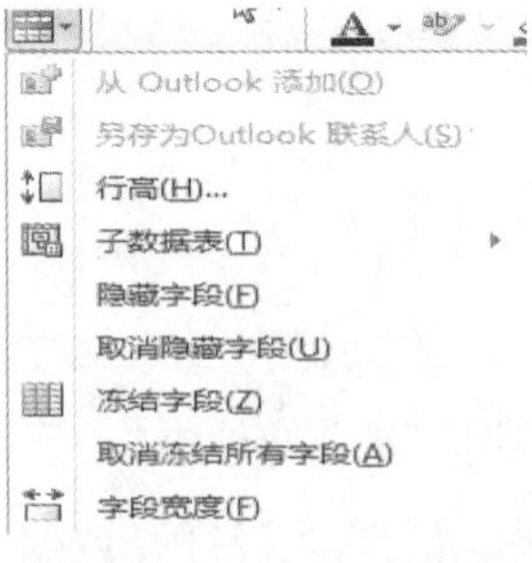

图 3-104 “其他”选项

② 选中表中某行，在此行任意位置单击右键，弹出快捷菜单，如图 3-105 所示，选择“行高”，弹出如图 3-106 所示的“行高”对话框，在“行高”文本框中，输入合适的值。

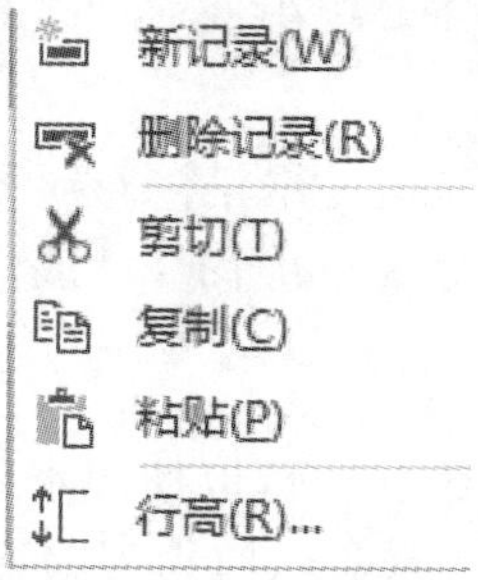

图 3-105　行的快捷菜单

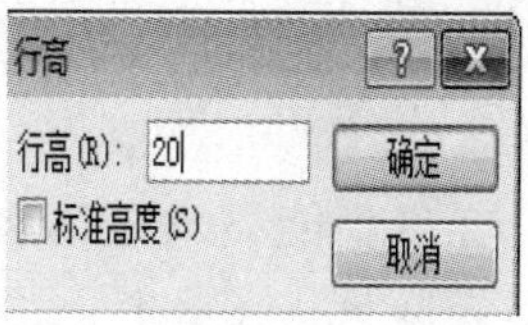

图 3-106　“行高”对话框

（2）使用鼠标拖动。

将鼠标指向表中任意两行的记录选择区之间，鼠标指针变为上下箭头方式时，按住鼠标左键不放，拖动指针上下移动，当调整到所需的高度时，松开鼠标左键即可。

如果未明确指定行高，用鼠标拖动法；如果明确指定行高，则用行高对话框。

2. 调整列宽

调整列宽的方法也有两种：使用列宽对话框和使用鼠标拖动。

指定 宽度使用列宽对话框，未指定列宽使用鼠标拖动。

（1）使用列宽对话框。

① 选择列，执行“开始”→“记录”→“其他”（见图 3-104）→“字段列宽”命令，弹出“列宽”对话框，在列宽文本框中，输入合适的值。

② 选中某列，在此列任意位置单击右键，在弹出的快捷菜单中选择“字段宽度(F)”，弹出如图 3-107 所示的设置列宽对话框，在“列宽”文本框中，输入合适的值。

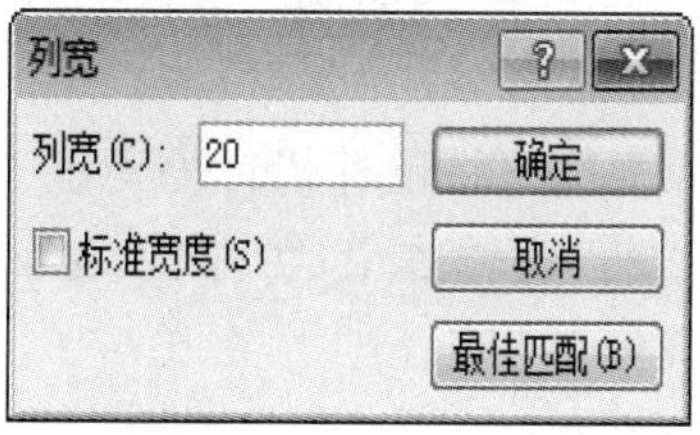

图 3-107　“列宽”对话框

注：“标准宽度”是 Access 给每列的默认宽度，为 6.5333；“最佳匹配”是 Access 根据每列的字符大小和字符个数分配的一个最合适的列宽。

（2）使用鼠标拖动。

在数据表视图中，将鼠标指向表中要调整列的字段选择区右边，鼠标指针变为左右箭头方式时，按住鼠标左键不放，拖动指针左右移动，当调整到所需的宽度时，松开鼠标左键即可。

3. 隐藏列/取消隐藏

当表中字段太多、有些字段暂时不用或根据实际需要无须显示时，可将该字段隐藏起来；在需要的时候取消隐藏。

（1）隐藏列方法：

① 选择列，执行“开始”→“记录”→“其他”（见图 3-104）→“隐藏字段”命令。

② 选择列，在此列任意位置单击右键，在弹出的快捷菜单中选择“隐藏字段”。

（2）取消隐藏列：

① 执行“开始”→“记录”→“其他”（见图 3-104）→“取消隐藏字段”命令。

② 选择列，在此列任意位置单击右键，在弹出的快捷菜单中选择“取消隐藏字段”。

4. 冻结列/取消冻结

当列数很多，屏幕不能显示全部字段时，为了浏览数据，可以使用水平滚动条，这样使得前边的字段又不能显示在屏幕上，为了让重要的数据一直显示出来可以采用冻结操作。

当字段列被冻结后，该字段一直显示在窗口中，而且显示在窗口的最左边。通常，冻结列是把一个表中最重要的、表中的主要信息的字段列冻结起来。

（1）冻结列的方法：

① 选择列，执行“开始”→“记录”→“其他”（见图 3-104）→“冻结字段”命令。

② 选择列，在此列任意位置单击右键，在弹出的快捷菜单中选择“冻结字段”。

（2）取消冻结列的方法：

① 选择列，执行“开始”→“记录”→“其他”（见图 3-104）→“取消冻结所有字段”命令。

② 选择列，在此列任意位置单击右键，在弹出的快捷菜单中选择“取消冻结所有字段”。

5. 改变列的显示顺序

在设计视图中，通过移动字段位置完成。在选择行区域单击选中要移动的字段，在选择行按住左键进行拖动，到目标位置松开左键，切换到数据表视图观察结果。

例 3-29 设置“教师表”的行高为“20”，“职称”列宽为“14”，隐藏“学院编号”列，冻结“教师姓名”列。

操作步骤：

（1）打开“教师表”的数据表视图，将鼠标指针停留在表中任一行，执行“开始”→“记录”→“其他”（见图 3-104）→“行高”，弹出“行高”对话框，在“行高”文本框中，输入“20”，如图 3-106 所示，单击“确定”按钮。

（2）选择“职称”列，执行“开始”→“记录”→“其他”（见图 3-104）→“字段列宽”命令，弹出“列宽”对话框，在“列宽”文本框中，输入“20”，如图 3-107 所示，单击“确定”按钮。

（3）选择“学院编号”列，单击图 3-104 中的“隐藏字段”命令，“学院编号”即可隐藏。

如果要取消隐藏，单击图 3-104 中的“取消隐藏字段”命令，打开“取消隐藏列”对话框，如图 3-108 所示，在“列”列表框中选择要显示列的复选框中单击，当复选框中显示“✓”时，即表示该字段被显示，单击“关闭”按钮，被隐藏的列就重新出现在数据表中了。如果不选中列表框中列的复选框，则该列是隐藏的。

（4）选择“教师姓名”，执行如图 3-104 所示的“冻结字段”命令。在冻结列后，在冻结列与非冻结列之间有一条分隔实线。

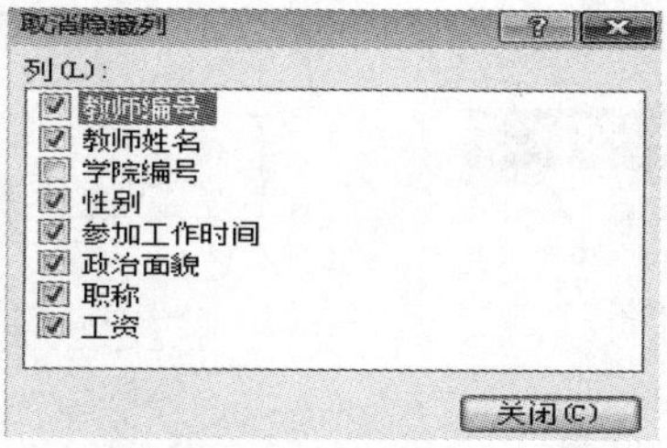

图 3-108　取消隐藏列

例 3-30　设置“教师表”的格式，网格线颜色为“绿色”“实线”；单元格效果为“凸起”。

操作步骤：

打开“教师表”数据表视图，执行“开始”→“文本格式”→，弹出“设置数据表格式”对话框，如图 3-109 所示，设置网格线颜色为“绿色”，单元格效果为“凸起”，单击“确定”按钮。

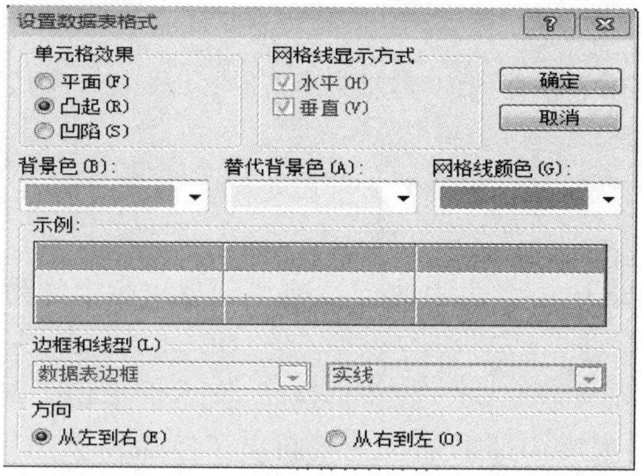

图 3-109　“设置数据表格式”对话框

3.5　数据表的操作

数据表创建好后，根据实际需要可以对数据表进行复制、移动、排序和筛选等操作。对数据库中表或数据的操作均会引起数据的改变，要做好数据的备份。

3.5.1　数据表的复制和移动

数据表复制和移动，可以在同一个数据库，也可以在不同数据库中进行。

例 3-31　将“教学信息管理数据库”中的“教师表”再复制一张到本数据库中，并重命名为“教师表 2”。

1. 在同一个数据库中复制

操作步骤：

（1）打开“教学信息管理数据库”，选择“教师表”。

（2）单击右键→“复制”或者“开始”选项卡→剪贴板→复制。

（3）在数据库导航窗格的空白处单击鼠标右键（见图 3-110）→“粘贴”或者“开始”选项卡→剪贴板→粘贴。

（4）弹出“粘贴表方式”对话框，选择粘贴方式，并重命名表，如图 3-111 所示。

图 3-110　导航窗格的快捷方式

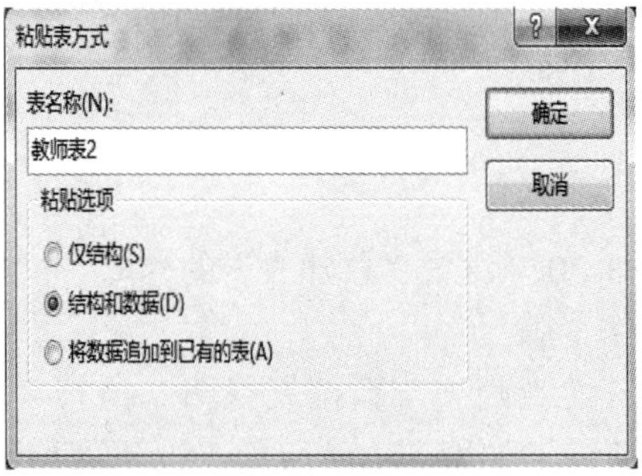

图 3-111　“粘贴表方式”对话框

粘贴选项的含义如下：

① 仅结构：只保留数据表的框架，包括数据表的字段名、字段类型、格式等属性，不复制表中记录，生成一张新表。

② 结构和数据：既包括表中的字段名、字段类型、格式等属性，又包括记录，全部复制，生成一张新表。

③ 将数据追加到已有表中：将表中的记录追加到数据库中的另一个结构相同的表中，不产生新表。

这里我们选择“结构和数据”，在“表的名称”文本框里输入新的表名“教师表”。

（5）单击“确定”，数据库中即增加了一张新表“教师表 2”。

2. 在不同数据库中复制

例 3-32　将“教学信息管理数据库”中的“教师表”复制到“图书管理数据库”中。

操作步骤：

步骤（1）、（2）同例 3-31 的步骤（1）、（2）。

（3）打开“图书管理数据库”，在其数据库导航窗格的空白处单击鼠标右键，在弹出的快捷菜单中选择“粘贴”。

（4）同例 3-31 的步骤（4）。

（5）单击“确定”，在“图书管理数据库”中增加了一张新表“教师表”。

移动表的操作类似，将例 3-31 中的“复制”变成“剪切”即可。

3.5.2　排序记录

数据表中的记录，默认是按主键的先后顺序排列的，如果没有设置主键，则按输入的先后顺序排列，也可以根据需要自定义排序。

排序的种类有两种，一种是升序，即由小到大的顺序；一种是降序，即由大到小的顺序。

排序的依据：

- 英文按字母顺序排序，不区分大小写。
- 中文按拼音字母的顺序排序。

• 数字按数值的大小排序。

排序是一次性的操作，对同一张表，只能保存最后一次排序操作；如果要永久保存，则在“筛选”对话框中，右击，执行“另存为查询”，以数据库的查询对象保存。

1. 单字段排序（排序字段仅有一个）

例 3-33 在“教学信息管理数据库”中对“成绩表”按“成绩”降序排列。

操作步骤：

（1）打开“成绩表”数据表视图，单击“成绩”字段标题按钮，选中该列数据。

（2）单击“开始”选项卡→“排序和筛选”→“降序”按钮，或者在“成绩”字段名上右击，在弹出的快捷菜单中选择“降序”，对数据表中的数据进行排序。

（3）若要将记录恢复到原来的顺序，执行“开始”选项卡→“排序和筛选”→“取消排序”命令。

2. 多字段同一种顺序排序

多字段按相同的顺序（升序或降序）排序，不会把升序和降序混合起来。

排序依据为多个相邻字段。在多个字段排序时，左侧的字段将优先排序，只有左侧的字段值相同时，才会按右侧的字段值进行排序。

例 3-34 在“教师表”中对相邻字段“性别”和“工资”进行降序排序。

操作步骤：

（1）打开“教师表”的数据表视图，拖动鼠标同时选中“性别”和“工资”列（如果两字段不相邻，使用鼠标拖动字段选择器将两个字段移到一起）。

（2）选中“性别”和“工资”列。

（3）单击“开始”选项卡→“排序和筛选”→“降序”按钮，重新排列表记录（先按性别降序排列，性别相同时再按工资降序排列），如图 3-112 所示。

20104	关学敏	101	女	¥6,000.00
20109	李秋玲	103	女	¥5,500.00
20111	刘小君	103	女	¥5,000.00
20202	陈思怡	104	女	¥4,000.00
20107	李伟峰	104	男	¥9,500.00
20103	李黎华	104	男	¥9,200.00
20112	汪小峰	101	男	¥7,800.00

图 3-112 相邻两列同种排序依据部分结果

3. 多字段不同类型排序

通过在筛选器中设置进行排序。

例 3-35 在“教师表 2”中，按“性别”升序、“工资”降序排序。

操作步骤：

（1）打开“教师表 2”数据表视图。

（2）执行“开始”选项卡→“排序和筛选”→“筛选”→“高级”→“高级筛选/排序”（见图 3-113）。

（3）弹出“排序/筛选”设计器，如图 3-114 所示。拖动“教师表”表中“性别”字段到对话框的字段设计器第 1 列，选择“排序”为“升序”；同理，拖动字段“工资”到字段设计器第 2 列，选择“排序”为“降序”。

（4）单击工具栏上的“切换筛选”按钮，或执行“高级”→“应用筛选/排序”菜单命令，数据表将重新排列记录。

（5）观察排序结果：先按性别升序排，性别相同时，再按工资降序排列，性别跟工资不相邻，如图 3-115 所示。

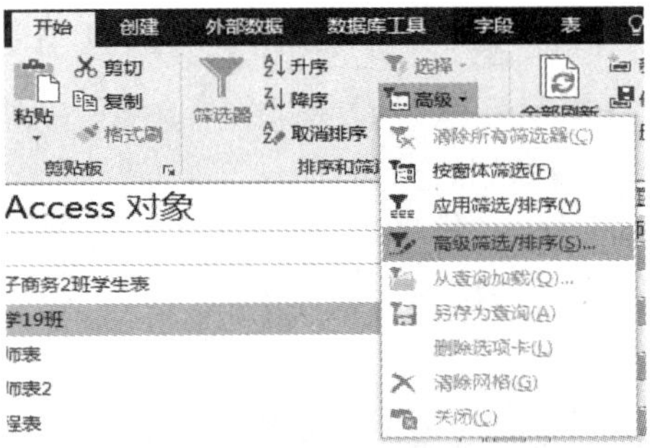

图 3-113　选择“高级筛选/排序”

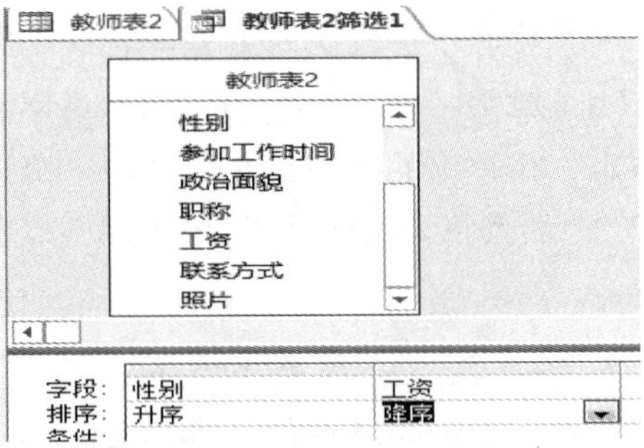

图 3-114　“筛选”对话框

20203	男	105	男	Feb, 03, 1983	群众	副教授	¥5,000.00
20110	刘伟业	102	男	Mar, 05, 2013	党员	讲师	¥5,000.00
20114	封家成	104	男	Jan, 01, 2010	党员	助教	¥3,600.00
20101	陈美丽	101	女	Aug, 09, 1995	党员	教授	¥8,000.00
20108	李曦	102	女	May, 27, 2006	群众	副教授	¥7,000.00
20104	关学敏	101	女	Jul, 16, 2009	党员	副教授	¥6,000.00

图 3-115　不相邻两列不同排序依据部分结果

注：创建的排序随表保存在表对象中，如果改变记录的排序后，没有保存修改，在关闭表时，Access 2016 会提示是否保存对表的设计（包括排序顺序）的更改，如图 3-116 所示。单击“是”，会保存排序的结果，第二次打开该表时仍旧显示排序结果。

图 3-116　排序后保存表

3.5.3　筛选记录

筛选是根据筛选条件将满足条件的记录显示出来。筛选分为自定义筛选、按窗体筛选和高级筛选。

1. 自定义筛选

自定义筛选是通过文本筛选器，设定筛选条件进行筛选。

例 3-36　在“教师表”中筛选所有的女教师。

操作步骤：

（1）打开“教师表”数据表视图。

（2）单击“性别”列的下拉菜单“ ”，弹出下拉菜单，在文本筛选器下边选择“女”，如图 3-117 所示；或者单击“文本筛选器”的级联菜单→“等于”，弹出“自定义筛选”对话框，如图 3-118 所示，在“性别等于”文本框里输入“女”，按确定，筛选出所有的女教师。

（3）观察筛选结果，如图 3-119 所示。

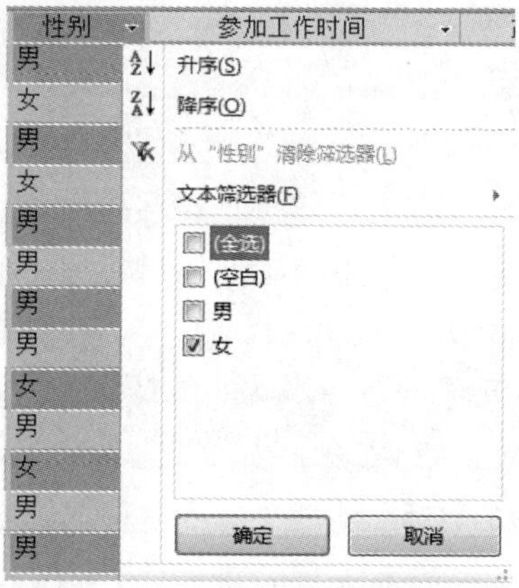

图 3-117　筛选“女”教师

图 3-118　自定义筛选

教师编号	教师姓名	学院编号	性别	工资	参加工作时间	政治面貌	职称
20101	陈美丽	101	女	¥8,000.00	Aug,09,1995	党员	教授
20108	李曦	102	女	¥7,000.00	May,27,2006	群众	副教授
20104	关学敏	101	女	¥6,000.00	Jul,16,2009	党员	副教授
20109	李秋玲	103	女	¥5,500.00	Feb,03,2012	党员	讲师
20111	刘小君	103	女	¥5,000.00	Mar,08,2013	群众	讲师
20202	陈思怡	104	女	¥4,000.00	Jan,01,2000	群众	讲师

图 3-119　筛选的部分女教师

若要取消“性别”筛选，单击如图 3-119 所示“性别”后的 图标，在弹出的级联菜单中单击“从“性别”清除筛选器(L)”，即可取消性别筛选。

若要取消所有的筛选，使数据恢复原状，单击图 3-113 中的“清除所有筛选器(C)”，使数据恢复原状。

例 3-37　在“教师表”中筛选出 2013 年参加工作的教师。

操作步骤：

（1）打开“教师表”数据表视图。

（2）清除“教师表”中的所有筛选。

（3）单击“参加工作时间”右边的“ ”打开下拉菜单，如图 3-120 所示，打开“日期筛选器”，单击“介于”，打开设置“日期范围”对话框，如图 3-121 所示。

（4）设置日期范围，设置完成后单击“确定”，即在“教师表”中显示 2014 年参加工作的教师，如图 3-122 所示。

例 3-38　在“教师表”中筛选十月参加工作的教师。

操作步骤：

（1）打开“教师表”数据表视图。

（2）清除“教师表”中的所有筛选。

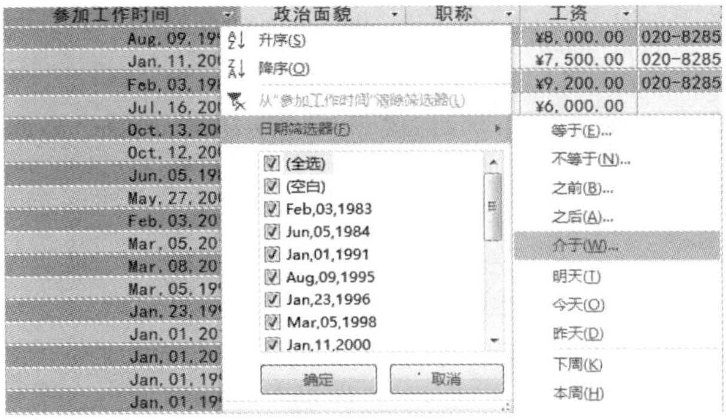

图 3-120　日期筛选器

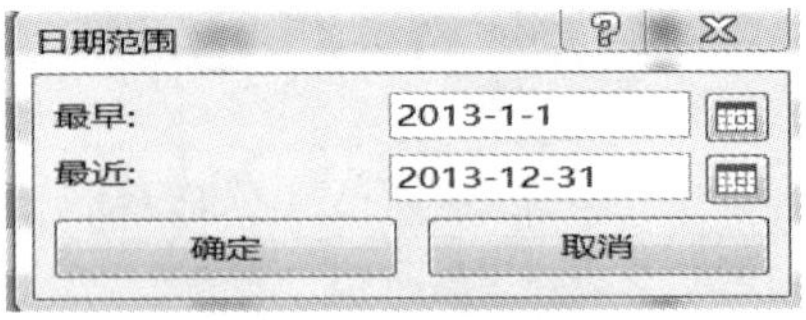

图 3-121　设置日期范围

教师编号	教师姓名	学院编号	性别	工资	参加工作时间	政治面貌
20111	刘小君	103	女	¥5,000.00	Mar,08,2013	群众
20110	刘伟业	102	男	¥5,000.00	Mar,05,2013	党员

图 3-122　2013 年入职的教师

（3）在图 3-120 中日期筛选器的级联菜单中单击“期间的所有日期”，打开级联菜单，单击“十月”，如图 3-123 所示。

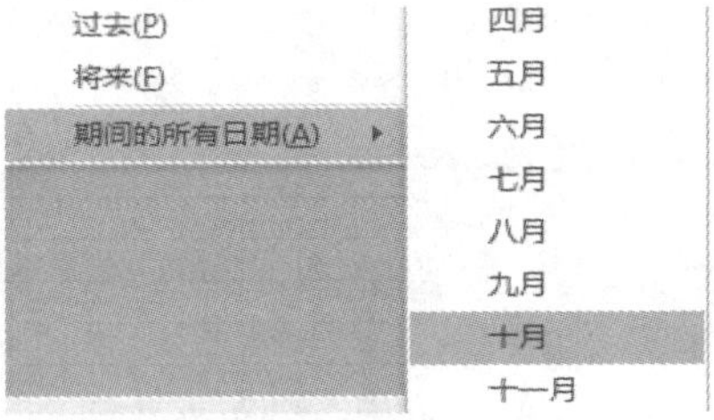

图 3-123　设置十月期间

（4）在数据表视图中即可看到十月参加工作的教师，结果如图 3-124 所示。

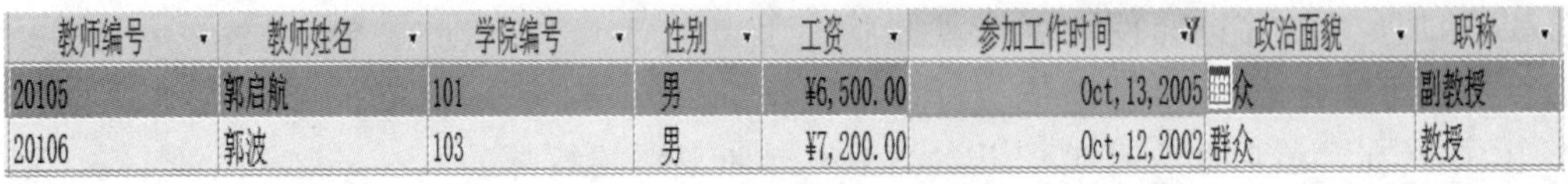

教师编号	教师姓名	学院编号	性别	工资	参加工作时间	政治面貌	职称
20105	郭启航	101	男	¥6,500.00	Oct,13,2005	众	副教授
20106	郭波	103	男	¥7,200.00	Oct,12,2002	群众	教授

图 3-124　十月参加工作的教师

2. 按窗体筛选

在窗体设置条件，再应用窗体筛选。

例 3-39　在“教师表”中筛选姓“李”的“教授”。

操作步骤：

（1）打开“教师表”数据表视图。

（2）清除“教师表”中的所有筛选，使数据恢复原状。

（3）单击“开始”→“排序和筛选”→“高级”→“按窗体筛选”，如图 3-125 所示。

（4）单击“按窗体筛选”进行设置，如图 3-126 所示。

（5）单击如图 3-127 所示的“应用筛选/排序”，或者执行“开始”→“排序和筛选”→切换筛选命令，查看结果。

图 3-125　打开“按窗体筛选”

教师编号	教师姓名	性别	参加工作时间	政治面貌	职称
	Like "李*"				"副教授"

图 3-126　设置窗体筛选条件

注：在表达式中输入的标点均为英文的标点符号。

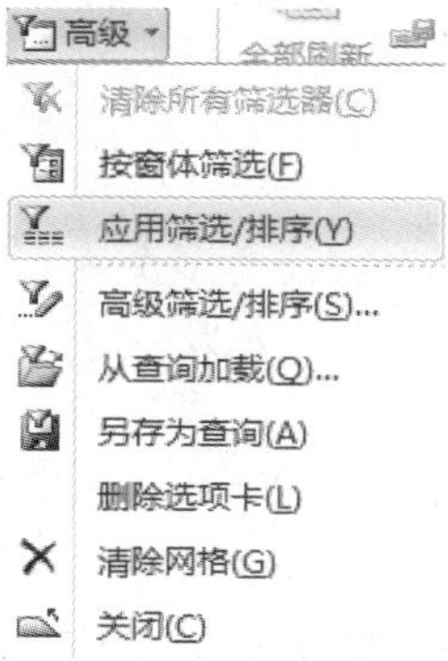

图 3-127　应用筛选

（6）查看结果，如图 3-128 所示。

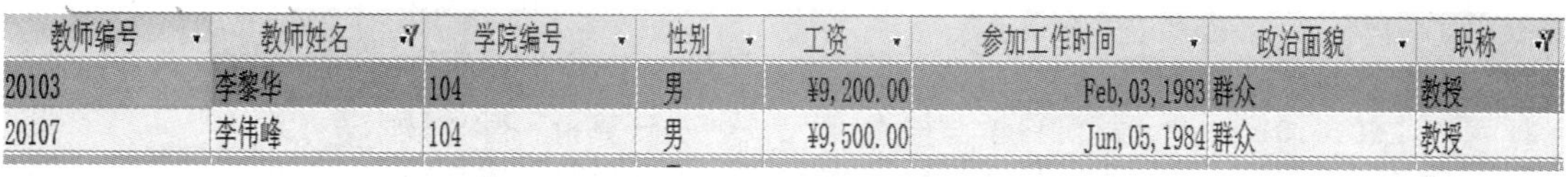

教师编号	教师姓名	学院编号	性别	工资	参加工作时间	政治面貌	职称
20103	李黎华	104	男	¥9,200.00	Feb,03,1983	群众	教授
20107	李伟峰	104	男	¥9,500.00	Jun,05,1984	群众	教授

图 3-128　满足条件的教师

3. 高级筛选

例 3-40　在“教师表”中查找 2013 年参加工作的男教师。

操作步骤：

（1）打开“教师表”数据表视图。

（2）清除“教师表”中的所有筛选，使数据恢复原状。

（3）单击“开始”→“排序和筛选”→“高级”→“高级筛选/排序”，如图 3-127 所示。

（4）打开如图 3-129 所示的筛选器进行设置。

（5）操作同例 3-40 步骤（3），查看结果，如图 3-130 所示。

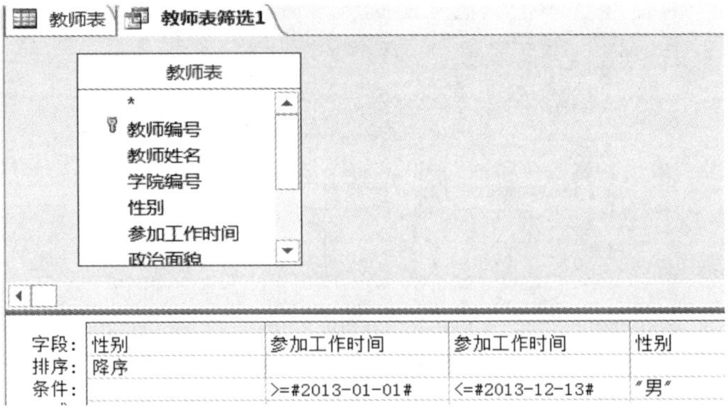

图 3-129　筛选器中设置条件

教师编号	教师姓名	学院编号	性别	工资	参加工作时间	政治面貌	职称
20110	刘伟业	102	男	¥5,000.00	Mar,05,2013	党员	讲师

图 3-130　满足条件的记录

3.6　创建表间关系

3.6.1　创建表间关系

在 Access 数据库中，一个数据库中往往有多个表，这些表多是有关联的，即表与表之间是有关系的。表之间的关系如 1.2 节所述，分为一对一、一对多和多对多的关系，在 Access 数据库中大多为一对多的关系。

如 1.4.1 节所述，通过外键让表与表之间产生了联系，在一对多关系中，考虑主键和外键的取值。主键保证了表中记录的唯一性，主键的特点是既不能重复，又不能为空；外键的特点是取值可以为空，或者是参照表中的有效值。

以外部关键字作主关键字的表称为参照关系（主表、父表），具有外部关键字的表称为被参照关系（从表、子表），如图 3-131 和图 3-132 所示。

班级表

班级编号	班级名称	所属专业	学院编号
19010101	计算机科学与技术1班	计算机科学与技术	101
19010102	计算机科学与技术2班	计算机科学与技术	101
19010103	计算机科学与技术3班	计算机科学与技术	101
19010104	计算机科学与技术4班	计算机科学与技术	101
19010105	计算机科学与技术5班	计算机科学与技术	101
19010201	物联网工程1班	物联网工程	101
19010202	物联网工程2班	物联网工程	101
19020101	电子商务1班	电子商务	102
19020102	电子商务2班	电子商务	102

图 3-131　班级表

学号	姓名	性别	生日	政治面貌	班级编号
1901010101	王小鹏	男	2000年11月2日	团员	19010101
1901010102	赵斌	男	2000年10月10日	团员	19010101
1901010103	李晓	女	2001年1月12日	党员	19010102
1901010104	张春	女	2001年10月2日	团员	19010101
1901010105	周立平	男	2002年11月1日	团员	19010101
1901010106	张加强	男	2001年10月12日	团员	19010101
1901010107	王文武	男	2000年9月7日	群众	19010101

图 3-132　学生表

在图 3-132 中“学号”是“学生表”中的主键，“班级编号”是外键，而“班级编号”是图 3-131 班级表中的主键，“班级表”叫作主表、父表、参照关系；“学生表”叫从表、子表、被参照关系。

建立表间关系应遵循实施参照完整性，若表中已有数据，只有表中数据满足条件“在从表的外键字段中，除空值外，不能出现主表的主键字段中不存在的数据”时才可设置“参照完整性”规则，否则系统提示无法设置。因此，通常在表中输入数据前先设置表间关系，以防止输入的数据不满足“参照完整性”规则。

在建立表间关系时，主表和从表的数据应遵循下列规则：

（1）在从表的外键字段中，除空值外不能出现主表的主键字段中不存在的数据，即参照完整性；

（2）如果在从表中存在匹配的记录，不能只删除主表中的记录；

（3）如果在从表中存在匹配的记录，不能只修改主表中的主键值。

例 3-41　在“教学信息管理”数据窗口中，建立各表之间的关系。

操作步骤：

（1）打开“教学信息管理”数据库。单击“数据库工具”→“关系”按钮，弹出“关系工具”选项卡及设计区域，如图 3-133 所示。

（2）单击或在下的灰色区域单击右键，在快捷菜单中选择“显示表”，弹出如图 3-134 所示的“显示表”界面。

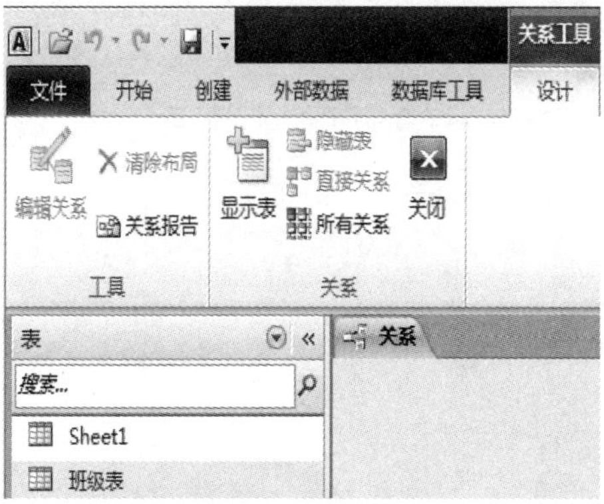

图 3-133　关系设计界面

图 3-134　“显示表”界面

（3）选中要创建关系的表，单击“添加”，可以选中表，按住左键拖动调整位置，如图 3-135 所示。

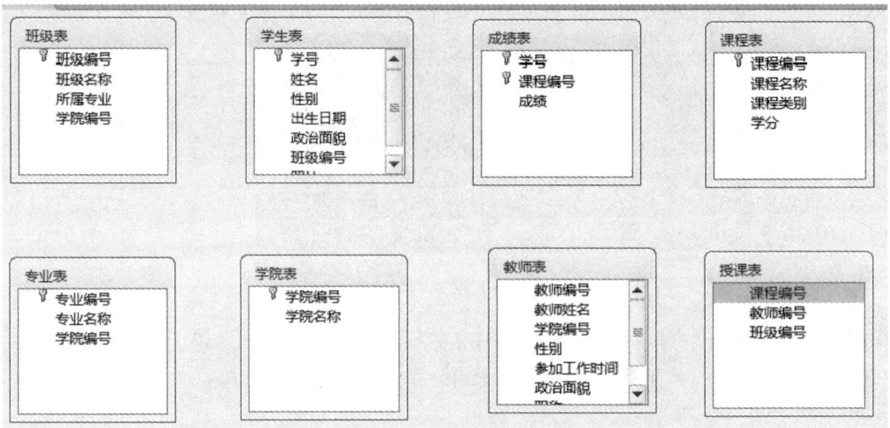

图 3-135　添加表

（4）找到表中的公共属性，即两个表里都有的属性，如“班级表”和“学生表”里的公共属性“班级编号”，按住其中之一的“班级编号”拖动到另一个表中。

（5）弹出“编辑关系”对话框，如图 3-136 所示，选择“实施参照完整性”“级联更新相关字段”和“级联删除相关记录”，出现一根连线，连线两端分别有符号“1”和“∞”，说明两表之间的关系是一对多的关系，在对话框下边显示“关系类型：一对多”，单击“创建”，即创建了“班级表”与“学生表”之间的“一对多”关系，如图 3-137 所示。

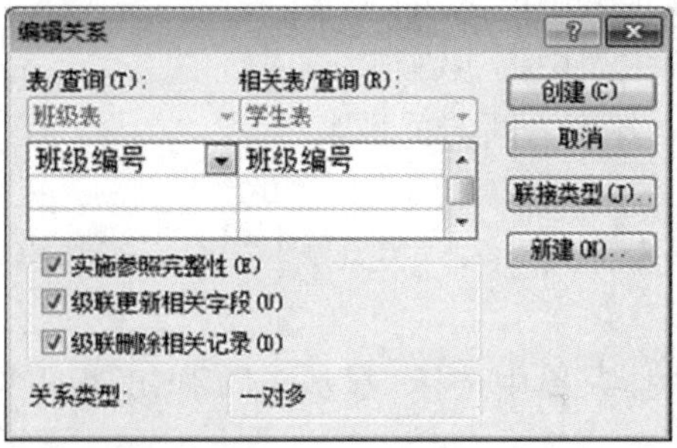

图 3-136　“编辑关系”对话框

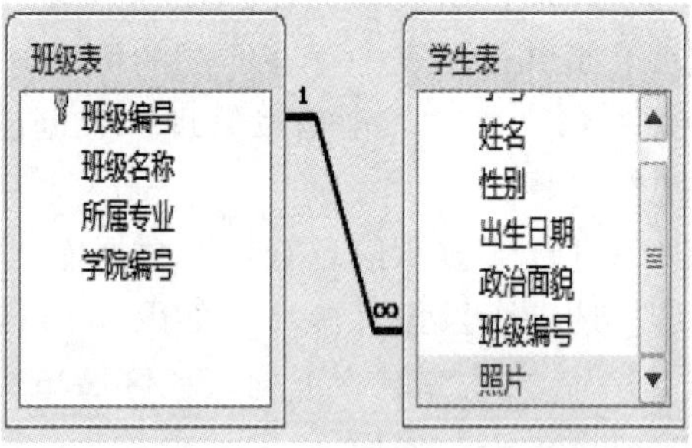

图 3-137　班级表与学生表之间的一对多关系

（6）同理创建其他表之间的关系，如图 3-138 所示。

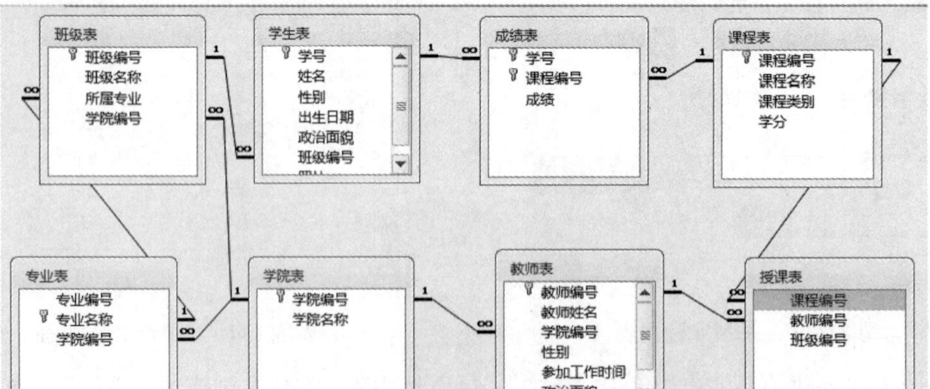

图 3-138　表间关系

补充说明：

（1）删除关系。

若要删除表间关系，单击两表之间的连接线，当线变粗变黑时，即为选中了该线（关系），单击右键，弹出快捷菜单，单击“删除”；或者选中连线后，直接按“Delete”键。

（2）编辑关系。

如果需要重新编辑关系，在“关系”图中选择两表之间的连接线，线条变粗，再右击，执行“编辑关系”命令。

在图 3-136 的“编辑关系”对话框中，分别有：

① 实施参照完整性。

Access 使用实施参照完整性来确保相关表记录之间关系的完整性与有效性。

在创建关系时，在选择“实施参照完整性”复选框中单击，显示为“√”，即可为该关系创建了“实施参照完整性”规则。

② 级联更新相关字段。

当选中该项后主表中主键值更新时，系统会自动更新从表中的所有相关记录中的匹配值。

③ 级联删除相关记录。

选中该项后在删除主表中的记录时，系统会自动删除从表中的相关记录。

（3）联接属性。

在图 3-136 的“编辑关系”对话框中，单击“联接类型”，弹出“联接属性”对话框，如图 3-139 所示。对话框中共有 3 个选项，分别表示 3 种联接：自然连接、左联接和右联接。

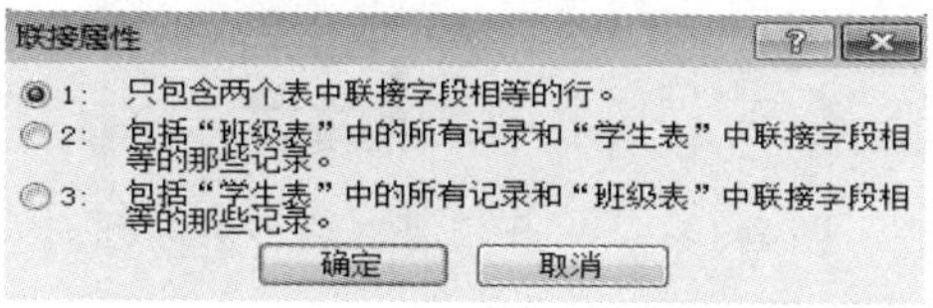

图 3-139 “联接属性”对话框

（4）新建关系。

在图 3-136 的“编辑关系”对话框中，单击“新建”，弹出如图 3-140 所示的“新建”对话框，在此也可设定表及连接字段并创建关系。

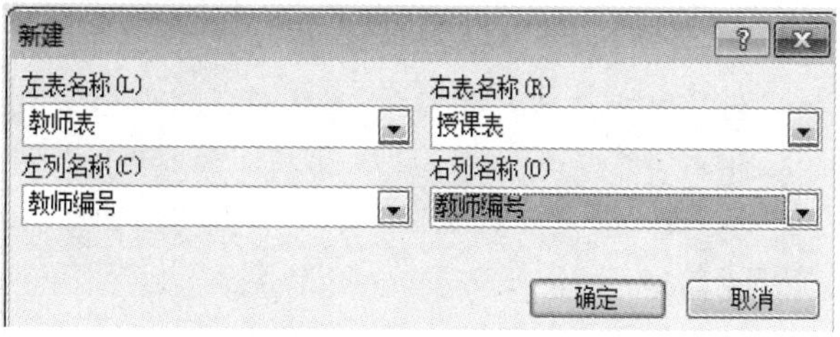

图 3-140 “新建”对话框

单击“确定”，若表中关系已经确定，提示“关系已经创建”；若表中关系未创建，即可创建关系。

3.6.2 创建子数据表

创建表及表间关系后，有时需要在主表中查看从表的信息，就可以通过创建子数据表来完成，子数据表即从表。

创建子数据表的方法有两种。

1. 通过设计视图中的属性创建

例 3-42 通过“班级表”查看与此班级有关的学生信息。

操作步骤：

（1）打开“班级表”的设计视图

（2）单击“表格工具”→“属性表”，打开“属性表”对话框，如图 3-141 所示。

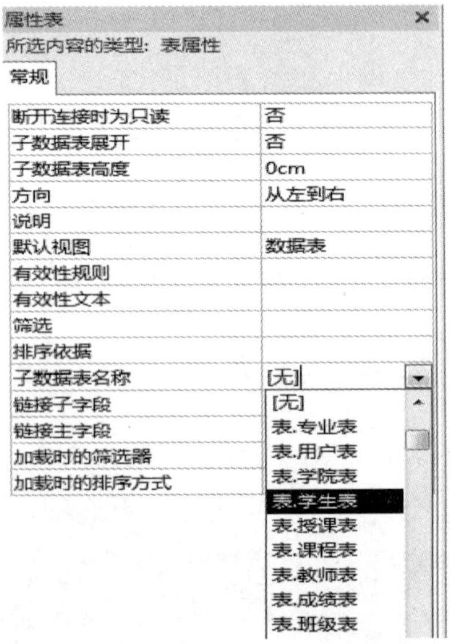

图 3-141 打开“属性表”对话框

（3）在图 3-141 中“子数据表名称”的下拉列表框里选择“表.学生表”，还可以对子数据表的外观（如高度、是否展开等）进行设计。

（4）设计完成后单击保存，切换到数据表视图，查看结果，如图 3-142 所示，单击班级编号前边的“+”即可展开明细，显示此班级的所有学生信息，也可单击“-”将班级的学生信息折叠起来。

图 3-142 插入子表的班级表

2. 通过数据表视图中插入子数据表创建

例 3-43 通过“学生表”查看学生的成绩信息。

操作步骤：

（1）打开“学生表”的数据表视图，单击“开始”→“记录”→“其他”→“子数据表”→“子数据表”，如图 3-143 所示。

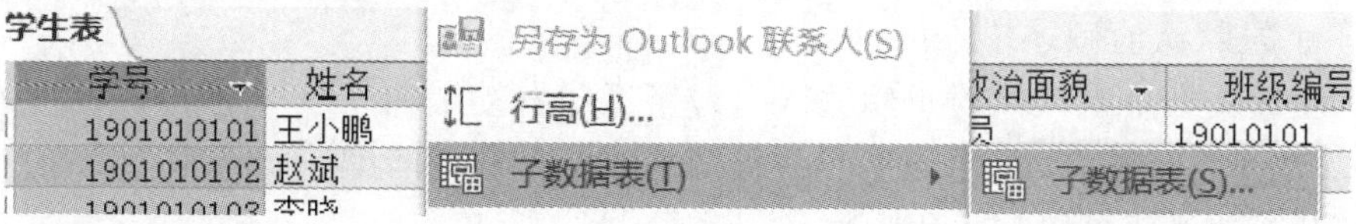

图 3-143　打开子数据表

（2）打开“插入子数据表”对话框，选择“成绩表”，设置链接字段，如图 3-144 所示（若创建了表间关系，系统会自动给出链接字段），单击“确定”。

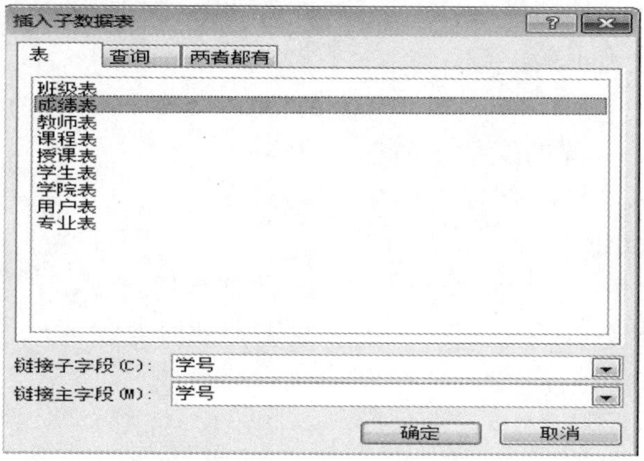

图 3-144　设置插入子数据表

（3）返回“学生表”数据表视图，观察子数据表已经创建。

3.6.3　删除子数据表

插入子数据表后查阅数据比较方便，但有时不需要子数据表，就要将其删除。删除与插入操作相反，也有两种方法：

1. 在设计视图的属性表设置

在图 3-139 中“子数据表名称”的下拉列表框里选择“无”，即可删除子数据表

2. 在数据表视图中删除

打开要删除子数据表的主表，单击“开始”→“记录”→“其他”→“子数据表”→“删除”，即可删除子数据表。

习　题

一、选择题

1. 在表的设计视图的“字段属性”框中，“标题”属性默认情况下是（　　）。

A. 字段名　　B. 空　　C. 字段类型　　D. NULL

2. 在对某数字型字段进行降序排序时，假设该字段存在这样四个值：23、52、28 和 6，则最后排序结果是（　　）。

A. 23、52、28、6　　B. 6、23、28、52

C. 52、28、23、6　　D. 28、52、23、6

3. 关于字段默认值叙述错误的是（　　）。

A. 设置文本型默认值时不用输入引号，系统自动加入

B. 设置默认值时，必须与字段中所设的数据类型相匹配

C. 设置默认值可以减小用户输入工作量

D. 设置日期型默认值时，日期两边必须加#号

4. 在 Access 中可以默认按（　　）进行记录排序。

A. 表中第一个字段　　B. 输入的顺序

C. 主关键字　　D. 表中最后一个字段

5. 文本类型的字段大小默认为（　　）个字符。

A. 128　　B. 250　　C. 255　　D. 1024

6. 在 Access 中，数据库的核心与基础是（　　）。

A. 表　　B. 查询　　C. 报表　　D. 宏

7. “On/Off”数据属于（　　）。

A. 文本数据类型　　B. 是/否数据类型

C. 备注数据类型　　D. 数字数据类型

8. 修改表结构只能在（　　）。

A. “数据表”视图　　B. “设计”视图

C. “表向导”视图　　D. “数据库”视图

9. 在数据库中能够唯一地标识一个元组的属性或属性的组合称为（　　）。

A. 记录　　B. 字段　　C. 域　　D. 关键字

10. 下面对于表中的索引叙述错误的是（　　）。

A. 一个表可以建立多个唯一索引　　B. 一个表只能有一个主索引

C. 一个表可以设置多个普通索引　　D. 一个表中只能有一个唯一索引

11. Access 数据库的设计一般由 5 个步骤组成，对以下步骤的排序正确的是（　　）。

a. 确定数据中的表　　b. 确定表中的字段

c. 确定主关键字　　d. 分析建立数据库的目的　　e. 确定表之间的关系

A. dabec　　B. dabce　　C. cdabe　　D. cdaeb

12. 学校欲建立一个“教学信息管理”的数据库，由教师表、学生表、课程表、选课成绩表组成，教师表中有教师编号、姓名性别、工作时间、职称、学历、系别等字段，试确认该表的主关键字是（　　）。

A. 姓名　　B. 教师编号　　C. 系别　　D. 职称

13. 以下字符串不符合 Access 字段命名规则的是（　　）。

A. ^_^birthday ^_^　　B. 生日　　C. Jim.jeckson　　D. //注释

14. 某学校欲建立一个“教学信息管理”的数据库，设计该数据库由教师表、学生表、课程表、选课成绩表组成，其中教师表由 TeacherID、TeacherName、sex、[telephone]组成，现确定该表的主关键字为 TeacherName。以下分析正确的是（　　）。

A. 教师表字段命名有错误，其他正确

B. 教师表主关键字选择错误，其他正确

C. 教师表字段命名和主关键字错误

D. 该表设计没有错误

15. 一张“学生”表中，要使“年龄”字段的取值范围设置在 14 ~ 50，则在“验证规则”属性框中输入的表达式为（　　）。

A. >=14AND<=50　　B. >=140R=<50

C. >=50AND<=14　　D. >=14&&=<50

16. 某文本型字段的值只能为字母且不允许超过 6 个，则将该字段的输入掩码属性定义为（　　）。

A. AAAAAA　　B. LLLLLL　　C. CCCCCC　　D. 999999

17. 某数据库的表中要添加 Internet 站点的网址，则该采用的字段的数据类型是（　　）。

A. OLE 对象数据类型　　B. 超级链接数据类型

C. 查阅向导数据类型　　D. 自动编号数据类型

18. 某数据库的表中要添加一张图片，则采用的该字段的数据类型是（　　）。

A. OLE 对象数据类型　　B. 超级链接数据类型

C. 查阅向导数据类型　　D. 自动编号数据类型

19. Access 数据库中（　　）数据库对象是其他数据库对象的基础。

A. 报表　　B. 表　　C. 窗体　　D. 模块

20. 在使用 Access 创建数据库中的表时，以下不能导入 Access 数据库中的是（　　）。

A. Excel 表格　　B. ForPro 创建的表

C. Access 数据库中的表　　D. Word 文档里的表

21. 某字段中已经有数据，现要改变该字段大小的属性，将该字段大小重新设置为整数型，则以下所存数据会发生变化的是（　　）。

A. 123　　B. 2.5　　C. -12　　D. 1563

22. Access 中表与表的关系一般定义为（　　）。

A. 一对多关系　　B. 多对多关系

C. 一对一关系　　D. 多对一关系

23. 若要在某表中“姓名”字段中查找“wh”开头的所有人名，则应在查找内容框中输入的字符串是（　　）。

A. wh?　　B. wh*　　C. wh[]　　D. wh#

24. 将文本字符串“23，18，9，66”按升序排序，排序的结果将是（　　）。

A. 9，18，23，66　　B. 66，23，18，9

C. 18，23，66，9　　D. 以上皆是

25. 下列数据类型能够进行排序的是（　　）。

A. 备注数据类型　　B. 超级链接数据类型

C. OLE 对象数据类型　　D. 数字数据类型

26. Access 中的“表”指的是关系模型中的（　　）。

A. 关系　　B. 元组　　C. 属性　　D. 域

27. 假设有两个数据表 R、S，分别存放的是总分达到录取分数线的学生名单和单科成绩未达到及格线的学生名单。当学校的录取条件是总分达到录取线且要求每科都及格，试问该对其做什么运算，才能得到满足录取条件的学生名单（　　）。

A. 并　　B. 差　　C. 交　　D. 以上都不是

28. 在分析建立数据库的目的时，应该先（　　）。

A. 将用户需求放在首位　　B. 确定数据库结构与组成

C. 确定数据库界面形式　　D. A，B 和 C 都正确

29. 在设计数据库时，确定 Access 数据库中的表时，应该先（　　）。

A. 在纸上进行设计　　B. 将数据进行分类

C. 确定表之间的关系　　D. A 和 B

30. 在设计 Access 数据库中的表之前，应先将数据进行分类，分类原则是（　　）。

A. 每个表只应包含一个主题的信息

B. 表中不应该包含重复信息

C. 信息不应该在表之间复制

D. A，B 和 C 都是

二、填空题

1. ______是 Access 数据库的基础，是储存________的地方，是查询、窗体、报表等其他数据库对象的基础。

2. _________是在输入或删除记录时，为维持表之间已定义的关系而必须遵循的规则。

3. 在数据表“视图”中，_________某字段后，无论用户怎么水平滚动窗口，该字段总是可见的，并且总是显示在窗口的最左边。

4. 排序规则中，中文按_________的顺序排序，升序时按 A 到 Z 排序，降序时按 Z 到 A 排序。

5. 在“选课成绩”表中筛选刚好是 60 分的学生，需在“筛选目标”框中输入_________。

6. Select 名字，年龄 From 职员表 Where 姓名 Like‘李%’，这句话的意思是__________。

7. 建立表格结构的方式有使用_________，使用__________，使用________。

8. 参照完整性是一个准则系统，Access 使用这个系统来确保相关表中记录之间_____的有效性，并且不会因为意外而删除或更改相关数据。

9. 在 Access 中数据库类型主要包括自动编号、文本、备注、日期/时间、是/否、OLE 对象、__________和查阅向导等。

10. 能够唯一标识表中每条记录的字段称为_________。

11. Access 提供了两种字段数据类型保存文本或文本和数字组合的数据，这两种数据类型是：短文本型和________。

12. 表是数据库中最基本的操作对象，也是整个数据库类型的________。

13. 表_________其他数据库对象的设计及使用。

14. 如果某一段字没有设置显示标题，Access 系统就默认________为字段的显示标题。

15. 字段验证规则是给字段输入数据时所设置的_________。

16. 字段输入掩码是给字段输入数据时设置的某种特定的_________。

17. 表结构的设计及维护，是在_________完成的。

18. 表中的数据操作及维护，是在_________完成的。

19. 表中数据复制的功能可以减少_________的输入。

20. 替换表中的数据项，是要先完成表中的_________，再进行替换的操作过程。

三、简答题

1. Access 数据库字段的类型有哪几种？
2. Access 数据库索引分为哪几种？
3. 如何设置表的主键？
4. 什么叫外键？外键的取值有什么特点？
5. 在复制表时有哪几种粘贴方式？

第 4 章　查　询

4.1　查询概述

查询是 Access 中具有条件检索和计算功能的数据库对象。查询是处理和分析数据的基本工具，它能把多个表中的数据抽取出来，供用户查看、更改和分析使用，它可以作为查询、窗体和报表的数据源。查询的运行结果是一个动态数据集合，即仍旧是一个关系。查询的数据源是表和查询。

4.1.1　查询的功能

Access 中查询具有以下功能：

（1）根据条件提取数据。

（2）利用已知表或查询中的数据，对数据的进行计算、汇总、排序、筛选等。

（3）利用查询可以生成新表，可以更新、删除数据源表中的数据，也可以为数据源表追加数据。

（4）查询可以作为查询、窗体、报表的数据源。

4.1.2　查询的类型

在 Access 中，使用查询可以按照不同的方式查看、更改和分析数据，也可以用查询作为窗体、报表数据源。在 Microsoft Access 中有以下几种查询类型：选择查询、参数查询、交叉表查询、操作查询、SQL 查询等。

（1）选择查询：选择查询是最常见的查询类型，它从一个或多个表中检索数据，也可以使用选择查询来对记录进行分组，作总计、计数、平均值及其他类型的计算。

（2）参数查询：参数查询在执行时通过对话框提示用户输入查询条件，系统根据输入的条件查询出结果。

（3）交叉表查询：使用交叉表查询可以计算并重新组织数据的结构，对数据源中的数据进行分组汇总，一个字段作为行标题，一个字段作为列标题，在行列的交叉位置显示要计算的值。

（4）操作查询：操作查询是使用查询的结果对数据表进行更改，有以下 4 种操作查询：

① 生成表查询：创建查询的同时，创建一张新的数据表。

② 更新查询：可以对一个或多个表中的一组记录做更改。

③ 追加查询：将一个或多个表中的一组记录添加到一个或多个表的末尾。

④ 删除查询：可以从一个或多个表中删除满足条件的记录。

（5）SQL 查询：是用户使用 SQL 语句创建的查询。可以用结构化查询语言（SQL）来查询、更新和管理 Access 数据库，所有查询都有相应的 SQL 语句。

4.1.3 查询视图

1. 查询的几种视图

查询有 3 种视图，分别是数据表视图、SQL 视图和设计视图，如图 4-1 所示。

（1）数据表视图。

数据表视图是显示查询结果的视图，通过该视图可以查看查询的结果。

（2）SQL 视图。

SQL 视图是编辑和查看 SQL 语句的窗口，也可以查看通过设计视图创建的 SQL 语句。

（3）设计视图。

设计视图是通过查询设计器创建查询的窗口，是常用的查询视图之一。

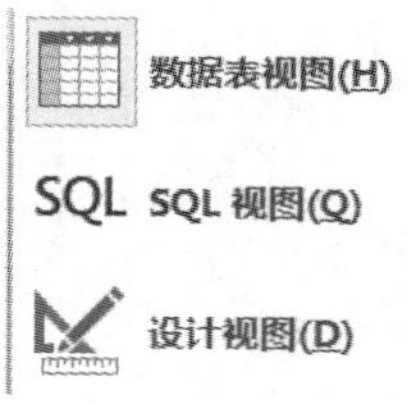

图 4-1　查询视图

2. 查询视图的切换

在数据库中双击打开一个查询，或者在刚创建的查询窗口下，单击“开始”选项卡，再单击“视图”进行不同视图之间的切换。

4.2 创建选择查询

创建选择查询常用的方法有使用查询向导创建查询和使用设计视图创建查询两种。

使用“查询向导”创建查询，可以从一个或多个表或查询中提取相关字段检索数据，但不能设置条件对记录进行检索。

使用设计视图创建查询可以设置查询的条件。

下边举例说明各种查询的创建方法。

4.2.1 使用简单查询向导创建查询

例 4-1　使用查询向导，创建名为“例 4-1 教师基本情况”的查询，数据源为“教师表”，要求显示“教师编号”“教师姓名”“性别”“政治面貌”和“职称”信息。

操作步骤：

（1）打开“教学信息管理”数据库，选择“创建”→“查询”→单击“查询向导”，弹出“新建查询”对话框，如图 4-2 所示，选择“简单查询向导”选项，单击“确定”按钮。

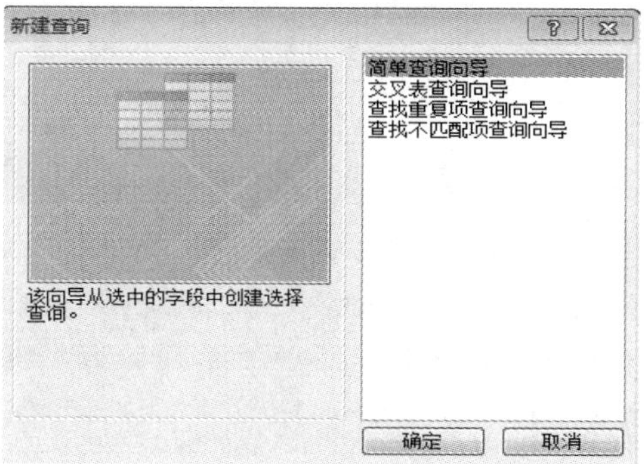

图 4-2　新建查询

（2）弹出选择数据源（“选择表/查询”）及“可用字段”对话框。在“表/查询”右边的下拉列表框中选择“教师表”，“教师表”中的所有字段即显示在“可用字段”列表中。选择“教师编号”单击朝右的箭头“ > ”即选择了“教师编号”，同理选择“教师姓名”“性别”和“职称”，如图 4-3 所示，单击“下一步”按钮。

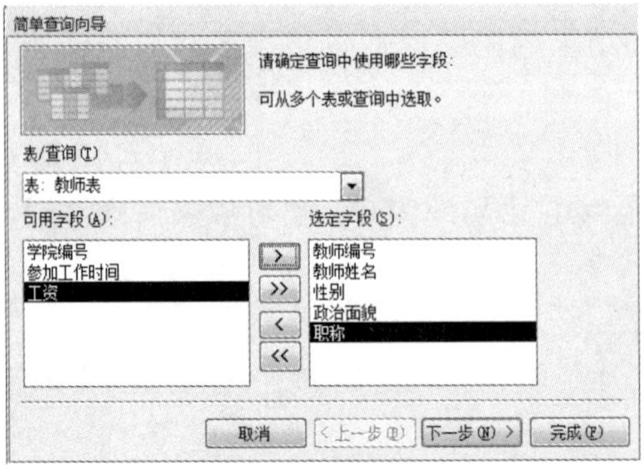

图 4-3　确定查询的数据源及所需字段

说明：

> ：选择一个字段。

>> ：选择所有字段。

< ：撤销右侧选中字段的选择。

<< ：全部撤销。

（3）弹出“请为查询指定标题：”及选择查询操作方式，输入查询名“例 4-1 教师基本情况”，选择“打开查询查看信息”，如图 4-4 所示，单击“完成”按钮。

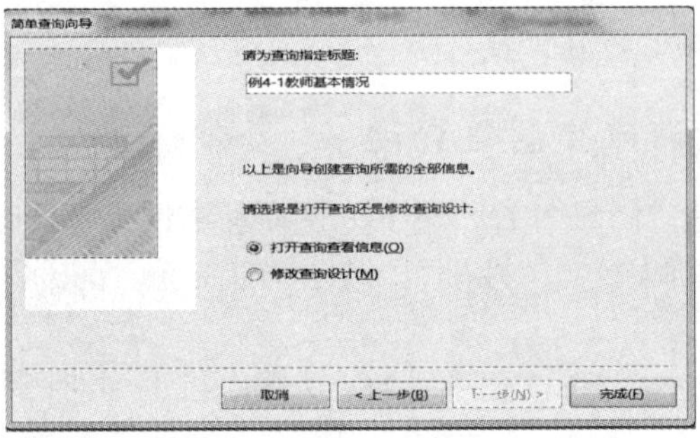

图 4-4　查询命名及选择查询操作方式

（4）弹出满足条件的查询结果，如图 4-5 所示。

例4-1教师基本情况

教师编号	教师姓名	性别	政治面貌	职称
20101	陈美丽	女	党员	教授
20102	杜少雄	男	群众	教授
20103	李黎华	男	群众	教授
20104	关学敏	女	党员	副教授
20105	郭启航	男	群众	副教授
20106	郭波	男	群众	教授
20107	李伟峰	男	群众	教授
20108	李曦	女	群众	副教授
20109	李秋玲	女	党员	讲师
20110	刘伟业	男	党员	讲师

图 4-5　部分查询结果

例 4-2 使用查询向导，创建名为“例 4-2 学生基本信息”查询，包括“学号”“姓名”“性别”“出生日期”“班级名称”和“所属专业”。

操作步骤：

（1）打开“教学信息管理”数据库，选择“创建”→“查询”→单击“查询向导”，弹出“新建查询”对话框，如图 4-2 所示，选择“简单查询向导”选项，单击“确定”按钮。

（2）弹出“选择表/查询”以及“可用字段”对话框，在“表/查询”右边的下拉列表框中选择“学生表”，“学生表”中的字段即显示在“可用字段”列表中。选择“学号”单击朝右的箭头“ > ”即选择了“学号”，同理选择“姓名”“性别”和“出生日期”，如图 4-6 所示。

图 4-6　选择“学生表”中字段

（3）同步骤（2），在“表/查询”右边的下拉列表框中选择“班级表”，在选定字段里添加“班级名称”和“所属专业”，如图 4-7 所示，单击“下一步”按钮。

（4）确定查询的标题，如图 4-8 所示，输入“例 4-2 学生基本信息”。

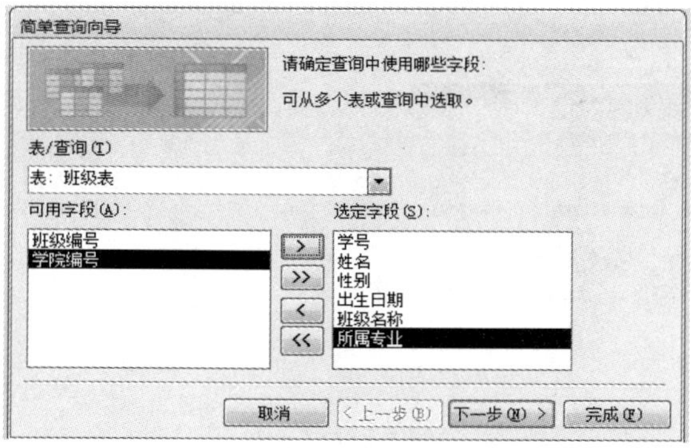

图 4-7　选择“班级表”中的字段

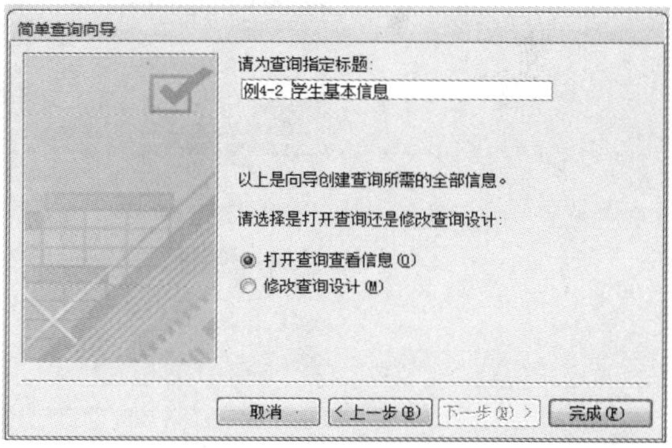

图 4-8　确定查询标题

（5）单击“完成”，在数据表中查看结果。

4.2.2　使用交叉表查询向导创建查询

使用交叉表查询可以计算并重新组织数据的结构，这样可以更加方便地分析数据。交叉表查询可以计算数据的总计、计数、平均值及其他类型的总和，这种数据可分为两组信息：一类在数据表左侧排列，相当于表中的行标题；另一类在数据表的顶端，相当于表中的列标题，行与列的交叉点显示统计信息。

使用交叉表查询向导创建查询时，数据源需来源于一张表或一个查询。

例 4-3 使用交叉表查询向导创建“例 4-3 各个班各科成绩平均分交叉表查询”，平均分保留两位小数。

操作步骤：

（1）经分析，班级信息跟课程信息不在同一张表，所以先做一个查询，此查询里包括交叉表查询中所用的所有信息，在此命名为“例 4-3 班级课程成绩查询”。

（2）打开“教学信息管理数据库”，参照 4.2.1 节利用“简单查询向导”创建“例 4-3 班级课程成绩查询”，如图 4-9 所示。

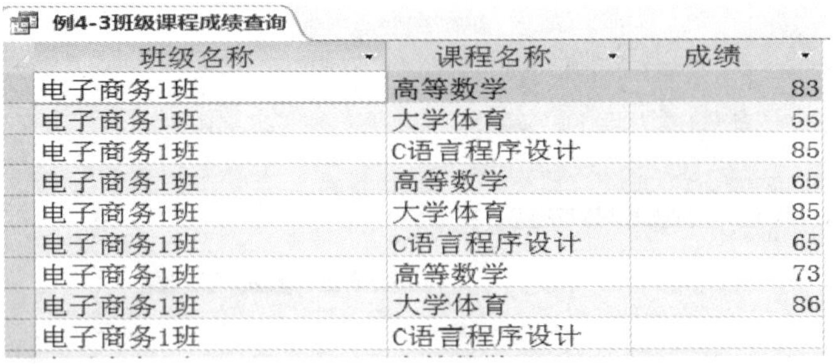
例4-3班级课程成绩查询

班级名称	课程名称	成绩
电子商务1班	高等数学	83
电子商务1班	大学体育	55
电子商务1班	C语言程序设计	85
电子商务1班	高等数学	65
电子商务1班	大学体育	85
电子商务1班	C语言程序设计	65
电子商务1班	高等数学	73
电子商务1班	大学体育	86
电子商务1班	C语言程序设计	

图 4-9 “例 4-3 班级课程成绩查询”部分数据

（3）选择“创建”→“查询”→单击“查询向导”，弹出“新建查询”对话框，如图 4-2 所示，选择“交叉表查询向导”选项，单击“确定”按钮。

（4）弹出如图 4-10 所示的对话框，确定交叉表查询的数据源，先在视图里选择“查询”，然后在查询对象里选择“例 4-3 班级课程成绩查询”，单击“下一步”按钮。

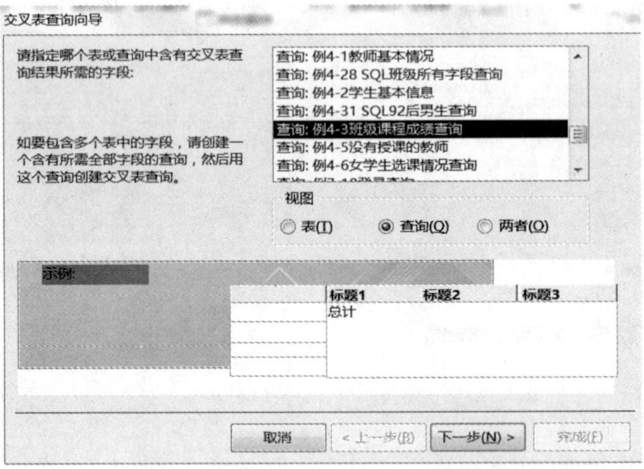

图 4-10 确定交叉表查询的数据源

（5）如图 4-11 所示，确定交叉表查询的行标题为班级名称。

（6）单击“下一步”，确定交叉表查询的列标题为课程名称，如图 4-12 所示，单击“下一步”。

（7）确定计算字段及计算方式，在此选择计算字段为“成绩”，计算方式为“成绩”，对字段“成绩”求平均值，如图 4-13 所示。

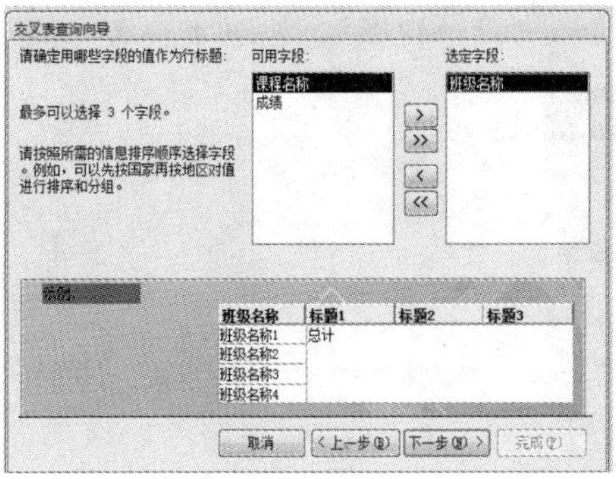

图 4-11　确定交叉表查询的行标题

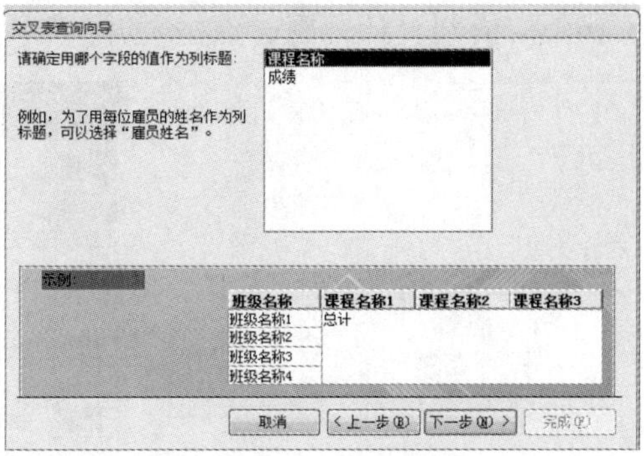

图 4-12　确定交叉表查询的列标题

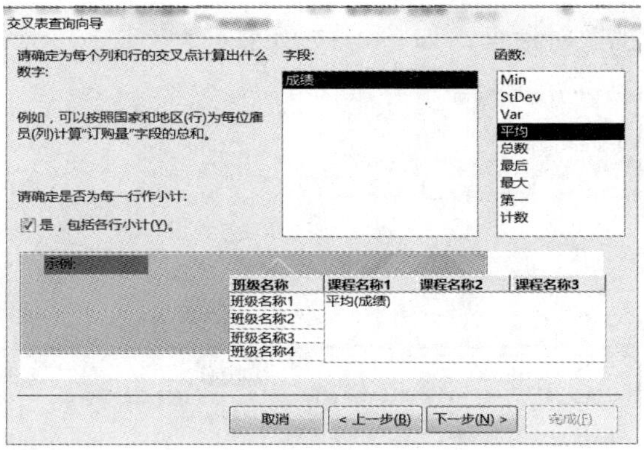

图 4-13　确定汇总的方式

（8）单击“下一步”按钮，确定查询的名字，如图 4-14 所示。

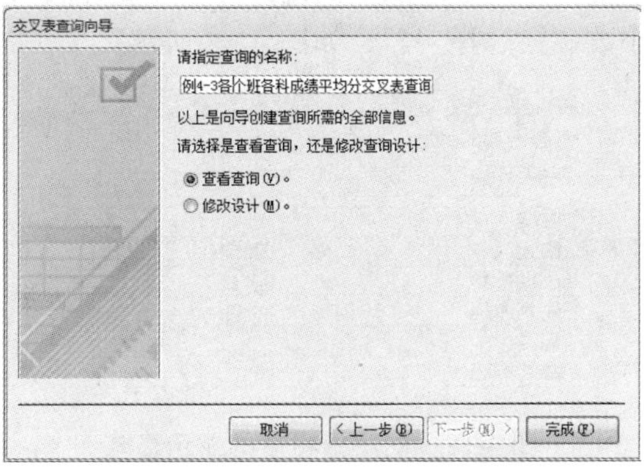

图 4-14　确定查询的名字

（9）单击“完成”，查看数据，如图 4-15 所示，此时成绩格式不符合题目要求，需要将字段名“总计成绩”改为“平均分”。

例4-3各个班各科成绩平均分交叉表查询

班级名称	总计 成绩	C语言程序设计	大学体育	大学英语	高等数学
电子商务1班	75.8181818181818	73	78.0909090909091		76.3636363636364
电子商务2班	74.4583333333333	73.75	73.75	75.875	
会计学1班	82.3333333333333	81.3333333333333	86.6666666666667	79	
计算机科学与技术1班	75.9090909090909		75.9090909090909		
计算机科学与技术2班	71.75		71.75		
英语1班	73.2142857142857	71.75	70.4	77.2	

图 4-15　查询结果

（10）切换到设计视图，点击“开始”→“视图”→“设计视图”，如图 4-16 所示。

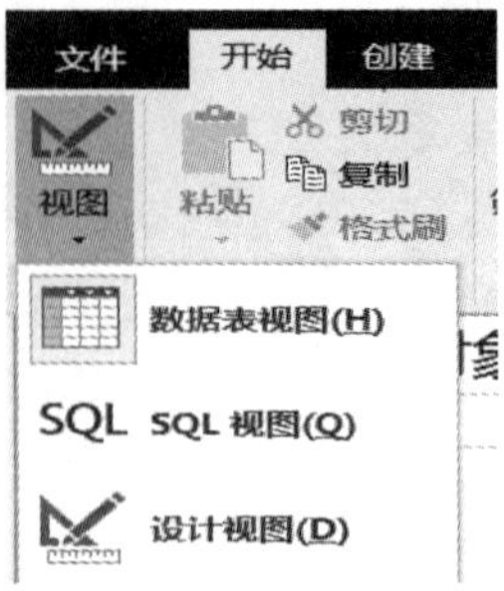

图 4-16　切换到设计视图

（11）弹出查询设计视图对话框，如图 4-17 所示。

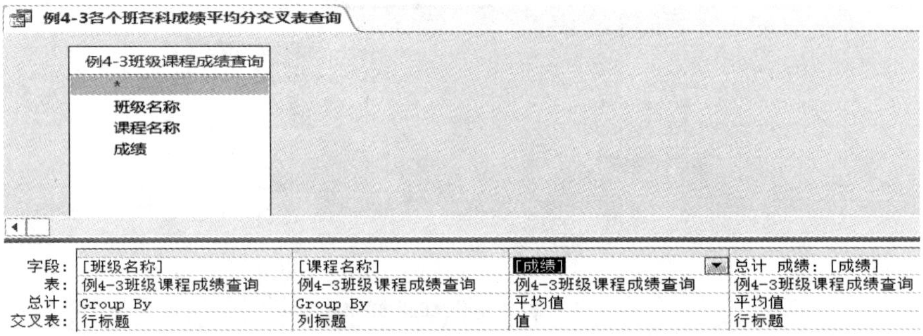

图 4-17　查询的设计视图

（12）将鼠标定位到“值”列，单击“查询设计”→“属性表”，打开“属性表”对话框，在格式里选择“固定”，小数位数选择“2”，如图 4-18 所示。

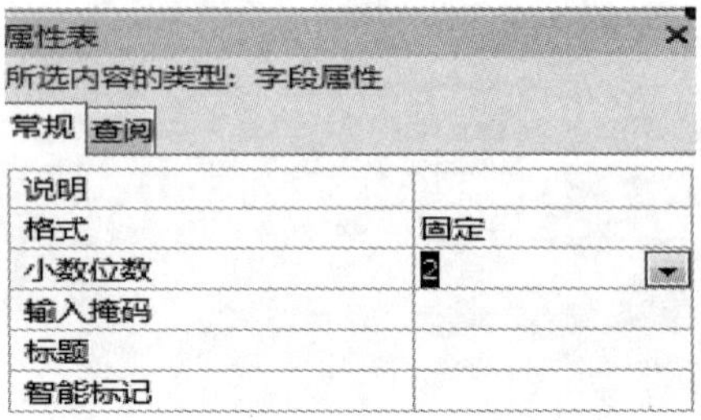

图 4-18　确定平均值的显示格式

（13）同理设置“总计 成绩”列的格式，在标题行输入“平均分”，其他设置同图 4-18。

（14）单击“运行”，查看结果，如图 4-19 所示。

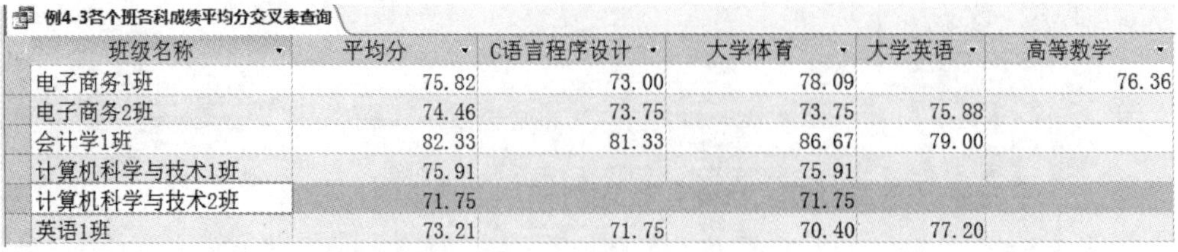

例4-3各个班各科成绩平均分交叉表查询

班级名称	平均分	C语言程序设计	大学体育	大学英语	高等数学
电子商务1班	75.82	73.00	78.09		76.36
电子商务2班	74.46	73.75	73.75	75.88	
会计学1班	82.33	81.33	86.67	79.00	
计算机科学与技术1班	75.91		75.91		
计算机科学与技术2班	71.75		71.75		
英语1班	73.21	71.75	70.40	77.20	

图 4-19　查询最终结果

4.2.3 使用查找重复项查询向导创建查询

应用“查找重复项查询向导”可以统计表或查询中重复字段的信息，并可以对重复字段进行相关的计算。

例 4-4 使用“查找重复项查询向导”利用“例 4-2 学生基本信息”查询，统计各专业男女生人数，命名为“例 4-4 各专业男女生人数”。

操作步骤：

（1）打开“教学信息管理”数据库，选择“创建”→“查询”→单击“查询向导”，弹出“新建查询”对话框，选择“查找重复项查询向导”选项，单击“确定”按钮。

（2）弹出确定数据源是表还是查询，在此我们选择“查询”，在“查询”单选按钮中单击，在查询对象列表框中选择“查询：例 4-2 学生基本信息”，如图 4-20 所示。

（3）单击“下一步”，确定重复值字段“性别”和“所属专业”，如图 4-21 所示。

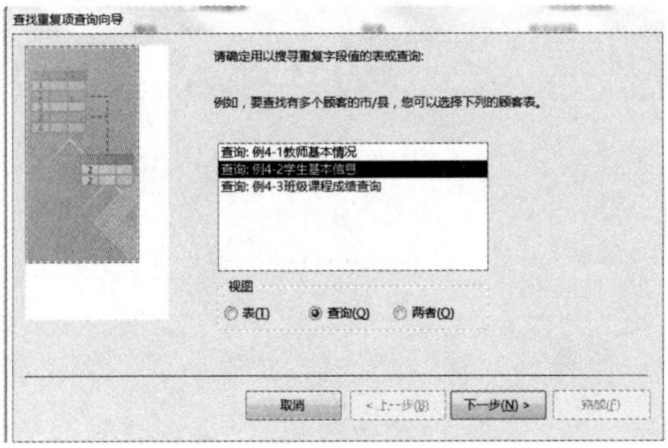

图 4-20 确定查询的数据源

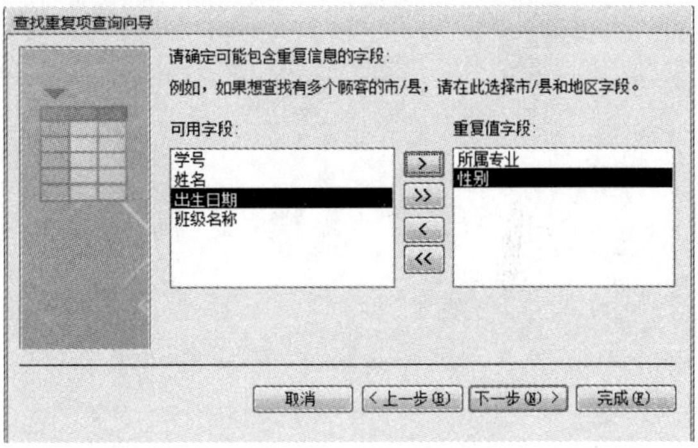

图 4-21 确定重复值字段

（4）单击“下一步”，确定重复值之外的其他字段，因统计的是重复值，若选择其他字段就失去了统计重复值的意义，变成了明细，所以这里不选择任何字段，如图 4-22 所示，单击“下一步”。

（5）确定查询的名称为“例 4-4 各专业男女生人数”，如图 4-23 所示。

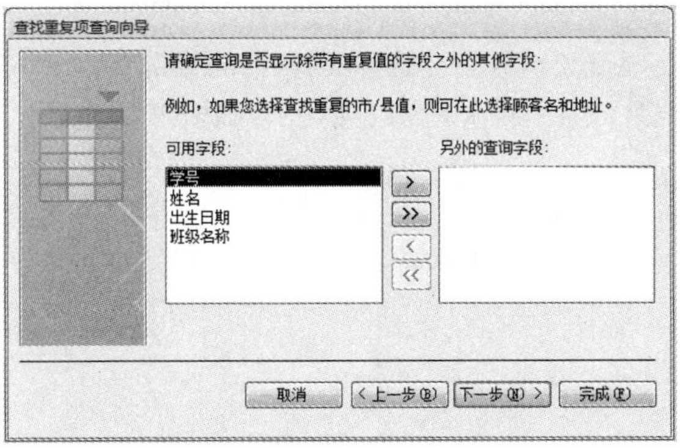

图 4-22 确定重复值之外的其他字段

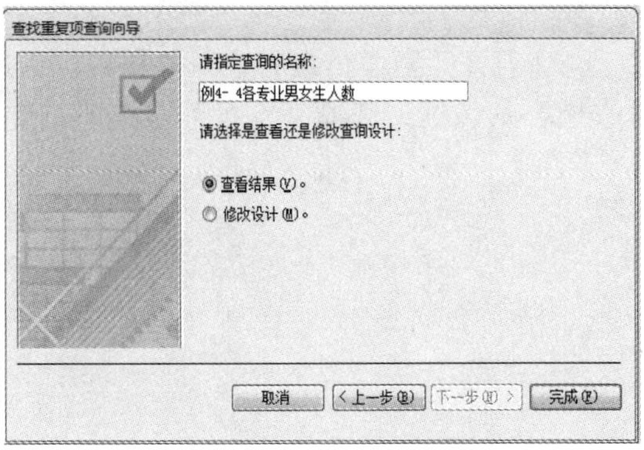

图 4-23 确定查询的名称

（6）单击“完成”查看结果，如图 4-24 所示。

（7）切换到设计视图，如图 4-25 所示，更改前三列的字段名，只改冒号前，即将“所属专业字段”改为“专业”；“性别字段”改为“性别”；“NumberOfDups”改为“人数”，如图

4-26 所示。

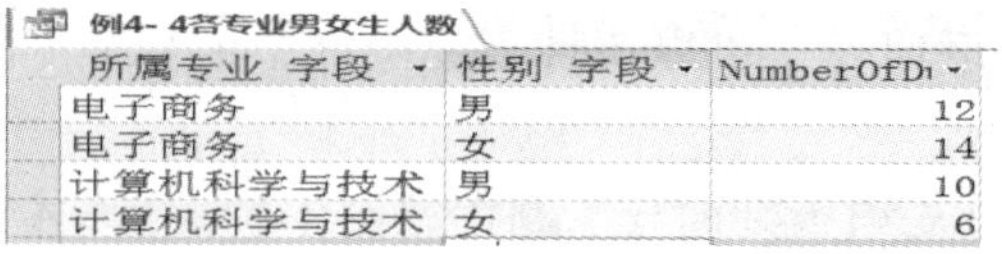

图 4-24　各专业部分男女生人数

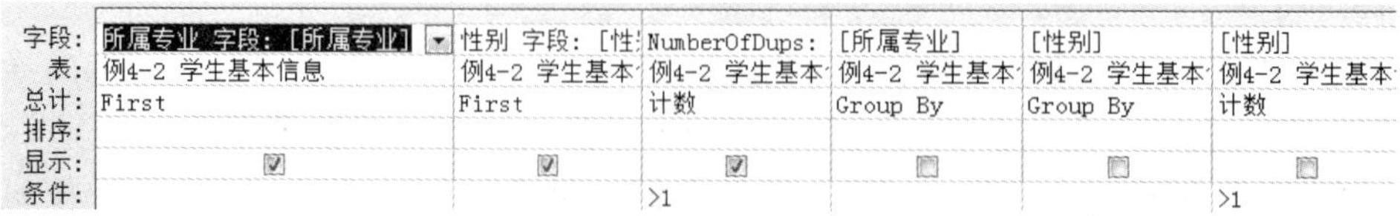

图 4-25　切换查询的视图为设计视图

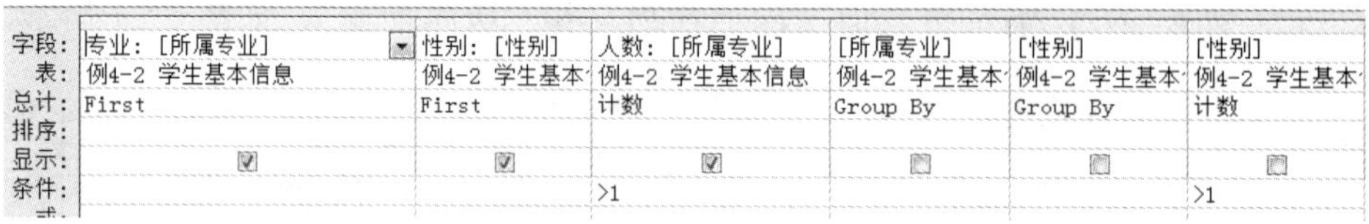

图 4-26　更改后的字段

（8）单击“运行”，查看结果，如图 4-27 所示。

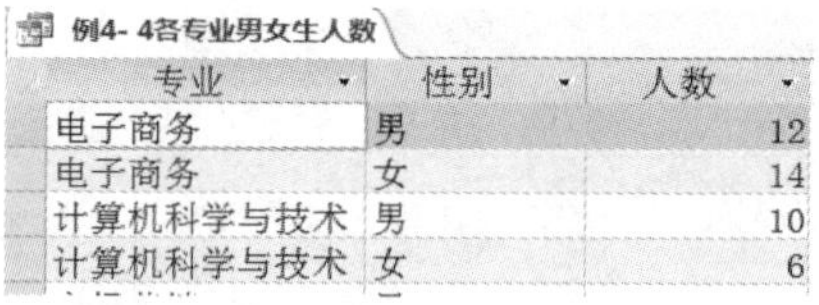

图 4-27　查询的部分结果

4.2.4　使用查找不匹配项查询向导创建查询

查找不匹配的查询向导将创建查找一个表在另一个表中没有相关记录的查询。

例 4-5　使用“查找不匹配项查询向导”，创建名为“例 4-5 没有授课的教师”的查询。

操作步骤：

（1）打开“教学信息管理”数据窗口，选择“创建”→“查询”→“查询向导”，弹出“新建查询”对话框，选择“查找不匹配项查询向导”，如图 4-28 所示，单击“确定”按钮。

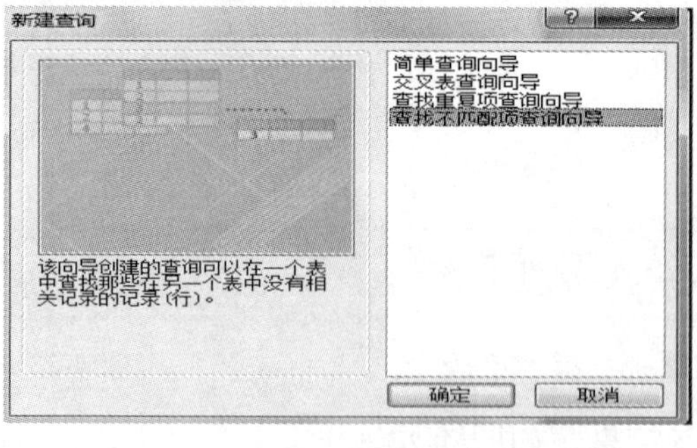

图 4-28　查找不匹配项查询向导

（2）弹出选择主表对话框，如图 4-29 所示，选择“教师表”，单击“下一步”。

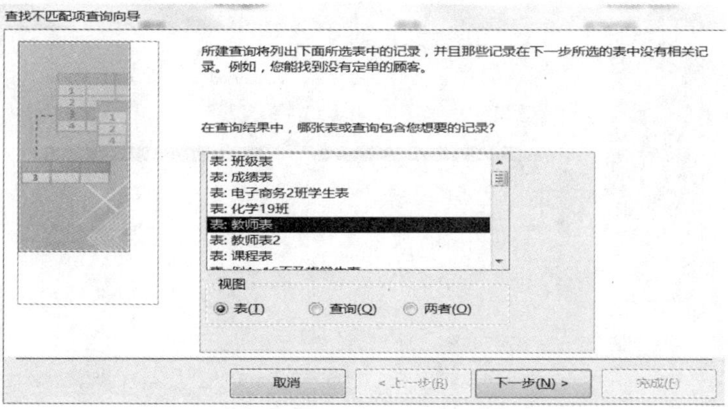

图 4-29　选择主表

（3）弹出选择子表对话框，如图 4-30 所示，选择“授课表”，单击“下一步”按钮。

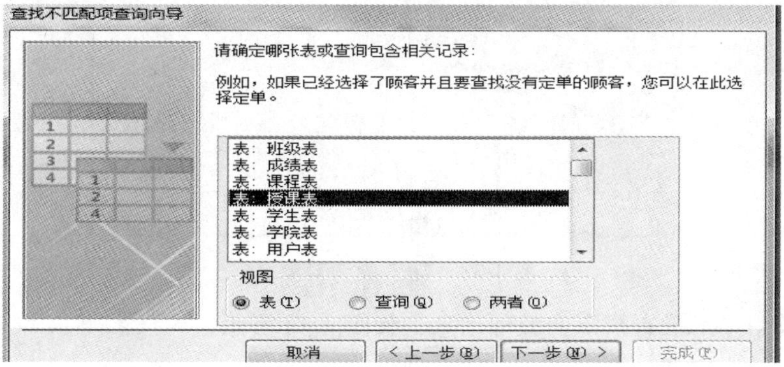

图 4-30　选择子表

（4）弹出选择主表与子表匹配字段对话框，如图 4-31 所示，选择“教师编号”，单击“下一步”按钮。

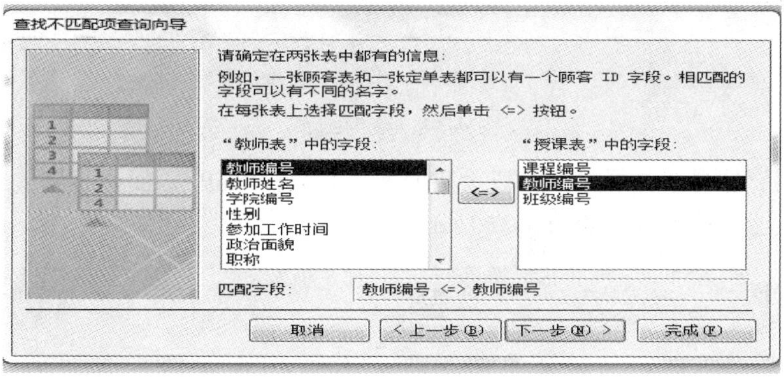

图 4-31　选择主表与子表的匹配字段

（5）弹出选择查询结果字段，如图 4-32 所示，从“教师表”主表中选择“教师编号”“教师姓名”“性别”和“职称”字段，单击“下一步”按钮。

（6）弹出输入查询对象名对话框，输入“例 4-5 没有授课的教师”，选择“查看结果”，如图 4-33 所示，单击“完成”。

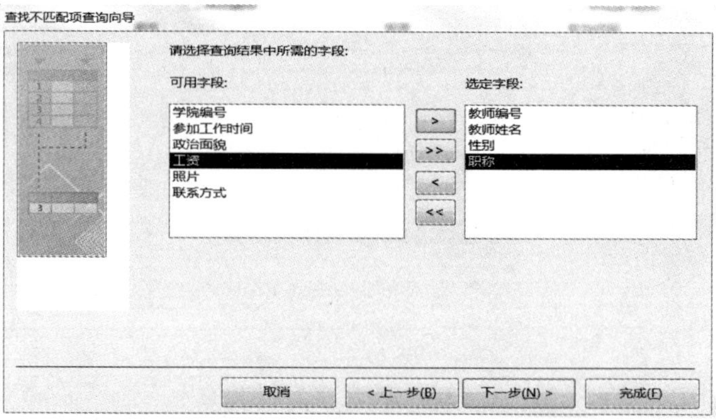

图 4-32　选择结果查询字段

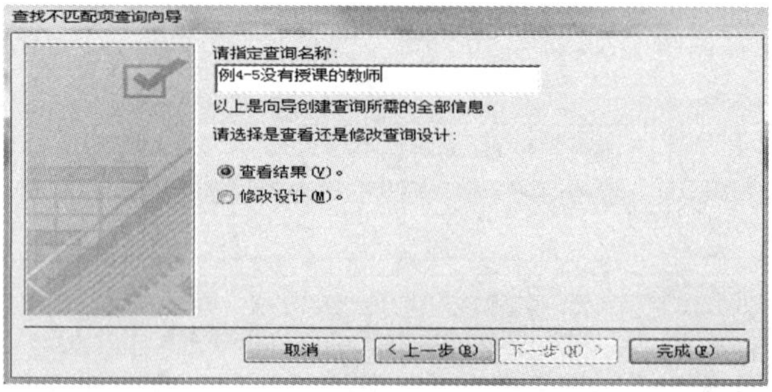

图 4-33　输入查询对象名

（7）数据表中显示没有授课的教师信息，如图 4-34 所示。

例4-5没有授课的教师

教师编号	教师姓名	性别	职称
20201	陈大力	男	教授
20202	陈思怡	女	讲师
20114	封家成	男	助教
20101	陈美丽	女	教授
20110	刘伟业	男	讲师
20111	刘小君	女	讲师
20112	汪小峰	男	教授
20113	王大成	男	副教授

图 4-34　查询结果

注：切换到设计视图，可看到字段为空的条件是“Is Null”，而不是“<>""”。“""”表示是空字符串，不能表示为空，如图 4-35 所示。

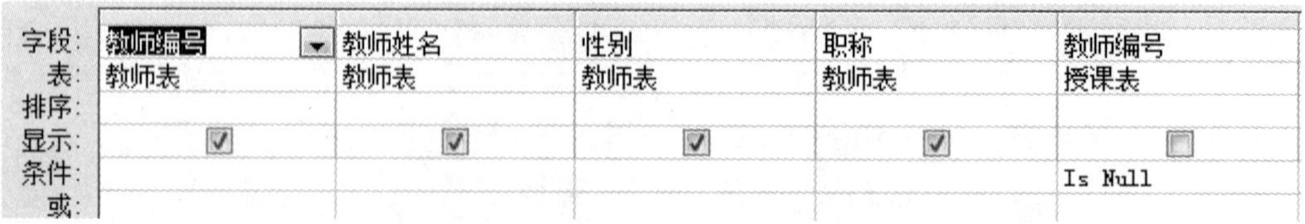

字段:	教师编号	教师姓名	性别	职称	教师编号
表:	教师表	教师表	教师表	教师表	授课表
排序:					
显示:	☑	☑	☑	☑	☐
条件:					Is Null
或:					

图 4-35　表示字段为空的条件

4.2.5　使用查询设计创建查询

使用查询设计创建查询，查询的数据源可以来源于表或查询，可以设置查询的条件，查询的结果也是以数据表的形式显示。

查询设计视图分为上、下两部分，上部分为查询的数据来源及字段列表，下部分为查询对象的设计区域，如图 4-36 所示。

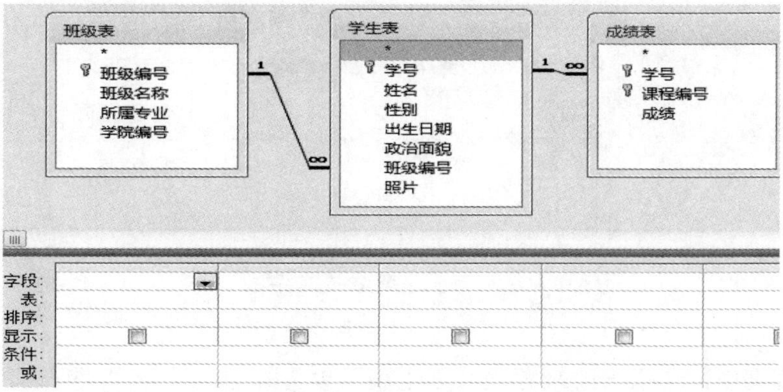

图 4-36　查询设计的结构

查询对象设计区域的各对象分别为字段、表、排序、显示等，现分别进行介绍：

（1）字段：为查询结果中显示字段或条件字段。

如果查询结果的字段来源于数据源字段，可以从字段列表区直接拖动所需字段到设计区域，字段下拉框中的“*”号表达此表的所有字段。

如果要删除设定好的某个查询字段，可选中按“Delete”删除。

（2）表：字段的来源表或查询及数据源。

（3）排序：设定排序，有升序、降序、不排序三种选择。升序，查询结果在数据表中依据字段的内容由小到大显示满足条件的记录；降序，查询结果在数据表中依据字段的内容由大到小显示满足条件的记录；不排序，及对该字段不做任何排序处理。

特别说明：如果有多字段排序，将按照字段从左到右的顺序显示，以及最左边的字段将作为排序的第一关键字，以此类推。

（4）显示：在查询结果的数据表中显示，若显示，则打✓；若不显示则不用选。只作为条件的字段不用显示。

（5）条件：查询需要满足的条件。查询条件可以完整的表达式形式显示，如“[性别]= "男"”，“[出生日期]>=#2002-1-1#”。但由于是对指定字段设置的条件，一般情况下，省略了运算符左边的引用字段，如果运算符是“=”号，运算符本身也省略，但注意，如果指定字段的条件表达式中，引用了其他字段，或者引用的字段不是单独出现在运算符的左边，则不能省略。

对于复杂的条件表达式的输入，可以单击“查询工具”→“设计”→“生成器”，在“生成器”中完成。

在同一条件行中的各条件是“与”的关系，不同行的条件是“或”的关系。

对于多表查询，如果事先已建立了关系，在字段列表区域中，会自动继承这种关系，否则需要用户自行建立；对于已建立的关系，用户也可以先删除原有连接，再重新建立关系，以满足查询要求。用户在此建立的关系，只在本查询对象中有效。

例 4-6　利用查询设计视图创建“例 4-6 女学生选课情况查询”，显示字段为学生姓名、性别、课程名称和学分字段，按学分降序排列。

操作步骤：

（1）打开“教学信息管理”数据库

（2）单击“创建”→“查询”→“查询设计”，弹出“显示表”对话框，如图 4-37 所示。

图 4-37　显示表

（3）选择查询中需要字段的来源表“学生表”单击添加，选择“课程表”单击添加，在设计视图的数据表区域显示了两张孤立的表，如图 4-38 所示。

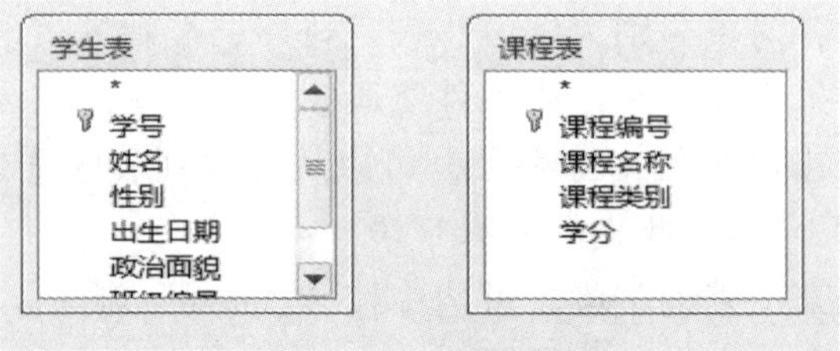

图 4-38　查询数据源表

这样查询的结果将是两张表做一个笛卡儿积的运算，不是最终要查询的结果。正确的做法是，两个数据源虽然没有直接的关系，但有间接的关系，前提是表与表之间的关系在表设计阶段已经建立，经过分析添加“成绩表”，让两个没有直接关系的表通过“成绩表”建立一种间接的关系。在查询数据源表里会显示如图 4-39 所示的结果。

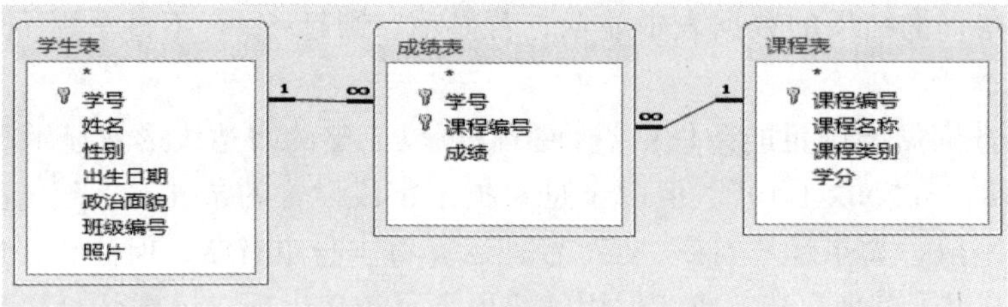

图 4-39　添加“成绩表”建立表间关系

注：可以选中表，按住左键移动表的位置。

（4）根据题目要求，在表设计区域进行设置查询条件，如图 4-40 所示。

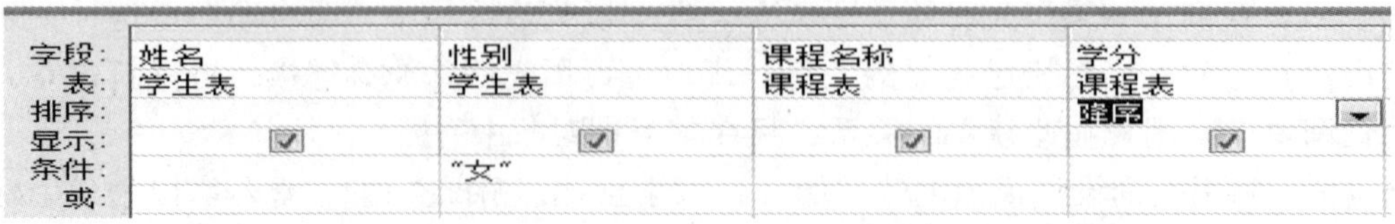

图 4-40　设置查询字段及条件

添加字段有三种方式，以“姓名”字段为例。第一种方法，在数据源“学生表”中，找到“姓名”字段，双击该字段；第二种方法，在数据源“学生表”中，找到“姓名”字段，按住左键拖动到设计区域的“字段”位置；第三种方法，在“字段”位置右边的空白区域单击，随即出现一个朝下的三角符号，单击此符号弹出“显示表”里数据源的所有字段，选择“学生表.姓名”。

（5）表：字段的数据源，通过以上三种方式设置的字段，系统会自动识别字段的来源表，并添加到表对象行。

（6）排序：根据题目要求用“学分”降序，将鼠标定位到“学分”列的排序行，单击“▼”，选择“降序”。

（7）显示：系统默认所选字段均要显示，所以自动勾选，若哪个字段不需要显示则单击复选框，去掉选择，本题所有字段均显示。

（8）条件：本查询要查询女学生的信息，单击“性别”列的条件行，输入“女”。如前所述，“女”可加引号，也可不加引号。如果不加引号，系统根据表中字段的设置类型，会自动添加引号，如若是字符型数据，系统会自动添加的。

（9）单击“查询工具”→“设计”→运行，查看结果，如图 4-41 所示。

姓名	性别	课程名称	学分
黄明明	女	C语言程序设计	3
刘诗梦	女	高等数学	3
刘如意	女	高等数学	3
陈婷美	女	高等数学	3
黄明明	女	大学英语	3
陈婷美	女	大学体育	2
陈静怡	女	大学体育	2

图 4-41　查询的部分结果

（10）结果正确，单击“关闭”按钮，或者单击“保存”按钮，弹出为查询命名的对话框，在名称框输入“例 4-6 女学生选课情况查询”，如图 4-42 所示。

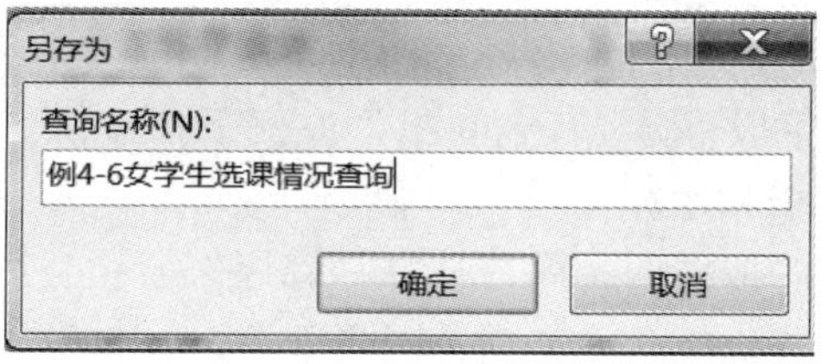

图 4-42　查询保存对话框

（11）单击“确定”，完成查询。

（12）在数据库查询对象里会出现“例 4-6 女学生选课情况查询”查询对象。

4.2.6　查询中的计算

数据库管理系统不仅具有查询数据的功能，更重要的是还具有计算数据的功能，譬如可以计算一个字段值的总和、平均值、最大值和最小值等。

常用的计算函数如表 4-1 所示。

表 4-1　常用的函数

函数名	函数功能
分组（Group By）	根据某字段进行分组
合计（Sum）	计算某字段值的总和
平均值（Avg）	计算某字段值的平均值（非空）
最小值（Min）	计算某字段值的最小值
最大值（Max）	计算某字段值的最大值
计数（Count）	计算某字段中的非空值的个数
标准差（StDev）	计算某字段的标准差
第 1 条记录（First）	返回第 1 条记录的字段值
最后 1 条记录（Last）	返回最后 1 条记录的字段值
表达式（Expression）	定义新数据的表达式
条件（Where）	定义字段应满足的条件
四舍五入（Round）	对函数结果指定位数后一位进行四舍五入

根据查询计算时是否直接应用字段值，分为预定义计算查询和自定义计算查询，预定义计算查询及对数据表中的现有字段进行统计计算，而自定义计算查询则是根据现有字段创建一个新的字段的查询。

1. 预定义计算查询

例 4-7　创建名为“例 4-7 计算机科学与技术 1 班总分前 10 名学生”的查询，显示“学号”“姓名”和“总分”信息。

操作步骤：

（1）打开查询设计视图，添加“学生表”“班级表”和“成绩表”3 个表。

（2）在查询对象设计区域添加查询字段“学号”“姓名”“成绩”和“班级名称”，单击“查询工具设计”→“显示/隐藏”→“汇总”按钮 Σ，在查询对象设计区域表格中会添加一个“总计”行，默认为“Group By”（分组）。通过总计单元格下拉按钮，修改计算方式。

本例中，单击“成绩”字段下方“Group By”左侧下拉按钮，如图 4-43 所示，在“合计”字段上单击，即对成绩进行求和运算。

（3）设置排序字段：在“成绩”排序行选择“降序”。

（4）设置其他条件：在“班级名称”列，同步骤（2），在图 4-43 中选择“Where”，条件行输入“计算机科学与技术 1 班”；在显示复选框中单击，即不显示“班级名称”，如图 4-44 所示。

注：只作为条件的字段不显示，如本例中的“班级名称”不显示。

（5）单击“查询工具设计”→“查询设置”→ 返回: All ，将“All”改为“10”，即返回前 10 位同学的总计成绩信息。

注：单击“All”后的下拉菜单，弹出如图 4-45 所示的列表框。数字表示指定返回记录个数，例如，“All”表示所有查询记录，“5”表示前 5 条记录……百分比表示显示记录占查询记录的百分比，如 5%，在查询结果中显示总记录的 5%……

（6）单击“运行”查看结果，计算列显示“成绩之合计”，如图 4-46 所示。

图 4-43　设置计算字段

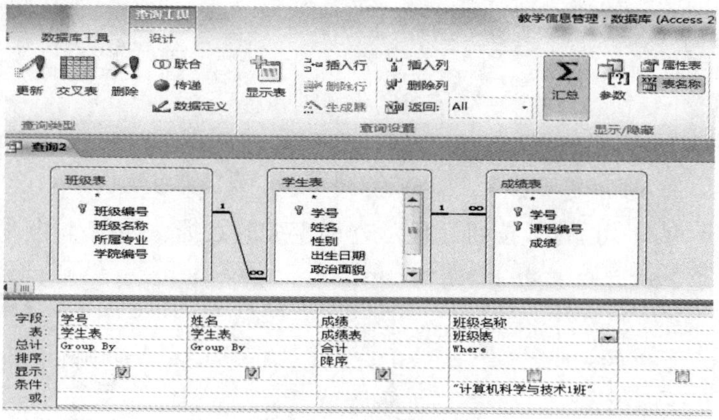

图 4-44　设置条件等

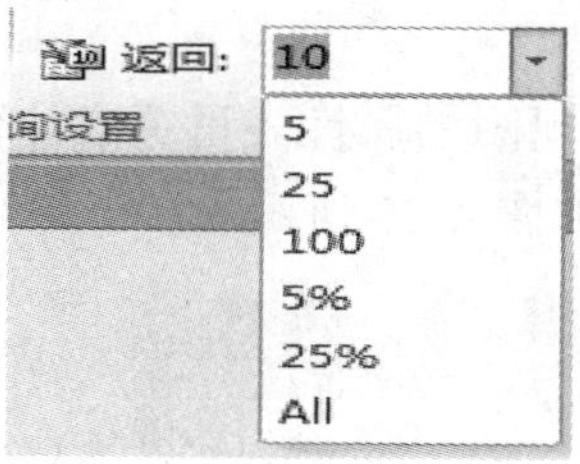

图 4-45　返回记录个数设置

例4-7计算机科学与技术1班总分前10名学生

学号	姓名	成绩之合计
1901010104	张春	84
1901010116	魏良强	83
1901010106	张加强	83
1901010112	廖华	82
1901010109	王宏伟	80
1901010115	张文	76
1901010105	周立平	75
1901010114	刘一手	74
1901010111	林蕾蕾	68
1901010102	赵斌	65
1901010101	王小鹏	65

图 4-46　计算机科学与技术 1 班总分前 10 名学生信息

（7）更改计算字段标题，将“成绩之合计”改为“总分”[同例 4-3 步骤（13）]。

（8）单击“运行”，查看结果，如图 4-47 所示。

（9）单击“保存”按钮，保存查询为“例 4-7 计算机科学与技术 1 班总分前 10 名学生”。

例4- 7计算机科学与技术1班总分前10名学生

学号	姓名	总分
1901010104	张春	84
1901010116	魏良强	83
1901010106	张加强	83
1901010112	廖华	82
1901010109	王宏伟	80
1901010115	张文	76
1901010105	周立平	75
1901010114	刘一手	74
1901010111	林蕾蕾	68
1901010102	赵斌	65
1901010101	王小鹏	65

图 4-47　更改字段名后运行结果

例 4-8　创建名为“例 4-8 学生成绩统计”的查询，统计不同课程、不同班级参加考试的考生人数、平均分（保留 2 位小数）、最高分、最低分等信息。

操作步骤：

（1）打开查询设计视图，添加“学生表”“成绩表”“课程表”和“班级表”4 个表。

（2）选择查询所需的字段，单击工具栏上的“汇总”按钮，在查询对象设计区域表格中会添加一个“总计”行，默认为“Group By”，通过总计单元格下拉按钮，修改计算字段，并输入条件表达式，如图 4-48 所示。

注：“成绩”条件设置为“Is Not Null”，意为成绩不能为空，即不统计缺考的学生。

字段:	班级名称	课程名称	学号	成绩	成绩	成绩	成绩
表:	班级表	课程表	成绩表	成绩表	成绩表	成绩表	成绩表
总计:	Group By	Group By	计数	平均值	最大值	最小值	Where
排序:							
显示:	☑	☑	☑	☑	☑	☑	☐
条件:							Is Not Null
或:							

图 4-48　设置总计选项

（3）单击“运行”按钮，显示查询生成的数据，如图 4-49 所示。

查询1

班级名称	课程名称	学号之计数	成绩之平均值	成绩之最大值	成绩之最小值
电子商务1班	C语言程序设计	11	73	88	45
电子商务1班	大学体育	11	78.0909090909091	95	55
电子商务1班	高等数学	11	76.3636363636364	95	45
电子商务2班	C语言程序设计	8	73.75	95	55
电子商务2班	大学体育	8	73.75	85	56
电子商务2班	大学英语	8	75.875	88	60
会计学1班	C语言程序设计	3	81.3333333333333	85	74

图 4-49　部分查询结果

（4）计算字段以默认标题显示，用户可以根据需要在设计视图的属性表里更改计算字段标题，操作步骤同例 4-3 第（13）步。修改后的计算字段标题如图 4-50 所示。

班级名称	课程名称	实考人数	平均分	最高分	最低分
电子商务1班	C语言程序设计	11	73	88	45
电子商务1班	大学体育	11	78.0909090909091	95	55
电子商务1班	高等数学	11	76.3636363636364	95	45
电子商务2班	C语言程序设计	8	73.75	95	55
电子商务2班	大学体育	8	73.75	85	56
电子商务2班	大学英语	8	75.875	88	60

图 4-50　修改后的查询字段

（5）平均分格式设置：切换到“设计视图”，将光标置于“平均分”列，单击工具栏“属性表 属性表”按钮，弹出“属性表”对话框，如图 4-51 所示，设置“格式”为“固定”，“小数位数”为“2”（对小数点后第 3 位进行四舍五入）。

属性表
所选内容的类型：字段属性
常规　查阅

说明	
格式	固定
小数位数	2
输入掩码	
标题	平均分
智能标记	

图 4-51　平均分格式设置

（6）单击“运行”按钮，观察查询结果如图 4-52 所示。

班级名称	课程名称	实考人数	平均分	最高分	最低分
电子商务1班	C语言程序设计	11	73.00	88	45
电子商务1班	大学体育	11	78.09	95	55
电子商务1班	高等数学	11	76.36	95	45
电子商务2班	C语言程序设计	8	73.75	95	55
电子商务2班	大学体育	8	73.75	85	56
电子商务2班	大学英语	8	75.88	88	60

图 4-52　格式化后的部分查询结果

（7）单击“保存”按钮，保存查询为“例 4-8 学生成绩统计”查询。

2. 自定义计算查询

如前所述，查询的数据不是数据源直接字段，也不是数据源字段直接计算的结果，而是应用数据源中一个或几个字段产生一个新字段的查询，即为自定义查询。

例 4-9 创建名称为“例 4-9 教师教龄”的查询，从教师表中计算教师的教龄。显示字段为“教师编号”“教师姓名”“参加工作时间”和“教龄”，教龄为当前年份减去参加工作年份。

操作步骤：

（1）打开查询设计视图，添加“教师表”。

（2）在查询设计区域添加“教师编号”“教师姓名”和“参加工作时间”。

（3）在字段行第 4 列“字段”单元格中输入“教龄：Year(Date())-Year（[参加工作时间]）”，此表达式以冒号分为两部分，其中冒号前为查询新字段标题，冒号后为计算表达式，如图 4-53 所示。

字段:	教师编号	教师姓名	参加工作时间	教龄: Year(Date())-Year([参加工作时间])
表:	教师表	教师表	教师表	
排序:				
显示:	☑	☑	☑	☐
条件:				
或:				

图 4-53　字段设置

（4）单击工具栏上的“运行”按钮，查询结果如图 4-54 所示。

（5）保存查询为“例 4-9 教师教龄”。

教师编号	教师姓名	参加工作时间	教龄
20101	陈美丽	Aug, 09, 1995	24
20102	杜少雄	Jan, 11, 2000	19
20103	李黎华	Feb, 03, 1983	36
20104	关学敏	Jul, 16, 2009	10
20105	郭启航	Oct, 13, 2005	14
20106	郭波	Oct, 12, 2002	17
20107	李伟峰	Jun, 05, 1984	35
20108	李曦	May, 27, 2006	13
20109	李秋玲	Feb, 03, 2012	7

图 4-54　教师教龄查询结果

注：

① 公式中所有的标点符号均为英文状态下的。

② 在“教龄：Year(Date())-Year([参加工作时间])”中，“()”为函数参数，“[]”为字段的引用。

例 4-10 创建名为“例 4-10 学生平均分”的查询，统计所有学生的平均分，要求平均分保留 2 位小数（应用函数完成），以班级为单位，按班级升序和平均分降序排列。

操作步骤：

（1）打开查询设计视图，添加“学生表”“班级表”和“成绩表”。

（2）在查询设计区域添加“班级名称”“学号”和“姓名”。

（3）单击工具栏上的“汇总”按钮，在查询对象设计区域表格中会添加一个“总计”行，默认为“Group By”（分组），设置“班级名称”的“排序”方式为“升序”。

（4）在字段行第 4 列单元格中输入“平均值：Round(Avg([成绩])，2)”，即用“Avg”求平均值函数算出成绩的平均分，再用“Round”函数对值设置小数位数；在总计列选择“Expression”表达式；设置平均值列为降序排序，如图 4-55 所示。

字段:	班级名称	学号	姓名	平均值: Round(Avg([成绩]),2)
表:	班级表	学生表	学生表	
总计:	Group By	Group By	Group By	Expression
排序:	升序			降序
显示:	☑	☑	☑	☑
条件:				
或:				

图 4-55　设置查询字段

（5）在设计视图下，单击工具栏上的“运行 ”按钮，查询如果如图 4-56 所示。

班级名称	学号	姓名	平均值
电子商务1班	1902010102	陈婷美	71.67
电子商务1班	1902010111	刘如意	71.5
电子商务1班	1902010112	刘秀君	68
电子商务2班	1902020105	项小燕	84.67
电子商务2班	1902020104	黄浩杰	83.67
电子商务2班	1902020115	黄明明	79.33

图 4-56　查询结果

（6）保存查询为“例 4-10 学生平均分”。

注：

① 计算字段时，要注意计算字段的计算范围，如果没有分组，则对所有数据源字段值进行汇总计算；如有一个分组字段，则对分组的数据源字段进行汇总计算；如果有两个分组字段，先按第一个分组，再按第二个分组，优先顺序是从左向右。本例中，先按字段“班级名称”分组，在每个班级内，再按字段“学号”分组，每位学生构成一组。由于同一学号内没有重复的姓名，所以“姓名”字段在此题中只起提示信息作用。

② 采用函数 Round() 计算数据，计算结果的小数位由函数 Round() 参数决定，这与采用“属性表”格式设置的小数位数显示的数据虽然一样，但两者有本质的区别，前者是计算字段本身数据的显示，后者只是改变了显示数据，但存储数据并没有改变，数据计算是以存储数为准。

例如，某位学生的平均分为：98.5555587，采用“属性表”设置格式为“固定”，小数位数为“2”，显示为“98.56”，但如果设置筛选条件“>=98.6”，不显示此条记录，因为“98.5555587>=98.6”不成立。但用 Round(98.5555587，1)=98.6，满足设置的筛选条件“>=98.6”成立，就会显示此条记录。

总结：如果希望记录设置的条件和显示的字段值一致，采用 Round 函数。

4.3　创建参数查询

在查询运行过程中，通过人机界面，输入要查询的参数，根据设置的参数显示用户所需的数据。实现的方法是：在“设计视图”中，查找指定字段内容的条件单元格中，输入一对方括号“[]”，“[]”中输入提示文本，为可选项，如果不定义，则打开没有提示的对话框。在运行查询时，弹出“[]”中的提示文本对话框，在对话框中输入要查找的参数，单击“运行”即可完成参数查询。

在“输入参数值”文本框中，一定要输入与字段数据类型一致的具体存在的数据值，否则会找不到任何数据。

多个查询参数的条件之间是“与”的关系，所有参数都成立才显示数据。

例 4-11 使用参数查询，创建名为“例 4-11 按学生性别与班级查找学生”查询，提示信息为：“请输入学生性别：”和“请输入班级名称：”，查询班级学生的“学号”“姓名”“性别”和“班级名称”。

操作步骤：

（1）打开“教学信息管理”数据库窗口，选择“创建”→“查询设计”对象，打开“查询设计视图”，在“显示表”对话框中选择“表”选项卡，按住 Ctrl 键选择“学生表”和“班级表”两个表，单击“添加”按钮，在设计视图中会出现两个表的字段列表。单击对话框上的“关闭”按钮，结束添加表的工作。

（2）从“学生表”字段列表中拖动“学号”“姓名”和“性别”字段到字段行。从“班级表”字段列表中拖动“班级名称”到字段行。

在“性别”字段的“条件”行的单元格中输入[请输入学生性别：]，“班级名称”字段的“条件”行的单元格中输入“[请输入班级名称：]”，如图 4-57 所示。

字段:	学号	姓名	性别	班级名称
表:	学生表	学生表	学生表	班级表
排序:				
显示:	☑	☑	☑	☑
条件:			[请输入学生性别：]	[请输入班级名称：]
或:				

图 4-57　查询参数设计

注：表达式“[请输入班级名称]”系统解释为[班级名称]=[请输入班级名称]，前者是字段的引用，后者相当于一个变量，运行时输入其值，再判断。

（3）在主窗口工具栏中单击“运行”按钮，或者单击“视图”→“数据表视图”按钮，弹出第一个“输入参数值”对话框，在“请输入性别：”文本框中输入“女”，单击“确定”按钮；弹出第二个“输入参数值”对话框，在“请输入班级名称：”文本框中输入“计算机科学与技术 1 班”，如图 4-58 所示。

（4）单击“确定”即可查看计算机科学与技术 1 班的女同学信息，如图 4-59 所示。

（5）单击工具栏中的“保存”按钮，弹出“另存为”对话框，在“查询名称”文本框中输入“例 4-11 按学生性别与班级查找学生”，如图 4-60 所示，单击“确定”按钮。

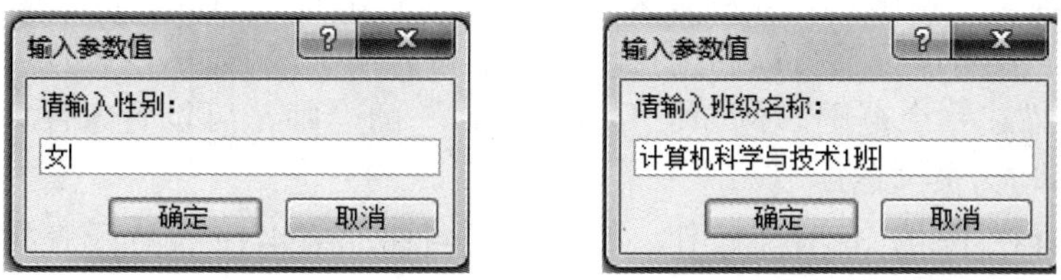

第 1 个参数输入　　第 2 个参数输入

图 4-58　输入参数

学号	姓名	性别	班级名称
1901010114	刘一手	女	计算机科学与技术1班
1901010104	张春	女	计算机科学与技术1班
1901010109	王宏伟	女	计算机科学与技术1班
1901010111	林蕾蕾	女	计算机科学与技术1班

图 4-59　计算机科学与技术 1 班的女同学信息

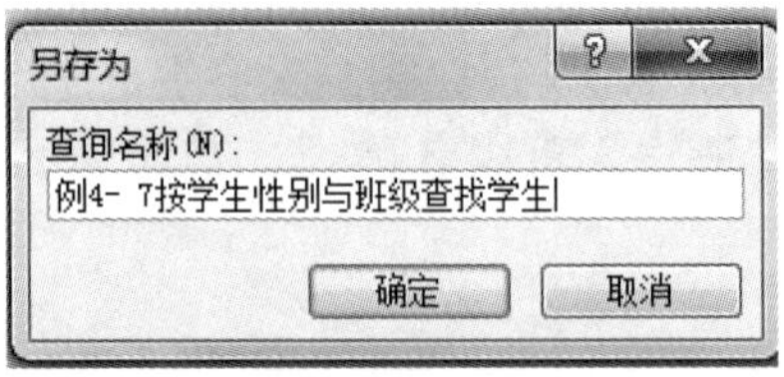

图 4-60　“另存为”对话框

（6）关闭查询，在查询对象窗口出现“例 4-11 按学生性别与班级查找学生”查询对象。当再次运行该查询时，需要重新输入参数进行新的查询。

例 4-12　使用参数查询，创建一个名为“例 4-12 按姓氏查找学生”的参数查询，显示“学号”“姓名”“性别”和“出生日期”。

操作步骤：

（1）打开“教学信息管理”数据库窗口，选择“创建”→“查询设计”对象，打开“查询设计视图”，在“显示表”对话框中选择“表”选项卡，选择“学生表”，单击“添加”按钮，再单击对话框上的“关闭”按钮，结束添加表的工作。

（2）从“学生表”字段列表中拖动“学号”“姓名”“性别”和“出生日期”字段到字段行。

在“姓名”条件行单元格中输入“Like [请输入姓氏：] & "*"”，如图 4-61 所示。

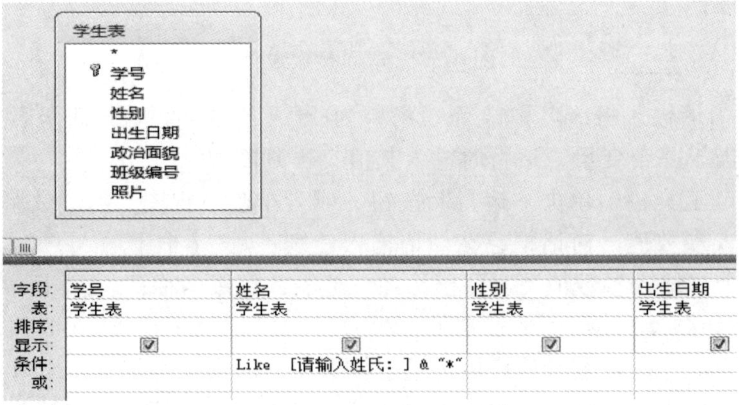

图 4-61　姓氏查询参数设置

注：Like 为模糊查询函数，针对短文本字段类型，格式为“Like 字符模式”，在字符模式中，可以用“？”表示该位置可以匹配任何一个字符；用“*”表示该位置可匹配零个或多个字符；用“[ ]”描述一个范围。例如，要找姓“张”的老师，可设置条件为：Like“张 *”。（所有的标点符号均为英文的）

（3）单击工具栏中的“保存”按钮，输入查询名称“例 4-12 按姓氏查找学生”。

（4）在主窗口工具栏中单击“运行”按钮，或者单击“视图”→“数据表视图”按钮，弹出“输入参数值”对话框，在“请输入姓氏：”文本框中输入“张”，如图 4-62 所示，单击

“确定”按钮，在数据表视图中看到姓“张”的所有学生记录，如图 4-63 所示。

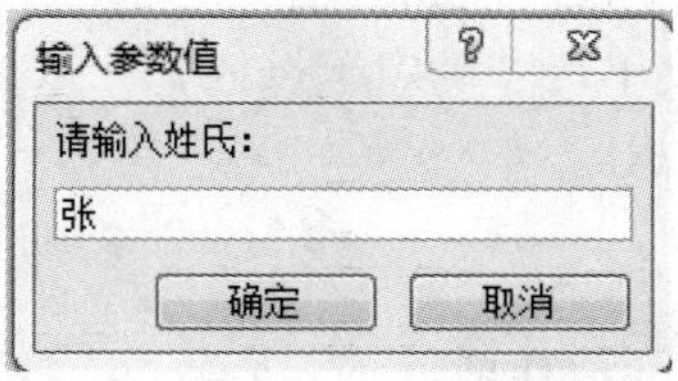

图 4-62　“张”姓查询参数设置

图 4-63　“张”姓同学查询部分结果

例 4-13　创建一个名为“例 4-13 按出生日期查找学生”的查询，显示“学号”“姓名”“性别”和“出生日期”，并设置参数的类型为日期。

操作步骤：

（1）打开“教学信息管理”数据库窗口，选择“创建”→“查询设计”对象，打开“查询设计视图”，在“显示表”对话框中选择“表”选项卡，双击“学生表”，即可添加“学生表”；再单击对话框上的“关闭”按钮，结束添加表的操作。

（2）从“学生表”字段列表中分别双击“学号”“姓名”“性别”和“出生日期”，添加查询要显示的字段。

在“出生日期”条件行单元格中输入“Between [请输入起始日期] And [请输入终止日期]”，如图 4-64 所示。

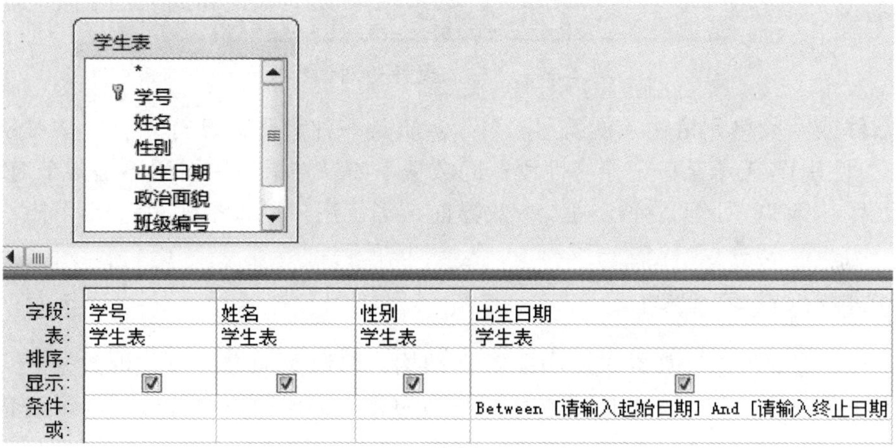

图 4-64　出生日期参数查询设置

（3）执行“查询工具”→“设计”→“显示/隐藏”→“参数”命令，弹出“查询参数”对话框，在参数列中输入参数名，在“数据类型”列中选择数据类型为“日期和时间”，如图 4-65 所示，单击“确定”。

图 4-65　日期型参数设置

（4）单击工具栏中的“保存”按钮，输入查询名称“例 4-13 按出生日期查找学生”。

（5）在主窗口工具栏中单击“运行”按钮，或者单击“视图”→“数据表视图”按钮，弹出“输入参数值”对话框，在“请输入起始日期”文本框中输入“2001-1-1”，单击“确定”按钮，在“请输入终止日期”文本框中输入“2001-12-31”，单击“确定”按钮，在数据表视图中看到出生日期在2001年的所有学生记录，如图4-66所示。

例4- 13按出生日期查找学生

学号	姓名	性别	生日
1902010102	陈婷美	女	2001年3月2日
1902010103	冯芳华	女	2001年4月12日
1902010105	林建业	男	2001年10月24日
1902010107	卢少敬	男	2001年7月25日
1902010108	王敏	男	2001年11月16日
1902010109	王浩	男	2001年10月23日
1902010111	刘如意	女	2001年10月12日
1902010112	刘秀君	男	2001年3月24日
1902020102	邓晓丽	女	2001年10月16日

图4-66　在2001年出生的学生

注：① 设置参数格式之后，如果输入的数值与格式不符，系统提示重新输入。如输入参数“2000”，弹出“输入无效”的对话框，如图4-67所示。

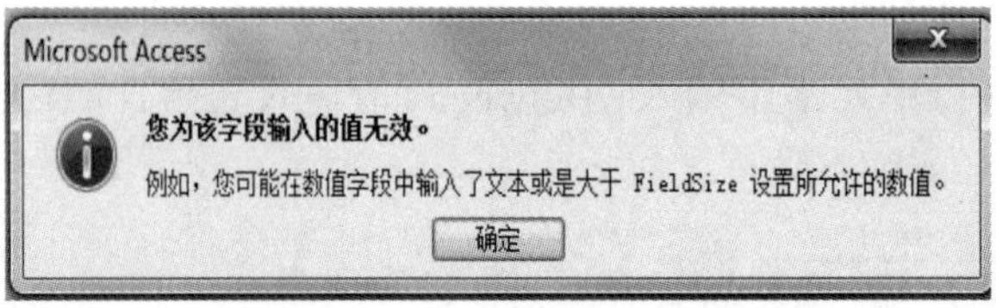

图4-67　“输入无效”对话框

② 在条件或字段单元格输入的符号“[]”实质是一种引用运算符，引用某对象的值，如引用字段，“[性别]”表示某条记录“性别”的数据，如果方括号中引用不是某个对象的名称，系统会自动做一个参数处理，弹出输入参数界面，等待用户输入参数，它相当于一个变量。

4.4　创建交叉表查询

使用交叉表查询可以计算并重新组织数据结构，可以更加方便地分析数据。交叉表查询可以计算数据的总计、计数、平均值或其他类型的总和，这种数据可分为两组信息：一类在数据表左侧，相当于行，另一类在数据表的顶端，相当于列，交叉位置得到统计信息。

交叉表查询可以应用交叉表查询向导（参考4.2.2节），也可应用设计视图。

1. 应用交叉表查询向导

通过向导创建交叉表，数据源的三个字段只能来自一个表或查询，如果交叉表中查询三个字段数据来自多个表或查询，则需要创建一个过渡查询，集中需要的三个字段，再根据查询向导创建交叉表查询。

例4-14　创建一个交叉表“例4-14各班男女生的人数”，统计各个班男女生人数，行标题为“性别”，列标题为“班级名称”，对“姓名”计数。

【分析】因所需字段不在同一张表或查询中，需先创建一个过渡查询，使之包含交叉表中所有字段。

操作步骤：

（1）创建过渡查询：利用查询简单查询向导创建“例 4-14 过渡查询”，参考 4.2.1 节。

（2）打开“教学信息管理”数据库窗口，选择“创建”→“查询向导”→“交叉表查询向导”命令，如 4.2.2 节所述。

（3）弹出选择数据源对话框，选择“查询”中“例 4-14 过渡查询”，单击“下一步”。

（4）弹出“行标题”对话框，选择“性别”作为行标题，单击“下一步”按钮。

（5）弹出“列标题”对话框，选择“班级名称”作为列标题，单击“下一步”按钮。

（6）弹出“计数字段及函数”对话框，选择“姓名”字段，函数为“计数”，如图 4-68 所示，单击“下一步”按钮。

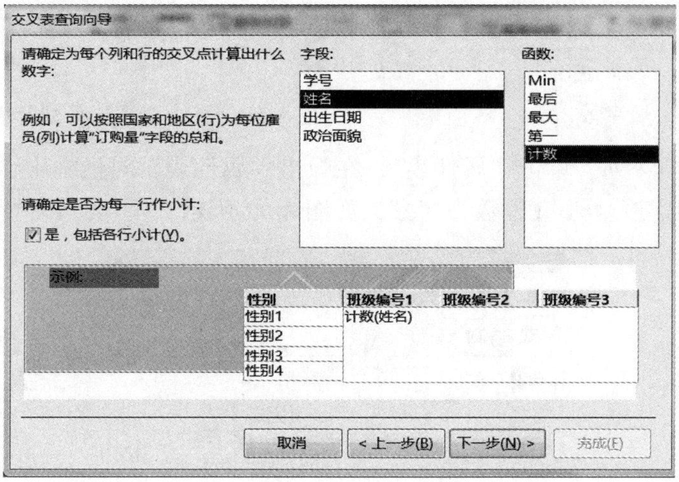

图 4-68　设置交叉表界面

（7）弹出查询名称输入框，输入“例 4-14 各班男女生的人数”，选择“查看查询”，单击“完成”按钮。

（8）弹出创建的交叉表查询结果如图 4-69 所示。

例4- 14各班男女生的人数1

性别	总计 姓名	电子商务1班	电子商务2班	会计学1班	计算机科学与技术1班
男	25	8	4	2	8
女	25	4	10	1	4

图 4-69　查询结果

2. 应用设计视图创建交叉表查询

用设计视图创建交叉表查询不需要过渡字段，选择表后，可直接设置行、列标题及计算字段。

例 4-15　创建“例 4-15 各个班各科成绩平均分交叉表查询”，平均分保留 2 位小数。

操作步骤：

（1）打开“数据信息管理”数据库，打开查询设计器，将“班级表”“学生表”“成绩表”和“课程表”添加到设计器。

（2）单击“创建”→“查询工具”→“设计”→“查询类型”→“交叉表”选项，在设计区域出现“交叉表：”字样。

（3）将“班级名称”“课程名称”和“成绩”拖放到字段行中。

（4）在“班级名称”列，选中“交叉表:”，单击后边的级联菜单，弹出如图 4-70 所示的交叉表字段选择对话框，单击“行标题”，即将“班级名称”设置为行标题。

（5）同理设置“课程名称”为列标题。

（6）同理，将“成绩”设置为“值”。

（7）在总计行设置“班级名称”和“课程名称”为分组字段，即为默认的“Group By”；单击“成绩”总计列，在弹出的函数选项中选择“平均值”，及对成绩求平均值，如图 4-71 所示。

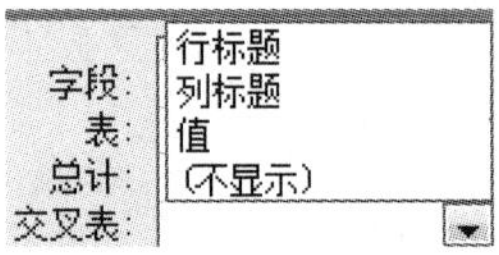

图 4-70　交叉表字段

字段:	班级名称	课程名称	成绩
表:	班级表	课程表	成绩表
总计:	Group By	Group By	平均值
交叉表:	行标题	列标题	值

图 4-71　设计交叉表行列及值

（8）选择“成绩”列，单击“属性表”，在弹出“属性表”对话框中，选择“常规”选项卡，设置格式为“固定”，小数位数为“2”，如图 4-72 所示。

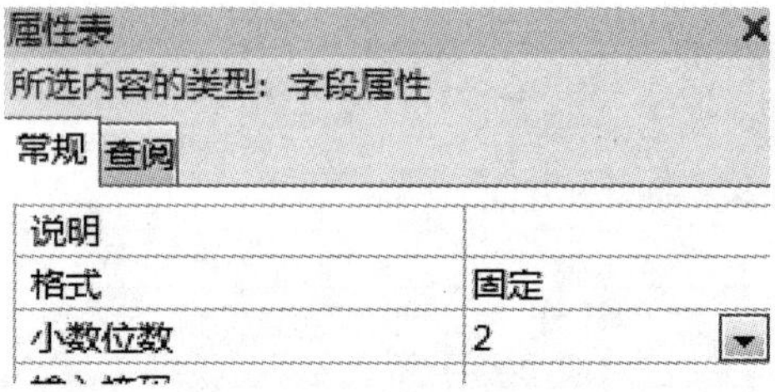

图 4-72　“字段属性”对话框

（9）单击“运行”，查看结果，如图 4-73 所示。

班级名称	C语言程序	大学体育	大学英语	高等数学
电子商务1班	73.00	78.09		76.36
电子商务2班	73.75	73.75	75.88	
会计学1班	81.33	86.67	79.00	
计算机科学与技术1班		75.91		
计算机科学与技术2班		71.75		
英语1班	71.75	70.40	77.20	

图 4-73　查询结果

（10）单击工具栏“保存”按钮，保存查询名称为“例 4-15 各个班各科成绩平均分交叉表查询”。

4.5　操作查询

查询不仅可以从表或查询对象中找到满足条件的数据，还可以对查找到的记录进行不同的处理，这就是操作查询。操作查询包括生成表查询、更新查询、删除查询和追加查询等。

操作查询会改变数据库中的数据，因此在操作查询前需做好数据库的备份。

4.5.1 生成表查询

生成表查询，即在满足查询条件的基础上，执行生成表查询，会在数据库创建一个新的查询对象，同时会创建一张新的数据表对象。

例 4-16 创建名为“例 4-16 不及格学生生成表查询”的查询对象，该查询用来创建一个包含字段“班级名称”“学号”“姓名”“课程名称”“成绩”，且成绩小于 60 的查询，同时生成新表“例 4-16 不及格学生表”。

操作步骤：

（1）在“教学信息管理”数据库窗口中，打开查询设计视图，添加“班级表”“学生表”“成绩表”和“课程表”等 4 张表到设计器中。

（2）在查询设计器中将“班级表”中“班级名称”字段，“学生表”中“学号”和“姓名”字段，“课程表”中“课程名称”字段，“成绩表”中“成绩”字段拖放到查询设计器字段行上。

（3）在“成绩”字段列的条件单元格中输入条件“<60”，如图 4-74 所示。

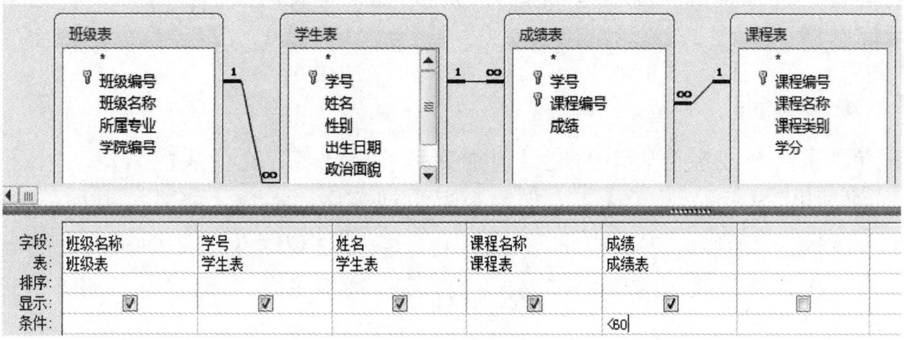

图 4-74 查询设计

（4）执行“查询工具”→“设计”→“

”命令，弹出“生成表”对话框。

（5）在“表名称”下拉列表框中输入新表名“例 4-16 不及格学生表”，选择“当前数据库”即在目前所在的数据库中创建新表，如图 4-75 所示，单击“确定”按钮。

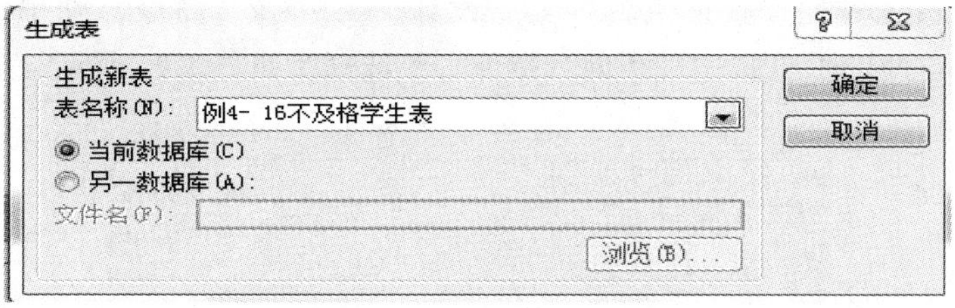

图 4-75 “生成表”对话框

（6）单击“运行”，弹出创建新表对话框，如图 4-76 所示，单击“是”。

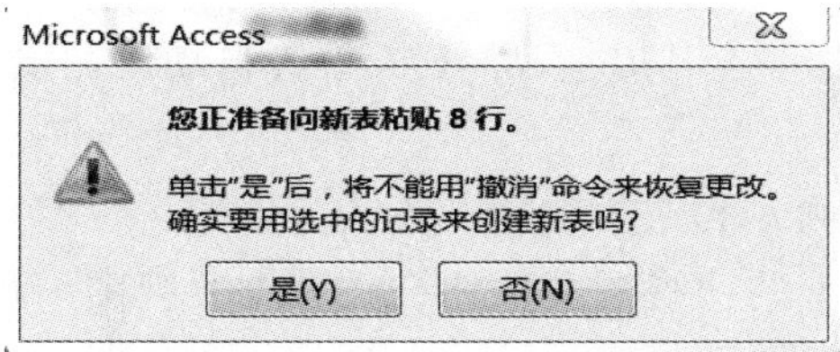

图 4-76 创建新表对话框

（7）单击工具栏“保存”按钮，保存查询对象名为“例 4-16 不及格学生生成表查询”，单击“确定”，关闭查询另存为对话框。

（8）观察结果：在数据库表对象中多了一张新表“例 4-16 不及格学生表”；同时在数据库查询对象中多了一个新的查询“例 4-16 不及格学生生成表查询”。

（9）打开“例 4-16 不及格学生表”，观察结果如图 4-77 所示。

班级名称	学号	姓名	课程名称	成绩
电子商务1班	1902010104	林邵欣	C语言程序设	45
电子商务1班	1902010105	林建业	C语言程序设	55
电子商务2班	1902020113	高美兰	C语言程序设	55
电子商务2班	1902020116	郭晓明	C语言程序设	55
电子商务1班	1902010112	刘秀君	高等数学	45
电子商务1班	1902010101	吴飞虎	大学体育	55
英语1班	1902020112	刘思成	大学体育	45
电子商务2班	1902020114	陈静怡	大学体育	56

图 4-77　不及格学生

注：若运行生成表查询，就会生成定义的表，如果定义的表已经存在，将先删除存在的表，再生成同名新表。

4.5.2　追加查询

追加查询是将一个或多个表中的记录追加到另一个已经存在的表的末尾。

两个表的结构需相同，即只有两表字段数据类型等格式一致才能进行追加。

例 4-17　创建“例 4-17 追加查询”，将“电子商务 2 班学生表”中所有女同学的记录追加到“学生表”中，按班级编号降序排列。（前提是“学生表”中无“电子商务 2 班学生表”中的记录）

操作步骤：

（1）打开“查询设计视图”，添加“电子商务 2 班学生表”。

（2）把表中所有字段施放到字段行，在“性别”条件单元格中写入“女”；在“班级编号”排序行选择“降序”。

（3）单击主窗口工具栏“查询工具”→“设计”→“追加”命令，弹出“追加”对话框，选择追加到表名称“学生表”，选中“当前数据库”单选框，如图 4-78 所示，单击“确定”按钮。

图 4-78　“追加”对话框

（4）在查询设计区域添加一个“追加到”行，系统自动添加追加到各对应字段，如图 4-79 所示。

（5）保存追加查询为“例 4-17 追加查询”。

（6）单击主窗口工具栏上的“视图”按钮，在数据表视图中预览结果，如图 4-80 所示，这些数据将被追加。

字段:	学号	姓名	性别	出生日期	政治面貌	班级编号
表:	电子商务2班学生表	电子商务2班学生表	电子商务2班学生表	电子商务2班学生表	电子商务2班学生表	电子商务2班学生表
排序:						降序
追加到:	学号	姓名	性别	出生日期	政治面貌	班级编号
条件:			女			
或:						

图 4-79　设计追加查询

例4- 17追加查询

学号	姓名	性别	出生日期	政治面貌	班级编号
2019034062	张美菲	女	2000-03-08	群众	19030101
2019034052	李洁玉	女	1999-02-01	党员	19030101
2019034032	潘淑华	女	1998-07-09	党员	19030101
2019034022	衣玉梅	女	1999-05-08	群众	19030101
2019034072	黄琼	女	2001-01-03	群众	19020101
2019034042	黄娇	女	1998-05-18	党员	19020101
2019034012	杨红彩	女	1998-04-06	党员	19020101
2019034063	林娟	女	1998-12-20	党员	19010101

图 4-80　查询追加的数据

（7）返回到查询设计视图，单击主窗口工具栏上的“运行”按钮，弹出追加记录提示框，如图 4-81 所示。

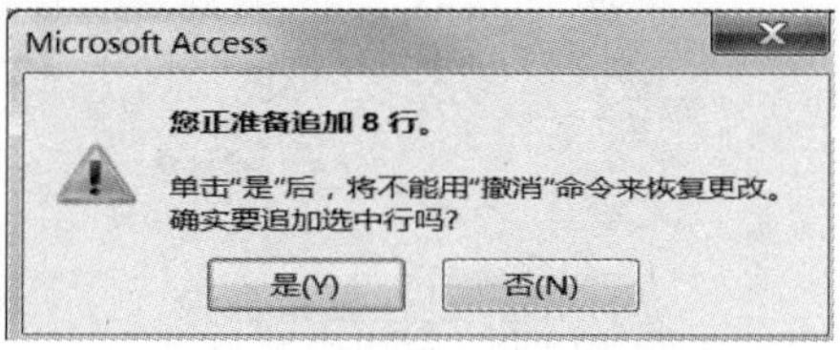

图 4-81　追加记录提示框

（8）如果表结构相同，单击“是”按钮，Access 会自动追加新记录；如果表结构不同，会弹出错误信息，如图 4-82 所示，需重新检查和修改相关表中的字段信息，返回步骤（1）再做一次。

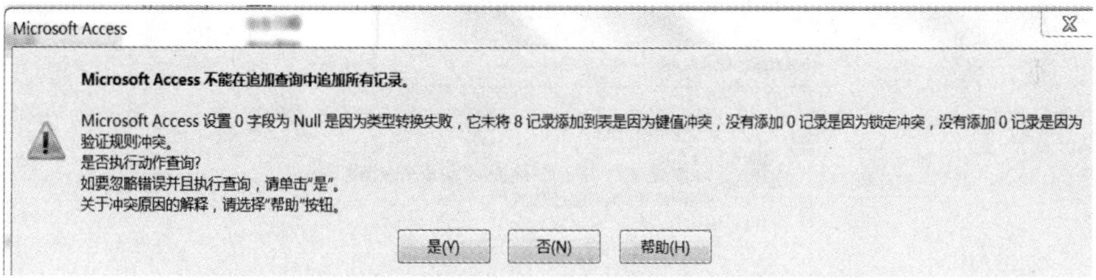

图 4-82　追加不成功信息

注：在“查询设计视图”中，一定要区分源表字段与目标表的字段，“字段”行为源表字段，“追加到:”为目标表的字段。字段与字段之间一定要对应。

4.5.3　更新查询

如果要对表中个别数据进行更新，可以在数据表视图中直接修改；但如果需要对表中一批或全部记录进行修改，可以用更新查询来完成。

例 4-18　在“教学信息管理”数据库中，创建名称为“例 4-18 加分更新”的查询对象，该查询用于将“成绩”表中所有男生的“"大学英语"”成绩加 5 分。

操作步骤：

为了对比结果，可以先做一个“例 4-18 男生大学英语成绩查询”，结果如图 4-83 所示。

学号	姓名	性别	成绩	课程名称
1902020103	胡彬	男	74	大学英语
1902020104	黄浩杰	男	85	大学英语
1902020107	康佳	男	87	大学英语
1902020108	李杨阳	男	70	大学英语
1902020110	廖涛	男	65	大学英语
1902020113	高美兰	男	60	大学英语
1902020116	郭晓明	男	88	大学英语

图 4-83　男生大学英语成绩查询

（1）在“教学信息管理”数据库窗口中，打开“查询设计视图”添加“学生表”、“成绩表”和“课程表”。

（2）添加“学号”“姓名”“性别”“成绩”和“课程名称”到字段行。

（3）单击主窗口工具栏“查询工具”→“设计”→“更新”命令，这时查询设计区域添加一个“更新到:”行，输入“性别”更新条件“男”，“课程名称”更新条件“大学英语”，在“成绩”更新到输入“IIf（[成绩]>=95，100，[成绩]+5）”，条件行输入“Is Not Null”，如图 4-84 所示。

字段:	学号	姓名	性别	成绩	课程名称
表:	学生表	学生表	学生表	成绩表	课程表
更新到:				IIf([成绩]>=95,100,[成绩]+5)	
条件:			"男"	Is Not Null	"大学英语"

图 4-84　设计更新查询

注：IIf（[成绩]>=95，100，[成绩]+5），此 IIf 函数确定了成绩上限为 100；“Is Not Null”设定成绩不为空，即对缺考的学生成绩不用加 5 分。

（4）保存更新查询为“例 4-18 加分更新”。

（5）在设计视图下，单击主窗口工具栏上的“运行”按钮，弹出更新记录提示框。如图 4-85 所示，单击“是”按钮，系统会自动按条件更新记录。

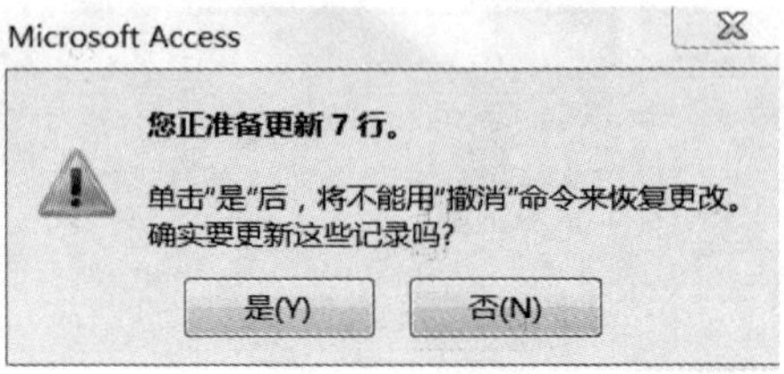

图 4-85　更新记录提示框

（6）关闭查询设计视图，再次打开“例 4-18 男生大学英语成绩查询”，如图 4-86 所示，对比更新前的数据（见图 4-83），发现成绩按条件已更新，每位同学的“大学英语”成绩均增加了 5 分。

注：

① 切忌多次运行更新查询，否则会再次更新数据。

② 更新数据是不可逆的。

③ 如果更新的数据出现在多张表中，需要同时更新时，要建立表之间的关系，在“编辑

关系”对话框中选中“实施参照完整性”和“级联更新相关记录”复选框。

④ 在操作查询中，往往会改变数据库中的数据，所以为了避免误操作，尽量做好数据库的备份。

例4-18男生大学英语成绩查询

学号	姓名	性别	成绩	课程名称
1902020103	胡彬	男	79	大学英语
1902020104	黄浩杰	男	90	大学英语
1902020107	康佳	男	92	大学英语
1902020108	李杨阳	男	75	大学英语
1902020110	廖涛	男	70	大学英语
1902020113	高美兰	男	65	大学英语
1902020116	郭晓明	男	93	大学英语

图 4-86　更新后的成绩数据

4.5.4　删除查询

删除查询可以从一个或多个表中删除一组记录。使用删除查询，将删除整个记录，而不是删除记录中所选的字段。

如果启用级联删除，则可以用删除查询从单个表中、从一对一关系的多个表中或者从一对多关系的多个表中删除相关记录。

例 4-19　备份“教学信息管理”数据库，取名“教学信息管理 1”，在此数据库中，创建名称为“例 4-19 删除英语 1 班查询”，删除“英语 1 班”及对应学生各信息。

操作步骤：

可先创建“例 4-19 英语 1 班学生信息”查询，如图 4-87 所示。

学号	姓名	性别	班级名称
1902020101	柳青强	女	英语1班
1902020109	刘玉思	女	英语1班
1902020110	廖涛	男	英语1班
1902020111	林聪慧	女	英语1班
1902020112	刘思成	女	英语1班

图 4-87　英语 1 班学生信息

（1）复制一份“教学信息管理”数据库，取名为“教学信息管理 1”。

（2）在“教学信息管理 1”数据库窗口中，打开“查询设计视图”，添加“班级表”。

（3）将“班级名称”字段拖到字段行。

（4）单击主窗口工具栏“查询工具”→“设计”→“删除”命令，这时查询设计区域添加一个“删除”行，出现条件“Where”，在“班级名称”条件行输入删除条件“英语 1 班”，如图 4-88 所示。

（5）将视图切换到“数据表视图”，将看到要删除的班级名，如图 4-89 所示。

（6）返回到设计视图，单击“运行”，弹出是否确定删除对话框，如图 4-90 所示。

字段：	班级名称
表：	班级表
删除：	Where
条件：	″英语1班″
或：	

图 4-88　设计删除查询条件

查询1

班级名称
英语1班
*

图 4-89　删除记录对话框

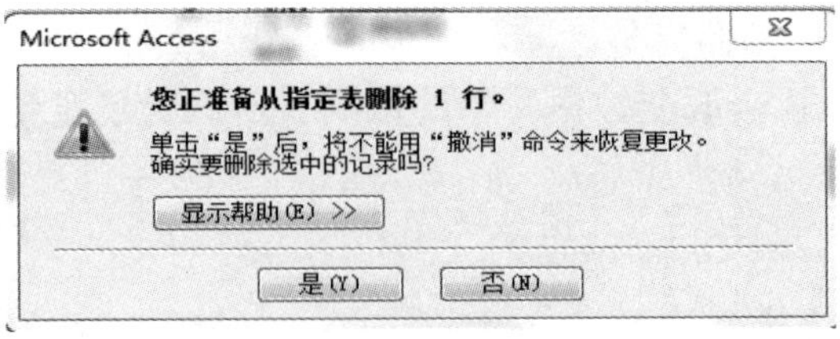

图 4-90　确定删除对话框

（7）选择“是”关闭对话框，删除“英语 1 班”及相关表中的记录。

（8）保存查询为“例 4-19 删除英语 1 班查询”。

（9）比较删除前后的结果：可运行“例 4-19 英语 1 班学生信息”查询，查看结果如图 4-91 所示，英语 1 班已无任何学生信息。

图 4-91　删除查询后的结果

4.6　SQL 查询

SQL（Structure Query Language）的中文意思是结构化查询语言，是一种专门针对数据库操作的计算机语言。SQL 查询是使用 SQL 语句创建的查询。

在 Access 数据库中，查询对象本质上是一个 SQL 编写的命令。当使用查询设计创建查询对象时，系统自动将其转化为 SQL 语句，运行一个查询，实质是执行该查询中指定的 SQL 命令。SQL 语言的功能强大，包含了数据定义、查询、操作和控制等多种功能，使用方便灵活，语言简单易学。

4.6.1　SQL 视图

要编写 SQL 语句，首先应当打开 SQL 视图，打开 SQL 视图的方法有两种，一种是通过视图切换来打开，另一种是通过快捷菜单打开。

1. 通过视图切换打开 SQL 视图

在查询设计视图中，将视图切换到 SQL 视图，就可以查看对应的 SQL 语句，或者直接编写 SQL 语句，如图 4-92 所示。

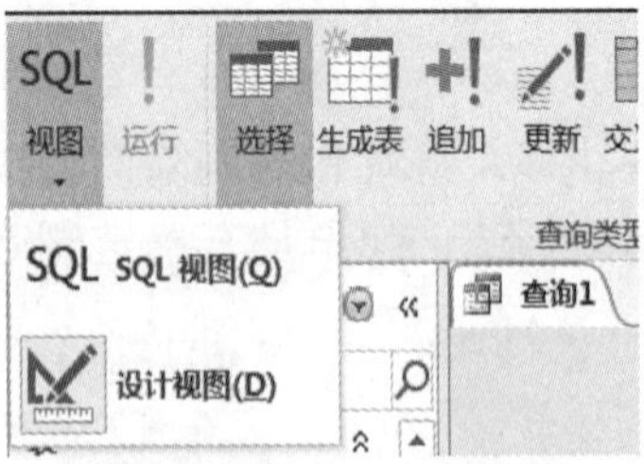

图 4-92　SQL 视图

2. 通过快捷菜单打开 SQL 视图

首先打开设计视图，其次在设计视图空白处单击右键，在弹出的快捷菜单中选择 SQL 视图，如图 4-93 所示。

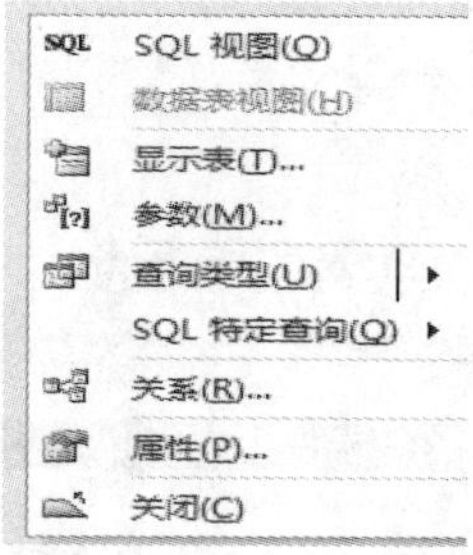

图 4-93　通过快捷菜单打开 SQL 视图

注：① 在编写 SQL 语句时，所有的标点符号均为英文状态下的。

② 语句可以“;”结束，也可以什么都不写。

4.6.2　SQL 的数据定义语句

这种类型的查询用于创建、删除、更改表、创建索引和删除索引等。Access 支持的数据定义如下：

1. 创建表 Create Table 语句

创建表用 Create Table 语句，创建表的名称，字段、字段的属性、索引等，即创建表的结构，其语法格式为：

Create Table <表名>
(<字段名 1><字段类型 1> [(长度)] [Not Null| Null] [Unique] [Primary Key]
[<字段名 2><字段类型 2> [(长度)] [Not Null] [Unique]] …)

在语法格式中使用了以下符号：

< >里的数据为必选项。

[ ] 里的数据为可选项，是对字段的完整性约束，包括字符的长度、是否为空、是否创建索引，以及是否是表中的主键等。

|表示有多个选项，但只能选择一项。

Not Null 定义字段不能为空，Null 定义字段可以为空。

Unique 定义字段的索引为唯一索引。

Primary Key 定义字段为主键。

例 4-20　创建“化学 19 班”表，其结构如表 4-2 所示，查询保存为“例 4-20 创建化学 19 班表”。

表 4-2　化学 19 班表的结构

字段名	字段类型	字段大小	备注
学号	文本	11	主键
姓名	文本	10	不为空
性别	文本	1	
出生日期	日期时间		
入学成绩	整形		

操作步骤：

（1）进入 SQL 视图。

（2）在编辑框里输入语句，如图 4-94 所示。

```
Create Table 化学 19 班
(学号 char(11) primary key, 姓名 char(10) not null,
性别 char(1), 出生日期 date, 入学成绩 int)
```

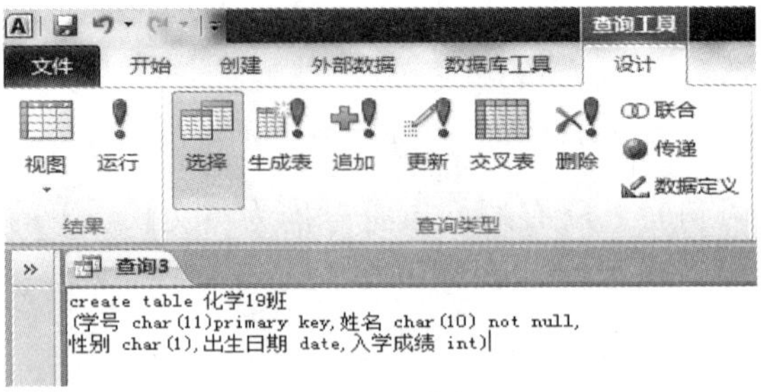

图 4-94 创建表

（3）单机工具栏上的运行按钮，查看运行结果。观察数据库窗口，可以发现增加了一张表“化学 19 班”。

（4）打开“化学 19 班”的设计视图，观察结果，如图 4-95 所示。

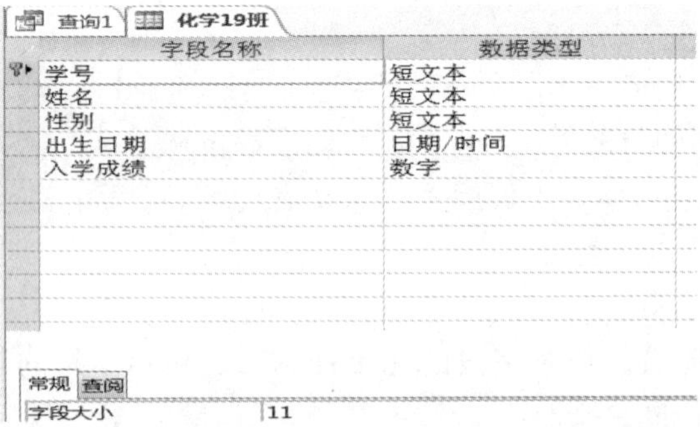

图 4-95 化学 19 班表结构图

（5）单击工具栏中的“保存”按钮，保存查询为“例 4-20 创建化学 19 班表”。

2. 修改表 Alter Table 语句

修改表结构用 Alter Table 语句，可以修改用 Create Table 语句创建好的表结构。

Alter Table 语句的语法格式如下：

```
Alter Table 表名 Add 新字段名[字段长度][Not Null] [Drop 字段名]
```

其中，Add 语句为增加字段，Drop 语句为删除字段。

例 4-21 在“化学 19 班”表中增加“联系方式”文本型字段，字段大小为 11，查询保存为“例 4-21 增加字段查询”。

操作步骤：

（1）在 SQL 视图下输入以下语句：

```
Alter Table 化学 19 班 Add 联系方式 Char(11);
```

（2）单击工具栏上的“运行”按钮，查看运行结果：打开“化学 19 班”表的结构观察结果，可以看到“化学 19 班”表中增加了一列“联系方式”，如图 4-96 所示。

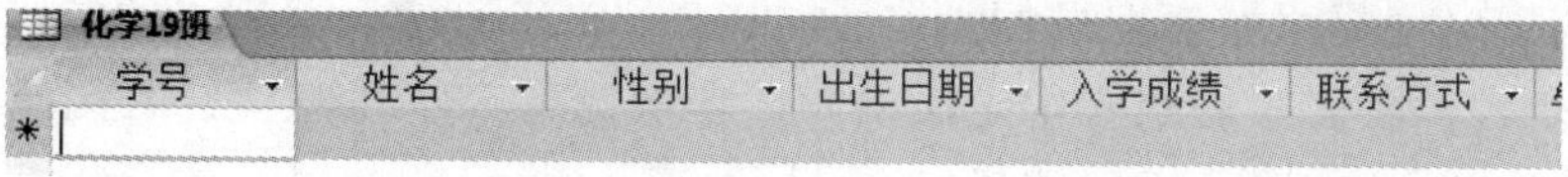

图 4-96　增加“联系方式”字段

（3）单击工具栏中的“保存”按钮，保存查询为“例 4-21 增加字段查询”。

例 4-22　将“化学 19 班”表中的“联系方式”字段删除，查询保存为“例 4-22 删除字段查询”。

操作步骤：

（1）在 SQL 视图下输入以下语句：

```
Alter Table 化学 19 班 Drop 联系方式
```

（2）单击工具栏上的“运行”按钮，查看运行结果。打开“化学 19 班”表的结构观察结果，可以看到“化学 19 班”表中没有了“联系方式”，如图 4-97 所示。

图 4-97　删除“联系方式”

（3）单击工具栏中的“保存”按钮，保存查询为“例 4-22 删除字段查询”。

3. 删除表 Drop 语句

Drop 语句用于从数据库中删除已存在的表，语法格式如下：

```
Drop Table 表名
```

例 4-23　删除“化学 19 班”表。

操作步骤：

（1）在 SQL 视图下输入如下语句：

```
Drop Table 化学 19 班
```

（2）单击工具栏上的“运行”按钮，查看运行结果。观察数据库窗口，可以发现“化学 19 班”表已被删除。

（3）单击工具栏中的“保存”按钮，保存查询为“例 4-23 删除化学 19 班”。

注：Delete 与 Drop 的区别：Delete 是删除表中的一条记录，表还存在；Drop 是删除表或表中的字段，如果是删除表则同时删除表的结构和记录。

4.6.3　SQL 数据操作语句

SQL 语句的数据操作语言是数据操作命令，包括向表中插入数据（Insert）、删除数据（Delete）、修改数据（Update）和查询数据（Select）等语句，前三种操作会改变表中的数据，且改变后的数据不可逆，所以要对数据库做好备份。

1. 插入数据（Insert）

Insert 命令用于向表中添加新记录，可以给表中字段赋值。语句格式如下：

```
Insert Into <表名> [(<列名 1> [，<列名 2>，…1 ])]
Values ([<常量 1> [，<常量 2>，…]]
```

其中，Into 子句指出将要添加新记录的表名，Values 子句指出输入新记录的指定字段中的数据值，如果省略列名，需按照表结构中定义的顺序依次为每个字段赋值，否则按所列出的字段名给字段赋值。

注：字段值的格式必须与字段数据类型一致，譬如文本型的数据值需要给值加双引号（“”），日期时间型的数据要以日期时间型数据的格式写在一对“#”里等。

例 4-24 在“教学信息管理”数据库中，向“教师表”中插入一条记录“20116”“封顺”“男”“2014-1-1”“党员”“副教授”和“6600”，查询命名为“例 4-24 追加记录查询”。

操作步骤：

（1）在数据库窗口中的“查询”对象下，双击“查询设计视图”选项，关闭弹出的“显示表”对话框，单击“SQL 视图”，进入 SQL 视图。

（2）在 SQL 视图中输入如下语句：

```
insert into 教师表(教师编号, 教师姓名, 学院编号, 性别, 工资, 参加工作时间, 政治面貌, 职称)
values("20116","封顺","101","男",6600,#2014-1-1#,"党员","副教授")
```

（3）单击工具栏上的“运行”按钮，弹出追加记录对话框，如图 4-98 所示，单击“是”，追加完成。

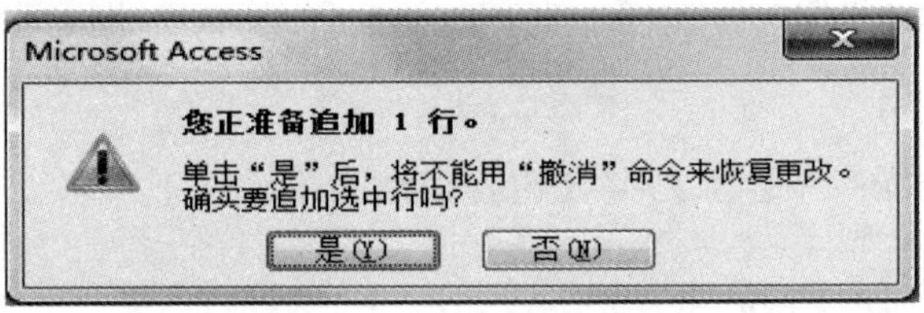

图 4-98 追加记录对话框

（4）关闭查询视图，查询命名为“例 4-24 追加记录查询”。

（5）查看运行结果。打开“教师表”，可以看到“封顺”已增加到教师表中，如图 4-99 所示。

20116	封顺	101	男	¥6,600.00	Jan,01,2014	党员	副教授
20201	陈大力	103	男	¥6,000.00	Nov,30,1980	党员	教授

图 4-99 添加的记录

2. 更新数据（Update）

Update 语句实现数据的更新功能，能够对指定表中的记录或满足条件的记录进行更新操作，其语句格式如下：

```
Update<表名> Set <列名>=<表达式>[，<列名>=<表达式>] [，…]
[Where <条件>]
```

其中，<表名>指出要修改记录的表名；Set 子句指出将要更新的列及它们的新值；Where 指出更新的条件，如果省略 Where，则对该列所有值进行更新。

例 4-25 在“教学信息管理”数据库中，用 SQL 语句实现将学生表中“刘一手”同学的政治面貌改为“党员”，查询保存为“例 4-25 更新查询”。

操作步骤：

（1）在 SQL 视图下输入如下语句：

```
Update 学生表 Set 政治面貌 ="党员" Where 姓名 ="刘一手"
```

（2）单击工具栏上的“运行”按钮，弹出如图 4-100 所示的对话框。

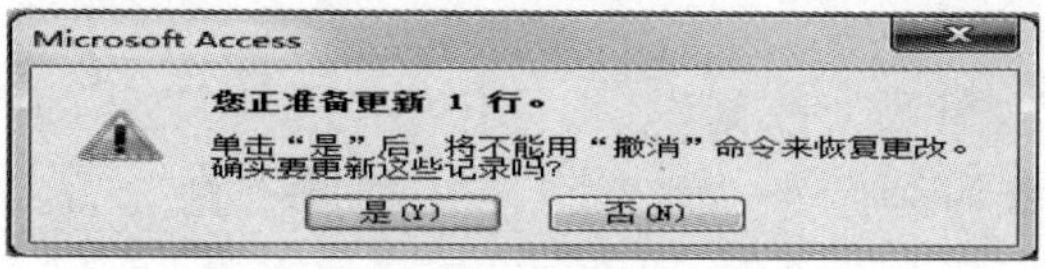

图 4-100　运行更新语句

（3）单击“是”，查看运行结果。打开“学生表”，可以看到“刘一手”的信息已经被修改，由“团员”已经更改为“党员”。

（4）关闭查询视图，将查询命名为“例 4-25 更新查询”。

例 4-26　在“教学信息管理”数据库中，用 SQL 语句将学号为“1901010108”学生的“03001”课程成绩增加 5 分，查询保存为“例 4-26 成绩更新查询”。

操作步骤：

（1）为了对照查询结果，先对满足条件的记录进行查询，结果如图 4-101 所示。

1901010108	03001	78
1901010109	03001	80

图 4-101　更新前成绩

（2）在 SQL 视图中输入如下语句：

```
Update 成绩表 Set 成绩 = 成绩 + 5
Where 学号 ="1901010108 " and 课程编号 ="03001 "
```

（3）单击工具栏上的“运行”按钮，弹出确认更新对话框，如图 4-102 所示。

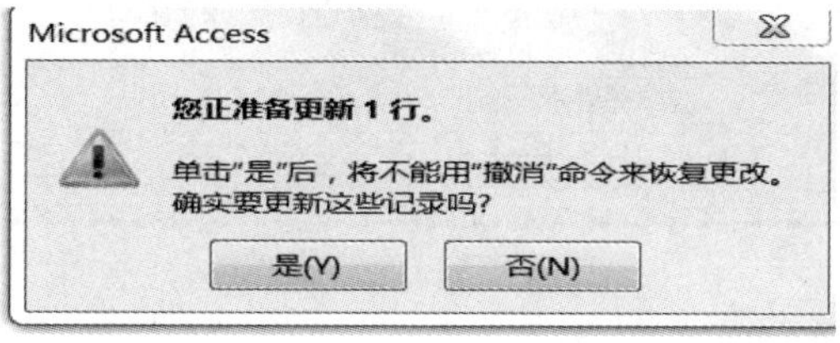

图 4-102　确认更新对话框

（4）单击“是”，确认更新。

（5）查看运行结果。打开“成绩表”，可以发现学号为“1901010108”的学生的“03001”课程成绩增加了 5 分，如图 4-103 所示。

1901010108	03001	83
1901010109	03001	80

图 4-103　更新后的成绩

（6）保存查询为“例 4-26 成绩更新查询”。

3. 删除数据（Delete）

Delete 命令用于删除表中的记录，可以对指定表中满足条件的记录或全部记录进行删除操作。其语句格式如下：

```
Delete From <表名>[Where <条件>]
```

其中，From 指出从哪张表中删除记录；Where 指出删除记录的条件，如果省略 Where 将删除表中所有记录。

例 4-27 在“教学信息管理”数据库中，用 SQL 语句实现：删除“学生表”中所有“会计学 1 班”的学生记录，查询保存为“例 4-27 SQL 删除查询”。

操作步骤：

原“会计学 1 班”的学生如图 4-104 所示。

学号	姓名	性别	生日	政治面貌
2019034032	潘淑华	女	1998年7月9日	党员
2019034022	农玉梅	女	1999年5月8日	群众
1902020106	向晓丽	女	2001年10月27日	团员
1902020107	康佳	男	2002年11月29日	党员
1902020108	李杨阳	男	2001年12月30日	团员
2019034062	张美菲	女	2000年3月8日	群众
2019034052	李洁玉	女	1999年2月1日	党员

图 4-104　原会计学 1 班学生

（1）在 SQL 视图中输入语句：

```
Delete *
From 班级表
Where 班级名称 ="会计学 1 班"
```

（2）单击工具栏上的“运行”按钮，弹出确认删除对话框，如图 4-105 所示。单击“是”对话框，将删除满足条件的记录。

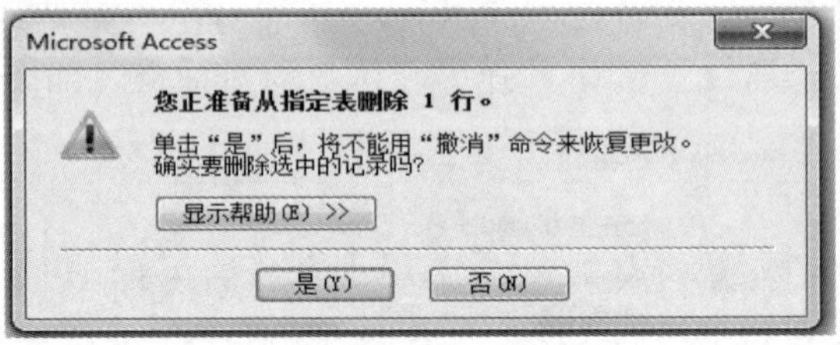

图 4-105　删除确认对话框

（3）在班级表中观察结果，如图 4-106 所示，“会计学 1 班”已被删除。

班级编号	班级名称	所属专业	学院编号
19010101	计算机科学与技术1班	计算机科学与技术	101
19010102	计算机科学与技术2班	计算机科学与技术	101
19010103	计算机科学与技术3班	计算机科学与技术	101
19010104	计算机科学与技术4班	计算机科学与技术	101
19010105	计算机科学与技术5班	计算机科学与技术	101
19010201	物联网工程1班	物联网工程	101
19010202	物联网工程2班	物联网工程	101
19020101	电子商务1班	电子商务	102
19020102	电子商务2班	电子商务	102
19020103	电子商务3班	电子商务	102
19030102	会计学2班	市场营销	104
19040102	英语2班	英语	103

图 4-106　会计学 1 班已被删除

（4）单击工具栏中的“保存”按钮，保存查询为“例 4-27 删除查询”。

4.6.4 数据查询语句（Select）

Select 语句是对关系数据库的表做选择运算的一个命令，功能强大、使用灵活，也支持表的投影运算，能够完成筛选字段的重命名、多数据源组合、分类汇总和排序等具体操作。Select 语句的一般格式为：

Select [all | distinct | top n]<字段列 1> | <计算表达式 1> [As 别名 1][，<字段 2>] | <计算表达式 2> [As 别名 2] [，<字段 2>]

From 表名

[Where 条件…]

[Group By 字段名]

[Having 分组的条件]

[Order By 字段名[Asc | Desc]]；

功能：从 From 子句所指定的表中返回一个满足 Where 条件的记录集，该记录集中只包含 Select 语句中所指定的字段。

语法格式的具体说明如下：

（1）“[ ]”方括号中的内容为可选项。

（2）“< >”尖括号中的内容为必选项。

（3）All 表示输出全部记录。

（4）Distinct 表示消除重复字段，输出无重复的记录。

（5）top n 表示输出前 n 条记录。

（6）要显示所有记录，可以使用“*”通配符。

（7）要显示多个字段时，字段之间用“,”英文逗号分隔。

（8）要显示多张表中的字段，表之间用“,”英文逗号分隔。

（9）如果查询涉及多张表时，为了避免表与表之间使用相同字段产生歧义，在指定字段时需要在其前面加上表名作为前缀，中间用分隔符，格式为：表名.字段名，如成绩表.学号。

（10）字段名或计算表达式可以使用别名，用 As 引出别名。在查询结果中，将使用别名作为该字段名。

（11）From 指出 Select 子句中的数据源，即字段来源于哪些表，不同表之间用英文的逗号相隔。

（12）Where 指出查询的条件。

（13）Group By 指出分组字段。

（14）Having 指出如果对分组字段设置条件，则应该用 Having 引出条件。

（15）Order By 指出对指定的字段按升序（Asc），还是降序（Desc）进行排序，若未明确指出，则默认按指定字段的升序排列记录。

（16）Select 的语句末尾可以用分号“;”表示结束，也可以什么都不写。

1. 数据源来源于一张表或查询

例 4-28 在“教学信息管理”数据库中，创建“例 4-28 SQL 班级所有字段查询”。

操作步骤：

（1）打开“教学信息管理”数据库，打开查询设计视图，切换到 SQL 视图。

（2）在 SQL 视图中输入如下语句：

```
Select *
From 班级表
```

（3）单击“运行”按钮，查看结果如图 4-107 所示。

班级编号	班级名称	所属专业	学院编号
19010101	计算机科学与技术1班	计算机科学与技术	101
19010102	计算机科学与技术2班	计算机科学与技术	101
19010103	计算机科学与技术3班	计算机科学与技术	101
19010104	计算机科学与技术4班	计算机科学与技术	101
19010105	计算机科学与技术5班	计算机科学与技术	101
19010201	物联网工程1班	物联网工程	101
19010202	物联网工程2班	物联网工程	101
19020101	电子商务1班	电子商务	102
19020102	电子商务2班	电子商务	102
19020103	电子商务3班	电子商务	102
19030102	会计学2班	市场营销	104
19040102	英语2班	英语	103

图 4-107　班级所有字段查询

（4）保存查询为“例 4-28 SQL 班级所有字段查询”。

注：“*”代表所有字段。

例 4-29　在“教学信息管理”数据库中，创建“例 4-29 SQL 消除重复项查询”，数据源为班级表。要求：同一专业只出现一次，即消除重复项查询。

操作步骤：

（1）打开“教学信息管理”数据库，打开查询设计视图，切换到 SQL 视图。

（2）在 SQL 视图中输入如下语句：

```
Select  Distinct 所属专业
From 班级表
```

（3）单击“运行”按钮，查看结果如图 4-108 所示。

例4- 29 SQL消除重复项查询

所属专业
电子商务
计算机科学与技术
市场营销
物联网工程
英语

图 4-108　消除重复项后的所属专业

（4）保存查询为“例 4-29 SQL 所属专业查询”。

注：distinct 用于消除重复项查询，且要放在 Select 之后。

比较例 4-28 与例 4-29 的运行结果，观察所属专业的变化。

例 4-30　在“教学信息管理”数据库中，创建“例 4-30 SQL 学生年龄查询”，数据源为学生表，要求显示“学号”“姓名”“出生日期”和“年龄”，并按年龄降序排列。

操作步骤：

（1）打开“教学信息管理”数据库，打开查询设计视图，切换到 SQL 视图。

（2）在 SQL 视图中输入如下语句：

```
Select 学号，姓名，出生日期，Year(Date())-Year([出生日期]) As 年龄
From 学生表
Order by Year(Date())-Year([出生日期]) desc
```

（3）单击“运行”按钮，查看结果如图 4-109 所示。

学号	姓名	生日	年龄
2019034042	黄娇	1998年5月18日	21
2019034012	杨红彩	1998年4月6日	21
2019034063	林娟	1998年12月20日	21
2018034012	杨红彩	1998年4月6日	21
2018034032	潘淑华	1998年7月9日	21
2018034042	黄娇	1998年5月18日	21
2018034022	农玉梅	1999年5月8日	20
2018034052	李洁玉	1999年2月1日	20
2018034062	张佳佳	2000年3月8日	19
1902020113	高美兰	2000年8月22日	19
1902010104	林邵欣	2000年10月5日	19
1902020116	郭晓明	2000年9月17日	19
1901010114	刘一手	2000年3月12日	19

图 4-109　学生年龄查询

（4）保存查询为“例 4-30 SQL 学生年龄查询”。

注：

① 计算年龄用当前年份减去出生年份，当天的日期用到 Date 函数，结合 Year 函数算出当前年份和出生年份；Date 函数是个无参函数，括号少不了。

② 在函数中用到数据源中的字段名，需写在“[ ]”中括号中，表示对字段的引用。

③ 要给字段重命名需用到 As 函数，比如此例中的年龄字段。

④ 年龄字段为计算所得，原表中是不存在的，故在排序中用计算字段，而非“年龄”字段。

⑤ Order By 子句必须是 SQL Select 命令中的最后一个子句。

⑥ 在 SQL 的标点符号均为英文状态下的。

⑦ 在 SQL 语句中，英文的大、小写不影响语句的运行。

例 4-31　在“教学信息管理”数据库中，创建“例 4-31 SQL 00 后男生查询”，数据源为学生表，要求显示“学号”“姓名”“性别”和“出生日期”。

操作步骤：

（1）打开“教学信息管理”数据库，打开查询设计视图，切换到 SQL 视图。

（2）在 SQL 视图中输入如下语句：

```
Select 学号, 姓名, 性别, 出生日期
From 学生表
Where 性别="男" AND [出生日期]>=#31/12/2000#;
```

（3）单击“运行”按钮，查看结果如图 4-110 所示。

（4）保存查询为“例 4-31 SQL 00 后男生查询”。

注：日期时间函数写在一对“#”号中。

例 4-32　在“教学信息管理”数据库中，创建“例 4-32 SQL 教龄超过 20 年的教师”，显示“教师编号”“教师姓名”“职称”和“参加工作时间”。

学号	姓名	性别	生日
1902010112	刘秀君	男	2001年3月24日
1902020103	胡彬	男	2001年7月18日
1902010107	卢少敬	男	2001年7月25日
1901010106	张加强	男	2001年10月12日
1902010109	王浩	男	2001年10月23日
1902020104	黄浩杰	男	2001年10月23日
1902010105	林建业	男	2001年10月24日
1901010115	张文	男	2001年11月12日
1902010108	王敏	男	2001年11月16日
1901010113	丁大少	男	2002年1月8日
1901010116	魏良强	男	2002年2月25日
1902010106	刘永全	男	2002年5月13日
1902010101	吴飞虎	男	2002年7月22日
1901010105	周立平	男	2002年11月1日

图 4-110　00 后出生的男生

操作步骤：

（1）打开“教学信息管理”数据库，打开查询设计视图，切换到 SQL 视图。

（2）在 SQL 视图中输入如下语句：

```
Select 教师编号, 教师姓名, 职称, 参加工作时间
From 教师表
Where 参加工作时间<=DateSerial(year(date())-20，month(date())，day(date()))
```

（3）单击“运行”按钮，查看结果如图 4-111 所示。

教师编号	教师姓名	职称	参加工作时间
20201	陈大力	教授	Nov, 30, 1980
20203	欧阳海强	副教授	Feb, 03, 1983
20101	陈美丽	教授	Aug, 09, 1995
20103	李黎华	教授	Feb, 03, 1983
20107	李伟峰	教授	Jun, 05, 1984
20112	汪小峰	教授	Mar, 05, 1998
20113	王大成	副教授	Jan, 23, 1996

图 4-111　教龄超过 20 年的老师

（4）保存查询为“例 4-32 教龄超过 20 年的教师”。

注：考虑到闰年问题，用 DateSerial 函数合成 20 年前的日期，只要这个日期比参加工作日期小，即为教龄超过 20 年的教师。

例 4-33　在“教学信息管理”数据库中，创建“例 4-33 SQL 工资前 6 的教师查询”，显示“教师编号”“教师姓名”“职称”“参加工作时间”和“工资”，以“工资”降序排列。

操作步骤：

（1）打开“教学信息管理”数据库，打开查询设计视图，切换到 SQL 视图。

（2）在 SQL 视图中输入如下语句：

```
Select Top 6 教师编号, 教师姓名, 职称, 参加工作时间, 工资
From 教师表
Order By 工资 Desc
```

（3）单击“运行”按钮，查看结果如图 4-112 所示。

教师编号	教师姓名	职称	参加工作时间	工资
20107	李伟峰	教授	Jun, 05, 1984	¥9, 500. 00
20103	李黎华	教授	Feb, 03, 1983	¥9, 200. 00
20101	陈美丽	教授	Aug, 09, 1995	¥8, 000. 00
20112	汪小峰	教授	Mar, 05, 1998	¥7, 800. 00
20102	杜少雄	教授	Jan, 11, 2000	¥7, 500. 00
20106	郭波	教授	Oct, 12, 2002	¥7, 200. 00
20113	王大成	副教授	Jan, 23, 1996	¥7, 200. 00

图 4-112　工资前 6 的教师

（4）保存查询为“例 4-33 SQL 工资前 6 的教师查询”。

例 4-34　在“教学信息管理”数据库中，创建“例 4-34 SQL 各班女生人数查询”，数据源为“学生基本信息”查询。

操作步骤：

（1）打开“教学信息管理”数据库，打开查询设计视图，切换到 SQL 视图。

（2）在 SQL 视图中输入如下语句：

```
Select 班级名称, Count([学号]) As 女生人数
From 学生基本信息
Where 性别="女"
Group By 班级名称
```

（3）单击“运行”按钮，查看结果如图 4-113 所示。

班级名称	女生人数
电子商务1班	7
电子商务2班	10
计算机科学与技术1班	5
计算机科学与技术2班	2

图 4-113　各班女同学人数

（4）保存查询为“例 4-34 SQL 各班女生人数查询”。

例 4-35　在“教学信息管理”数据库中，创建“例 4-35 SQL 女生人数大于 5 的查询”，数据源为“学生基本信息”。

操作步骤：

（1）打开“教学信息管理”数据库，打开查询设计视图，切换到 SQL 视图。

（2）在 SQL 视图中输入如下语句：

```
Select 班级名称, Count([姓名]) As 女生人数
From 学生基本信息
Where 性别="女"
Group By 班级名称
Having count([学号])>5
```

（3）单击“运行”按钮，查看结果如图 4-114 所示。

（4）保存查询为“例 4-35 SQL 女生人数大于 5 的查询”。

注：

① Count 函数是计数函数，其参数为任意字段名。

班级名称	女生人数
电子商务1班	7
电子商务2班	10

图 4-114　女生人数大于 5 的班级

② Where 子句与 Having 子句的区别：Where 子句的作用对象是表，而 Having 子句的作用对象是 Group By 子句所产生的组。

③ Where 子句中不能有聚合函数，即不能有分组字段的计算。

④ Having 子句用来限制分组的条件，是可选的，如果有 Having 子句则必须放在 Group By 子句的后面。

2. 数据源来源于多张表或多个查询

在查询中往往需要多张表或查询中的数据，如要查询学生的姓名、课程名称和成绩，而这三个字段分别来源于三张表中，即数据源来源于多张表，这就需要在查询中将三张表的关系展现出来。通过公共字段和连接语句将表间关系展现出来。

连接数据表关系的语句有两种：Where 或 Inner Join 语句。

对于连接表中存在的公共字段，为了区别是哪个表中的列，在连接条件中通过表名前缀指定连接列，格式为表名.列名，如“学生表.学号”。

（1）Where 子句。

当需要对 2 个或多个表进行连接时，在 Where 子句中给出连接条件，在 From 子句中指定要连接的表，其格式为：

```
Select 列名 1，列名 2，……
From 表 1，表 2，……
Where 连接条件
```

（2）Inner Join 子句。

使用 Inner Join 子句的格式为：

```
Select 列名 1，列名 2，……
From <表 1> [Inner Join <表 2> On <连接条件>]
```

例 4-36　创建“例 4-36 SQL 学生班级查询”，显示学号、姓名、班级编号和班级名称。

操作步骤：

用 Where 子句：

（1）打开“教学信息管理”数据库，打开查询设计视图，切换到 SQL 视图。

（2）在 SQL 视图中输入如下语句：

```
Select 学号，姓名，班级表.班级编号，班级名称
From 学生表，班级表
Where 学生表.班级编号=班级表.班级编号
```

（3）单击“运行”按钮，查看结果如图 4-115 所示。

（4）保存查询为“例 4-36 SQL 学生班级查询”。

用 Inner Join 子句：

学号	姓名	班级编号	班级名称
2018034012	杨红彩	19020102	电子商务2班
2018034022	农玉梅	19020102	电子商务2班
2018034032	潘淑华	19020102	电子商务2班
2018034042	黄娇	19020102	电子商务2班
2018034052	李洁玉	19020102	电子商务2班
2018034062	张佳佳	19020102	电子商务2班
1902020102	邓晓丽	19020102	电子商务2班

图 4-115　学生班级查询部分结果

用 Inner Join 完成，保存查询为“例 4-36 SQL 学生班级查询 2”，在 SQL 查询中输入如下语句：

```
Select 学号，姓名，班级表.班级编号，班级名称
From 学生表 Inner Join 班级表 On 学生表.班级编号=班级表.班级编号
```

例 4-37　查询“计算机科学与技术 1 班”的女生成绩，显示“学号”“姓名”“性别”“班级名称”“课程名称”和“成绩”，保存查询为“例 4–37 SQL 计算机科学与技术 1 班女生成绩”。

操作步骤：

用 Where 子句：

（1）打开“教学信息管理”数据库，打开查询设计视图，切换到 SQL 视图。

（2）在 SQL 视图中输入如下语句：

```
Select 学生表.学号，姓名，性别，班级名称，课程名称，成绩
From 学生表，班级表，课程表，成绩表
Where 班级名称="计算机科学与技术 1 班" And 性别="女" And 学生表.班级编号=班级表.班级编号 And 学生表.学号=成绩表.学号 And 课程表.课程编号=成绩表.课程编号
```

（3）单击“运行”按钮，查看结果如图 4-116 所示。

学号	姓名	性别	班级名称	课程名称	成绩
1901010114	刘一手	女	计算机科学与技术1班	大学体育	74
1901010104	张春	女	计算机科学与技术1班	大学体育	84
1901010109	王宏伟	女	计算机科学与技术1班	大学体育	80
1901010111	林蕾蕾	女	计算机科学与技术1班	大学体育	68

图 4-116　部分计算机科学与技术 1 班女生成绩

（4）保存查询为“例 4-37 SQL 计算机科学与技术 1 班女生成绩”。

用 Inner Join 子句：

此查询用 Inner Join 完成，保存查询为“例 4-37 SQL 计算机科学与技术 1 班女生成绩 2”，在 SQL 查询中输入如下语句：

```
Select 学生表.学号, 姓名, 性别, 班级名称, 课程名称, 成绩
From 课程表 Inner Join ((班级表 Inner Join 学生表 On 班级表.班级编号 = 学生表.班级编号) Inner Join 成绩表 On 学生表.学号 = 成绩表.学号) On 课程表.课程编号 = 成绩表.课程编号
Where 性别="女" And 班级名称="计算机科学与技术 1 班";
```

例 4-38 创建“例 4-38 SQL 平均分查询”，显示平均分大于 80 的学生的姓名、班级名称和平均分，平均分保留 2 位小数，并按平均分降序排列。

操作步骤：

用 Where 子句：

（1）打开“教学信息管理”数据库，打开查询设计视图，切换到 SQL 视图。

（2）在 SQL 视图中输入如下语句：

```
Select 姓名, 班级名称, Round(Avg([成绩]),2) As 平均分
From 学生表, 班级表, 成绩表
Where 学生表.班级编号=班级表.班级编号 And 学生表.学号=成绩表.学号
Group By 姓名, 班级名称
Having Round(Avg([成绩]),2)>80
Order By Round(Avg([成绩]),2) Desc
```

（3）单击“运行”按钮，查看结果如图 4-117 所示。

例4- 38 SQL平均分查询

姓名	班级名称	平均分
项小燕	电子商务2班	84.67
张春	计算机科学与技术1班	84
王浩	电子商务1班	83.67
黄浩杰	电子商务2班	83.67
张加强	计算机科学与技术1班	83
魏良强	计算机科学与技术1班	83
李柳林	计算机科学与技术2班	83
廖华	计算机科学与技术1班	82
卢少敬	电子商务1班	81.33
王敏	电子商务1班	81

图 4-117　平均分大于 80 的学生

（4）保存查询为“例 4-38 SQL 平均分查询”。

用 Inner Join 子句：

此查询用 Inner Join 完成，保存查询为“例 4-38 SQL 平均分查询 2”，在 SQL 查询中输入如下语句：

```
Select 姓名, 班级名称, Round(Avg([成绩]),2) As 平均分
From 班级表 Inner Join (学生表 Inner Join 成绩表 On 学生表.学号=成绩表.学号) On 学生表.班级编号=班级表.班级编号
Group By 姓名, 班级名称
Having Round(Avg([成绩]),2)>80
Order By Round(Avg([成绩]),2) Desc;
```

注：

① 类似查询又称为计算查询，即一个计算表达式作为一个字段，如本例中的“平均分”。

② Group By 分组字段与 Select 字段相同（计算字段除外），否则会出错。

③ 许多查询均可在设计视图下完成，完成后可切换到 SQL 视图下查看和修改 SQL 语句。

4.6.5　SQL 特定查询语句

在 Access 中某些查询不能在查询设计视图中实现，这些查询称为 SQL 特定查询，包括联

合查询、传递查询、数据定义查询和子查询。

1. 联合查询

联合查询将两个或多个表或查询中的对应字段合并到查询结果的一个字段中。使用联合查询可以使用多个表中的数据。

联合查询使用 Union 语句来合并两个或更多选择表或查询的结果。

例 4-39 在“教学信息管理”数据库中利用联合查询查找所有的女老师和女学生，并在查询结果中标记出类别是“学生”还是“老师”，查询命名为“例 4-39 SQL 联合查询。

（1）打开“教学信息管理”数据库，打开查询设计视图，切换到 SQL 视图。

（2）在 SQL 视图中输入如下语句：

```
Select "学生" As 类别, 姓名 As 名字
From 学生表 Where 性别="女"
Union
Select "教师" As 类别, 教师姓名 As 名字
From 教师表 Where 性别="女"
```

（3）单击“运行”按钮，查看结果如图 4-118 所示。

类别	名字
教师	李秋玲
教师	李曦
教师	刘小君
学生	陈静怡
学生	陈婷美
学生	邓晓丽
学生	封小云

图 4-118　SQL 联合查询部分结果

（4）保存查询为“例 4-39 SQL 联合查询”。

2. 传递查询

传递查询使用服务器能接受的命令且直接将命令发送到 ODBC 数据库。使用传递查询可以不必链接到服务器上的表而直接使用它们。传递查询对于在 ODBC 服务器上运行存储过程也很有用。

3. 数据定义查询

数据定义查询参阅 4.6.3 节。

4. 子查询

子查询又叫嵌套查询，当一个查询的结果是另一个查询的条件时，即在一个 Select 语句的条件里边出现另一个 Select 语句，此查询称为嵌套查询。条件语句中的 Select 语句称为子查询，SQL 语句允许多层嵌套，但使用的 Order By 子句，只对最终结果排序。子查询必须与其他查询相结合，不能作为一个单独的查询。嵌套查询由里向外执行，先处理内层查询，再处理外层查询。

例 4-40 查询成绩高于平均分的学生信息，显示“学号”“姓名”“成绩”和“平均成绩”，查询保存为“例 4-40 高于平均分的学生信息”。

操作步骤详解：

若在“SQL 视图”中输入以下语句：

```
Select 学生表.学号, 姓名, 成绩, Avg([成绩]) As 平均分
From 学生表, 成绩表
Where 成绩>Avg([成绩]) And 学生表.学号=成绩表.学号
```

执行过程中出现错误，如图 4-119 所示。

图 4-119 聚合函数错误

结果分析：Avg（[成绩]）函数没有数据源，解决方法是先使用子查询求出平均工资。

改进 1：

在“SQL 视图”中输入以下语句：

```
Select 学生表.学号, 姓名, 成绩
From 学生表, 成绩表
Where 成绩>(Select Avg([成绩]) From 成绩表) And 学生表.学号=成绩表.学号
```

运行后的结果如图 4-120 所示。

学号	姓名	成绩
1901010104	张春	84
1901010106	张加强	83
1901010108	李柳林	83
1901010109	王宏伟	80
1901010110	郭俊超	76
1901010112	廖华	82

图 4-120 未显示平均分的查询结果

结果分析：运行结果未显示平均分，原因是系统先执行了子查询，即内查询语句“Select Avg([成绩]) From 成绩表”作为了条件，在显示字段中并未列出来，所以需要继续改进。

改进 2：要显示平均分，将完整的内查询添加到 Select 语句中。

在“SQL 视图”中输入以下语句：

```
Select 学生表.学号, 姓名, 成绩, (Select Avg([成绩]) From 成绩表) As 平均分
From 学生表, 成绩表
Where 成绩>(Select Avg([成绩]) From 成绩表) And 学生表.学号=成绩表.学号
```

运行后的结果如图 4-121 所示。

学号	姓名	成绩	平均分
1901010104	张春	84	75.5
1901010106	张加强	83	75.5
1901010108	李柳林	83	75.5
1901010109	王宏伟	80	75.5
1901010110	郭俊超	76	75.5
1901010112	廖华	82	75.5
1901010115	张文	76	75.5

图 4-121 显示平均分

结果分析：从图 4-121 可知，平均分存在小数位。

改进 3：将平均分小数位数设置为 0，用 Round 函数对结果进行改进。Round 函数的格式为 Round（X，n），其中 X 为输出的值，n 是需要保留的小数位数。为了与后续做比较，添加姓名排序字段，用 Order By 完成字段排序。

在“SQL 视图”中输入以下语句：

```
Select 学生表.学号, 姓名, 成绩, Round((Select Avg([成绩]) From 成绩表),0) As 平均分
From 学生表, 成绩表
Where 成绩>(Select Avg([成绩]) From 成绩表) And 学生表.学号=成绩表.学号
Order By 姓名
```

运行结果如图 4-122 所示。

学号	姓名	成绩	平均分
1902020114	陈静怡	80	76
1902020114	陈静怡	85	76
1902010102	陈婷美	85	76
1902010103	冯芳华	86	76
1902020113	高美兰	80	76
1901010110	郭俊超	76	76
1902020116	郭晓明	93	76
1902020116	郭晓明	78	76
1902020103	胡彬	79	76

图 4-122　大于平均分的学生信息

结果分析：由图 4-122 可知，查询结果显示了所有大于平均分的各科成绩，即像图 4-122 中同一位学生可能出现多次，原因是该位同学选了多门课程，目前各位同学的各科成绩均显示出来了。若要显示学生所有科目平均值大于平均分的，还需要改进。

改进 4：应用 Group By 子句对学生进行分组，同时显示学生的平均分，学生平均分保留 1 位小数。

在“SQL 视图”中输入以下语句：

```
Select 学生表.学号, 姓名, Round(Avg([成绩]),1) As 学生成绩平均分, Round((Select Avg
([成绩]) From 成绩表),1)  As 总平均分
From 学生表,成绩表
Where 成绩>(Select Avg([成绩]) From 成绩表) And 学生表.学号=成绩表.学号
Group By 学生表.学号, 姓名
Order By 姓名
```

运行结果如图 4-123 所示。

学号	姓名	学生成绩平均分	总平均分
1902020113	高美兰	80	75.5
1901010110	郭俊超	76	75.5
1902020116	郭晓明	85.5	75.5
1902020103	胡彬	79	75.5
1902020104	黄浩杰	83.7	75.5
1902020115	黄明明	84	75.5
1901010108	李柳林	83	75.5
1901010112	廖华	82	75.5

图 4-123　高于平均分的学生

保存查询为“例 4-40 高于平均分的学生信息”。

例 4-41 查找教授或副教授带的课程的课程编号，显示“课程编号”，查询保存为“例 4-41 SQL 教授/副教授带的课程”。

操作步骤：

（1）打开“教学信息管理”数据库，打开查询设计视图，切换到 SQL 视图。

（2）在 SQL 视图中输入如下语句：

```
Select 课程编号
From 授课表
Where 教师编号 In (Select 教师编号 From 教师表 Where 职称="教授" Or 职称="副教授")
```

（3）单击“运行”按钮，查看结果如图 4-124 所示。

课程编号
01001
01001
01001
01002
03001
02001
02002
03001

图 4-124 教授/副教授带的部分课程

（4）保存查询为“例 4-41 SQL 教授/副教授带的课程”。

思考：创建一个查询，将此例题中的重复项消除。

注：在创建各查询时，可利用视图之间的切换来完成，一般 SQL 视图与设计视图相结合。如例 4-41 中，可结合设计视图在设计视图中进行如下设计，如图 4-125 所示。

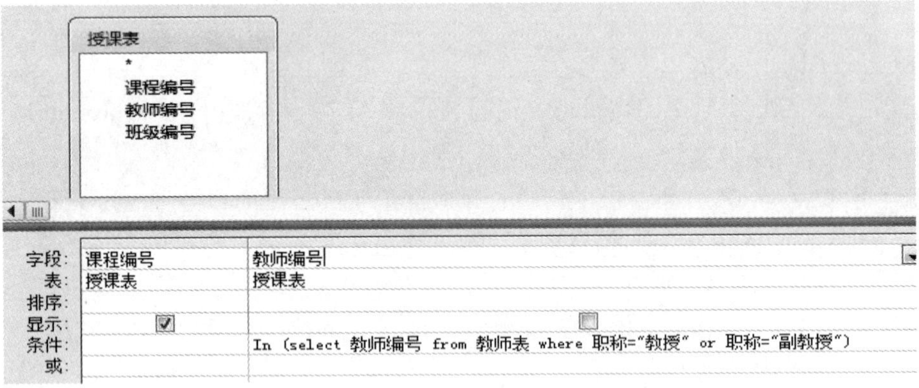

图 4-125 教授/副教授带的课程

测试运行后，切换到 SQL 视图即可查看 SQL 语句。

习 题

1. 若在“tstudent”表中查找所有出生日期在“2000-1-1”和“2011-1-1”之间的记录，可以在查询设计视图 的准则行中输入（ ）。

A. Between #2000-1-1# And #2011-1-1#　　B. Between "2000-1-1" And "2011-1-1"

C. "2000-1-1" And "2011-1-1"　　D. #2000-1-1# And #2011-1-1#

2. 在 SQL 查询中“Group By”的含义是（　　）。

A. 选择行条件　　B. 对查询进行排序

C. 选择列字段　　D. 对查询进行分组

3. 若要将“产品”表中所有供货商是“C”的产品单价下调 150，则正确的 SQL 语句是（　　）。

A. Update 产品 Set 单价=150 Where 供货商="C"

B. Update 产品 Set 单价=单价-150 Where 供货商="C"

C. Update From 产品 Set 单价=150 Where 供货商="C"

D. Update From 产品 Set 单价=单价-150 Where 供货商="C"

4. 下面不是操作查询的是（　　）。

A. 删除查询　　B. 更新查询　　C. 参数查询　　D. 生成表查询

5. 在 SQL 语言的 SELECT 语句中，用于实现选择运算的子句是（　　）。

A. For　　B. If　　C. While　　D. Where

6. 在 SQL 查询中，若要取得“学生”数据表中的所有记录和字段，其 SQL 语法为(　　)。

A. Select 姓名 From 学生

B. Select * From 学生

C. Select 姓名 From 学生 While 学号=02650

D. Select * From 学生 While 学号=02650

7. SQL 的含义是（　　）。

A. 结构化查询语言　　B. 数据定义语言

C. 数据库查询语言　　D. 数据库操纵与控制语言

8. 在 Access 中已建立了“学生”表，表中有“学号”“姓名”“性别”和“入学成绩”等字段。执行如下 SQL 命令：“Select 性别, Avg(入学成绩)From 学生 Group By 性别”其结果是（　　）。

A. 计算并显示所有学生的性别和入学成绩的平均值

B. 按性别分组计算并显示性别和入学成绩的平均值

C. 计算并显示所有学生的入学成绩的平均值

D. 按性别分组计算并显示所有学生的入学成绩的平均值

9. 关于准则 Like! [北京，上海，广州]，以下满足条件的是（　　）。

A. 北京　　B. 上海　　C. 广州　　D. 杭州

10. 若在“学生表”中查找所有姓“王”的记录，可以在查询设计视图的准则行中输入(　　)。

A. Like "王"　　B. Like "王*"　　C. ="王"　　D. ="王*"

11. 假设“公司”表中有编号、名称、法人等字段，查找公司名称中有“网络”二字的公司信息，正确的命令是（　　）。

A. Select * From 公司 For 名称= "*网络*"

B. Select * From 公司 For 名称 Like "*网络*"

C. Select * From 公司 Where 名称= "*网络*"

D. Select * From 公司 Where 名称 Like "*网络*"

12. 要完成数学成绩大于平均分的查询，显示学生的学号和数学成绩，正确的 SQL 语句是（　　）。

A. Select 学号，数学 From Sc Where 数学> (Select Avg(数学)from sc)

B. Select 学号 Where 数学> (Select Avg(数学)From Sc)

C. Select 数学 Avg(数学)From Sc

D. Select 数学> (Select Avg(数学)From Sc)

13. 在查询设计视图中（　　）。

A. 可以添加数据库表，也可以添加查询　　B. 只能添加数据库表

C. 只能添加查询　　D. 数据库表和查询都不能添加

14. 检索价格在 30 万 ~ 60 万元的产品，可以设置条件为（　　）。

A. ">30 Not <60"　　B. ">30 Or <60"

C. ">30 And <60"　　D. ">30 Like <60"

15. 下列关于 SQL 语句的说法中，错误的是（　　）。

A. Insert 语句可以向数据表中追加新的数据记录

B. Update 语句用来修改数据表中已经存在的数据记录

C. Delete 语句用来删除数据表中的记录

D. Create 语句用来建立表结构并追加新的记录

16. 参数查询中设置参数应放在一对（　　）括号内。

A. “[ ]”　　B. “( )”　　C. “{ }”　　D. ““ ””

17. 在 Access 数据库中创建一个新表，应该使用的 SQL 语句是（　　）。

A. Create Table　　B. Create Index　　C. Alter Table　　D. Create Database

18. 将表 A 的记录复制到表 B 中，且不删除表 B 中的记录，可以使用的查询是（　　）。

A. 删除查询　　B. 生成表查询　　C. 追加查询　　D. 交叉表查询

19. 在一个操作中可以更改多条记录的查询是（　　）。

A. 参数查询　　B. 操作查询　　C. SQL 查询　　D. 选择查询

20. 直接将命令发送 ODBC 数据，它使用服务器能接受的命令，利用它可以检索或更改记录的是（　　）。

A. 联合查询　　B. 传递查询　　C. 数据定义查询　　D. 子查询

第5章 窗 体

数据库的对话窗在 Access 中被称为“窗体”，即人机交互界面，它使用计算机屏幕将数据库中的表或查询中的数据告诉用户。窗体也是 Access 中的一种对象。

建立一个友好的使用界面即窗体将会给使用者带来很大的便利，让更多的使用者能轻松自如地根据窗口中的提示使用数据库中的数据，完成自己的工作，同时也可以对数据库中的数据进行维护，这是建立窗体的基本目标。

5.1 窗体概述

窗体是 Access 数据库对象之一，由许多控件组成，这些控件用于引导用户完成对数据库中数据的操作，用户也可以根据自己的喜好创建满足自己需要的用户界面。下面对窗体的功能、分类和视图方式进行简单介绍。

5.1.1 窗体的功能

窗体的主要功能是显示和编辑数据、显示提示信息、控制程序运行和打印数据等。

1. 显示和编辑数据库中的数据

使用数据库的用户并非是数据库的创建者，使用窗体可以更快捷、更友好地显示和编辑数据库中的数据，这是窗体的基本功能。

如图 5-1 所示，用户在“教学信息管理”数据库中要查看教师信息，或来了位新教师，要更新数据，均可以在此窗体中进行。

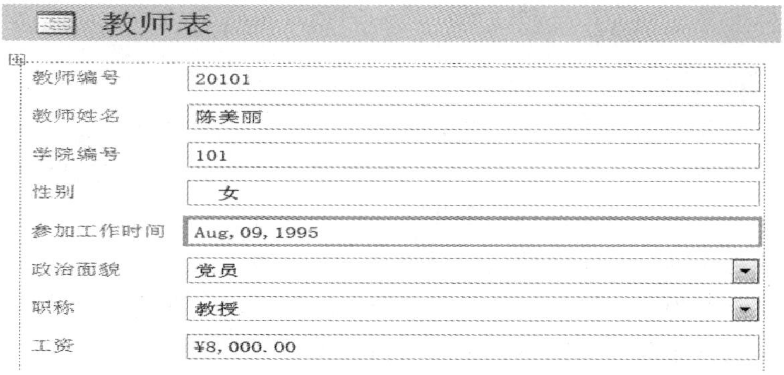

图 5-1 查看和更新数据库中的数据

可以在窗体里对数据库中的数据进行增、删或改的操作，也就是，在窗体里对数据库中的数据进行更改，可以同时更改数据源表中的数据，反之亦然。

2. 显示提示信息

通过窗体可以显示关于数据库中的某种消息，提示或警告等，或者告知用户即将发生的事情。譬如，当用户要删除某条记录时，弹出提示信息，如图 5-2 所示，确定删除按“是”命令按钮，不删除则按“否”命令按钮，以免误删。

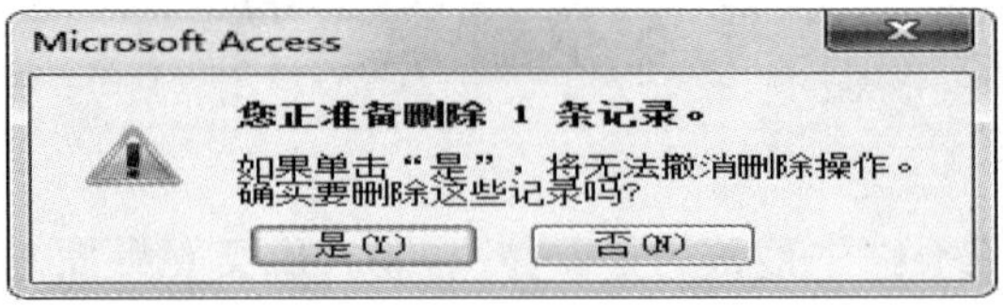

图 5-2　提示信息

3. 控制程序运行

通过窗体可以将数据库中的其他对象联合起来，并控制这些对象进行工作。如图 5-3 所示，通过四个命令按钮在记录间进行跳转，以查看记录。

图 5-3　控制记录查看次序

4. 打印窗体

可以通过文件的打印功能打印窗体，供用户使用。

5.1.2　窗体的分类及布局方式

窗体是由窗体本身和相关控件组成的，从不同角度可将窗体分成不同类型。

1. 窗体的分类

（1）按功能可分为数据操作窗体、控制窗体、信息显示窗体和信息交互窗体。

数据操作窗体是指只用来对表或查询中的数据进行显示及修改的窗体。

控制窗体是指用来控制程序运行的窗体，一般使用多个控件完成操作。

信息显示窗体可作为控制窗体的调用对象，一般以数据或图表的形式显示信息。

信息交互窗体是指用来给用户提示信息或警告的窗体，一般是设计时预先编写好的。

（2）按显示方式可分为简单窗体和多个项目窗体。

简单窗体中每一页只能显示一条记录信息。

多个项目窗体一页可以显示多条记录。

（3）按数据源个数可分为单表窗体和多表窗体。

单表窗体及数据源来源于一张表或一个查询。

多表窗体及数据源来源于多张表或多个查询。

（4）按选项卡的个数可分为单选项卡窗体和多选项卡窗体。

（5）按逻辑结构可分为主窗体和子窗体。

子窗体是插入另一窗体中的窗体。原始窗体称为主窗体，窗体中的窗体称为子窗体。可以直观地显示表中一对多关系。例如，可以创建一个带有子窗体的窗体显示班级信息和学生信息，主窗体为班级信息，子窗体显示该班学生信息。

如果将每个子窗体都放在主窗体上，则主窗体可以包含任意数量的子窗体，可以嵌套多达 7 层的子窗体。即可以在主窗体中包含子窗体，子窗体中还可以再包含子窗体。

2. 窗体的布局

数据在窗体中的显示方式有纵栏表、表格、数据表和两端对齐等 4 种。

（1）纵栏表窗体。

纵栏表窗体每屏显示一条记录，为两列，按列分布，左边是字段名，右边是字段值，不同记录通过记录“导航按钮”切换，如图 5-4 所示。

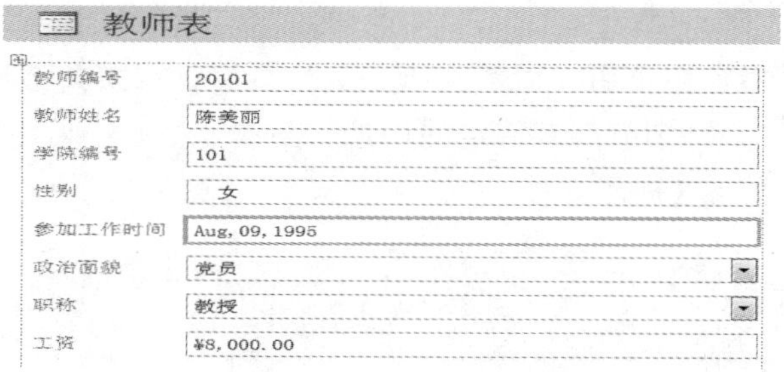

图 5-4　纵栏表窗体

（2）表格窗体。

表格窗体界面通过多行显示数据，每行显示一条记录，字段名显示在窗体顶端，如图 5-5 所示。

教师编号	教师姓名	学院编号	性别	参加工作时间
20101	陈美丽	101	女	Aug, 09, 1995
20102	杜少雄	101	男	Jan, 11, 2000
20103	李黎华	104	男	Feb, 03, 1983
20104	关学敏	101	女	Jul, 16, 2009
20105	郭启航	101	男	Oct, 13, 2005
20106	郭波	103	男	Oct, 12, 2002

图 5-5　表格窗体

（3）数据表窗体。

数据表窗体在外观上类似于表及查询的数据表视图，如图 5-6 所示。

教师编号	教师姓名	学院编号	性别	参加工作时间	政治面貌	职称
20101	陈美丽	101	女	Aug, 09, 1995	党员	教授
20102	杜少雄	101	男	Jan, 11, 2000	群众	教授
20103	李黎华	104	男	Feb, 03, 1983	群众	教授
20104	关学敏	101	女	Jul, 16, 2009	党员	副教授
20105	郭启航	101	男	Oct, 13, 2005	群众	副教授
20106	郭波	103	男	Oct, 12, 2002	群众	教授

图 5-6　数据表窗体

（4）两端对齐窗体。

两端对齐窗体类似于页面中的两端对齐，按窗体的宽度，将字段及其属性值在页面中两端对齐，如图 5-7 所示。

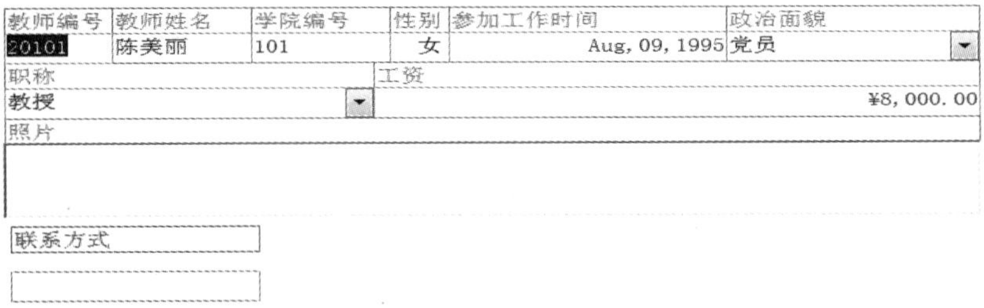

图 5-7　两端对齐窗体

5.1.3　窗体的结构

一个完整的窗体是由窗体页眉、窗体页脚、页面页眉、页面页脚和主体 5 部分组成，每一部分称为窗体的“节”，每个节都有特定的用途，主体节是必不可少的，其他节可根据需要设置有无。窗体结构如图 5-8 所示。

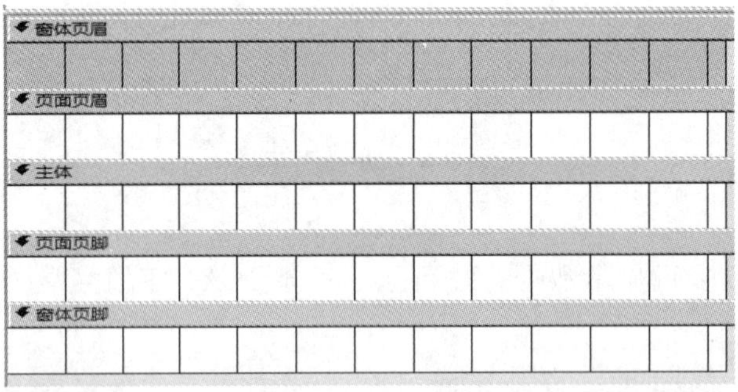

图 5-8　窗体结构

（1）窗体页眉：位于窗体的顶部位置，一般用于显示窗体标题、窗体使用说明或放置窗体任务按钮等。

（2）页面页眉：只显示在应用于打印的窗体上，用于设置窗体在打印时的页头信息，例如，标题、图像、列标题、用户要在每一打印页上方显示的内容。

（3）主体：是窗体的主要部分，绝大多数的控件及信息都出现在主体节中，通常用来显示记录数据，是数据库系统处理数据的主要工作界面。

（4）页面页脚：用于设置窗体在打印时的页脚信息。例如，日期、页码或用户在每一打印页下方显示的内容。由于窗体设计主要应用于系统与用户的交互接口，通常在窗体设计时很少考虑页面页眉和页面页脚的设计。

（5）窗体页脚：功能与窗体页眉基本相同，位于窗体底部，一般用于显示对记录的操作说明、设置命令按钮。

5.1.4　窗体的视图

为了能从不同层面查看数据源，Access 为窗体提供了 4 种视图方式，分别为：窗体视图、布局视图、设计视图和数据表视图。

1. 窗体视图

在“设计视图”中创建窗体后，可在“窗体视图”中查看设计的结果，在“窗体视图”中显示，可以显示、输入和修改来自记录源的数据；可以通过记录导航按钮在记录之间进行切换，查看数据。

2. 设计视图

若要创建和修改一个窗体的布局设计，可以在窗体“设计视图”中进行。在窗体设计视图中提供了窗体结构的完整信息，可以对窗体的页眉、主体等各个部分进行详细设计。窗体在设计视图中显示时实际并没有运行。因此，在进行设计方面的更改时，无法看到基础数据。不过有些任务在设计视图中执行要比在布局视图中执行容易。

在设计视图中，可以进行如下操作：

（1）调整窗体各节及控件的大小。

（2）在窗体中添加各种类型的控件，例如图表和分页符等。

（3）不使用属性表在文本框中编辑文本框控件来源。

（4）更改窗体的属性。

3. 布局视图

布局视图比设计视图更加直观，在设计的同时可以查看数据，同时可对 Access 中的窗体节和控件的大小和位置进行调整。

在布局视图中，窗体实际正在运行。

窗体的布局视图和窗体视图界面几乎一样，区别在于在窗体的布局视图中可以对控件进行调整，窗体视图只能查看设计的结果，不能对窗体的外观进行修改。

窗体的布局视图和设计视图的区别在于，窗体的布局视图不能添加控件，而窗体的设计视图可以添加控件；在布局视图下，能够看到数据源中的数据，而在设计视图下不能看到基础数据。

4. 数据表视图

当窗体是数据表窗体时，其视图方式有数据表视图和设计视图；而其他窗体有窗体视图、设计视图和布局视图。

窗体的数据表视图采用行、列的形式显示数据表或查询中的记录，在此视图下可对字段进行编辑，可对记录进行增、删、改的操作。与数据表的数据视图几乎相同。

窗体视图的切换通过功能选项卡中的  按钮，或状态栏右下角  进行切换。

5.2 创建窗体

窗体的主要功能是显示、输入和修改数据库的数据，它是用户与计算机交互的界面，对用户而言，窗体是操作数据库的界面，是由菜单和控件组成，在设计阶段称为窗体，在应用阶段称为窗口。

窗体的数据源可以是表或查询，可以是单表，也可以是多表或查询。

窗体的创建有多种方法，下面分别介绍。

5.2.1 应用“窗体”创建窗体

应用“窗体”创建窗体，这是一种快速创建窗体的方法，只要选定数据源，单击“创建”，在“窗体”选项卡中单击“窗体”即可。

例 5-1 以“教师表”为数据源，创建“例 5-1 教师窗体”。

操作步骤：

（1）打开“教学信息管理”数据库窗口，单击“教师表”及选择了“教师表”。

（2）单击“创建”选项卡，在“窗体”选项里单击“窗体”，如图 5-9 所示。

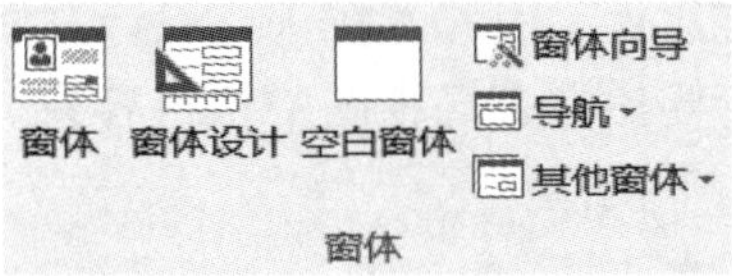

图 5-9 窗体选项卡

（3）生成的教师表窗体如图 5-10 所示。

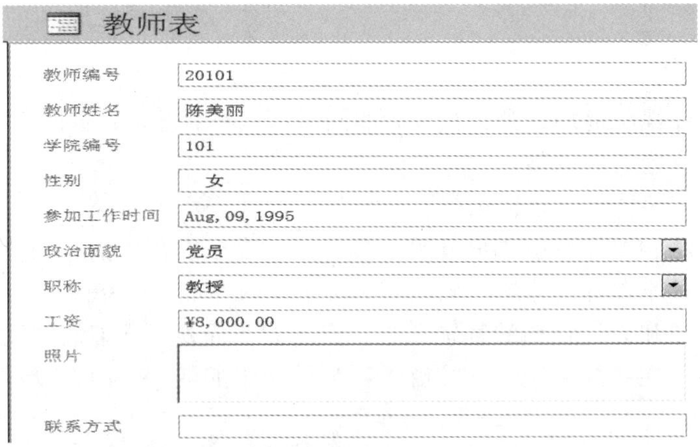

图 5-10 教师表窗体

（4）单击“保存”，保存窗体为“例 5-1 教师窗体”。

创建的这个窗体是布局视图下的窗体，所有字段均显示，且字段名显示在右边，即为“纵栏表窗体”，一页仅显示一条记录，默认显示数据源中的第一条记录，要查看其他记录，应用下面的“记录导航”按钮。

5.2.2 使用“空白窗体”创建窗体

如果向导或窗体构建工具不符合需要，可以使用空白窗体构建窗体。这是一种非常快捷的窗体构建方式，尤其是计划只在窗体上放置很少几个字段时。

例 5-2 使用“空白”窗体按钮创建“例 5-2 教师表窗体”，显示“教师编号”“教师姓名”“性别”“职称”和“工资”信息。

操作步骤：

（1）选择“创建”选项卡→“窗体”选项组→“空白窗体”选项，Access 将在布局视图中打开一个空白窗体，并显示“字段列表”窗格，如图 5-11 所示。

（2）在“字段列表”窗格中，单击“显示所有表”，即可显示此数据库中的所有表。

（3）选择要在窗体上显示的表前的“+”号，展开选中的一个或多个表中的字段，此例选择“教师表”，教师表前的“+”变“-”，并展开教师表中字段，如图 5-12 所示。

（4）向窗体添加字段，可双击该字段，或者将其拖动到窗体上；也可一次添加多个字段，方式是按住【Ctrl】键同时选择多个字段，一次拖到窗体上；也可按住【Ctrl】键双击所需的多个字段，将字段添加到窗体上。

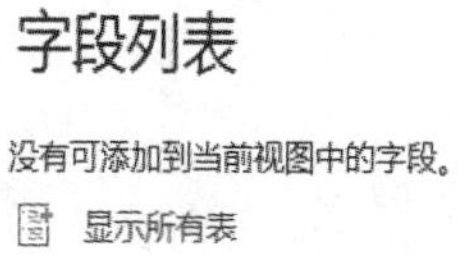

图 5-11　显示所有表

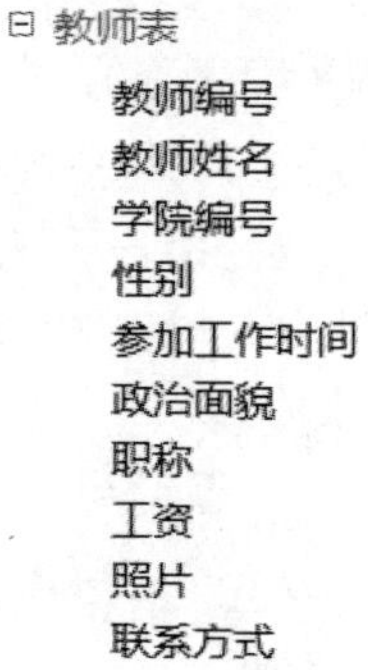

图 5-12　展开教师表中字段

此例分别双击“教师编号”“教师姓名”“性别”“职称”和“工资”添加这些字段。在窗体中的显示如图 5-13 所示，默认显示数据源中的第一条记录信息。

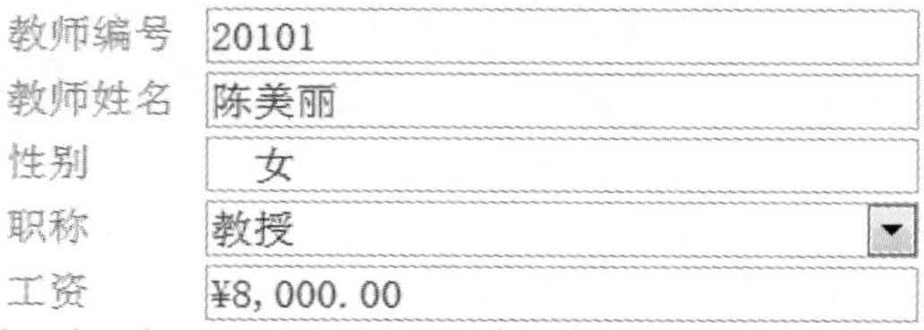

图 5-13　空白视图下添加的字段信息

（5）此时创建的窗体是在布局视图下的，可使用“设计”选项卡中的工具向窗体添加标题、日期和时间，如图 5-14 所示。

图 5-14　窗体布局工具

（6）利用布局视图下的记录导航可查看数据源中的其他记录。

（7）保存窗体为“例 5-2 教师表窗体”。

5.2.3　使用窗体向导创建窗体

应用向导创建窗体是创建窗体的常用方法，使用向导创建窗体可以更好地选择窗体中需要的字段，如果事先指定了表与查询之间的关系，可以使用来自多个表或查询的字段，可以指定数据的组合和排序方式，还可以将数据源中的数据以数据表、子窗体、图表等不同的形式显示出来。

例 5-3 在“教学信息管理”使用窗体向导创建“例 5-3 学生表数据表”窗体，包含字段“学号”“姓名”“性别”“出生日期”和“政治面貌”。采用布局为“数据表”，样式为“标准”。

操作步骤：

（1）在“教学信息管理”数据库窗口中，单击数据库窗口工具上的“创建”→“窗体”→“窗体向导”。

（2）弹出选定字段对话框，在“表/查询”的下拉列表框中选择数据源为“学生表”；在“可用字段”中单击“学号”（即选中学号）后，单击向右的箭头（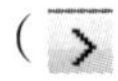）将“学生表”中“学号”从可用字段列表框移到选定字段列表框。

（3）同理添加“姓名”“性别”“出生日期”和“政治面貌”字段，如图 5-15 所示。

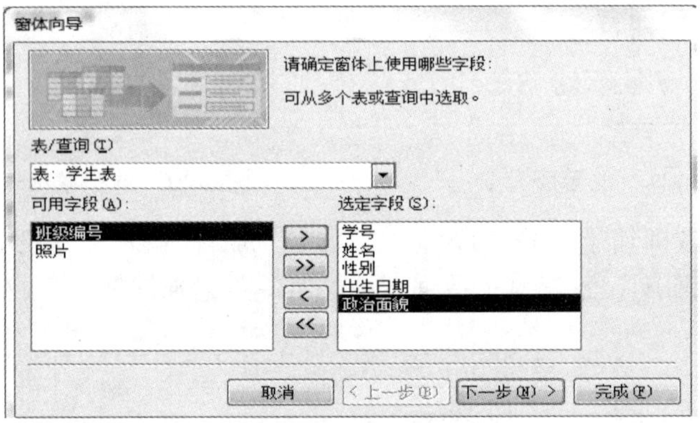

图 5-15 选定字段

（4）单击“下一步”，“请确定窗体使用的布局”对话框，选中“数据表”单选按钮，如图 5-16 所示。

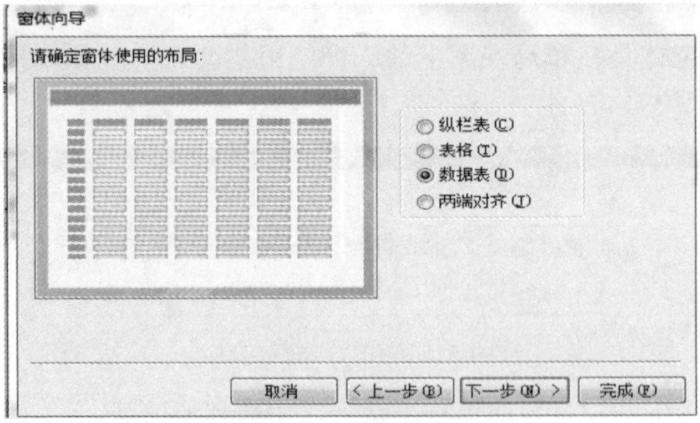

图 5-16 选定窗体布局

（5）单击“下一步”，给窗体指定标题，即给窗体命名，在此例中输入“例 5-3 学生表数据表”；在“请确定是要打开窗体还是要修改窗体设计”中单击“打开窗体查看或输入信息”前边的单选按钮，即可查看该窗体中的数据，如图 5-17 所示。

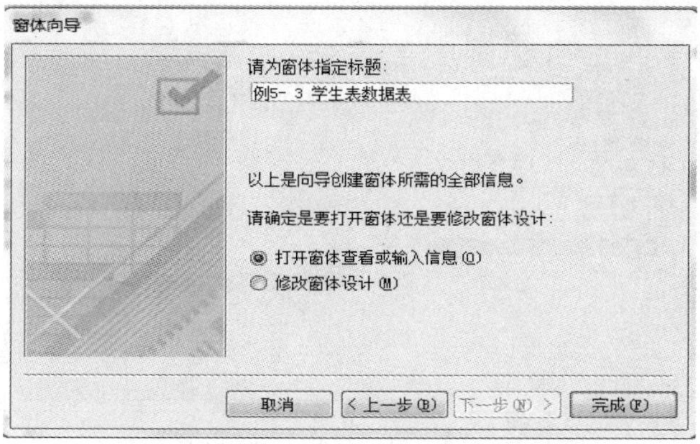

图 5-17　确定窗体名称及打开窗体的方式

（6）单击“完成”按钮，即可打开刚创建的窗体，如图 5-18 所示。

例5- 3 学生表数据表

学号	姓名	性别	生日	政治面貌
1901010101	王小鹏	男	2000年11月2日	团员
1901010102	赵斌	男	2000年10月10日	团员
1901010103	李晓	女	2001年1月12日	党员
1901010104	张春	女	2001年10月2日	团员
1901010105	周立平	男	2002年11月1日	团员
1901010106	张加强	男	2001年10月12日	团员
1901010107	王文武	男	2000年9月7日	群众

图 5-18　窗体的部分结果

注：

在图 5-17 中，“请确定是要打开窗体还是要修改窗体设计”有两个选项：

“打开窗体查看或输入信息”：可查看和修改数据，包括数据的增加、删除和修改，在此处的修改会引起数据源中数据的改变。

“修改窗体设计”：选择了这项，即可打开窗体的设计视图，更改窗体的布局。

例 5-4　在“教学信息管理”数据库中，通过窗体向导创建名为“例 5-4 学生课程成绩主子式窗体”，数据源基于“学生表”“课程表”和“成绩表”三个表，该窗体用来输入、显示学生课程成绩的信息，显示字段为“学号”“姓名”“课程名称”和“成绩”。

操作步骤：

（1）打开“教学信息管理”数据库。在“教学信息管理”数据库窗口中，单击数据库窗口工具上的“创建”→“窗体”→“窗体向导”。

（2）弹出选定字段对话框，在“表/查询”的下拉列表框中选择数据源“学生表”；在“可用字段”选中“学号”，单击 > ，将“学生表”中“学号”移到选定的字段列表框；同理，将“姓名”字段移到选定的字段列表框。

（3）同理，在“表/查询”的下拉列表框中选择数据源 “课程表”，将“课程名称”字段添加到选定字段列表框中。

（4）同理添加“成绩”字段。确定的字段如图 5-19 所示。

（5）单击“下一步”，弹出确定窗体查看数据的方式对话框，在此例中我们选择“通过学生表”。在“带有子窗体的窗体”前的单选按钮中单击，即创建的窗体带有子窗体，如图 5-20 所示。

图 5-19　确定窗体中的字段

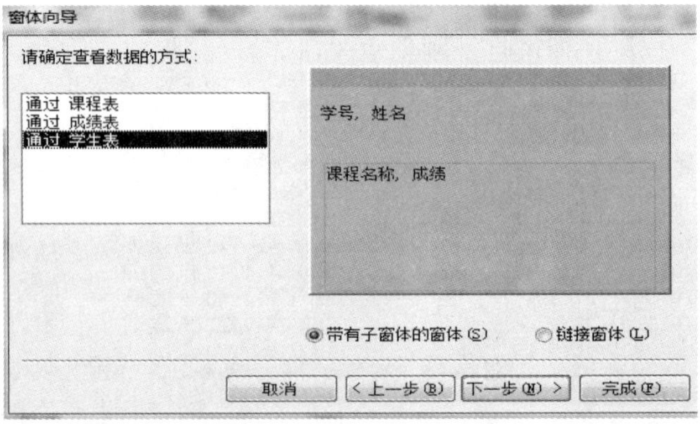

图 5-20　确定查看数据的方式

① 通过学生表的“学号”和“姓名”查看成绩，即同一个学生的成绩显示在一起。

② 带有子窗体的窗体，即确定了主窗体为学生表中的信息，子窗体为该学生的课程名称和相应的成绩。

③ 创建的窗体显示选中同学的所有课程名称和成绩。

（6）单击“下一步”，确定窗体的布局，在此我们选择“数据表”，如图 5-21 所示。

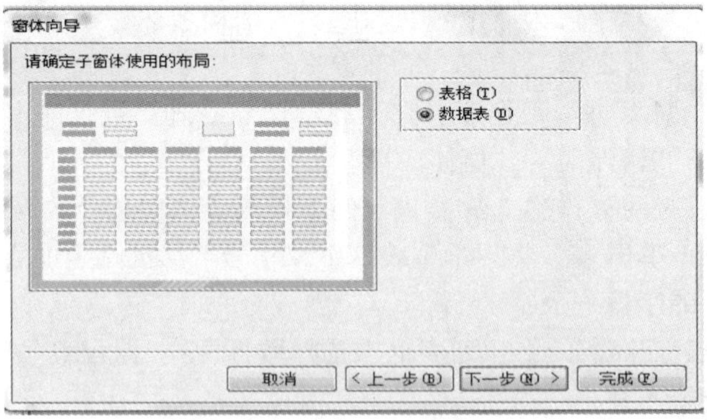

图 5-21　确定窗体的布局

（7）单击“下一步”，对主、子窗体命名，即设置窗体标题。在窗体后的文本框中输入“例 5-4 学生课程成绩主窗体”，在子窗体文本框中输入“例 5-4 学生成绩子窗体”，如图 5-22 所示。

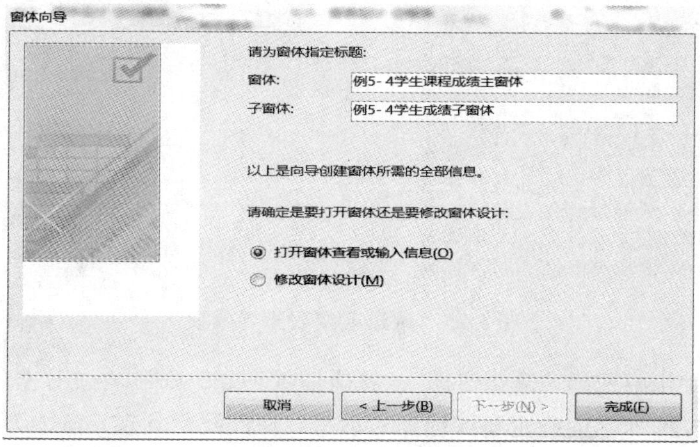

图 5-22　主、子窗体命名

（8）单击“完成”观察结果，如图 5-23 所示。若布局不合理，返回窗体的设计视图进行适当的调整。根据外、内导航按钮，可查看不同学生、不同课程的成绩。

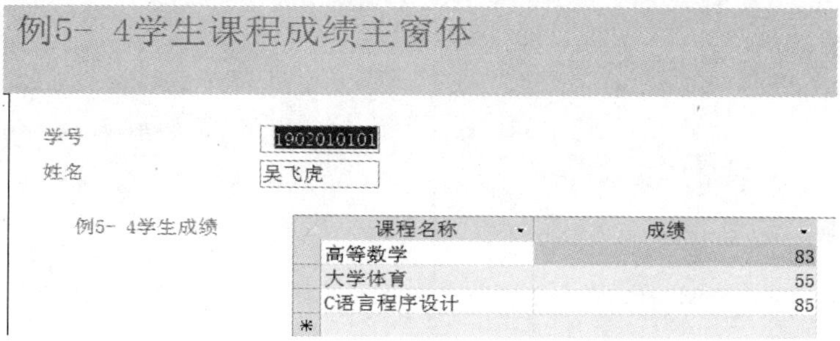

图 5-23　窗体的部分结果

注：

① 若在第（5）步中选择“通过 课程表”，其他设置不变，则最终结果如图 5-24 所示，显示每门课程选课学生的成绩。

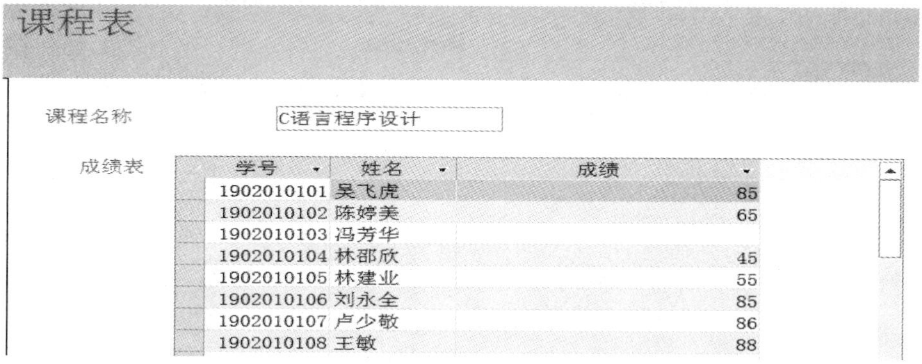

图 5-24　通过课程查看成绩

② 若在第（5）步中选择“通过　成绩表”，其他设置不变，则最终结果如图 5-25 所示。（无实际意义）

学号	姓名	课程名称	成绩
1901010101	王小鹏	大学体育	65
1901010102	赵斌	大学体育	65
1901010103	李晓	大学体育	73
1901010104	张春	大学体育	84
1901010105	周立平	大学体育	75
1901010106	张加强	大学体育	83
1901010107	王文武	大学体育	
1901010108	李柳林	大学体育	83

图 5-25 通过成绩表查看成绩

③若在第（5）步中选择“链接窗体”，其他设置不变，则显示如图 5-26 所示，单击“下一步”，显示如图 5-27 所示的确定窗体标题对话框，在此我们发现，窗体为“第一个窗体”和“第二个窗体”，不同于图 5-22 的主、子窗体。

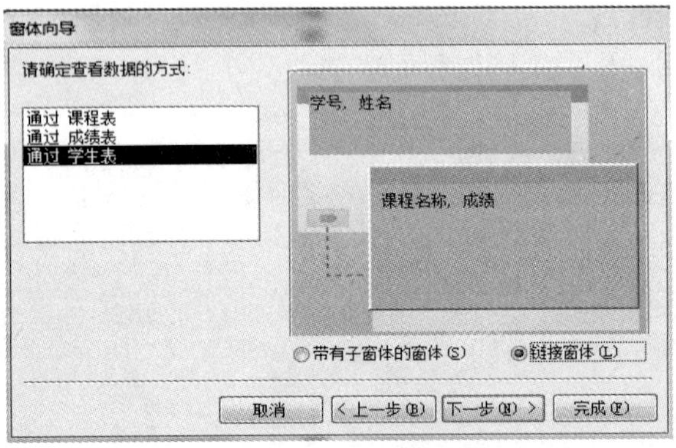

图 5-26 选择“链接窗体”

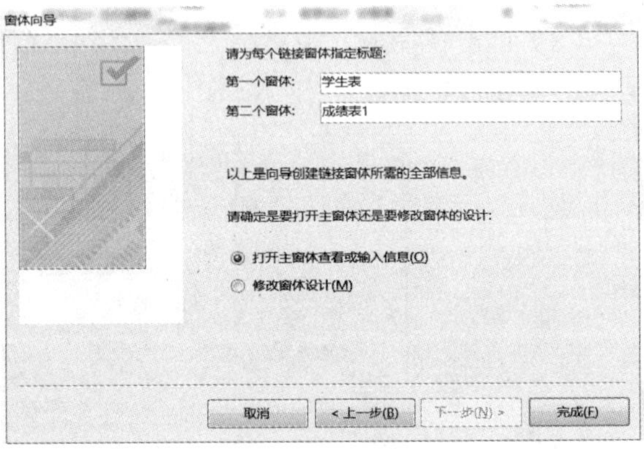

图 5-27 确定窗体标题

单击“完成”观察结果如图 5-28 所示。成绩以链接的形式显示。

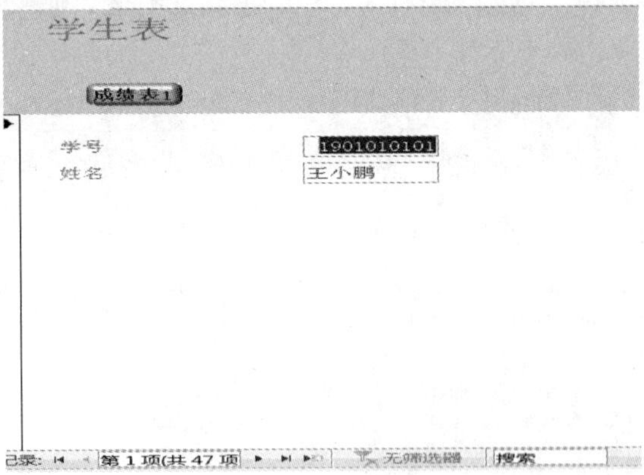

图 5-28 链接窗体结果

若要查看某位同学的成绩，如“吴飞虎”同学的成绩，先在第一个窗体中找到该同学，再单击“成绩表 1”命令按钮，即可在“成绩表 1”中查看该同学的成绩，如图 5-29 所示。

在链接窗体中对数据的修改同样会引起数据源中数据的改变。

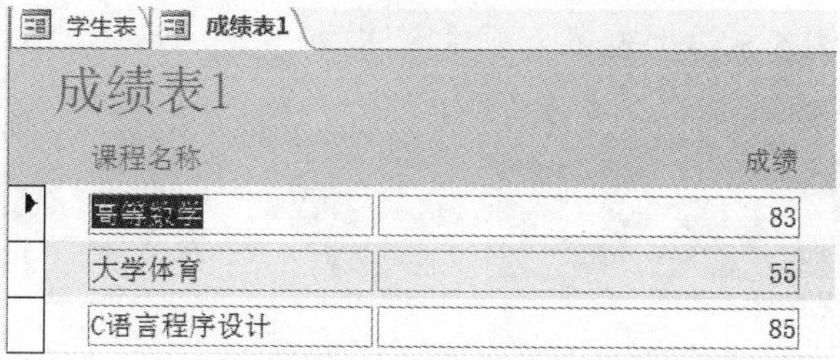

图 5-29　成绩查询结果

5.2.4　使用“多个项目”创建多个项目窗体

使用“窗体”工具创建的窗体一次仅显示一条记录，如果需要一次可显示多条记录、但可自定义性又比数据表强，可以使用“多个项目”工具创建窗体。

多个项目窗体其实就是在窗体上以表格的形式显示多条记录，其中每条记录占一行。但又不同于数据表窗体，多个项目窗体是以布局视图的方式显示，而数据表窗体类似于表对象中的一张表。

例 5-5　在“教学信息管理”数据库中，通过“多个项目”工具创建“例 5-5 学生表多个项目窗体”。

操作步骤：

（1）打开“教学信息管理”数据库，在数据库表对象中选择“学生表”。

（2）单击数据库窗口工具上的“创建”→“窗体”→“其他窗体”或单击“其他窗体”后边的下拉列表框，弹出创建其他窗体的工具，如图 5-30 所示。

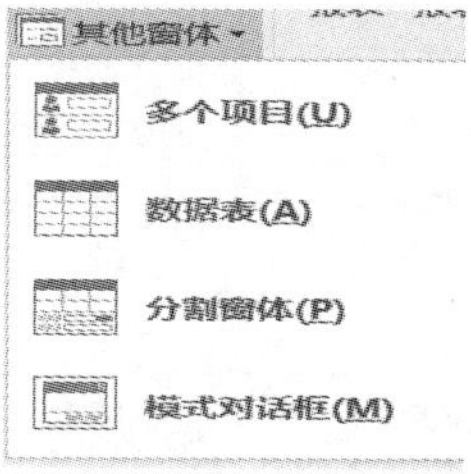

图 5-30　“其他窗体”中的多个工具

（3）在上边选项中，单击“多个项目”，即可创建“学生表”的多个项目窗体，该窗体以布局视图显示，如图 3-31 所示。

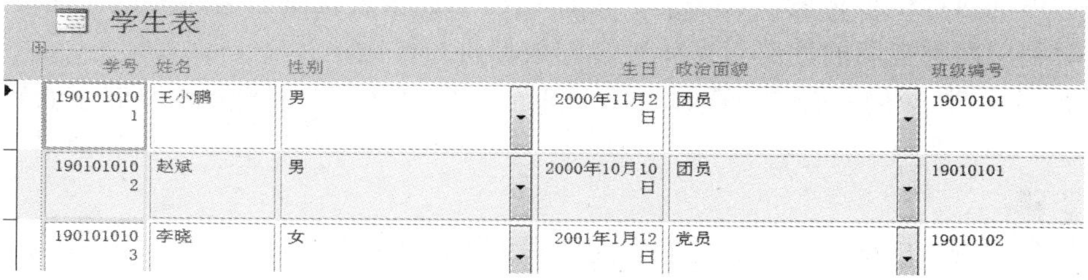

图 5-31　多个项目窗体的布局视图

（4）在此视图下可直接调整窗体的布局，对窗体的布局进行适当调整（在控件的分界线上拖动可调整控件大小等）。

（5）保存窗体为“例 5-5 学生表多个项目窗体”，创建的窗体如图 5-32 所示。

图 5-32　例 5-5“学生表”多个项目窗体

5.2.5　使用“数据表”创建数据表窗体

关于数据表窗体可参照 5.1.2 节，即数据源在窗体中以数据表的形式显示出来。

例 5-6　在“教学信息管理”数据库中，通过“数据表”工具创建“例 5-6 学生表数据表窗体”。

操作步骤：

（1）打开“教学信息管理”数据库，在数据库表对象中选择“学生表”。

（2）单击数据库窗口工具上的“创建”→“窗体”→“其他窗体”或单击“其他窗体”后边的下拉列表框，在弹出的图 5-30 中选择“数据表”工具。

（3）创建好的窗体默认以数据源的名字命名，保存窗体为“例 5-6 学生表数据表窗体”，如图 5-33 所示。

图 5-33　例 5-6 学生表数据表窗体

5.2.6　使用“分割窗体”工具创建分割窗体

分割窗体同时提供窗体的两种视图，窗体视图和数据表视图。使用分割窗体可以在一个窗体中同时利用两种视图的优势对窗体外观和数据进行修改。

例 5-7　在“教学信息管理”数据库中，通过“分割窗体”工具创建“例 5-7 学生表分割窗体”。

操作步骤：

（1）打开“教学信息管理”数据库，在数据库表对象中选择“学生表”。

（2）单击数据库窗口工具上的“创建”→“窗体”→“其他窗体”或单击“其他窗体”后边的下拉列表框，在弹出的图 5-30 中选择“分割窗体”工具。

（3）创建好的窗体默认以数据源的名字命名，保存窗体为“例 5-7 学生表分割窗体”，如图 5-34 所示。

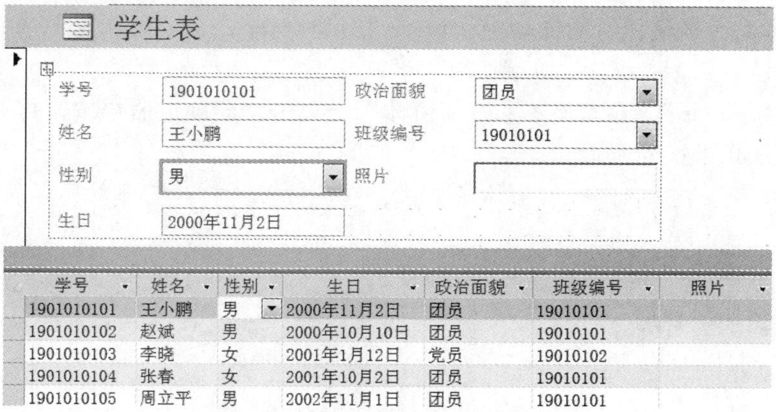

图 5-34　例 5-7 学生表分割窗体

分割窗体的上半部分为布局视图，在此视图中可更改窗体的外观；下半部分为数据表视图，在此视图中可对数据进行增、删、改等操作，同步会更改布局视图中的数据。

5.2.7　使用“模式对话框”创建窗体

模式对话框窗体是一种交互信息窗体，带有“确定”和“取消”两个命令按钮。该窗体的特点是，运行方式是独占的，在退出窗体之前不能打开或操作其他数据库对象。

例 5-8　使用“模式对话框”工具创建“例 5-8 模式对话框窗体”，在此窗体中添加一个命令按钮，用于打开“例 5-1 教师窗体”。

操作步骤：

（1）打开“教学信息管理”数据库。

（2）单击数据库窗口工具上的“创建”→“窗体”→“其他窗体”或单击“其他窗体”后边的下拉列表框，在弹出的图 5-30 中选择“模式对话框”工具。

（3）创建好的窗体默认打开该窗体的设计视图。

注：在设计视图下还是能打开其他数据库对象的，即处于非独占方式，还可以添加各种控件。

（4）单击“窗体设计工具”→“设计”→“控件”→“命令按钮 XXXX”，拖动命令按钮到主体节，拖出合适大小，释放鼠标，弹出如图 5-35 所示的对话框。

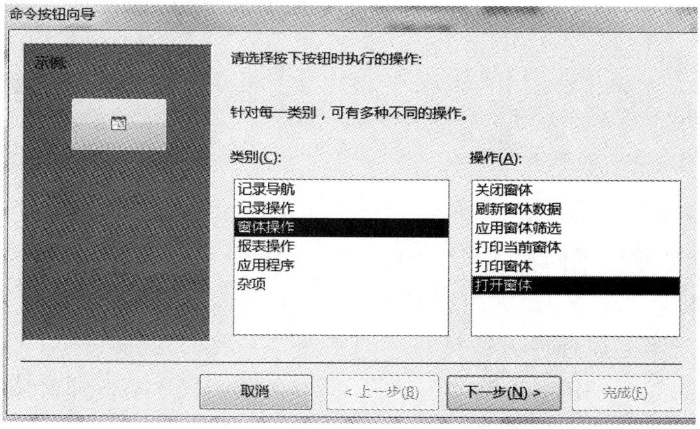

图 5-35　选择命令按钮执行的操作

（5）在选择命令按钮执行的操作中，单击“窗体操作”，在“操作”中选择“打开窗体”，如图 5-35 所示。

（6）单击“下一步”，在“例 5-1 教师窗体”上单击，即确定命令按钮打开的窗体为“例 5-1 教师窗体”，如图 5-36 所示。

（7）单击“下一步”确定查看窗体的方式，在此选择“打开窗体并显示所有记录”，如图 5-37 所示。

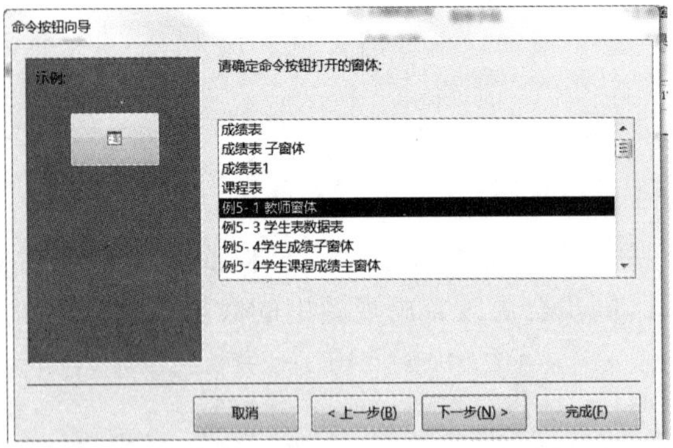

图 5-36　确定打开的窗体的对象

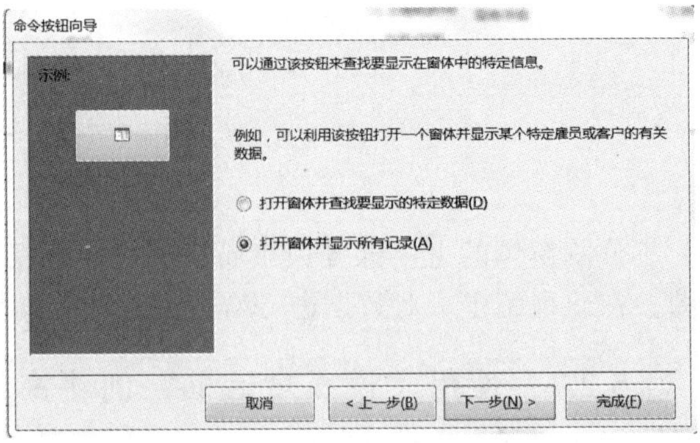

图 5-37　确定查看窗体的方式

（8）单击“下一步”，确定命令按钮显示文本还是图片，此例选择文本，在“文本”前的单选按钮上单击，并在其后的文本框中输入“打开例 5-1 教师窗体”，如图 5-38 所示。

（9）单击“下一步”，确定命令按钮名称，此例输入 cmdform，即该命令按钮为“cmdform”，如图 5-39 所示。

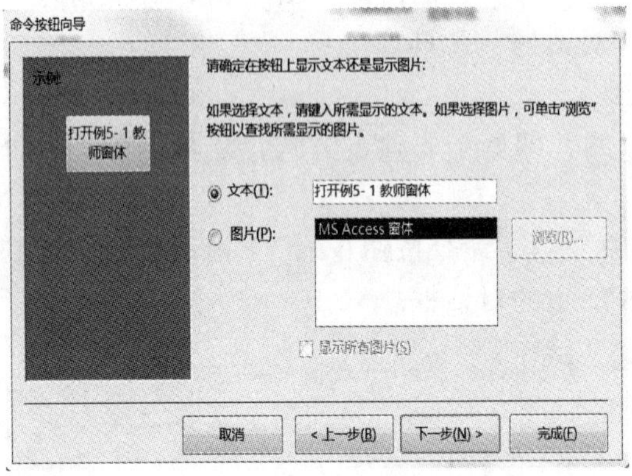

图 5-38　确定命令按钮的显示方式

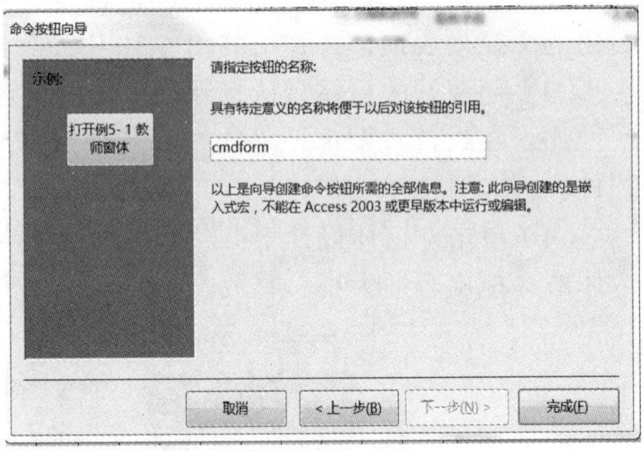

图 5-39　确定命令按钮的名称

（10）单击“完成”，返回到窗体设计视图，如图 5-40 所示。

（11）切换到窗体视图下观察结果，如图 5-41 所示。

（12）保存窗体为“例 5-8 模式对话框窗体”。

注：在窗体视图下是以独占方式打开，即不能打开数据库的其他对象。

单击命令按钮可打开“例 5-1 教师窗体”，但要关闭“例 5-1 教师窗体”，必须先关闭“例 5-8 模式对话框窗体”，再关闭“例 5-1 教师窗体”。

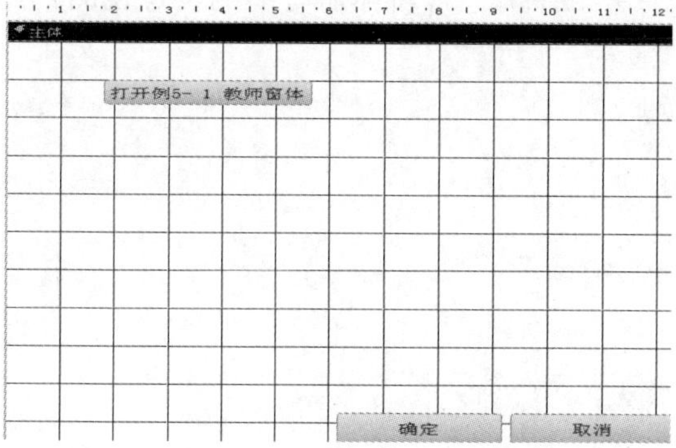

图 5-40　例 5-8 模式对话框窗体设计视图

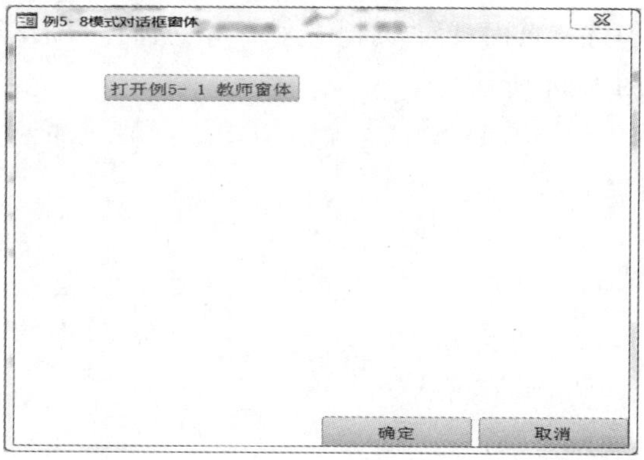

图 5-41　例 5-8 模式对话框窗体窗体视图

5.3　使用设计视图创建窗体

使用设计视图可以创建基本窗体并对其进行自定义，也可以修改自动创建的窗体和向导创建的窗体的外观和数据等，使之更加完善。设计视图中提供了窗体设计工具——控件，利用控件及其属性，可以创建满足用户需求的窗体。窗体设计的核心是控件设计。

5.3.1　窗体设计视图的组成

1. 默认窗体组成

打开任意 Access 数据库，单击“创建”→“窗体”→“窗体设计”，即可弹出窗体设计窗口，即窗体的设计视图，默认只显示窗体的主体节。窗口的组成如图 5-42 所示。

此窗口由“窗体”选定器、“主体”节选定器和主体节组成。

窗体选定器位于水平标尺左侧，形状为黑色的方框，如图 5-42 所示。

双击“窗体选定器”可弹出窗体的属性表对话框。

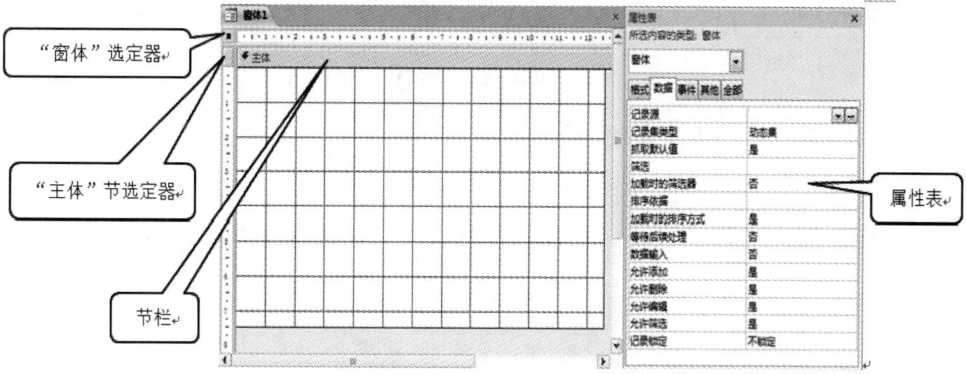

图 5-42　默认的窗体设计视图及打开窗体属性后的窗口

2. 完整的窗体组成

在窗体的设计视图下，可根据需要显示窗体的各节，窗体的结构参阅 5.1.3。若要展现窗体的完整结构，在默认的主体节任意位置单击右键，在弹出的快捷菜单中，如图 5-43 所示，勾选“页面页眉/页脚（A）”和“窗体页眉/页脚（H）”，弹出包含窗体所有节的设计视图，如图 5-44 所示。

图 5-43　主体节的快捷菜单

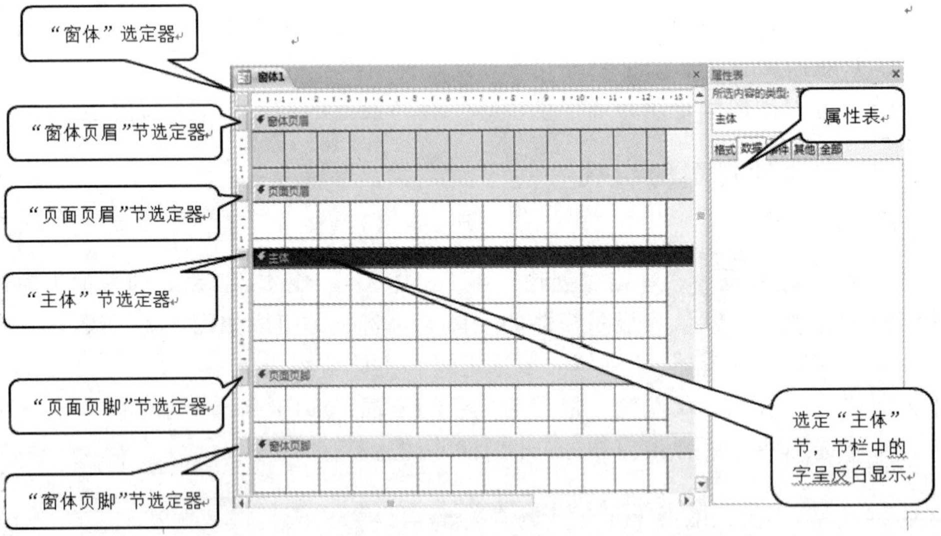

图 5-44　窗体的各节

5.3.2　窗体各节及控件的属性

窗体及控件的属性是对窗体或控件进行外观等的设置，包括窗体或控件的标题、名称、数据来源、响应的事件、控件大小、颜色、特殊效果、字体大小和字形等。各个控件有各自不同的属性。

属性设置一般通过“属性表”面板来设置。

1. 打开属性面板的方式

窗体中各节及每个控件的属性不一，可通过各自属性对话框进行设置，打开属性对话框的方法有两种：

（1）利用窗体工具中的属性表。

选中要设置的窗体节，即在这节任意位置双击，在窗口的右侧即可显示对应节的属性设置窗口，以主体节为例，如图 5-45 所示。

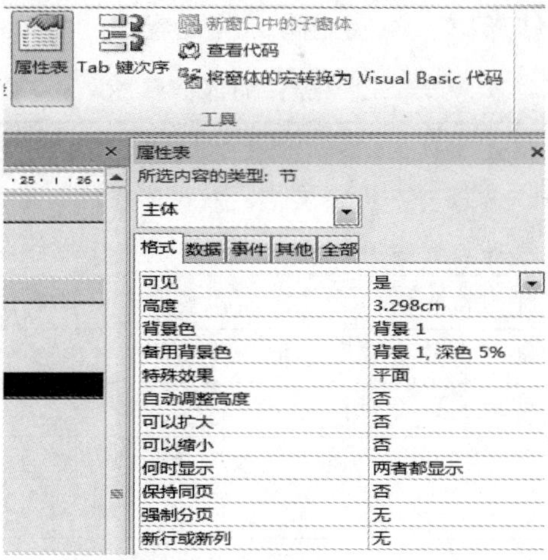

图 5-45　主体节属性窗口

（2）利用快捷菜单。

在要设置属性节的任意位置单击右键，在弹出的快捷菜单中选择“属性”，可弹出属性对话框。

2. 常用属性的分类

窗体各节及各控件在属性面板中将属性分为 5 个选项，分别为“格式”“数据”“事件”“其他”和“全部”。

（1）格式。

在格式选项卡中主要设置窗体和控件的格式属性，如窗体或控件的标题、名称、背景图片等。

（2）数据。

在数据选项卡中可设置窗体或控件的数据源，还可设置数据的验证规则和验证文本。

窗体的数据属性包括数据源、筛选、排序等，如表 5-1 所示。

表 5-1　窗体的主要数据属性

属性	功能
记录源	窗体的数据源
记录集类型	窗体数据源的类型
抓取默认值	设置抓取默认值
筛选	设定筛选的条件
排序依据	设定数据显示的先后顺序
数据输入	是否允许对数据源中数据进行更新操作
允许添加	是否允许对数据源中的数据进行添加操作
允许删除	是否允许对数据源中的数据进行删除操作
允许编辑	是否允许对数据源中的数据进行编辑操作
允许筛选	是否允许按筛选条件进行筛选
记录锁定	设置不锁定记录或锁定记录

控件的数据属性包括控件来源、输入掩码、验证规则、验证文本等，如表 5-2 所示。

表 5-2 控件的数据属性

控件来源	在控件中显示数据源中的数据。若控件来源中包含一个字段名，在控件中显示的就是该数据表中的字段值，对窗体中的数据进行修改会引起数据源中数据的改变。若该属性含有一个计算表达式，该控件会显示计算的结果
输入掩码	设定控件的输入格式，仅对文本型和日期型数据有效
默认值	设定计算控件或未绑定型控件的初始值
验证规则	设定控件输入数据的格式
验证文本	一般结合验证规则使用，当输入的数据不符合验证规则设置的格式时，给出的提示信息
是否锁定	设定该控件是否在窗体视图中接收编辑的数据

对于绑定型控件，其数据源一般为数据源中的某个字段；而对于非绑定型控件，记录源为空。

（3）事件。

在事件选项卡中，可设置各控件的事件操作，包括单击、双击、鼠标按下、鼠标释放等操作。事件与宏和模块相关联，如单击执行某个宏，即触发某个事件，实质是调用对应的宏或模块程序。

（4）其他。

其他选项卡，包含控件的附加特征，如名称、标题和快捷菜单等。

窗体中每个对象都有一个名称，若在程序中使用该对象，可以使用这个名称，控件的名称在同一窗体中是唯一的。

快捷菜单默认为“是”，即单击鼠标右键即可弹出所选控件的快捷菜单，若选择“否”，则不能弹出快捷菜单。

（5）全部。

全部选项卡中包含上述 4 个选项中的全部内容，方便用户进行各种属性的查看和修改，各个属性选项是按用户的使用习惯和各个属性的使用频率进行排列的。

3. 窗体的主要属性

标题（Caption）：用于指定窗体的显示标题。

默认视图（Default View）：设置窗体的显示形式，可以选择单个窗体、连续窗体、数据表等视图方式，各窗体视图说明如表 5-3 所示。

表 5-3 窗体的“默认视图”属性设置

显示形式	说明
单一窗体	（默认值）一次显示一个记录
连续窗体	显示多个记录（尽可能为当前窗口所容纳），每个记录都显示在窗体的主体部分
数据表	像电子表格那样按行和列的形式显示窗体中的字段
分割窗体	既可宏观上浏览多条记录，又可微观上明细地浏览一条记录

允许窗体视图（Views Allowed）：指定是否允许用户通过选择“视图”→“窗体视图”或“数据表视图”命令；或者单击“视图”按钮，选择“窗体视图”或“数据表视图”，以便在数据表视图和窗体视图之间进行切换。默认为“是”，若选择“否”，则需要在允许其他视图中至少选择一项为“是”。

图片类型：在窗体中指背景图片的类型，有“嵌入”“链接”和“共享”三种，常用的是嵌入型。

（1）嵌入：嵌入图片以后，原图片移动位置，该图片仍然显示。

（2）链接：链接图片以后，原图片移动位置，提示图片不存在。

（3）共享：图片是保存在一个名为 MSysResources 的系统表中，以“附件”字段形式存在（注意：附件字段类型是 Access 2007 开始引入的功能，仅限于 accdb 格式）。

图片缩放模式：用于设置图片的大小如何调整，以便能够放置在控件中。常用的缩放模式有：

（1）剪辑：图片以实际大小显示。如果图片比控件大，则图片将会被裁剪。

（2）拉伸：图片将会在水平和垂直两个方向上拉伸，以填满整个控件。

（3）缩放：图片在保持长宽比不变的情况下，调整至在控件中能显示的最大尺寸。

（4）水平拉伸：图片高度不变，水平方向上拉伸占据控件水平位置。

（5）垂直拉伸：图片宽度不变，垂直方向上拉伸占据控件垂直位置。

自动居中（Auto Center）：选择“是/否”，决定窗体显示时是否自动居于桌面的中间。

边框样式：窗体的边框样式显示窗体外围边框，分别为无边框、细边框、可调边框和对话边框，具体说明如表 5-4 所示。

表 5-4　窗体的“边框样式”属性设置

边框样式	说明
无	窗体没有边框或相关的边框元素，窗体大小不可调整
细边框	窗体有细的边框且可包含任何边框元素，窗体大小是不可调整的（“控制”菜单上的“大小”命令不可用），弹出式窗体经常使用该设置
可调边框	窗体的默认边框，可以包含任何边框元素，而且可以调整大小
对话框边框	窗体有粗边框（双线），并且只能包含一个标题栏、“关闭”按钮和“控制”菜单。窗体不能最大化，最小化或调整大小（“控制”菜单上的“最大化”最小化”和“大小”命令不可用）。该设置一般用于自定义对话框

记录选择器（Record Selectors）：选择“是/否”，决定窗体显示时是否有记录选定器，即窗体最左边是否有标志块“▶”。

导航按钮（Navigation Buttons）：用于指定在窗体上是否显示浏览按钮和记录编号框，默认为“是”。

分隔线（Dividing Lines）：选择“是/否”，决定窗体显示时是否显示各节间的分割线。

滚动条（Scrollbars）：决定窗体显示时是否具有窗体滚动条，属性值有 4 个选项，分别为“两者均无”“只水平”“只垂直”和“两者都有”，可以选择其一。

最大/最小化按钮（Max Min Buttons）：决定窗体是否使用 Windows 标准的最大化和最小化按钮。

关闭按钮（Close Button）：决定窗体是否使用 Windows 标准的关闭按钮。

弹出方式（Pop Up）：可以指定或确定窗体或报表是否含有类模块。设置此属性为“否”能提高效率，并且减小数据库的大小。

菜单栏（Menu Bar）：用于将菜单栏指定给窗体。

工具栏（Tool Bar）：用于指定窗体使用的工具栏。

可移动的（Moveable）：在“是”或“否”两个选项中选取，决定在窗体运行时是否允许移动窗体。

记录源（Record Source）：可以为窗体或者报表指定数据源，并显示来自表、查询或者 SQL 语句的数据。

排序依据（Order By）：为一个字符串表达式，由字段名或字段名表达式组成，指定排序的规则。

允许编辑（Allow Edits）：在“是”或“否”两个选项中选取，决定在窗体运行时是否允许对数据进行编辑修改。

允许添加（Allow Additions）：在“是”或“否”两个选项中选取，决定在窗体运行时是否允许添加记录。

允许删除（Allow Deletions）：在“是”或“否”两个选项中选取，决定在窗体运行时是否允许删除记录。

循环：在单一窗体和连续窗体中，在最后一个控件按下 Tab 键或 Enter 键后，会切换到下一条记录，这是输入式窗体的默认值，也可以更改窗体的“循环”属性。循环属性有三项设置，如表 5-5 所示。

表 5-5　窗体的“循环”属性设置

设置	说明
所有记录	默认值
当前记录	表示会在目前记录的各控件间循环切换光标或焦点
当前页	表示在现有页的各记录间切换

5.3.3　窗体设计工具选项卡

打开窗体设计视图后，在功能区出现“窗体设计工具”选项卡，此选项卡由“设计”“排列”和“格式”三个选项卡组成。

窗体设计工具各选项卡的组成及功能：

设计选项卡提供了设计窗体时用到的主要工具（即控件），包括视图、主题、控件、页眉/页脚和工具 5 个组，如图 5-46 所示。

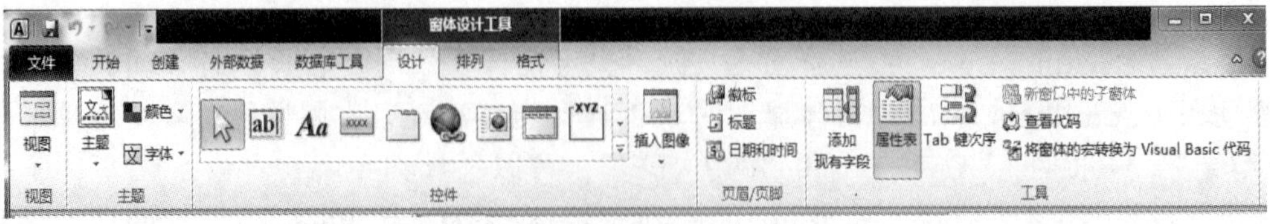

图 5-46　窗体设计工具

窗体设计 5 个组的基本功能如表 5-6 所示。

表 5-6　窗体设计 5 个组的基本功能

组名	功能
视图	带有一个下拉列表的按钮，通过单击此按钮，可在窗体各视图进行切换
主题	可设置整个系统的视觉外观，包括“主题”“颜色”和“字体”三个选项，单击某一个按钮，可打开其下拉列表，在列表中选择相应的格式设置
控件	由多个对象组成，可利用其右侧的下拉列表框显示更多的控件，以及是否激活控件向导和 ActiveX 控件
页眉/页脚	用于设置窗体页眉/页脚和页面页眉/页脚
工具	提供设置窗体及控件属性等的相关工具，包括“添加现有字段”“属性表”和“Tab 键次序”等

5.3.4　窗体中的控件简介

窗体中的控件是窗体设计的核心，是构成窗体的基本元素。

1. 控件的概念

窗体上的所有信息都包含在控件中。控件是允许用户控制程序的图形用户界面对象，可以显示数据或选项、执行操作或修饰窗体。窗体中的所有信息都包含在控件中。例如，可以在窗体上使用文本框显示数据或对数据进行计算，可以使用命令按钮打开一个窗体、报表、查询或表等。

2. 常用的控件和功能

在窗体设计中有许多控件，常用的控件及功能如表 5-7 所示。

表 5-7　窗体各控件及其功能

按钮	名称	功能
	选择对象	选取控件、节或窗体
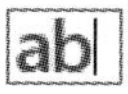	文本框	显示、输入或编辑窗体或报表的基础记录源数据，显示计算结果，或接受用户输入的数据
	标签	显示文字，如窗体标题、指示文字等。Access 会自动为其他控件附加默认的标签控件
	按钮	完成各种操作，如查找记录、打开窗体等
	选项卡	用于创建一个多页的选项卡窗体或选项卡对话框
	超链接	用于创建指向网页、图片、电子邮件地址或程序的链接
	Web 浏览器控件	可以通过链接的地址直接访问网页

续表

按钮	名称	功能
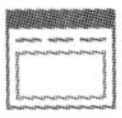	导航控件	能够向数据库应用程序快速添加基本导航功能
	选项组	与复选框、选项按钮或切换按钮搭配使用，显示一组可选值
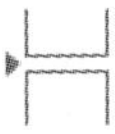	插入分页符	在窗体上开始一个新的屏幕，或在打印窗体或报表上开始一个新页
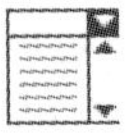	组合框	该控件结合了文本框和列表框的特性，既可在文本框中直接输入文字，也可在列表框中选择输入的文字，其值会保存在定义的字段变量或内存变量中
	图表	应用该控件可创建图表窗体
	直线	用于显示一条直线，可突出相关的或特别重要的信息
	切换按钮	常作为“是/否”字段的使用控件，接收用户“是/否”型的选择值，或是选项组的一部分
	列表框	显示可滚动的数值列表，在“窗体”视图中，可以从列表中选择某一值作为输入数据，或者使用列表提供的某一值更改现有的数据，但不可输入列表外的数据值
	矩形	显示一个矩形框。可添加图形效果，将一些组件框在一起
	复选框	常作为“是/否”字段使用控件，接收用户“是/否”型的选择值，或选项组的一部分
	未绑定对象框	在窗体中显示非绑定型 OLE 对象，如 Excel 电子表格。当记录改变时，该对象不变
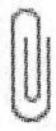	附件	该控件可添加窗体或报表附件信息
	选项按钮	常作为“是/否”字段使用控件，接收用户“是/否”型的选择值，或选项组的一部分
	子窗体/子报表	添加一个子窗体成子报装，可用来显示多个表中的数据
	绑定对象框	在窗体中显示绑定型 OLE 对象，如 Excel 电子表格。当记录改变时，该对象会一起改变
	图像	在窗体中显示静态图片，不能在 Access 中进行编辑
	使用控件向导	打开或关闭控件向导。按下该按钮，在创建控件时，会自动激活控件向导来指导创建控件，如组合框、列表框、选项组和命令按钮等控件都可以使用控件向导来创建
	ActiveX 控件	单击该按钮将弹出一个列表，可以从中选择其他控件

3. 控件的分类

窗体中的控件，根据与数据源的关系分为 3 种类型，即绑定型控件、未绑定型控件和计算控件。

（1）绑定型控件。

该控件与数据源中的字段直接连接，可直接显示数据源中的数据，也可直接更改数据源中的数据或在数据源中更改数据后直接显示其变化，即数据源与控件中的数据是同步变化的。

（2）未绑定型控件。

该控件与数据源无关。在控件中输入数据时，窗体可以保留数据，但不可以更新数据源中的数据。该控件主要用于显示信息、线条或图形，美化窗体界面。

（3）计算控件。

该控件使用表达式作为其控件的来源。表达式是由运算符、常量、函数、字段名、控件或属性任意组合。表达式可使用数据源中的字段数据，也可使用窗体上其他控件的数据。表达式的计算结果为单个值，在控件中输入表达式时，前边必须键入一个“=”。例如，要在文本框中计算现在什么时间，需要输入表达式“=now()”。

若想让窗体中的控件为绑定控件，首先要确定该窗体是基于表或查询的，即窗体是绑定数据源的。大多数允许被输入信息的控件既可以被创建为绑定型控件，也可以被创建为未绑定型控件，根据窗体设计需要而定。

5.3.5 控件的操作

1. 添加控件

在窗体的设计视图下，用户可根据需要创建自定义窗体，需要添加控件。添加控件的方法有 3 种。

（1）单击鼠标法。

在控件上单击，即选中控件，再在设计视图中根据需要，按下鼠标拖出控件的大小，释放鼠标即可。

（2）双击鼠标法。

在控件上双击，在鼠标上会出现该控件的标志，再在目标位置，按住鼠标拖出控件需要的大小，释放鼠标即可。

（3）鼠标拖动法。

在基于数据源的窗体中，可以通过从字段列表中拖曳字段来创建控件。其中的字段列表列出了基础记录源或数据库对象中的全部字段。

2. 选择控件

要对窗体的布局进行更改，大多时候通过更改控件来完成。要更改某些控件，在窗体设计视图下，需要先选择，再修改，即“先选择，后操作”。

选择单个控件：单击该控件的任意位置。

选择相邻控件：单击第一个控件，按住“Shift”键，单击最后一个控件。

选择不相邻控件：单击第一个控件，按住“Ctrl”键，逐个单击其他要选择的控件。

选择所有控件：双击字段列表的标题栏；“Ctrl” + “A”键同时按下；用“选择对象”工

具选择所有对象。

3. 取消控件的选择

在窗体的任意空白处单击，即可取消对控件的选择。

4. 调整控件大小

选中某个控件后，控件周围会出现 8 个尺寸控制点，将指针放在相应控制点上（双向箭头所在位置），按住鼠标进行拖动，即可完成相应方向上的调整，如图 5-47 所示。

5. 移动控件

先选择控件，将鼠标移到四周边框处，当鼠标显示为上下左右 4 个方向箭头时，按下鼠标，进行拖动，到目标位置释放鼠标，即可完成控件的移动，如图 5-47 所示。

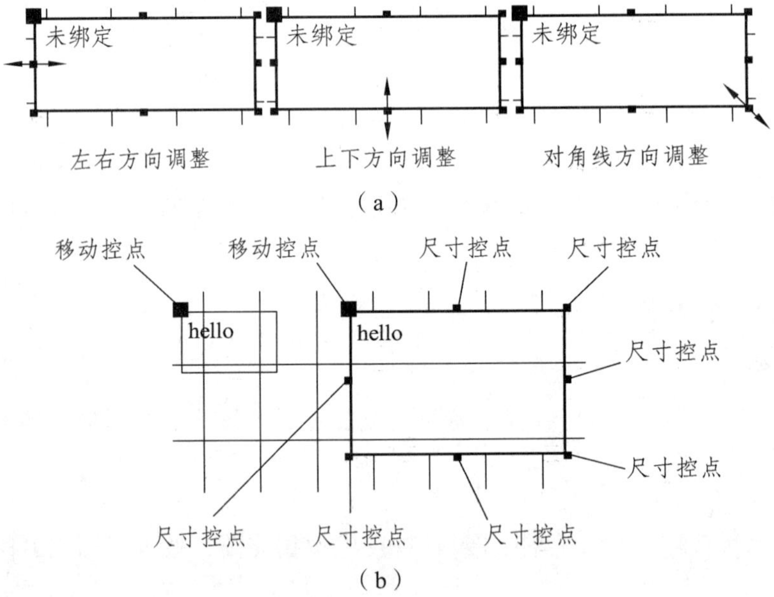

图 5-47　调整控件大小、移动控件

6. 复制/移动控件

同 Windows 中文件复制、移动操作相同。

常用的方法之一：选中该控件，单击右键，在弹出的快捷菜单中选择“复制”或“移动”，确定要存放控件的目标位置，单击右键，在弹出的快捷菜单中选择“粘贴”，即可完成控件的复制。

复制或移动控件可复制或移动诸如字段、控件、文本或宏操作等项。复制/移动字段、控件或宏操作，Access 将会把所有与复制/移动对象相关的属性、控件或操作参数包括在内。例如，复制文本框控件时 Access 会同时复制其标签。通过单击行选定器复制文本框时，Access 也会复制相关的操作、参数宏和条件表达式。但是，Access 不复制与控件相关的事件过程。

7. 对齐控件

根据窗体设计的需要，可对窗体中的控件进行对齐方式调整。

先选择要进行操作的控件，一般为同行或同列的控件，再选择“窗体设计工具”→“排列”选项卡→“调整大小和排序”选项组→“对齐”，如图 5-48 所示，然后单击下列命令之一。

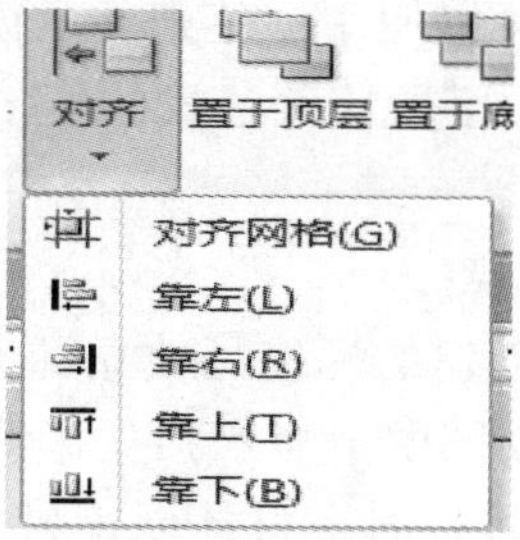

图 5-48　对齐方式

对齐网格：对齐到网格。

靠左：将控件的左边缘与最左侧控件的左边缘对齐。

靠右：将控件的右边缘与最右侧控件的右边缘对齐。

靠上：将控件的上边缘与最上端控件的上边缘对齐。

靠下：将控件的下边缘与最下端控件的下边缘对齐。

8. 删除控件

常用删除控件的方法有两种：

（1）选中一个或多个控件，按 Delete 键，可删除已选中的控件。

（2）选中一个或多个控件，选择“开始”选项卡→“剪贴板”选项组→“剪切”命令，可删除已选中的控件。

9. 设置控件属性

选中某个控件，单击右键，在快捷菜单中选择“属性”，打开所选控件的属性对话框，对控件的属性进行设置。

注：每个控件的属性有所不同，但若要对不同控件进行相同的属性设置，需要选择所有要设置的控件，再在属性对话框中设置。此时属性对话框只有相同属性的设置，不同控件的不同属性并没有显示出来。如对文本框和标签的标题字体要进行设置，先选择，再在弹出的属性对话框中进行设置。此时也会发现在名称框并没有显示控件的名称，原因是选择了多个控件，如图 5-49 所示。

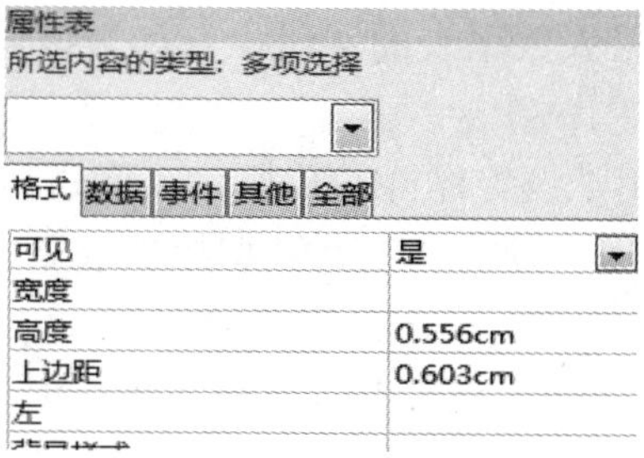

图 5-49　选择不同控件的名称框

5.3.6　常用控件的使用

在窗体设计过程中，使用的控件较多，下面介绍常用控件的使用方法。

1. 标　签

（1）标签主要用来显示文字，可以使用标签来显示说明性文本，如窗体的标题、题注或简短的说明性文字等。标签不能显示字段或表达式的值，属于非绑定型控件。

（2）标签的分类。

标签有两种，独立标签和附加标签。

独立标签：使用“标签”控件创建的标签是独立标签，用于显示信息（如窗体的标题）或其他说明性文本。在“数据表”视图中不显示独立标签。

附加标签：Access 在创建其他控件时会自动创建附加的标签控件。例如，在创建文本框时系统会自动添加一个标签控件，用于显示文本框的标题，类似这样的标签为附加标签。

（3）标签主要属性。

标题（Caption）：该属性成为控件中显示的文字信息。

名称（Name）：该属性值将成为控件对象引用时的标识名字，在 VBA 代码中设置控件的属性或引用控件值时使用。

其他常用的属性：高度（Height）、宽度（Width）、背景样式（BackStyle）、背景颜色（BackColor）、文本字体（FontBold）、字体颜色（ForeColor）、是否可见（Visible）等。

2. 文本框

（1）文本框的概念及分类。

文本框的概念见表 5-7。

文本框分为绑定文本框、未绑定文本框和计算文本框。

绑定文本框：用来在窗体上显示/编辑数据源中某个字段的值。

未绑定文本框：用来显示计算的结果或接受用户输入的数据，在未绑定文本框中输入的数据不会被保存。

计算文本框：主要用来计算表达式的值，表达式以“=”开始。

创建文本框时，系统会自动创建一个标签，用于对文本框显示的内容进行说明。

（2）常用的文本框属性。

控件来源（Control Source）：设置控件如何检索或在窗体中要显示的数据。如果控件来源中包含一个字段名，那么在控件中显示的就是数据表中该字段的值。在窗体运行中，对数据所进行的任何修改都将写入字段中；如果设置该属性值为空，除非通过程序语句，否则在窗体控件中显示的数据将不会被写入数据表的字段中；如果该属性设置为一个计算表达式，则该控件会显示计算的结果。

输入掩码（Input Mask）：用于设置控件的数据输入格式，仅对文本型和日期型数据有效。

默认值（Default Value）：用于设定一个计算型控件或非绑定型控件的初始值，可以使用表达式生成器向导来确定默认值。

验证规则（Validation Rule）：用于设定在控件输入数据时进行合法性检查的表达式，可以使用表达式生成器向导来建立合法性检查表达式。若设置了“验证规则”属性，在窗体运行期间，当在该控件中输入数据时将进行验证规则检查。

验证文本（Validation Text）：用于指定当控件输入的数据违背验证规则时，显示给用户的提示信息。

是否有效（Enabled）：用于决定能否操作该控件。如果设置该属性为“否”，该控件将以灰色显示在窗体视图中，不能用鼠标、键盘或 Tab 键单击或选中它。

是否锁定（Locked）：用于指定在窗体运行中，该控件的显示数据是否允许编辑等操作。默认为 False，表示可编辑；当设置为 True 时，文本框控件相当于标签的作用。

例 5-9 创建“例 5-9 文本框控件窗体”，显示字段“学号”“姓名”“出生日期”和“年龄”，其中“学号”“姓名”“出生日期”为绑定型文本框，“年龄”为计算文本框。

操作步骤：

（1）打开“教学信息管理”数据库。

（2）单击数据库窗口工具上的“创建”→“窗体”→“窗体设计”，弹出窗体设计界面，并弹出属性表。若没有弹出属性表面板，可单击“窗体设计工具”→“工具”→“属性表”，弹出“属性表”面板。

（3）在“属性表”面板中，在“所选内容的类型”下面的下拉列表框中选择“窗体”，单击“数据”选项，单击“记录源”右边的下拉列表框，显示能作为窗体数据源的所有表和查询。在此，根据题目需要，我们选择“学生表”，如图 5-50 所示。

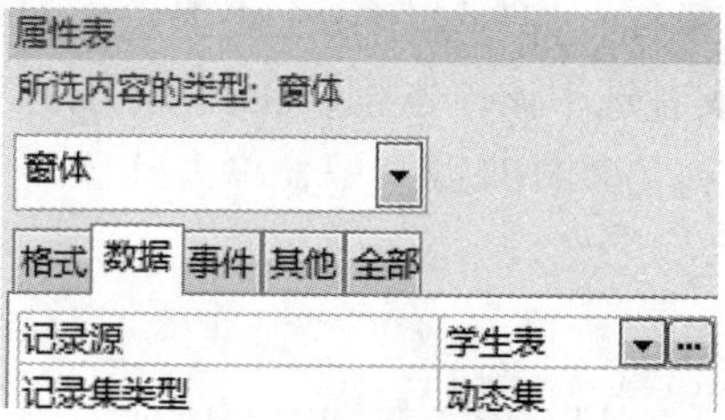

图 5-50　设置窗体的数据源

（4）单击“窗体设计工具”→“工具”→“添加现有字段”，弹出数据源中所有字段，如图 5-51 所示。

注：单击图 5-51 所示的“显示所有表”，即可显示该数据库中的所有表，系统自动将表中字段分为三部分，如图 5-52 所示。

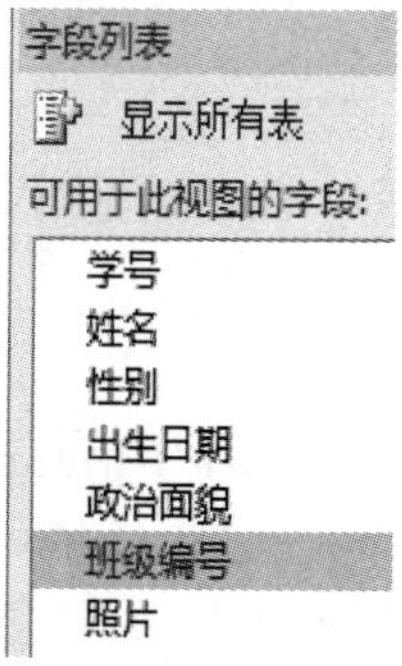

图 5-51　数据源中的字段

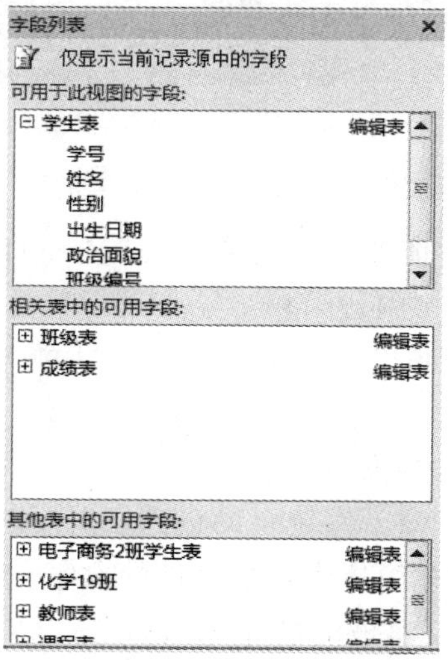

图 5-52　字段列表

可用于此视图中的字段：显示该窗体中数据源中的字段。

相关表中的可用字段：与数据源表有一对一或一对多关系的相关表中的字段。

其他表中的可用字段：与数据源无直接关系的数据库中其他表中的字段。

（5）向窗体中添加字段。

向窗体中添加字段，有两种方法：

① 双击学生表中的“学号”“姓名”和“出生日期”，在窗体的主体节自动添加了对应字段的标签和文本框，文本框与数据源中的字段值相绑定，标签显示字段名。

② 在字段列表中选中该字段，按住左键将字段拖到主体节的目标位置。

（6）释放“控件向导”，即不使用控件向导。

单击“窗体设计工具”→“设计”→“控件”→“使用控件向导”，当“使用控件向导”前的图标无填充色，即控件向导未激活；当“使用控件向导”前的图标填充色显红色，即控件向导处于激活状态。

（7）添加计算文本框。

当控件向导处于未激活状态下，单击控件中的文本框，在主体节的适当位置，按住左键拖出一个合适的矩形框，释放鼠标，即创建了一个未绑定文本框。

在此文本框中输入“=”或者选中该文本框，在其属性表中进行设置。选中该文本框，在属性表中单击“数据”选项，在“控件来源”中，单击其后的“...”，打开表达式生成器，如图 5-53 所示。

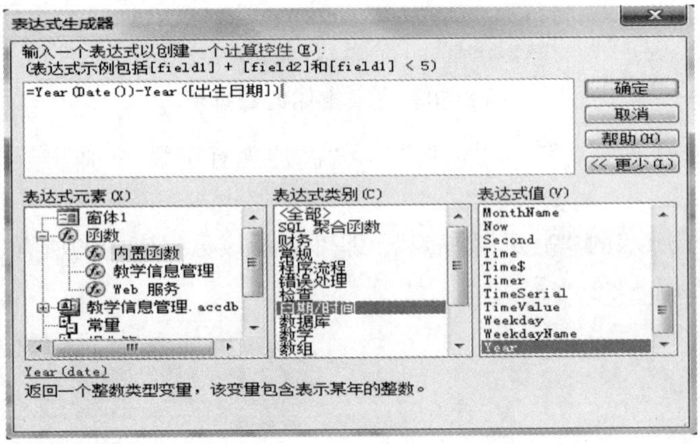

图 5-53　输入计算公式

在表达式生成器中可直接输入“=Year(Date())-Year([出生日期])”，也可利用“表达式元素”中的“函数”→“内置函数”→“日期/时间”→“Year(Date)”函数，输入“=Year(Date())-Year([出生日期])”，单击“确定”，在控件来源中即显示输入的公式。窗体中的文本框中同步显示该公式。

（8）给文本框添加标题。

创建文本框时，系统自动创建了一个标签，用来显示文本框的标题信息。默认的标签名称为 Label6（根据窗体中添加控件的次序、控件的类型而命名，不一定是 Label6，可能是 Label4 或其他），默认文本框的名称 Text5（不一定，依添加控件的次序而不同）。要更改文本框标题，需要更改自带的标签信息，有两种方法：

① 直接在标签里编辑文字：选中标签，选中 Text5，删除 Text5，输入“年龄”。

② 在属性表中更改标题：在属性表所选内容中选择“Label6”，单击“格式”选项卡，在弹出的属性设置中，选择“标题”行，删除“Text5”，输入“年龄”。

设计视图如图 5-54 所示。

（9）切换到窗体视图，观察其结果，如图 5-55 所示。

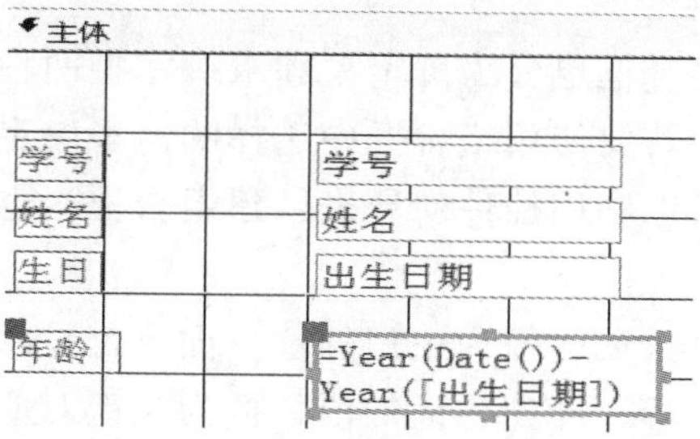

图 5-54　学生基本信息窗体设计视图

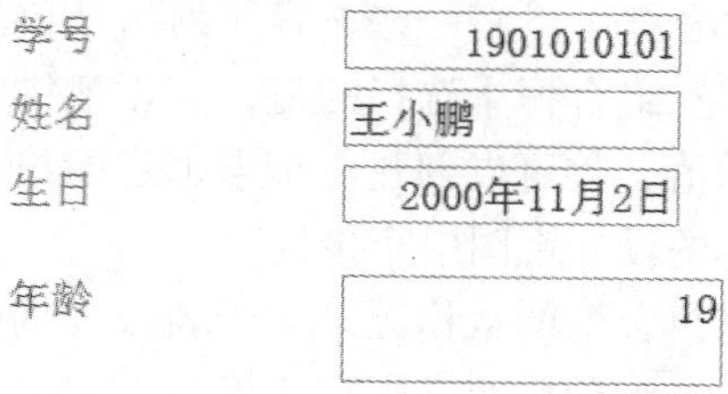

图 5-55　年龄纵栏表窗体

（10）更改窗体的布局。

若要对窗体的布局进行更改，切换到窗体的设计视图。

以此例为例，将所有的标签放在页面页眉节。

切换到窗体的设计视图，在窗体任意空白处单击右键，在快捷菜单中单击“页面页眉”节，即可添加“页面页眉”。

选中“学号”“姓名”“出生日期”和“年龄”标签，单击鼠标右键，在快捷菜单中单击“剪切”，到“页面页眉”位置粘贴，粘贴过来后，调整各标签及对应文本框的位置，如图 5-56 所示。

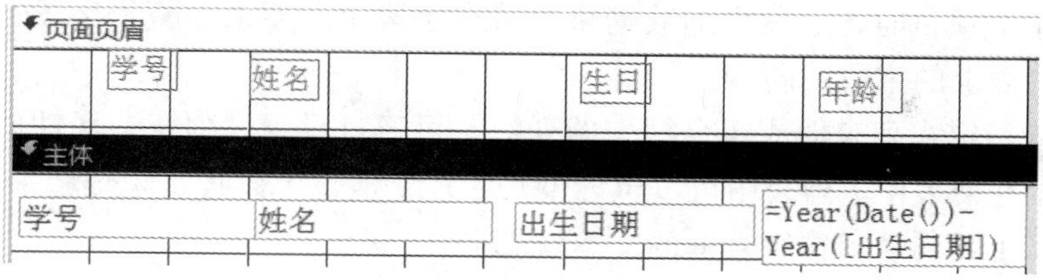

图 5-56　更改后的设计窗口

思考：为什么“出生日期”的标签为“生日”？

切换到窗体视图，观察结果，如图 5-57 所示（页面页眉内容在窗体视图中未显示出来，但会显示在每一个打印页中）。

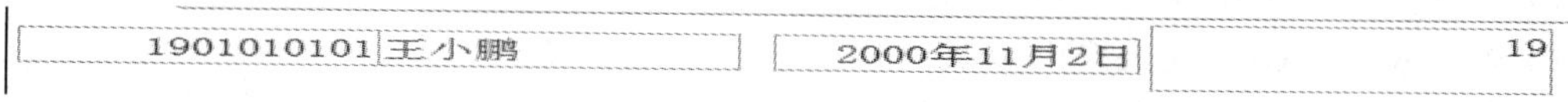

图 5-57　更改后的窗体视图

（11）保存窗体为“例 5-9 文本框控件窗体。”

3. 列表框

列表框默认名称为 List+*N*，*N* 为序号，即名称加序号。列表框可以包含一列或几列数据，只能从列表框中选择运行前设计的数据选项，不能输入数据。创建列表框时，系统会自动附加一个标签，用于对列表框内容进行说明。

列表框控件分为绑定型和非绑定型。用户可通过控件向导创建，也可在窗体的设计视图中直接创建。

4. 组合框

组合框的默认名称为 Combo+*N*，*N* 是序号，也是名称加序号的组合，同时组合框还附加一个标签，用于对组合框内容进行说明。

组合框可以将一些内容罗列出来供用户选择。组合框也分为绑定型和未绑定型两种。若要保存在组合框中选择的值，需创建绑定型组合框；若要使用组合框中选择的值来决定其他控件的值，就可以创建一个未绑定的组合框。一般可以利用控件向导来创建组合框，也可以在窗体的设计视图中直接创建。

当组合框的数据源来源于表或查询时，其组合框选项的值为主键的值，而不是显示内容的值，显示的内容是根据主键值对应的显示字段的内容，即把主键的值替换为主键对应指定字段的值。

列表框与组合框在属性设置及使用上基本相同，区别是列表框控件只能选择输入的数据而不能直接输入数据，而组合框结合了文本框和列表框的特性，即可在文本框中直接输入文本也可在列表框中选择输入的文本。

列表框和组合框的主要属性：

（1）行来源类型：若“行来源类型”设置为表/查询，则指定表、查询或 SQL 语句的名称；如果“行来源类型”设置为“数据列表”，则指定列表的输入项（用分号隔开）；如果“行来源类型”设置为“字段列表”，则指定表或查询的名称。

（2）绑定列：指定在列表框或组合框中哪个字段与“控件来源”属性中指定的字段相结合。选定列表中的项目时，字段中的数据将保持在字段中。如果隐藏了字段，则这个数据可能会与显示在列表上的字段不同。

（3）列数：指定在列表框或组合框中的列数。可通过设置“列宽”属性使一列包含在列表内，但不显示在列表中。列表中可以包含编号字段，但也可以将它隐藏起来。在组合框中，列表中的第一个可见列显示在组合框的文本框部分。

（4）列宽：指定每列的宽度，用分号隔开。输入 0 可以隐藏一列。输入分号而没有度量值，表示使用默认值。在组合框中输入的数据值的数据类型需与第一个可见的数据类型相同或兼容。

（5）列标题：行来源字段是否作为行标题。

（6）列表行数：显示在列表框或组合框部分的最大行列。

（7）列表宽度：指定列表框的宽度。

（8）限于列表：决定组合框是接受列表输入还是只接受符合列表中某个值的文本。

例 5-10 创建“例 5-10 列表框窗体”，应用列表框选择“教师姓名”，同步显示“教师编号”“职称”和“工资”。

操作步骤：

（1）打开“教学信息管理”数据库。

（2）单击数据库窗口工具上的“创建”→“窗体”→“窗体设计”，弹出窗体设计界面，并弹出属性表。

（3）在“属性表”面板中，在“所选内容的类型”下面的下拉列表框中选择“窗体”，单击“数据”选项，单击“记录源”右边的下拉列表框，选择“教师表”。

（4）激活控件向导，参见例 5-9 步骤（6）的操作。

（5）单击“窗体设计工具”→“设计”→“控件”中的列表框，在主体节的适当位置，按住鼠标左键拖出一个合适的矩形框，释放鼠标，即创建了一个列表框。默认列表框的名字为 List0，在自动创建的标签中显示。

（6）弹出“列表框向导”之一，确定列表框获取数值的方式，如图 5-58 所示。

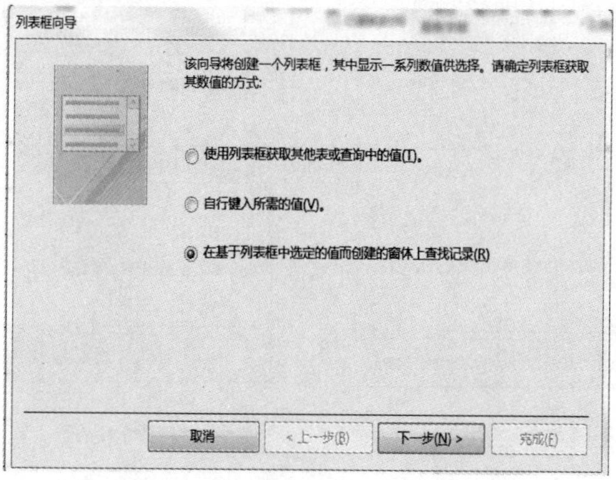

图 5-58　确定列表框中值的获取方式

注：

① 使用列表框获取其他表或查询中的值：用于显示记录源中的当前数据。

② 自行键入所需的值：用于很少更改的固定值列表。

③ 在基于列表框中选定的值而创建的窗体上查找记录：在控件中执行查找操作而非用作数据输入。此操作将创建一个未绑定型控件，该操作带有基于用户输入的值执行查找操作的嵌入宏。

在此题中，我们选择第 3 种“在基于列表框中选定的值而创建的窗体上查找记录”。

（7）单击“下一步”，弹出“列表框向导”之二，确定列表框中的数值。在此例中我们选择“教师姓名”，如图 5-59 所示。

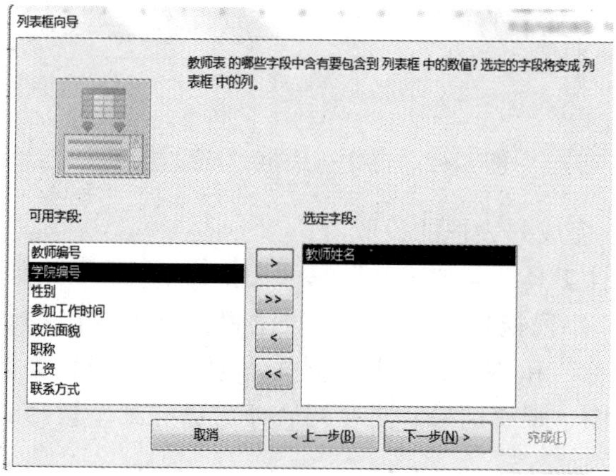

图 5-59　确定列表框中的值

（8）单击“下一步”，弹出“列表框向导”之三，确定列表框中列的宽度，如图 5-60 所示。可通过拖动列分界线调整列宽。在此例中，默认隐藏了主键“教师编号”，即“教师编号”列宽为 0。

若取消“隐藏键列”即可显示本表中的主键，如图 5-61 所示。

在此例中我们勾选“隐藏键列”，如图 5-60 所示，即隐藏本表中的主键。

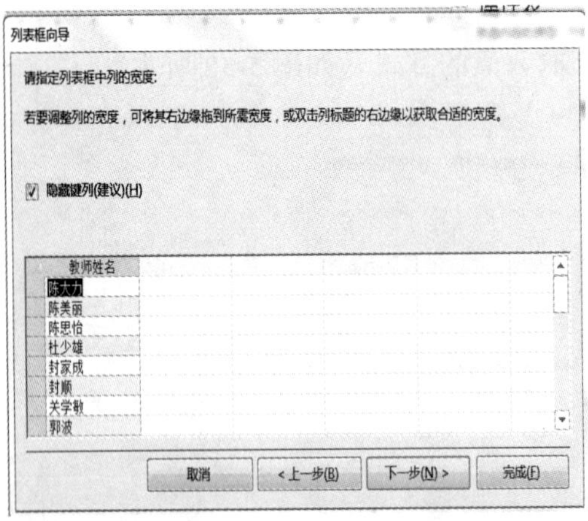

图 5-60　确定列表框中列的宽度

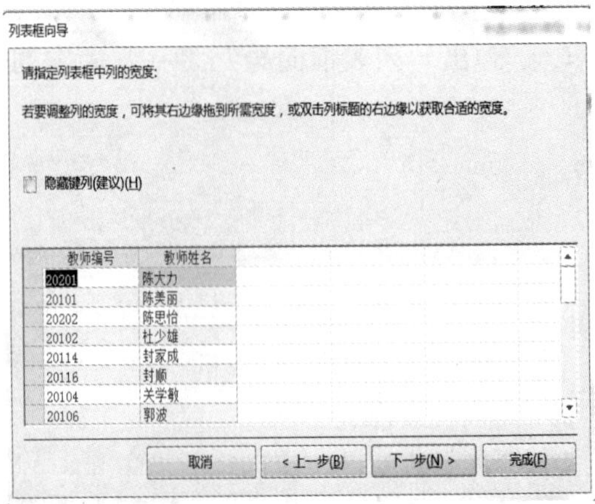

图 5-61　显示主键字段

（9）单击“下一步”，弹出“列表框向导”之四，确定列表框中的标签，即列表框的标题信息。在此我们输入“教师姓名”，如图 5-62 所示。

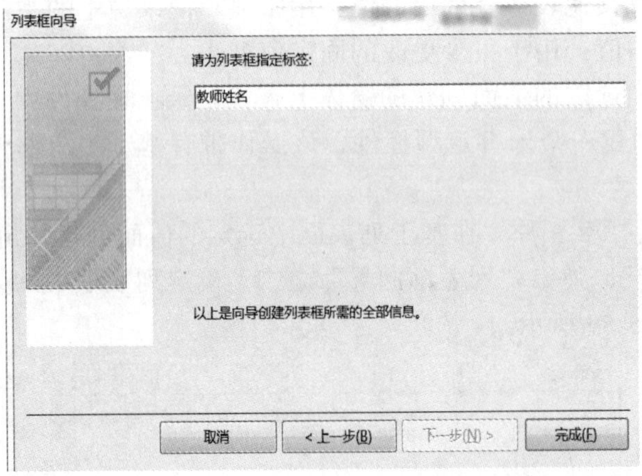

图 5-62　确定列表框的标题信息

（10）单击“完成”，完成列表框的设置。

（11）单击“窗体设计工具”→“工具”→“添加现有字段”，弹出数据源中所有字段。

（12）将“教师编号”字段拖到主体节的适当位置，即创建了“教师编号”绑定型文本框。

（13）同理添加“职称”和“工资”绑定型文本框，设计界面如图 5-63 所示。

（14）切换到窗体视图，观察结果。当在列表框中选择某个教师时，同步显示该教师编号职称和工资，如图 5-64 所示。

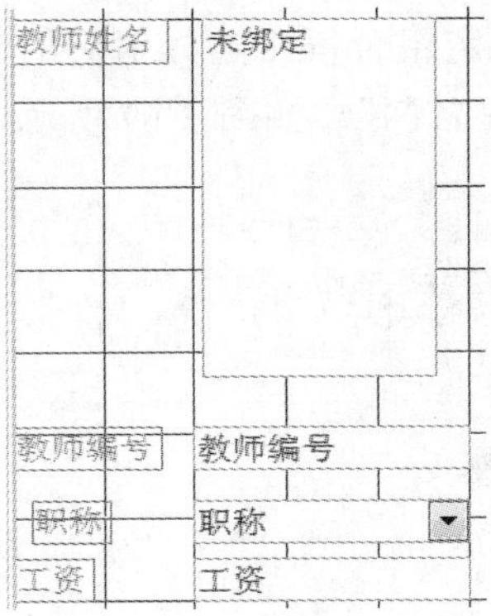

图 5-63 窗体的设计界面

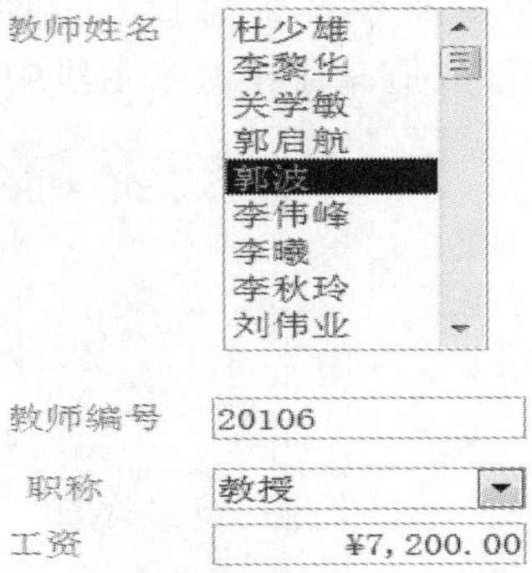

图 5-64 例 5-12 列表框窗体视图

（15）保存窗体为“例 5-10 列表框窗体”。

例 5-11 创建“例 5-11 组合框设计窗体”，通过组合框显示课程表中的课程名称。

操作步骤：

（1）打开“教学信息管理”数据库。

（2）单击数据库窗口工具上的“创建”→“窗体”→“窗体设计”，弹出窗体设计界面，并弹出属性表。

（3）在“属性表”面板中，在“所选内容的类型”下面的下拉列表框中选择“窗体”，单击“数据”选项，单击“记录源”右边的下拉列表框，选择“课程表”。

（4）单击“添加现有字段”，弹出可用于此视图“课程表”中的所有字段。

（5）在窗体中双击字段，添加“课程编号”“课程类别”和“学分”。

（6）激活控件向导。

（7）单击“窗体设计工具”→“设计”→“控件”中的组合框，在主体节的适当位置，按住鼠标左键拖出一个合适的矩形框，释放鼠标，即创建了一个组合框。默认组合框的名字为 Combom3，在自动创建的标签中显示。

（8）弹出“组合框向导”之一，确定组合框获取数值的方式，在此选择“自行键入所需的值”如图 5-65 所示。

注：组合框中获取值的方式同列表框。

（9）单击“下一步”，弹出“组合框向导”之二，确定组合框中的显示值和列宽，在第一列中输入如图 5-66 所示的数据值。

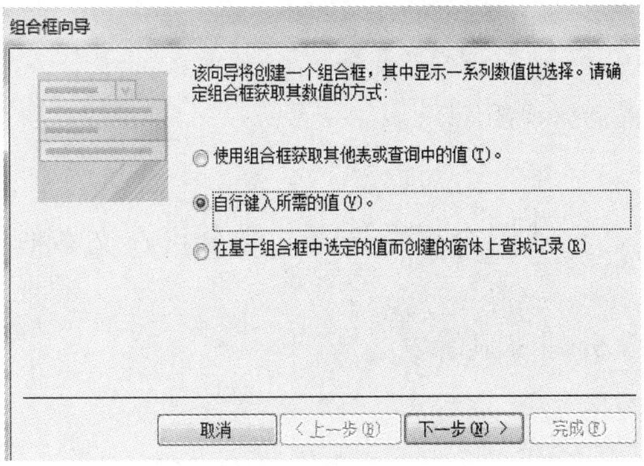

图 5-65 确定组合框中获取值的方式

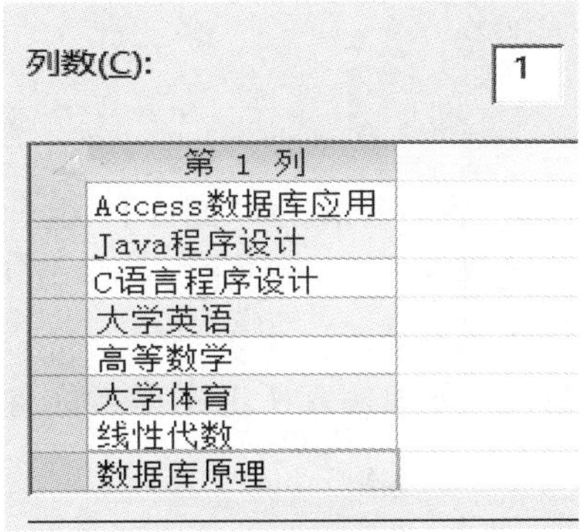

图 5-66 确定组合框中的值和列宽

（10）单击“下一步”，弹出“组合框向导”之三，确定组合框中选择值后的动作，在此例中选择“将该数值保存在这个字段中”，字段名为“课程名称”，如图 5-67 所示。

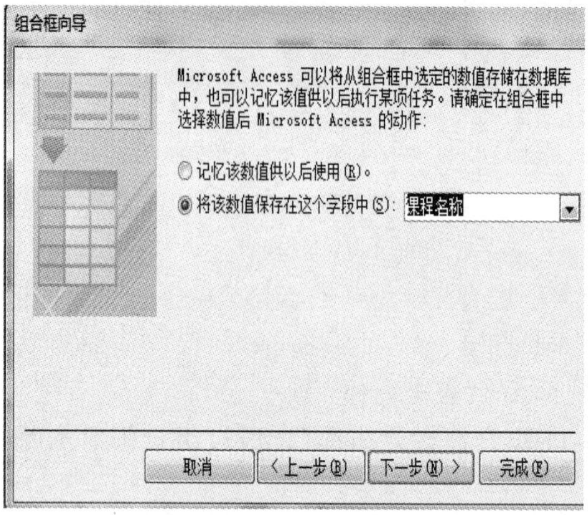

图 5-67　确定组合框中选择值后的动作

（11）单击“下一步”，弹出“组合框向导”之四，确定组合框的标签，在此例中标签命名为“课程名称”。

（12）单击“完成”，完成组合框的设置。设计视图如图 5-68 所示。

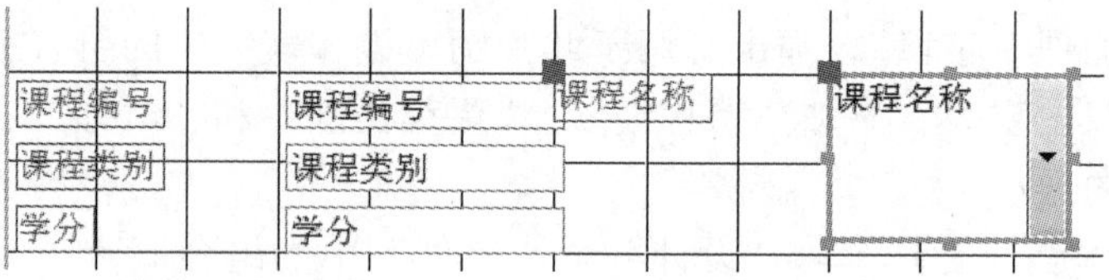

图 5-68　组合框设计视图

（13）切换到窗体视图，观察结果，如图 5-69 所示。

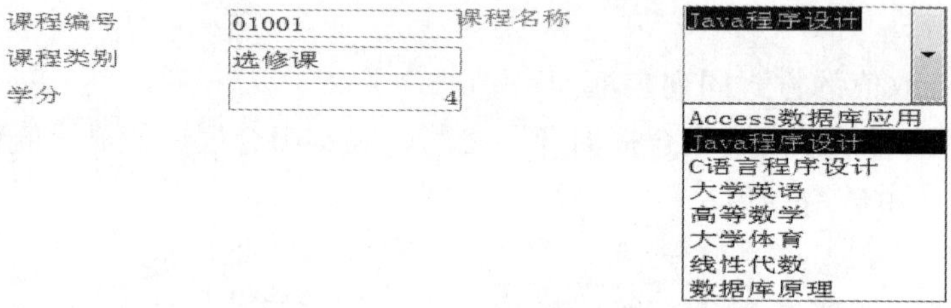

图 5-69　组合框窗体视图

（14）保存窗体为“例 5-11 组合框设计窗体”。

注：课程名称与窗体中的学分不相关，课程名称从组合框中选择，学分可在文本框中根据实际情况输入。

思考：如何实现所选课程名称与课程类别及学分同步显示？

5. 命令按钮

命令按钮提供了一种只要单击按钮就能执行操作的方法。选择按钮时，它不但会执行相应的操作，也会有先按下后释放的视觉效果。

在窗体上可使用命令按钮启动一项或多项操作。例如，可以在一个窗体中打开一张表，要实现更多的功能，可以利用宏或事件过程，将其附在按钮的单击事件上。

命令按钮主要属性如下：

名字（Name）：可引用的命令按钮对象名。

标题（Caption）：命令按钮的显示文字。

标题的字体（Font Name）：命令按钮的显示文字的字体。

标题的字体大小（Font Size）：命令按钮的显示文字的字号。

背景颜色（Fore Color）：命令按钮的显示文字的颜色。

是否可用（Enabled）：选择“是/否”，用于决定能否操作该控件。如果设置该属性为“否”，该控件将以灰色显示在窗体视图中，不能用鼠标、键盘或 Tab 键单击或选中它。

是否可见（Visible）：选择“是/否”，用于决定在窗体运行时该控件是否可见，如果设置该属性为“否”，该控件在窗体视图中将不可见。

图片（Picture）：用于设置命令按钮的显示标题为图片方式。

例 5-12 创建“例 5-12 命令按钮窗体”，在“教师表纵栏表窗体”中添加 4 个命令按钮，分别命名为 Cmdfirst、Cmdnext、Cmdprevious 和 Cmdlast，即切换到第一条记录，下一条记录、前一条记录和最后一条记录。

操作步骤：

（1）打开“教学信息管理”数据库，利用窗体向导创建“教师表纵栏式窗体”，保存为“例 5-12 命令按钮窗体”，如图 5-70 所示。

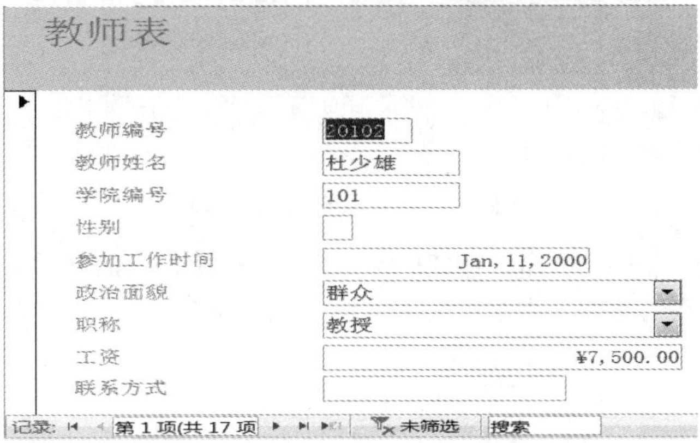

图 5-70 “教师表”纵栏式窗体

（2）打开“例 5-12 命令按钮窗体”的窗体设计视图，弹出设计界面，并弹出属性表。

（3）在“属性表”面板中，在“所选内容的类型”下面的下拉列表框中选择“窗体”，单击“格式”选项，在“记录选择器”右边的下拉列表框中选择“否”（即不显示记录选择器），同理设置“导航按钮”也为“否”（即无导航按钮）。切换到窗体视图，观察窗体，如图 5-71 所示。

（4）调整主体节的宽度，用于放置命令按钮。

（5）启动控件向导。

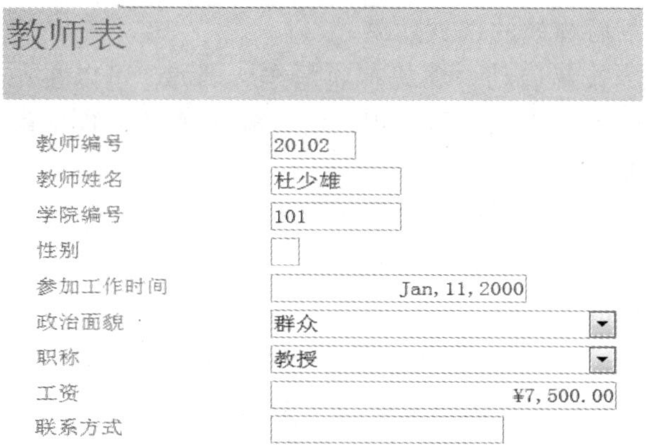

图 5-71　无记录导航器的窗体

（6）在控件面板中单击“命令按钮”，在主体节适当位置拖出一个合适的矩形框，释放鼠标，弹出“命令按钮”向导之一，选择按下按钮时执行的操作，如图 5-72 所示。在类别中选择“记录导航”，在操作中选择“转至第一项记录”。

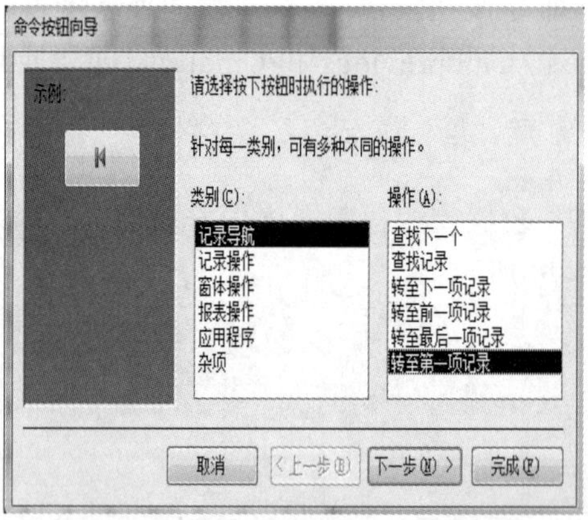

图 5-72　选择按钮执行的操作

（7）单击“下一步”，弹出“命令按钮向导”之二，确定按钮的显示方式，如图 5-73 所示。在此我们选择文字，在后边的文本框中输入“第一条记录”。

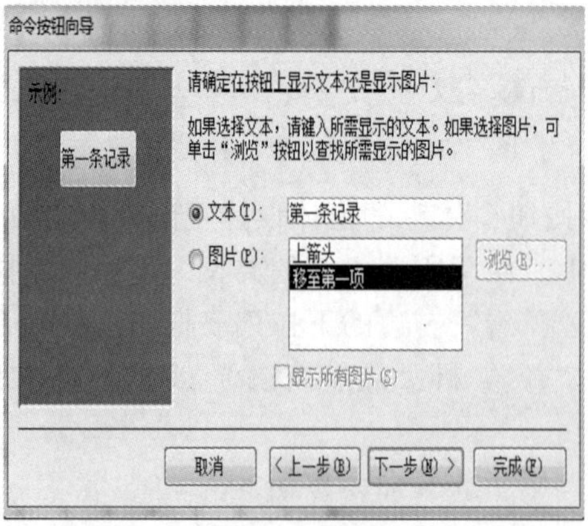

图 5-73　选择按钮的显示方式

注：若选择图片，可以选择系统默认的图片，也可单击“浏览”，设置用户图片。

（8）单击“下一步”，弹出“命令按钮向导”之三，确定按钮的名称，如图 5-74 所示，在此我们输入“Cmdfirst”。

（9）同理创建下一条记录、前一条记录和最后一条记录。

（10）切换到窗体视图，查看设计结果，如图 5-75 所示。通过命令按钮在记录间进行切换。

（11）保存窗体。

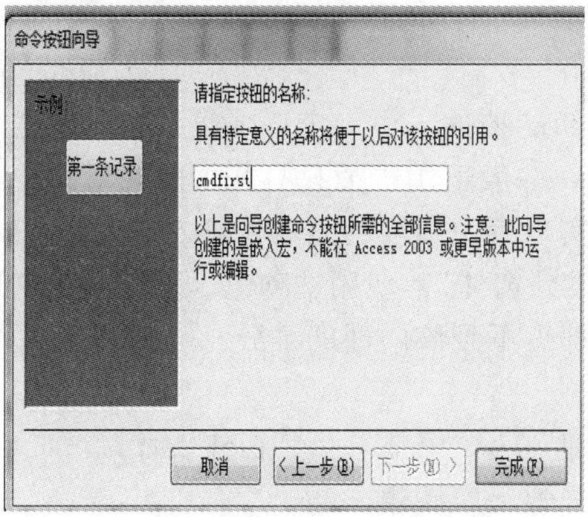

图 5-74　确定命令按钮的名称

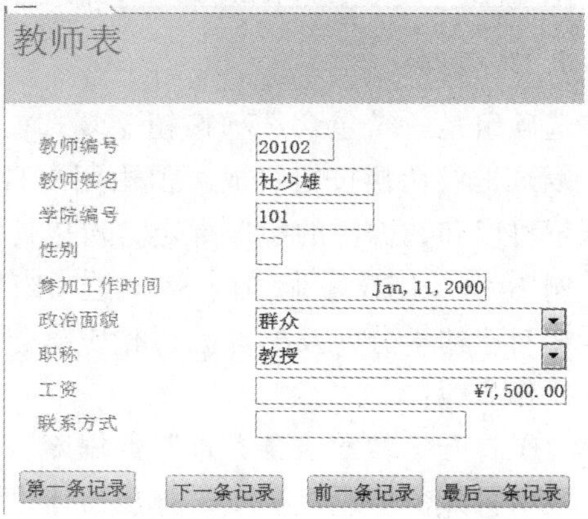

图 5-75　例 5-12 命令按钮窗体

6. 选项按钮、复选框和切换按钮

选项按钮、复选框和切换按钮是作为单独的控件来显示表或查询中“是”或“否”的两种状态。这三种控件的作用相同，适用于二选一的情况；用法相似，当选中复选框或选项按钮时，被选中或被按下表示“是”，其值为任意非 0 值，如 1、2、3……，否则为“否”，值为“0”。如果表示的字段值不是数字，则使用条件函数 IIf 进行转换。

例 5-13　创建“例 5-13 复选框窗体”，该窗体中显示“课程编号”“课程名称”“学分”和“课程类别”，用复选框显示课程性质是否为必修课，若为必修课则选中复选框，否则不选中。

操作步骤：

（1）打开“教学信息管理”数据库，单击“创建”→“窗体”→“窗体设计”。

（2）打开窗体设计视图，弹出窗体设计界面，并弹出属性表。

（3）设置窗体的数据源为“课程表”[参照例 5-11 第（3）步]。

（4）添加课程表中“课程编号”“课程名称”和“学分”字段到主体节。

（5）在控件面板中单击复选框，在主体节拖出合适的复选框大小。复选框会自带一个标签，移动标签位置，标签的标题更改为“是否必修课”。

（6）选中复选框，单击属性表，弹出复选框属性面板，单击“数据”选项，在“控件来源”或单击“控件来源”后的“…”，打开表达式生成器，输入“=IIf（[课程类别]="必修课",6，0）”。

（7）切换到窗体视图观察结果，如图 5-76 和图 5-77 所示。

（8）保存窗体为“例 5-13 复选框窗体”。

注：因为 Access 数据库为选修课，所以复选框未被选中，而 Java 程序设计是必修课，所以复选框被选中了。

图 5-76　结果 1

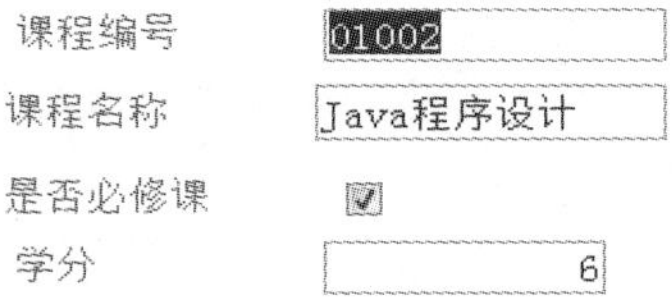

图 5-77　结果 2

IIf 函数中的 6 可以用其他任一非 0 值代替。

7. 选项组

选项组是一个包含选项按钮、复选框或切换按钮的控件，由一个选项组框架以及选项按钮、复选框或切换按钮组成。值由用户自定义设定，一般适用于值只有几个的情形。选项组的框架可以和数据源的字段绑定，可以使用选项组实现表中字段的显示、输入或者修改。

例 5-14　创建一个“例 5-14 选项组切换按钮设计窗体”，使用选项组，根据学生的成绩显示相对应的学分，及格即获得相应学分，不及格即得不到该门课的学分。

操作步骤：

（1）打开“教学信息管理”数据库，单击“创建”→“窗体”→“窗体设计”。

（2）打开窗体设计视图，弹出窗体设计界面，并弹出属性表。

（3）单击“记录源”后边的“…”，弹出“窗体 1：查询生成器”即“显示表”面板，如图 5-78 所示。

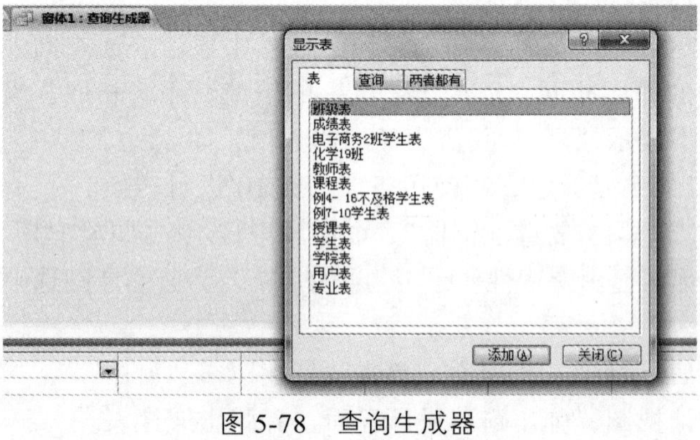

图 5-78　查询生成器

（4）设计窗体所需的数据源及相关字段，如图 5-79 所示。

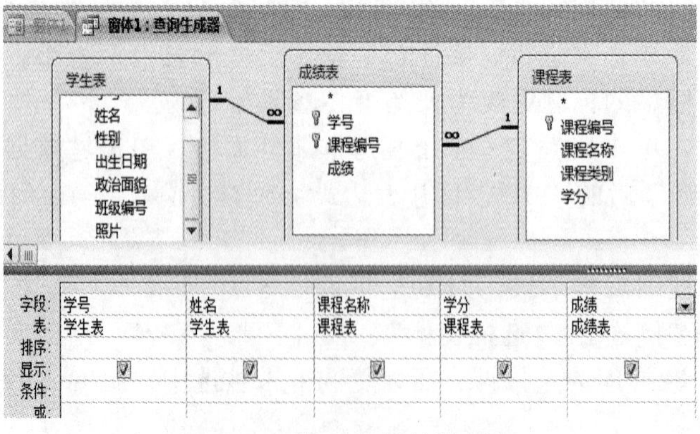

图 5-79　设置窗体的数据源

（5）关闭查询，弹出警示对话框，确认窗体的数据源，如图 5-80 所示。按“是”，确定数据源信息。界面返回到窗体设计界面，在记录源中用 Select 语句显示记录源信息。

图 5-80　再次确认窗体的数据源

（6）单击“窗体设计工具”→“工具”→“添加现有字段”，在弹出的字段列表中，双击“学号”“姓名”“课程名称”和“成绩”字段，将这些字段添加到窗体的主体节。

（7）选中所有的控件，单击“窗体设计工具”→“排列”→“调整大小和排序”→“对齐”→“靠左”，将控件整齐排列，操作如图 5-81 所示。

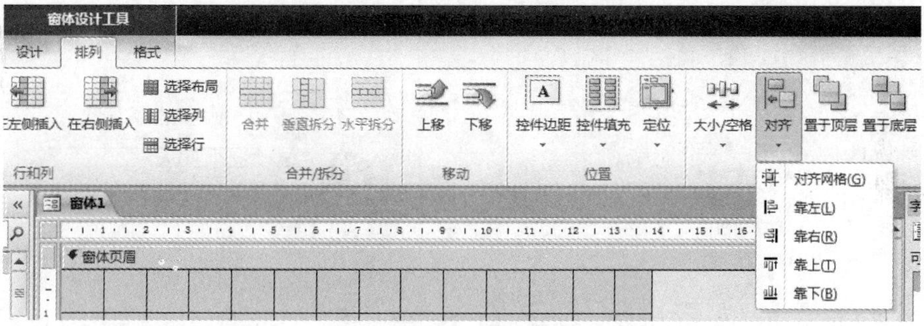

图 5-81　调整控件布局

（8）激活控件向导，在控件面板中找到“选项组”控件并单击，在窗体适当的位置拖出一个合适的选项组。释放鼠标弹出“选项组向导”之一，在标签各行中输入各个学分，1 学分、2 学分、3 学分、4 学分、5 学分和 6 学分等，如图 5-82 所示。

（9）单击“下一步”，弹出“选项组向导”之二，确定标签的默认值，如图 5-83 所示。在此，我们不设置默认值。

（10）单击“下一步”，弹出“选项组向导”之三，给每个选项赋值，如图 5-84 所示。

（11）单击“下一步”，弹出“选项组向导”之四，选择值的动作，“在此字段中保存该值”后边的下拉列表框中选择“学分”，即学分的取值从选项组中设定的值中选择，如图 5-85 所示。

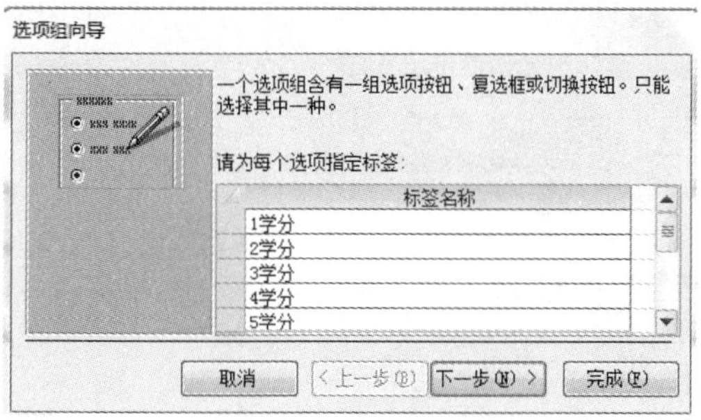

图 5-82　创建选项组标签名称

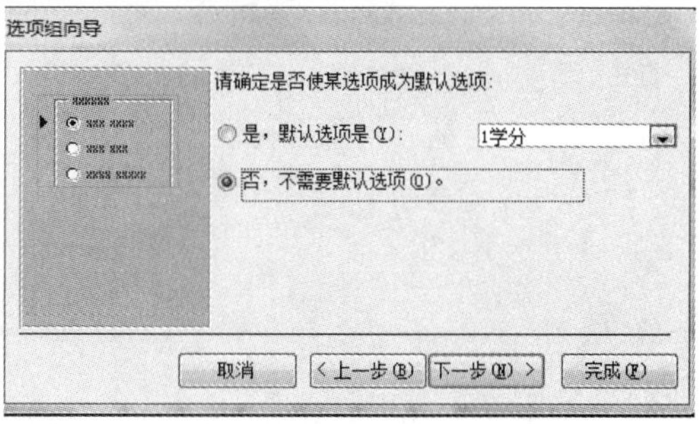

图 5-83　确定标签的默认值

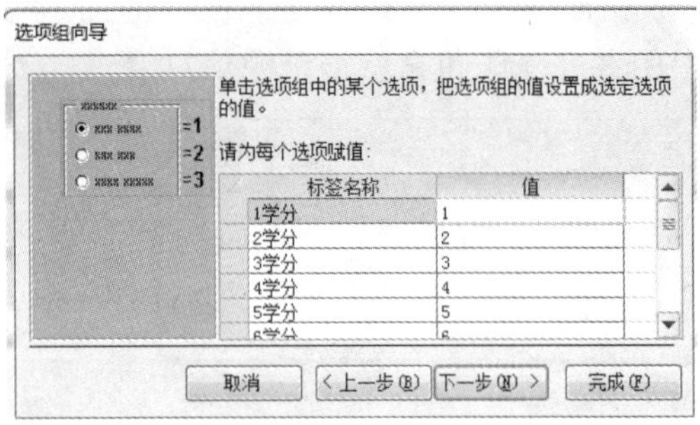

图 5-84　给标签赋值

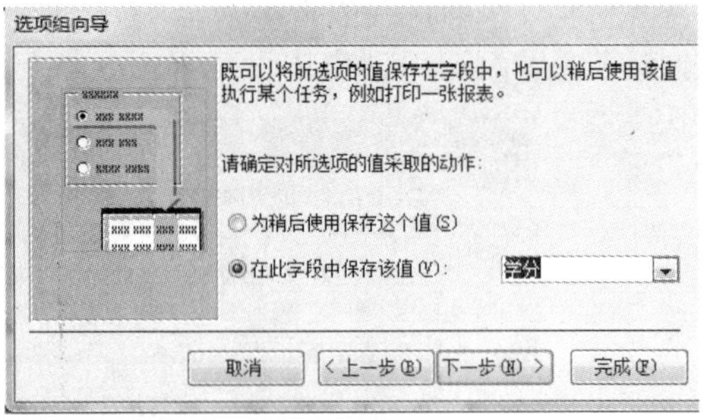

图 5-85　选择值的动作

（12）单击“下一步”，弹出“选项组向导”之五，确定控件类型和样式，如图 5-86 所示，在此我们选择“选项按钮”，类型选择“蚀刻”。

（13）单击“下一步”，弹出“选项组向导”之六，确定选项组的标题为“学分”，如图 5-87 所示。

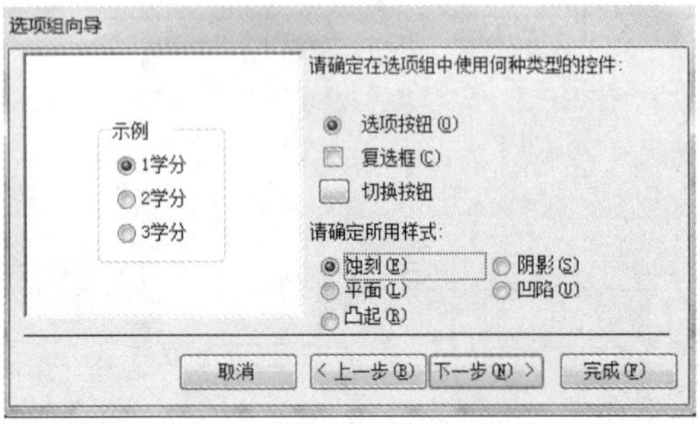

图 5-86　确定控件类型

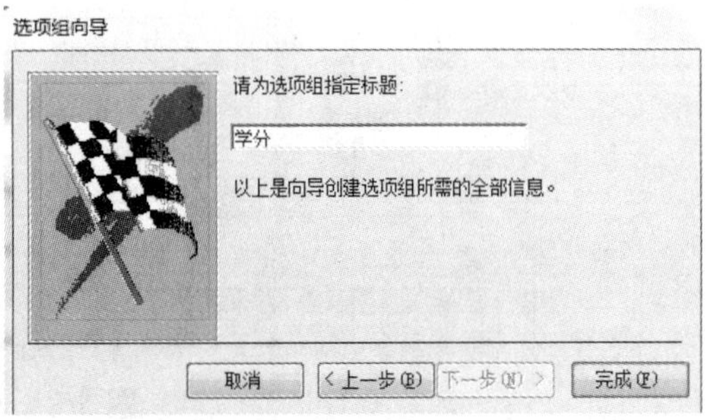

图 5-87　确定选项组的标题

（14）单击“完成”，完成选项组的创建。

（15）在控件面板中选中“切换按钮”，在窗体适当的位置拖放鼠标，拖出一个合适的矩形框，即切换按钮的大小，释放鼠标。

（16）打开切换按钮的属性面板，选择“数据”选项，在“控件来源”文本框或打开表达式生成器，输入“Iif([成绩]>=60, 9, 0)”，如图 5-88 所示。

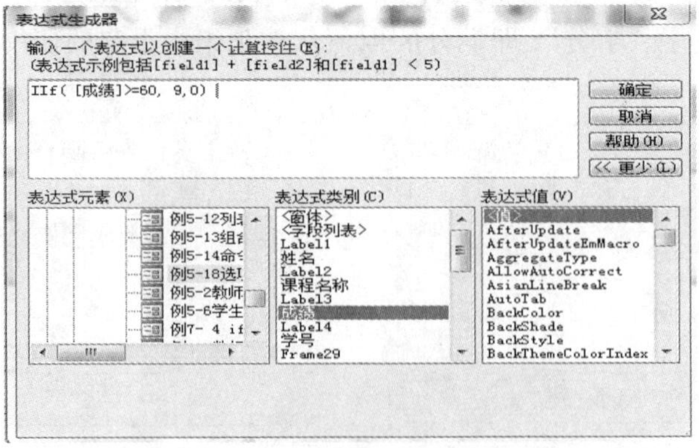

图 5-88　设置切换按钮的数据源

（17）单击“确定”，再切换到切换按钮的“格式”选项，在标题栏输入“及格”，切换按钮创建完成。

（18）切换到窗体视图观察结果，如图 5-89 和图 5-90 所示。当成绩及格时，切换按钮处于按下状态，颜色较深；当成绩不及格时，切换按钮处于弹起状态，颜色较浅。

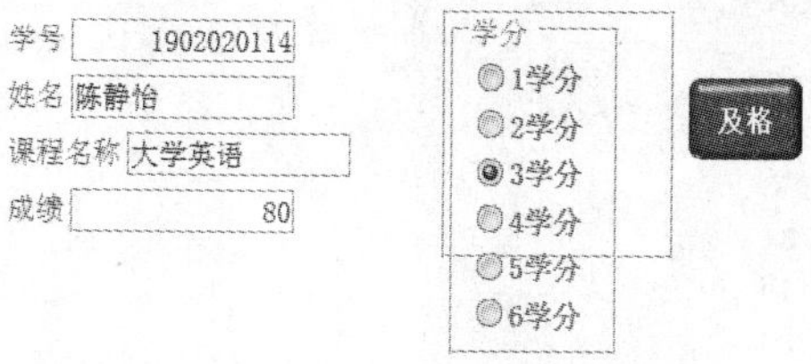

图 5-89　运行结果 1

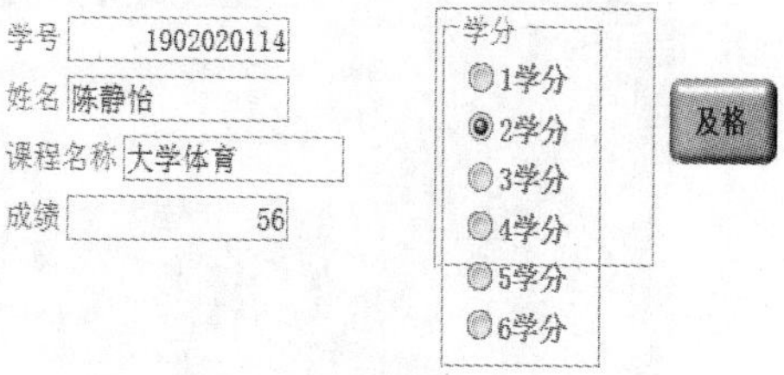

图 5-90　运行结果 2

（19）保存窗体为“例 5-14 选项组切换按钮设计窗体”。

8. 绑定对象框

绑定对象框控件可以用来显示在 Access 数据库表中存储的图片、图表或任何 OLE 对象。

该控件类型允许使用 OLE 服务器在窗体或报表内创建或编辑对象。

绑定对象框可绑定到基础表中的字段。

基础表中与绑定对象框绑定的字段的数据类型必须为 OLE 对象。

对每条记录而言，绑定对象框中的对象是不同的。

绑定对象框可以显示链接或嵌入对象。

例如，在 Access 表中存储职员照片信息，可以使用绑定对象框在窗体或报表上显示这些图片。

9. 未绑定对象框

如果要显示未存储在基础表中的 OLE 对象，可以使用未绑定对象框或图像控件。

未绑定对象框控件可显示没有存储于表中的图片、图表或任一 OLE 对象。

该控件允许在 Access 的窗体或报表中使用最初创建对象的应用程序来创建或编辑对象。

对于每条记录，未绑定对象框中的对象都是相同的。

未绑定对象框可以显示链接或嵌入对象。

例如，可以使用未绑定对象框显示其他存储介质中的图表。

10. 图　像

在 Access 窗体中，可以使用图像控件在窗体的相应位置加一个图像来对窗体进行修饰，用它可以显示表或查询中的图形信息。基础表中的字段的数据类型必须为 OLE 对象。

图像控件可以在窗体或报表中添加图片。

例如，可以利用图像控件在“学校”报表中添加一个校徽标志。

绑定对象框控件、未绑定对象框和图像三者的区别：

可以在窗体或报表中使用未绑定对象框或图像控件来显示未绑定图片。使用未绑定对象框的优点是可以直接从窗体或报表中编辑对象。使用图像控件的优点是显示速度比较快。要显示存储在 Access 数据库中 OLE 数据类型的数据，使用绑定对象框控件。

例 5-15 创建“例 5-15 图片窗体”，显示教师表中的照片，添加图片“豆荚.jpg”，添加背景图片“晚霞.jpg”，设计效果如图 5-91 所示。

图 5-91 图片窗体

操作步骤：

（1）打开“教学信息管理”数据库，单击“创建”→“窗体”→“窗体设计”。

（2）打开窗体设计视图，弹出窗体设计界面，并弹出属性表，设置窗体的数据源为“教师表”。

（3）单击“窗体设计工具”→“设计”→“工具”→“添加现有字段”，打开字段列表，添加“学号”“姓名”“性别”“参加工作时间”到窗体主体节。

（4）在“窗体设计工具”→“设计”→“控件”中单击“绑定对象框”，在主体节拖放，确定绑定对象框的大小和位置后释放鼠标。

（5）在绑定对象框的标签中输入“照片”，将“标签”前景色设置为“紫色”（字体颜色）。

（6）打开绑定对象框的属性面板，单击“数据”选项，在“控件来源”的下拉列表框中选择“照片”字段，即设置绑定对象框的数据源为照片。单击“格式”选项，在“缩放模式”下拉列表框中选择“拉伸”，其他保持默认设置。

（7）激活控件向导，在控件面板中选择“图像”控件，在主体节性别下方拖放，确定图像的大小和位置，释放鼠标，弹出插入图片对话框，选择合适的图片（这里选“豆荚.jpg”）如图 5-92 所示，单击“确定”，关闭对话框（也可插入图像控件后，利用属性表中的数据源确定图片）。打开图像控件的属性表面板，单击“格式”选项，在“缩放模式”下拉列表框中选择“拉伸”，其他保持默认设置。

（8）在“属性表”面板中，所选内容选择“窗体”，单击“格式”选项，在“图片”中单击，再单击其后的“…”，弹出如图 5-92 所示插入图片对话框，选择“晚霞.jpg”，单击“确定”。该图片的缩放模式仍旧设置为“拉伸”，其他保持默认设置。

（9）切换到窗体视图观看结果。

（10）保存窗体为“例 5-19 图片窗体”。

注：教师表里的照片应为画笔图片，在表中显示为 Bitmap Image，不能直接将.jpg 格式的文件改为.bmp 格式的文件，否则在窗体中不能显示图像信息。

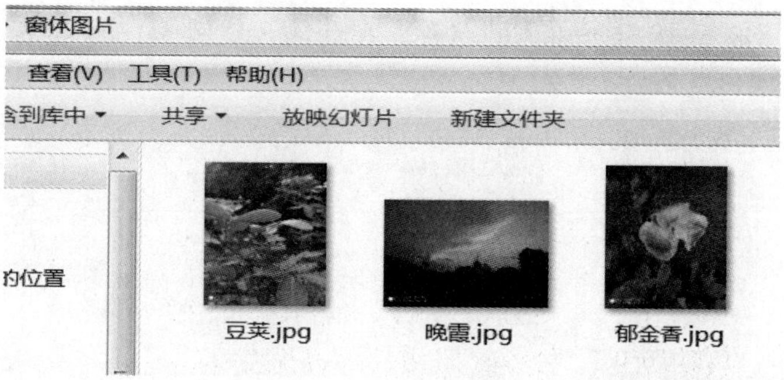

图 5-92　插入图片

在窗体中打开的记录，默认均为第一条记录。

11. 子窗体控件

子窗体的创建除可以用窗体向导创建外，参考 5.2.3 节，还可以利用子窗体控件创建。

例 5-16　利用子窗体控件创建“例 5-16 班级表主子窗体”，班级表为主窗体，子窗体为学生表，显示每个班的学生信息。

操作步骤：

（1）打开“教学信息管理”数据库，单击“创建”→“窗体”→“窗体设计”。

（2）打开窗体设计视图，弹出窗体设计界面，并弹出属性表，设置窗体的数据源为“班级表”。

（3）单击“窗体设计工具”→“设计”→“工具”→“添加现有字段”，打开字段列表，添加“班级编号”和“班级名称”到窗体主体节，并调整各控件布局。

（4）激活控件向导。

（5）在“窗体设计工具”→“设计”→“控件”中单击“子窗体/子报表”，在主体节拖放，确定子窗体的大小和位置后释放鼠标。

（6）弹出“子窗体向导”之一，选择子窗体的数据源，在此我们选择“使用现有窗体”，再在列表框中选择“例 5-5 学生表多个项目窗体”，如图 5-93 所示。（使用已有窗体作为子窗体）

（7）单击“下一步”，弹出“子窗体向导”之二，确定主子窗体的链接字段，在此我们选择“从列表中选择”，并选择“对班级表中的每个记录用班级编号显示学生表”，如图 5-94 所示。

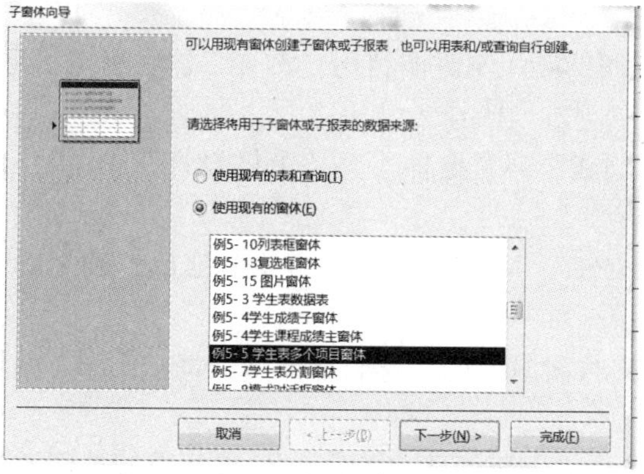

图 5-93　确定子窗体的来源

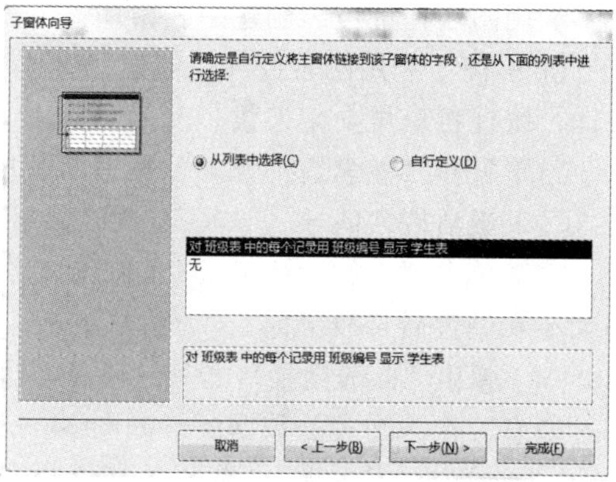

图 5-94　确定主子表的链接字段

（8）单击“下一步”，确定子窗体的名称，在此输入“例 5-16 学生表子窗体”，如图 5–95 所示。

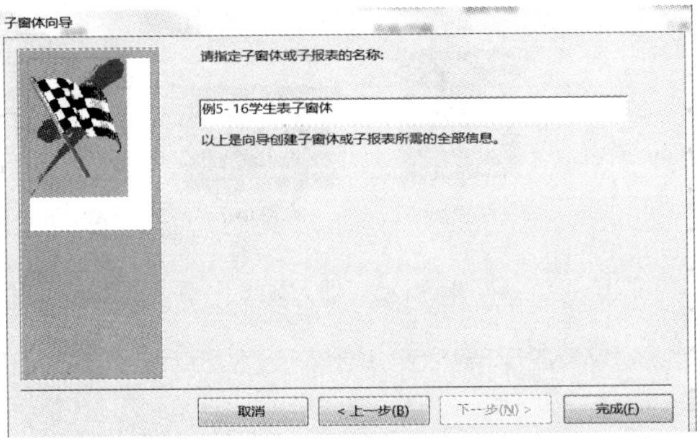

图 5-95　确定子窗体的名称

（9）单击“完成”，完成子窗体的创建，并返回到窗体的设计视图。

（10）调整子窗体的大小和位置。

（11）切换到窗体视图查看设计结果，如图 5-96 所示。

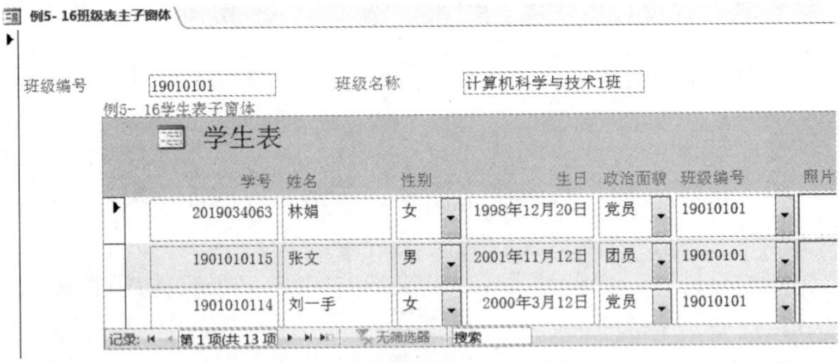

图 5-96　班级学生主子窗体

（12）保存窗体为“例 5-16 班级表主子窗体”。

12. 图表控件

利用图表控件可以创建图表窗体。

例 5-17　利用图表控件，创建“例 5-17 图表窗体”，该窗体利用“例 4-2 学生基本信息”查询，统计各班男女生人数。

（1）打开“教学信息管理”数据库，单击“创建”→“窗体”→“窗体设计”。

（2）激活控件向导。

（3）单击“窗体设计工具”→“设计”→“控件”→“图表”，在主体节拖放，确定图表的大小和位置后释放鼠标。

（4）弹出“图表向导”之一，选择创建图表的数据源，在此我们选择“查询：例 4-2 学生基本信息”作为图表的数据源，如图 5-97 所示。

（5）单击“下一步”，弹出“图表向导”之二，确定用于图表的字段，在此我们选择“学号”“性别”和“班级名称”，如图 5-98 所示。

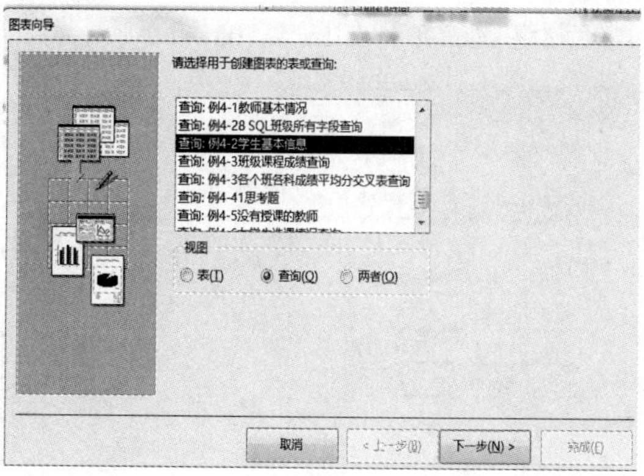

图 5-97　确定图表的数据源

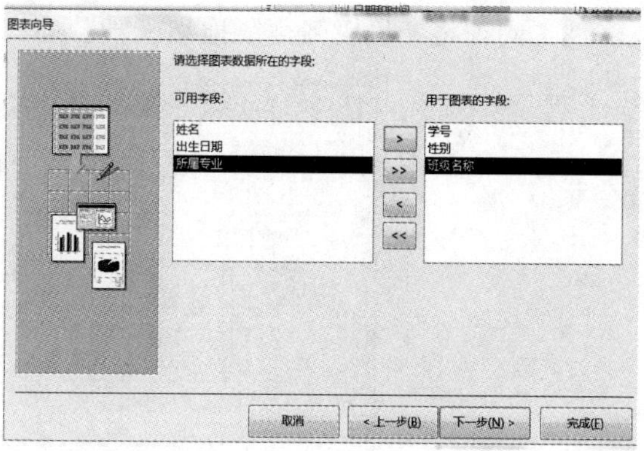

图 5-98　确定图表中的可用字段

（6）单击“下一步”，弹出“图表向导”之三，确定图表类型，在此我们选择“柱形图”，如图 5-99 所示。

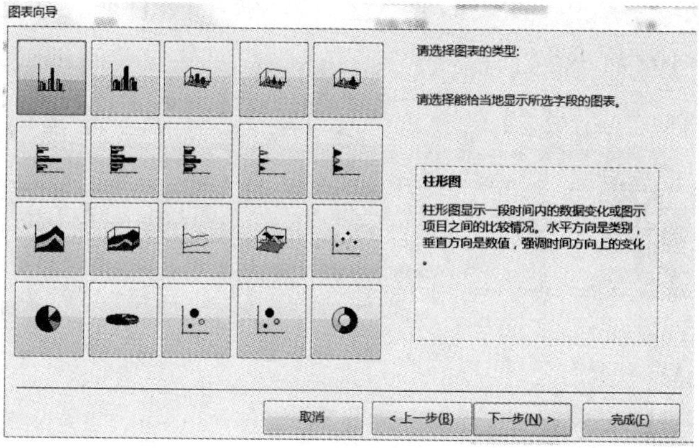

图 5-99　确定图表类型

（7）单击“下一步”，弹出“图表向导”之四，确定图表布局，如图 5-100 所示。在此我们看到现在的布局不符合要求，将横轴“学号”字段拖到“数据”位置，原“数据”位置显示为“CountOf”，即用学号做计数运算（统计学号）。（也可将学号字段直接拖入“数据”位置）

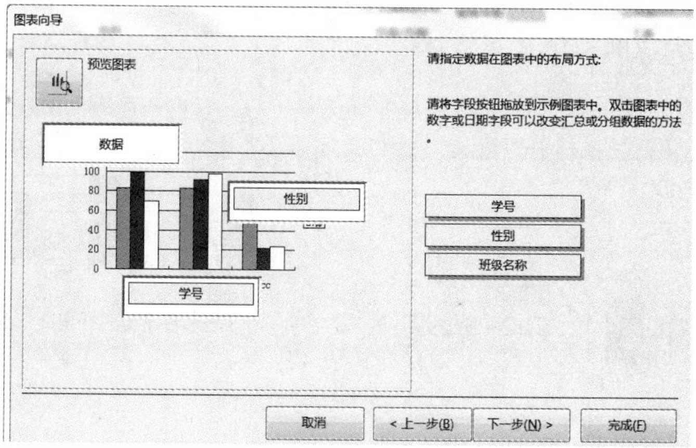

图 5-100　确定图表布局

（8）同理将“班级名称”拖到横轴，即 X 轴。经调整后的布局如图 5-101 所示。

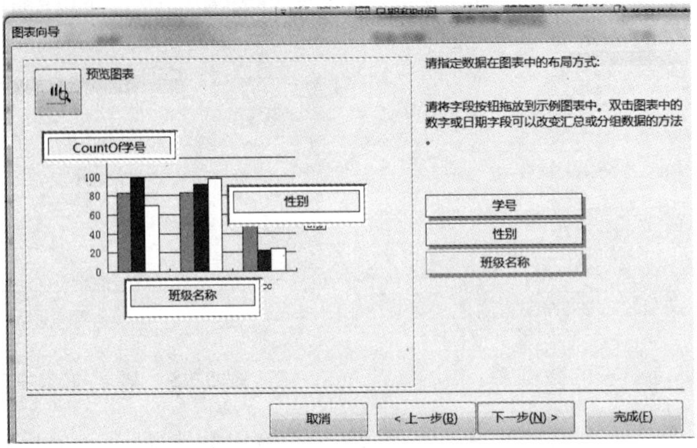

图 5-101　调整后的布局

（9）单击“下一步”，弹出“图表向导”之五，确定图表标题，在此我们输入“各班男女生人数图表”，如图 5-102 所示。

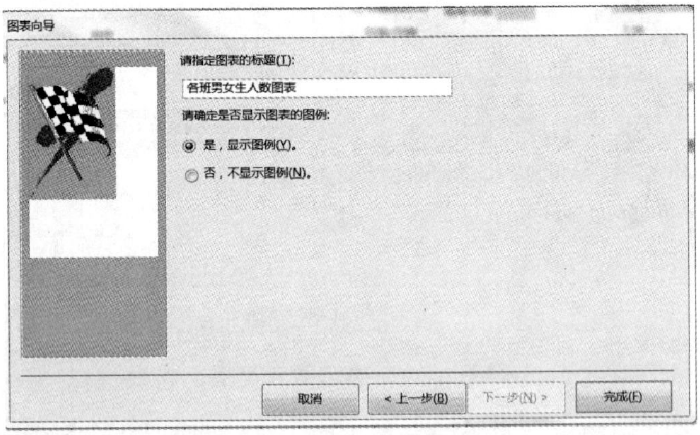

图 5-102　确定图表标题

（10）单击“完成”，完成图表创建，如图 5-103 所示。

（11）切换到窗体视图观察结果，如图 5-104 所示。

（12）保存窗体为“例 5-17 图表窗体”。

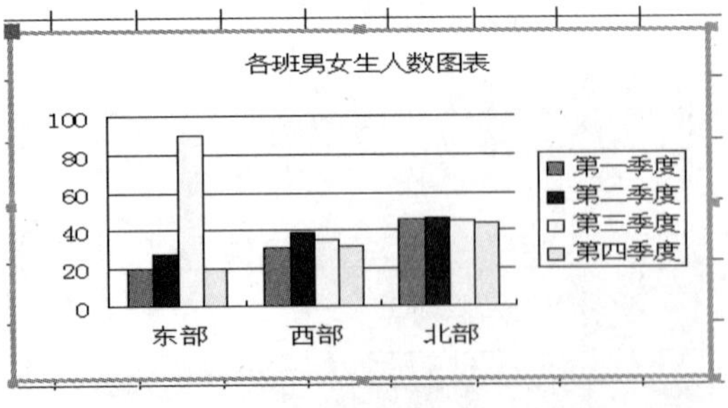

图 5-103　创建完成的图表设计视图

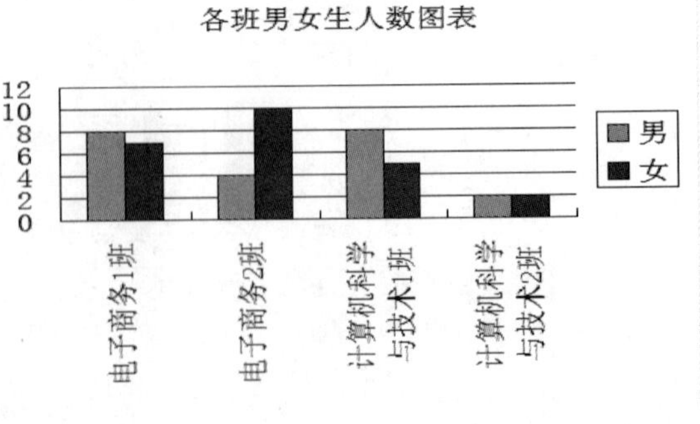

图 5-104　各班男女生人数

注：若“数据”项为数值型数据（见图 5-100“数据”位置），默认对所用的字段值进行了求和运算，若要更改计算类型，双击此“数据”位置，在弹出的选项中选择需要的计算类型。

习　题

一、选择题

1. 不属于 Access 窗体的视图是（　　）。

A. 设计视图　　B. 窗体视图　　C. 版面试图　　D. 数据表视图

2. 用于创建窗体或修改窗体的是（　　）。

A. 设计视图　　B. 窗体视图　　C. 数据表视图　　D. 透视表视图

3. “特殊效果”属性值用于设定控件的显示特效,下列属于“特殊效果”属性值的是(　　)。

①“平面”②“颜色”③“凸起”④“蚀刻”⑤“透明”⑥“阴影”
⑦“凹陷”⑧“凿痕”⑨“倾斜”

A. ①②③④⑤⑥　　B. ①③④⑤⑥⑦

C. ①④⑥⑦⑧⑨　　D. ①③④⑥⑦⑧

4. 窗口事件是指操作窗口时所引发的事件，下列不属于窗口事件的是（　　）。

A. 加载　　B. 打开　　C. 关闭　　D. 确定

5. 窗体是 Access 数据库中的一个对象，通过窗体用户可以完成下列哪些功能（　　）。

①输入数据　②编辑数据　③存储数据　④以行、列形式显示数据
⑤显示和查询表中的数据　⑥ 导出数据

A. ①②③　　B. ①②④　　C. ①②⑤　　D. ①②⑥

6. 以下不是控件的类型的是（　　）。

A. 绑定型　　B. 非绑定型　　C. 计算型　　D. 非计算型

7. 新建一个窗体，默认的标题为“窗体 1”，为把窗体标题改为“输入数据”，应设置窗体的（　　）。

A. 名称属性　　B. 菜单栏属性　　C. 标题属性　　D. 工具栏属性

8. 在窗体中，用来输入或编辑字段数据的交互控件是（　　）。

A. 文本框控件　　B. 标签控件　　C. 复选框控件　　D. 列表框控件

9. 要改变窗体中文本框控件的数据源，应设置的属性是（　　）。

A. 记录源　　B. 控件来源　　C. 筛选查询　　D. 默认值

10. 如果加载一个窗体，先被触发的事件是（　　）。

A. Load　　B. Open　　C. Click　　D. DbClick

11. 没有数据来源，可以用来显示信息、线条、矩形或图像的控件的类型是（　　）。

A. 绑定型　　B. 非绑定型　　C. 计算型　　D. 非计算型

12. 下列不属于控件格式属性的是（　　）。

A. 标题　　B. 正文　　C. 字体大小　　D. 字体粗细

13. 鼠标事件是指操作鼠标所引发的事件，下列不属于鼠标事件的是（　　）。

A. 鼠标按下　　B. 鼠标移动　　C. 鼠标释放　　D. 鼠标锁定

14. 若要求在文本框中输入文本时达到密码“*”号的效果，应设置的属性是（　　）。

A. 默认值　　B. 标题　　C. 密码　　D. 输入掩码

15. 窗体中可以包含一列或几列数据，用户只能从列表中选择值，而不能输入新值的控件是（　　）。

A. 列表框　　B. 组合框

C. 列表框和组合框　　D. 以上两者都不可以

16. 当窗体中的内容太多无法放在一页中全部显示时，可以用哪个控件来分页（　　）。

A. 选项卡　　B. 命令按钮　　C. 组合框　　D. 选项组

17. Access 窗体中，不属于对象事件的是（　　）。

A. 获得焦点　　B. 更新前　　C. 删除　　D. 更改

18. 自动创建窗体向导不包括（　　）。

A. 纵栏式　　B. 数据表　　C. 表格式　　D. 数据透视表

19. 在 Access 中建立了“雇员”表，其中有可以存放照片的字段，在使用向导为该表创建窗体时，“照片”字段所使用的默认控件是（　　）。

A. 图像框　　B. 绑定对象框　　C. 非绑定对象框　　D. 列表框

20. Access 窗体中的文本框控件分为（　　）。

A. 计算型和非计算型　　B. 绑定型和非绑定型

C. 控制性和非控制性　　D. 记录型和非记录型

二、填空题

1. 窗体中的数据主要来源于__________和__________。
2. 窗体视图有________视图、________视图、设计视图和数据表视图 4 种视图方式。
3. 窗体中的窗体称为_______，其中可以创建为________式或数据表窗体。
4. 窗体由多个部分组成，每个部分称为一个________，大部分的窗体只有________。
5. 对象的________描述了对象的状态和特性。
6. 在创建主/子窗体之前，必须设置________之间的关系。

第6章 报 表

6.1 报表概述

6.1.1 报表的功能

在 Access 中，报表的功能比较强大，它可以查看数据库中的各种数据，也可以对数据库中的数据进行统计和汇总，报表上的内容可以调整，外观的大小和位置也可以调整，可根据用户需求显示或打印出来。

报表的功能主要包括以下几点：

（1）可以呈现格式化数据。

（2）可以使用图像和图片美化报表的外观。

（3）可以进行计数、求和、求平均值等的计算。

（4）可以分组组织数据，对数据进行汇总，便于比较分析。

（5）可以生成标签、清单、订单、信封、名片、发票等样式报表，满足不同用户需求。

（6）可以通过设置页眉和页脚，在每页的顶部和底部打印标识信息，便于数据保存和归档。

6.1.2 报表的组成

在 Access 中，报表是按“节”来设计的，每一部分称为一个节。报表主要由报表页眉、报表页脚、主体、页面页眉、页面页脚五大部分组成，报表中的信息可以分布在多个节中。另外，在报表中可以对数据进行分组统计，此时又多了组页眉、组页脚两个部分，所以报表的组成又可以说由七部分组成。报表的组成如图 6-1 所示。

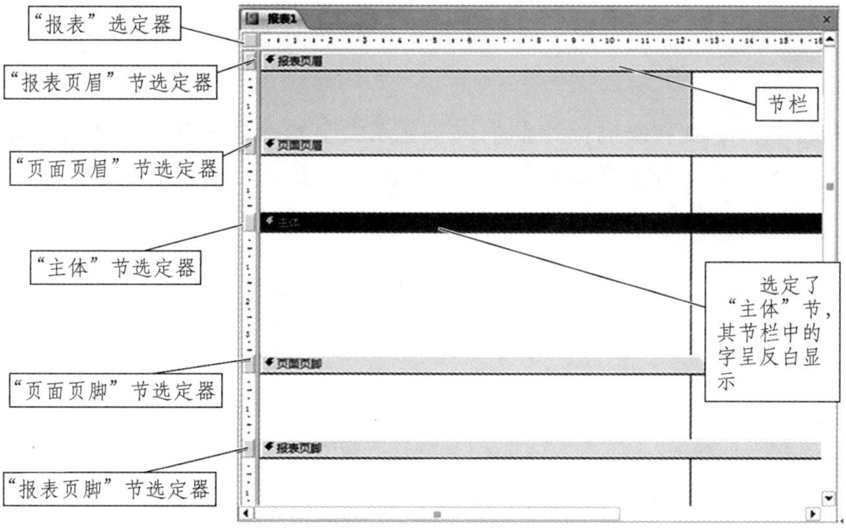

图 6-1 报表的组成

所有的报表都有主体节，其他节不是必需的，每个节都有特定的用途，按照报表中特定的次序打印。

节的操作：

（1）可以隐藏节：在节的标题栏单击右键，将弹出快捷菜单，根据需要显示或隐藏各节。例如，要隐藏“报表页脚”，在报表页脚标题栏单击右键，在弹出的快捷菜单中单击“报表页眉/页脚”，即可隐藏报表页脚信息，如图 6-2 所示。

图 6-2　隐藏报表页脚

（2）可以调整节的大小：将鼠标放在节间分界线处，根据需要调整节的大小。

（3）可以在各节中添加控件。

（4）可以对每个节进行格式设置。

（5）可以对节内容的打印方式进行自定义等。

6.1.3　报表的分类

根据主体节内字段及数据的显示位置，将报表分为 3 种类型。

1. 纵栏式报表

纵栏式报表中，字段名及属性均在主体节显示，且每个字段都显示在单独的一行，字段名显示在左边，字段值及属性值显示在右边，如图 6-3 所示。

图 6-3　纵栏式报表

2. 表格式报表

表格式报表以行和列的格式显示数据，所有字段名都显示在报表页眉，在主体节中相对应的字段值及属性值显示在字段名下面，如图 6-4 所示。

教师编号	教师姓名	性别	政治面貌	职称
20201	陈大力	男	党员	教授
20202	陈思怡	女	群众	讲师
20203	欧阳海强	男	群众	副教授
20116	封顺	男	党员	副教授
20114	封家成	男	党员	助教
20102	杜少雄	男	群众	教授

图 6-4　表格式报表

3. 两端对齐报表

两端对齐报表中字段名及字段值均显示在主体节，每条记录字段名显示在上边，对应的字段值显示在下边；无论多少个字段，系统对各个字段大小进行调整，字段占据整个页面宽度，如图 6-5 所示。

教师编号	教师姓名	职称
20114	封家成	助教

教师编号	教师姓名	职称
20116	封顺	助教

教师编号	教师姓名	职称
20141	张丽	

图 6-5　两端对齐报表

6.1.4　报表的视图方式及切换

Access 2016 为报表提供了 4 种视图：报表视图、打印预览、布局视图和设计视图。

1. 报表视图

报表视图用于显示报表，查看报表的版面设计，执行数据的筛选和查看。

2. 打印预览

在打印预览中，可以看到报表的版面设计，所显示的报表布局和打印内容与实际打印效果一致，达到所见即所得。

3. 布局视图

布局视图的界面和报表视图几乎一样，但是该视图中各个控件的位置可以移动，用户可以重新布局各种控件、删除不需要的控件、设置各个控件的属性等，但是不能像设计视图一样添加控件。

4. 设计视图

在设计视图中，Access 2016 为用户提供了丰富的可视化设计手段，用户不必编程就可以创建和修改报表中需要显示的元素，调整报表的结构布局。

报表视图的切换：

根据不同的需求，用户可在报表视图中进行切换，切换方式是打开视图选项卡，如图 6-6 所示，选中需要的视图单击即可；利用状态栏右下角 

进行视图切换。

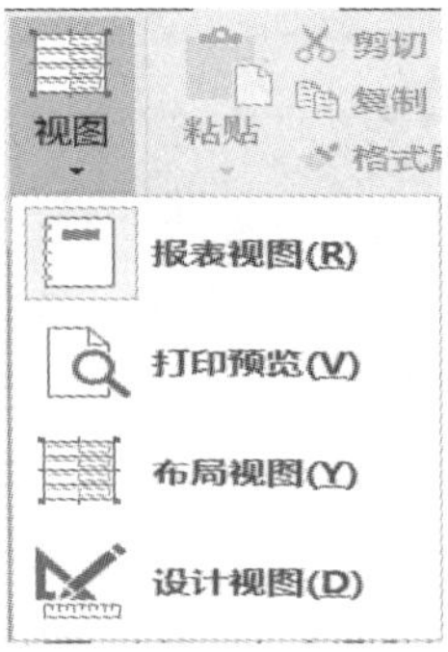

图 6-6　报表视图切换

6.2　报表的一般创建方法

创建报表的方法类似于创建窗体的方法，有自动创建、应用向导创建和通过设计视图创建等几种方式，下面分别介绍。

6.2.1　通过“报表”创建报表

通过“创建”选项卡→“报表”选项组→“报表”选项创建。

通过这种方式创建报表，首先需要选择数据源，创建的报表是表格式报表，显示数据源中的所有字段。

创建的报表可在布局视图或设计视图中修改表的外观。

例 6-1　创建“例 6-1 教师表报表”，显示教师表中所有字段。

操作步骤：

（1）打开“教学信息管理”数据库，选择“教师表”。

（2）单击“创建”选项卡→“报表”选项组→“报表”，弹出如图 6-7 所示的数据表报表，此报表为布局视图。

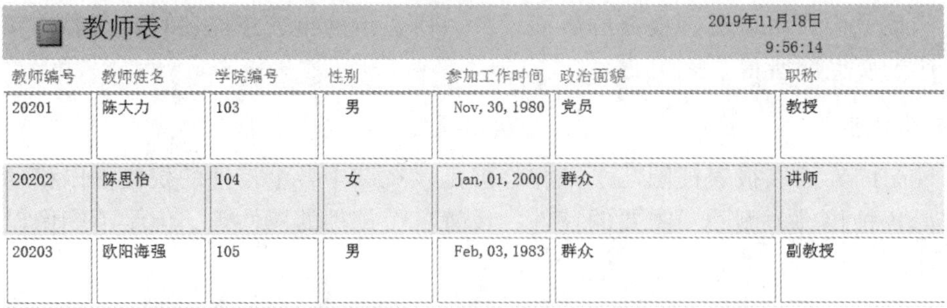

教师编号	教师姓名	学院编号	性别	参加工作时间	政治面貌	职称
20201	陈大力	103	男	Nov, 30, 1980	党员	教授
20202	陈思怡	104	女	Jan, 01, 2000	群众	讲师
20203	欧阳海强	105	男	Feb, 03, 1983	群众	副教授

图 6-7　教师表报表

（3）单击“保存”按钮，保存该报表为“例 6-1 教师表报表”。

注：

① 默认在报表页眉添加数据源标签“教师表”及创建时间。

② 此报表视图为报表的布局视图，可直接在此视图中改变报表的布局。

③ 若要添加其他控件及节，切换到报表设计视图下进行更改。

④ 通过“报表”创建报表，数据源仅来源于一张表或查询。

6.2.2　通过“空报表”创建报表

通过“创建”选项卡→“报表”选项组→“空报表”选项创建报表。

例 6-2　通过“空报表”创建“例 6-2 学生班级报表”，显示学生“学号”“姓名”“班级名称”和“所属系”。

操作步骤：

（1）打开“教学信息管理”数据库，选择“创建”选项卡→“报表”选项组→“空报表”，打开报表布局视图，在窗口右侧打开“字段列表”，如图 6-8 所示。

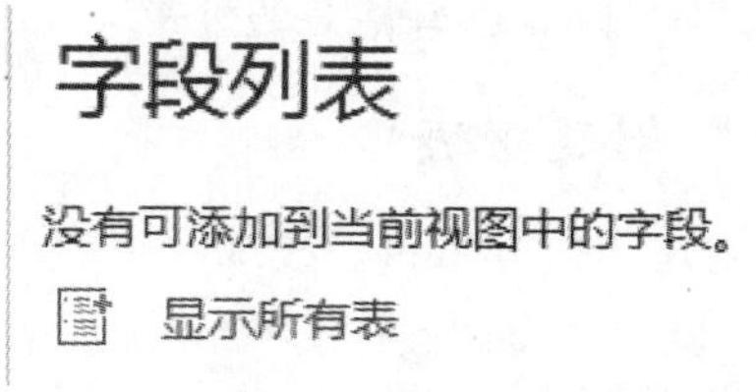

图 6-8　字段列表

（2）单击“显示所有表”，显示数据库中的所有表，如图 6-9 所示。

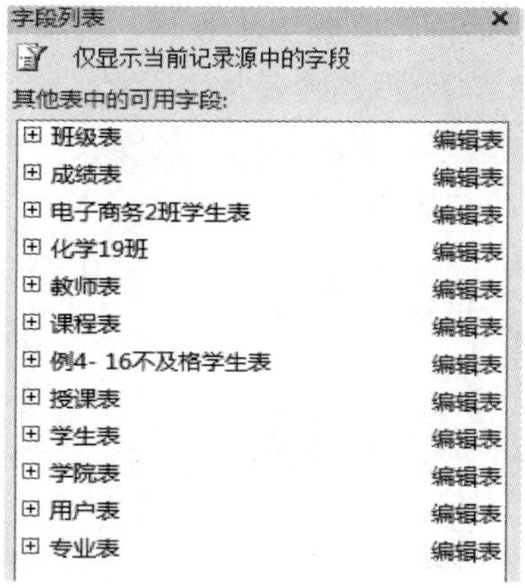

图 6-9　数据库中的所有表

（3）单击“学生表”前的“+”加号，展开学生表中的所有字段；双击“学号”“姓名”添加字段到报表中。

（4）同理添加“班级表”中字段“班级名称”和“所属专业”。

（5）在布局视图里查看结果，如图 6-10 所示。

（6）保存报表为“例 6-2 学生班级报表”。

注：

① 应用“报表”创建报表，数据源可来源于多张表。

② 添加字段，可双击字段名；也可拖动字段到报表布局视图。

③ 可以同时选择多个字段进行拖动。

学号	姓名	班级名称	所属专业
2019034072	黄琼	电子商务1班	电子商务
2019034042	黄娇	电子商务1班	电子商务
2019034012	杨红彩	电子商务1班	电子商务
2019034063	林娟	计算机科学与技术1班	计算机科学与技术
2018034012	杨红彩	电子商务2班	电子商务
2018034022	农玉梅	电子商务2班	电子商务
2018034032	潘淑华	电子商务2班	电子商务
2018034042	黄娇	电子商务2班	电子商务
2018034052	李洁玉	电子商务2班	电子商务

图 6-10　学生班级报表

6.2.3　通过“报表向导”创建报表

例 6-3　通过“报表向导”创建“例 6-3 课程成绩”报表，数据源为“学生表”“课程表”“成绩表”和“教师表”4 张表，显示“学号”“姓名”“课程名称”“成绩”和“教师姓名”，以“课程名称”分组，以“成绩”降序查看学生的成绩。

操作步骤：

（1）打开“教学信息管理”数据库，选择“创建”选项卡→“报表”选项组→“报表向导”。

（2）弹出如图 6-11 所示的对话框，单击“表/查询”后的下拉列表框，选择“表：学生表”数据源，在“可用字段”中添加“学号”“姓名”字段到“选定字段”。

（3）同理选择“课程表”中的“课程名称”、“成绩表”中的“成绩”和“教师表”中的“教师姓名”。选定的字段最终结果如图 6-12 所示。

图 6-11　“报表向导”之一

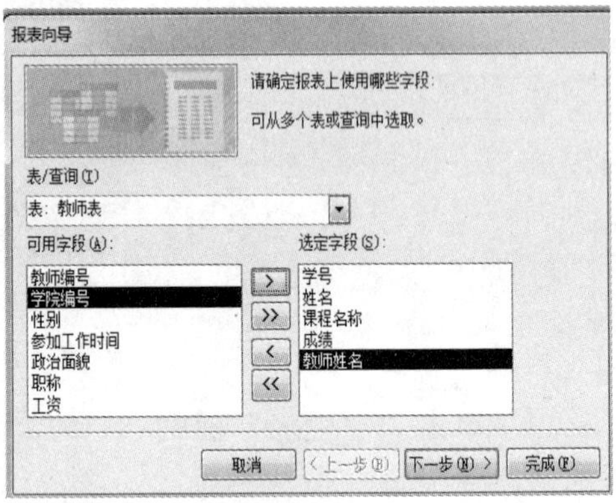

图 6-12　最终选定字段

（4）单击“下一步”，弹出“报表向导”之二，确认是否分组，如图 6-13 所示。根据题目要求，选择“课程名称”单击 > ，添加分组字段为“课程名称”，如图 6-14 所示。

（5）单击“下一步”，确定排序字段，在此我们可以选择“成绩”降序（排序只有两种，要么升序，要么降序，只要在“升序”按钮上单击即可切换），如图 6-15 所示。

（6）单击图 6-15 中的“汇总选项”，弹出需要设定的汇总值，譬如可以选择“平均”计算各科成绩的平均分，“最大值”计算各科成绩的最大值，“汇总”计算各科成绩的总分等；也可以同时选择多项，只要在复选框里单击即可，复选框里显示“✓”。在这里我们全部选择，对每门课的成绩进行汇总、求平均值、最大值和最小值等计算，如图 6-16 所示。

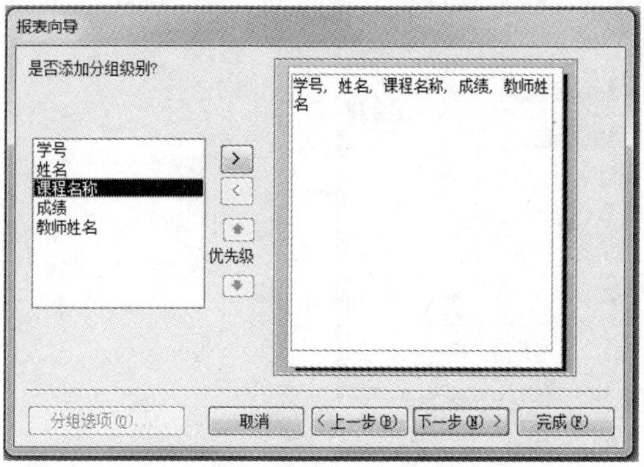

图 6-13　选择分组字段

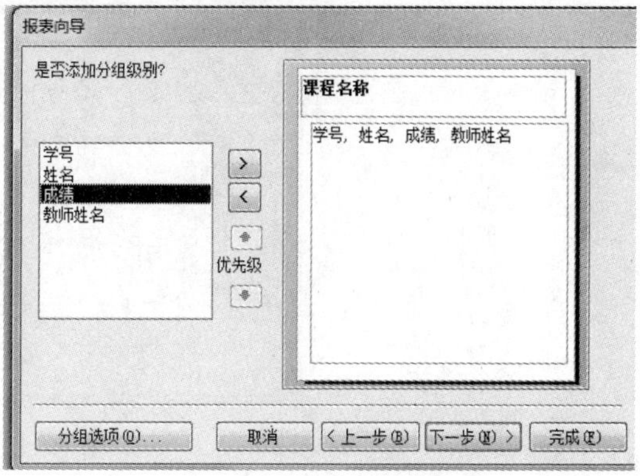

图 6-14　确定分组字段

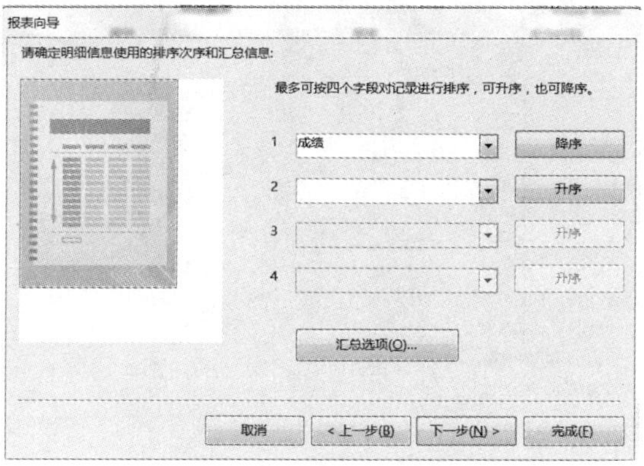

图 6-15　确定排序字段

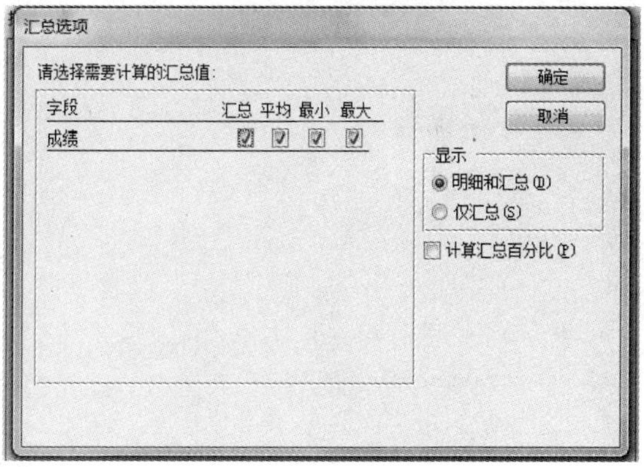

图 6-16　设定汇总值

（7）设定好汇总值，单击“确定”回到图 6-15，继续单击“下一步”。

（8）确定报表的布局，如图 6-17 所示，在此我们选择布局方式为“递阶”，方向选择“纵向”。

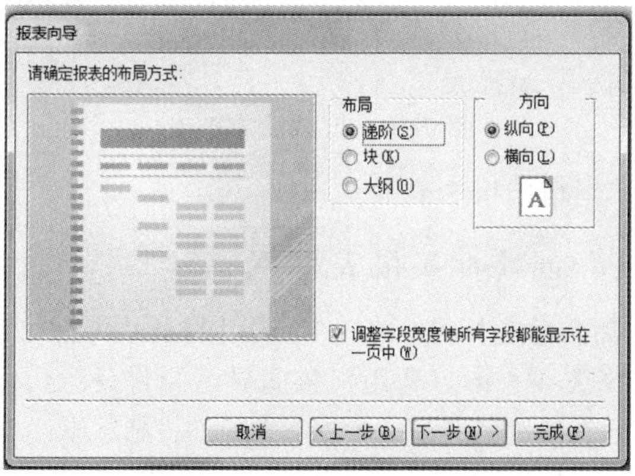

图 6-17　确定报表的布局

（9）继续“下一步”，在“请为报表指定标题”中输入“例 6-3 课程成绩”，在“请确定要预览报表还是要修改报表设计”中选择“预览报表”，如图 6-18 所示。

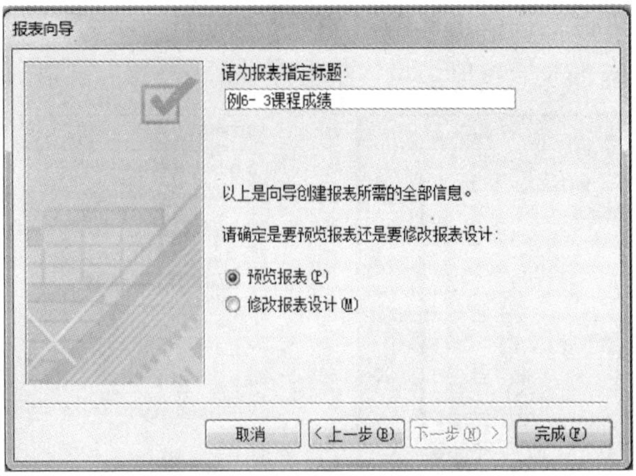

图 6-18　输入报表标题

（10）单击“完成”，预览报表如图 6-19 所示。

例6- 3课程成绩

课程名称	成绩	学号	姓名	教师姓名
C语言程序设计				
	95	1902020105	项小燕	杜少雄
	88	1902010108	王敏	杜少雄
	86	1902020115	黄明明	杜少雄
	86	1902010107	卢少敏	杜少雄
	85	1902010101	吴飞虎	杜少雄
	85	1902020114	陈静怡	杜少雄
	85	1902010112	刘秀君	杜少雄
	85	1902010106	刘永全	杜少雄
	76	1902020104	黄浩杰	杜少雄

图 6-19　查看报表部分结果

（11）在一门课的末尾，我们能够看到汇总信息，显示各汇总选项，如图 6-20 所示。

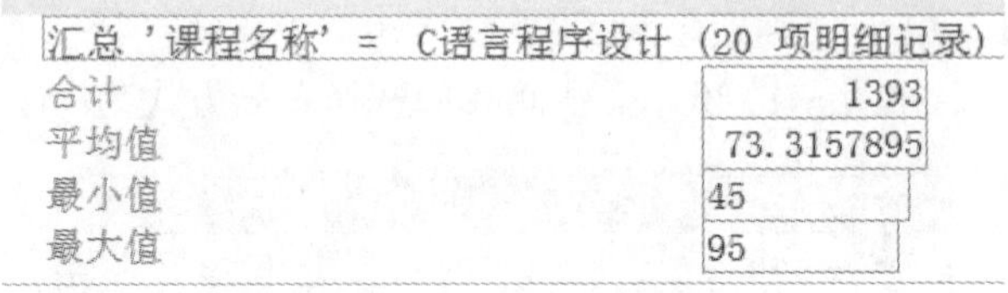
汇总 '课程名称' = C语言程序设计 (20 项明细记录)

合计	1393
平均值	73.3157895
最小值	45
最大值	95

图 6-20　成绩汇总结果

思考：如何设置平均值保留两位小数？

6.2.4　通过“标签”创建标签报表

日常生活中很多物品都会贴有标签，学生考试用的桌贴等都可以通过标签报表来制作。标签报表的数据来源于一张表或查询。利用标签向导可制作任意尺寸的标签。

例 6-4　通过标签向导创建“例 6-4 学生标签报表”，显示学生的“学号”“姓名”“性别”和“出生日期”，要求标签大小为 72 mm×72 mm，一行显示两条记录信息。

操作步骤：

（1）打开“教学信息管理”数据库，选择“学生表”。

（2）选择“创建”选项卡→“报表”选项组→“标签”。

（3）弹出“标签向导”之一——确定标签的尺寸对话框，如图 6-21 所示。

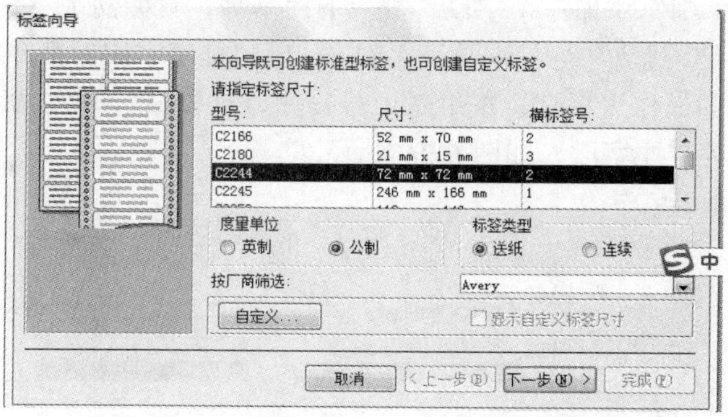

图 6-21　确定标签的大小

利用垂直滚动条选择合适的尺寸，若没有合适的尺寸，可以单击上图中的“自定义”，弹出自定义对话框，设置满足需求的尺寸。

横标签号：设置一行显示的标签个数。

（4）单击“下一步”，弹出“标签向导”之二——设置标签的外观，包括字体、字号、字体的粗细、字体颜色、是否倾斜和加下划线等，如图 6-22 所示。

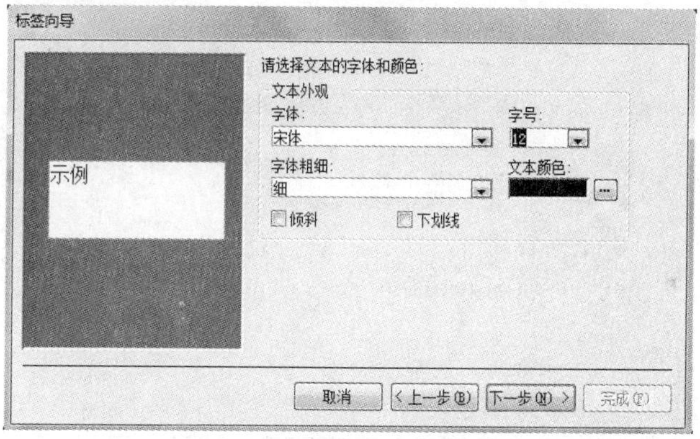

图 6-22　标签外观的设置

（5）单击“下一步”进入“标签向导”之三——设置原型标签，如图 6-23 所示。将标签所用字段从可用字段中选择，单击 > 选择按钮，添加到原型标签。

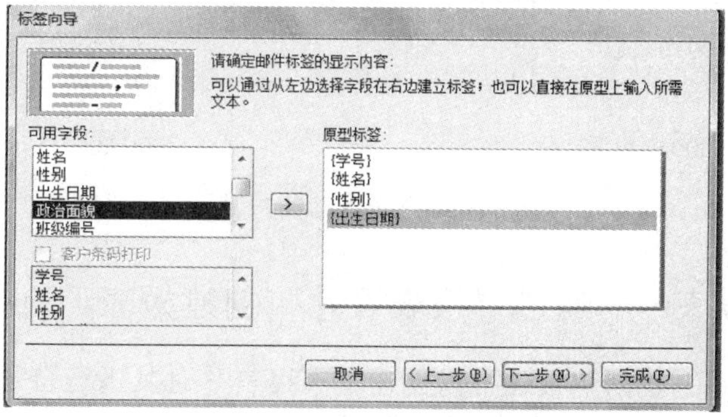

图 6-23　设置原型标签

注：需要注意原型标签的布局，若要每个属性名出现在标签的左侧，属性值出现在其右侧，类似纵栏式报表，则每添加一个字段，按一下回车键，鼠标到了下一行再选下一个字段。

（6）单击“下一步”进入“标签向导”之四——确定排序字段。排序字段可有可无，但一般还是添加比较好。譬如作为桌贴，按准考证号排序，这样贴的时候就比较容易找到。这里我们添加“学号”作为排序字段，如图 6-24 所示。

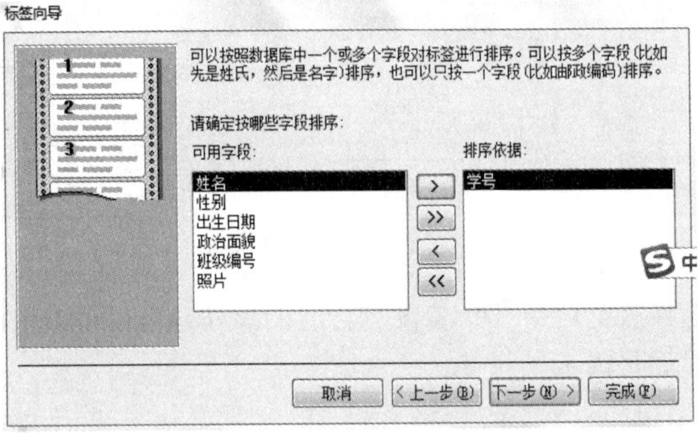

图 6-24　设置排序字段

（7）单击“下一步”进入“标签向导”之五——确定标签报表的名称和打开报表的方式，在此我们输入标签的名称“例 6-4 学生标签报表”，选择“查看标签的打印预览”，如图 6-25 所示。

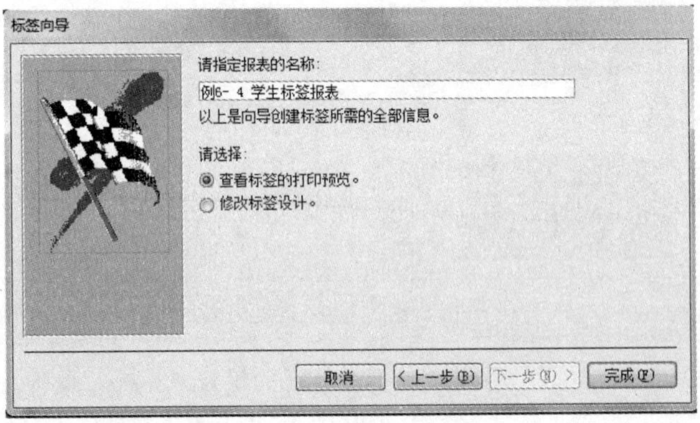

图 6-25　设置报表的名称

（8）单击“完成”，查看制作的标签部分数据，如图 6-26 所示。

1901010101	1901010102
王小鹏	赵斌
男	男
2000年11月2日	2000年10月10日

图 6-26　学生标签报表

6.3　自定义报表——通过“报表设计”创建报表

在“设计视图”中手动创建报表可以创建基本报表并对其进行自定义，使其满足实际需求。报表设计中所用的控件与窗体中的控件相同，使用方法也相同。

6.3.1 利用设计视图创建一般报表

设计视图创建的一般报表同通过“报表”“空报表”和“报表向导”创建的报表，只是对表或查询中的字段按照满足的要求显示相关字段。

例 6-5 在设计视图中创建“例 6-5 教师报表”，显示教师的“教师编号”“教师姓名”“性别”“政治面貌”“职称”和“学院名称”信息。

操作步骤：

（1）打开“教学信息管理”数据库，选择“创建”选项卡→“报表”选项组→“报表设计”。弹出如图 6-27 所示的报表设计界面，若要添加报表的其他部分，则在图 6-27 中的任意空白处单击右键，在弹出的快捷菜单中单击要添加的部分，如图 6-28 所示。

在弹出如图 6-27 所示的界面的同时，在数据库的标题栏自动增加了“报表设计工具”，如图 6-29 所示，方便在后续的报表设计中进行应用。

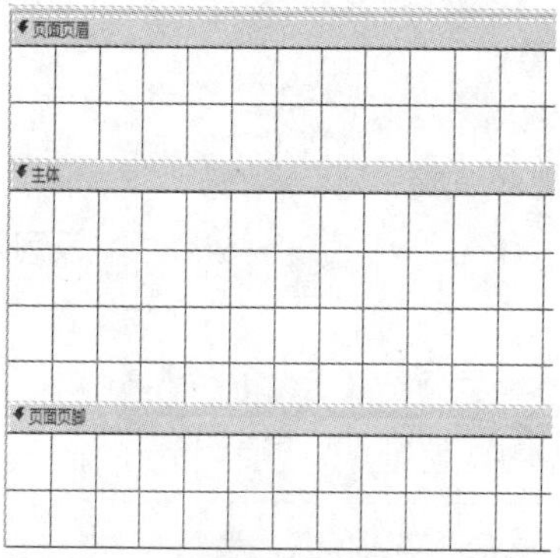

图 6-27　报表设计界面

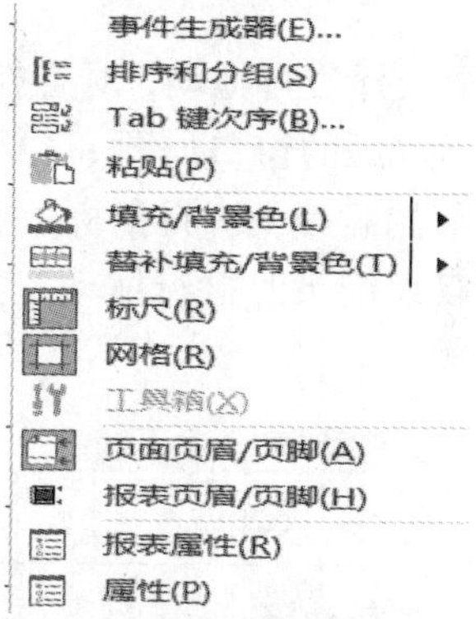

图 6-28　快捷菜单

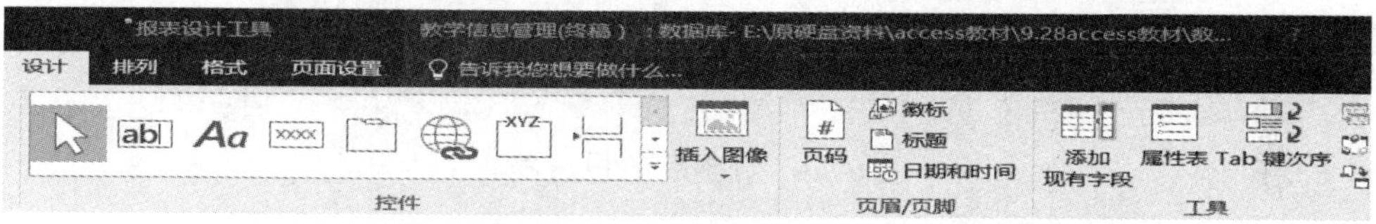

图 6-29　报表设计工具

（2）单击图 6-29 中的“属性表”，在窗口的右侧弹出“属性表”对话框（各属性同窗体，参见窗体节相关内容），如图 6-30 所示。

（3）单击“数据”，在“记录源”的下拉列表框中，选择“教师表”。

（4）单击图 6-29 中的“添加现有字段”选项，弹出“字段列表”对话框，如图 6-31 所示。

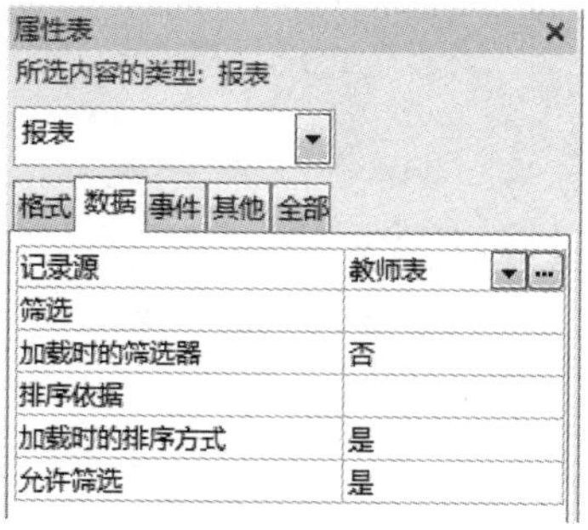

图 6-30　属性表对话框

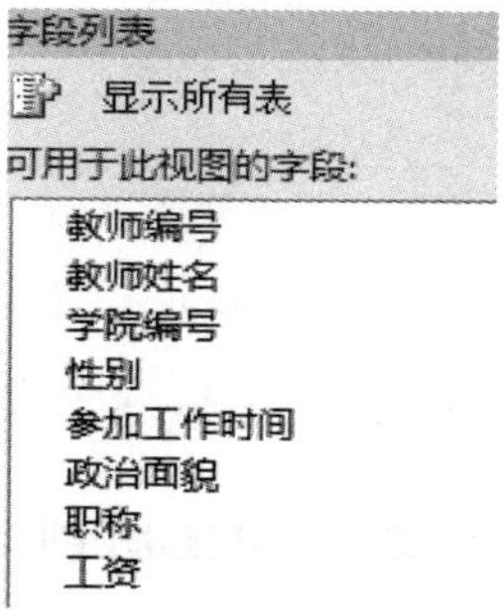

图 6-31　字段列表

单击“显示所有表”，会显示此数据库中的所有表，而且归类显示，分别为“可用于此视图的字段”“相关表中的可用字段”和“其他表中的可用字段”，如图 6-32 所示。

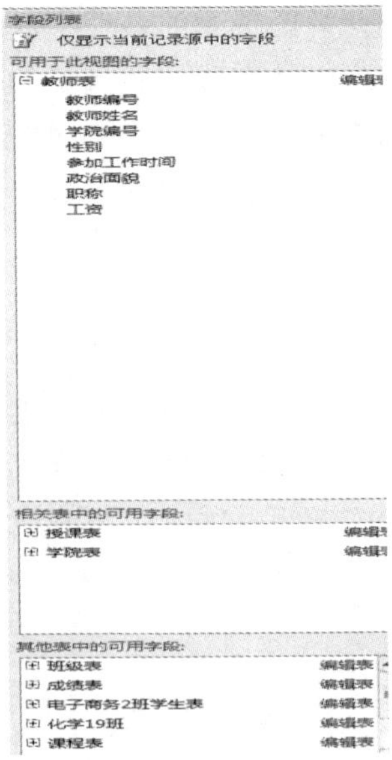

图 6-32　字段列表

（5）分别将教师表中的“教师编号”“教师姓名”“性别”“政治面貌”和“职称”拖动到报表的主体节；同理单击“学院表”前边的“+”号，展开“学院表”中的字段，将“学院名称”添加到主体节。

（6）在主体节添加的各字段为绑定性文本框，分别与数据源中的相关字段相绑定；而且每个绑定的文本框自带一个标签。选中所有的标签，单击右键，选择“剪切”命令，在页面页眉的空白处，单击右键，选择“粘贴”命令。

（7）利用鼠标进行拖动，对各控件的位置进行调整，重新布局。调整后的窗口如图 6-33 所示。根据需要可以调整报表各节的宽度——将鼠标放在各节的分界线处，当鼠标朝向双线箭头时进行拖动，拖出所需要的大小释放鼠标。

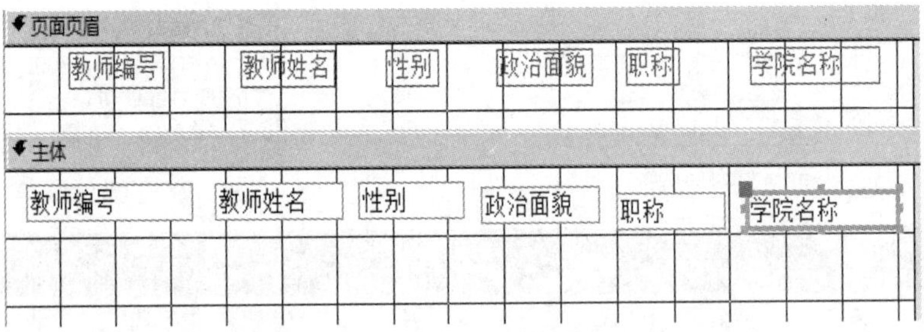

图 6-33　调整后的报表界面

（8）切换到“报表视图”，查看结果，部分结果如图 6-34 所示，若对布局等不满意，可切换到“设计视图”进行重新调整。

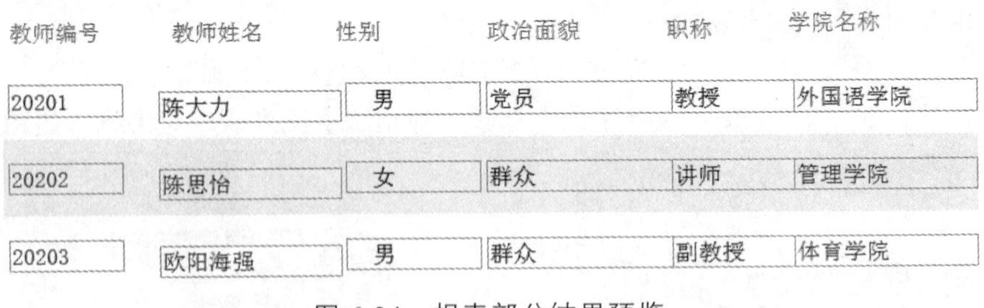

图 6-34　报表部分结果预览

（9）保存报表为“例 6-5 教师报表”。

6.3.2　利用设计视图创建高级报表

可以利用设计视图添加计算字段、添加分组字段并对分组字段进行汇总，也可以添加排序字段和对报表各节进行需要的版面设计等。

1. 添加排序字段

在利用“报表向导”创建报表时，至多可以选择 4 个字段排序，而在报表设计中，可以设置超过 4 个字段的排序。排序分为升序和降序两种，升序是按由小到大顺序排，降序是按由大到小的顺序排。（数值按数值大小，字母按字母的 ASCII 值，汉字按拼音的字母顺序，汉字也可按笔画进行排序，若是混合排序，升序按“数字”“字母”“汉字”的顺序，降序相反）

2. 添加分组字段

在报表中可以设置按照某个字段的升序或降序输出记录数据，同时还可以将记录进行分组。把有某种相互关联的记录放在同一个组中，便于对整个组进行统计和查看。

在报表设计视图中指定排序字段之后，可以通过添加组页眉和组页脚来创建组。使用“组页眉”属性可以添加或删除组页眉，使用“组页脚”属性可以添加或删除组页脚，对于作为分组形式的每个字段和表达式，可以为其设置页眉或页脚。

通常，在组开头单独的一节中使用组页眉来显示用于标识该组的数据，在组结尾单独的节中使用“组页脚”来汇总组中的数据。

“分组形式”属性显示的设置取决于作为分组形式的字段的字符类型。按“文本”字段对记录分组时，“分组形式”属性设置如图 6-35 所示。按“日期/时间”字段对记录分组时，“分组形式”属性设置如图 6-36 所示，一般选择“按整个值”。

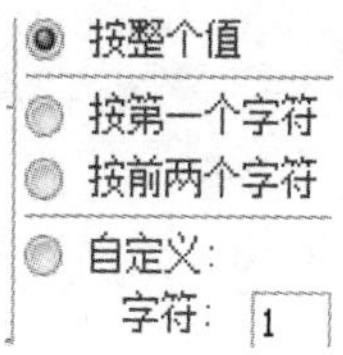

图 6-35 文本类型分组形式

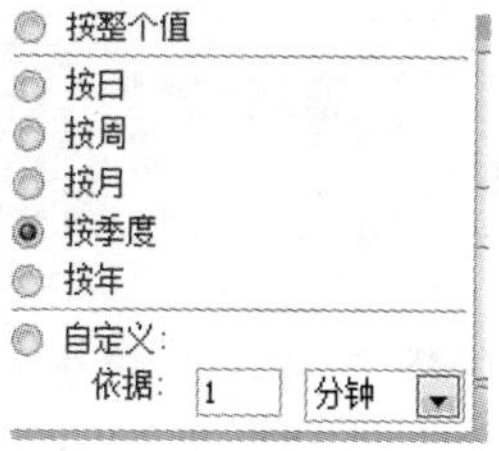

图 6-36 日期/时间类型分组形式

3. 添加计算字段

在报表设计中，可以根据需要添加数据源中没有的字段，这些字段可以根据数据源中的相关字段通过数学运算所得，通常要利用计算控件。譬如，通过出生年月可以计算年龄；通过工资可以计算平均工资等。

下面举例说明在报表设计中添加排序、分组和计算字段的应用。

例 6-6 创建“例 6-6 学生成绩报表”，显示“学号”“姓名”“课程名称”和“成绩”，添加“备注”。备注显示“及格”或“不及格”，成绩≥60 为及格，成绩<60 为不及格，成绩为空时显示“缺考”；以课程名称降序显示记录。

操作步骤：

（1）打开“教学信息管理”数据库，选择“创建”选项卡→“报表”选项组→“报表设计”。

（2）同例 6-5 第（5）步，添加“学号”“姓名”“成绩”和“课程名称”字段到主体节。

注：在此处需先添加“成绩”字段，后添加“课程名称”，因学生表与成绩表相关，学生表与课程表没有直接的关联关系。

（3）选择上边字段的标签，执行“剪切”操作，到页面页眉节，单击右键选择“粘贴”，重新对设计视图中的各控件布局进行调整，如图 6-37 所示。

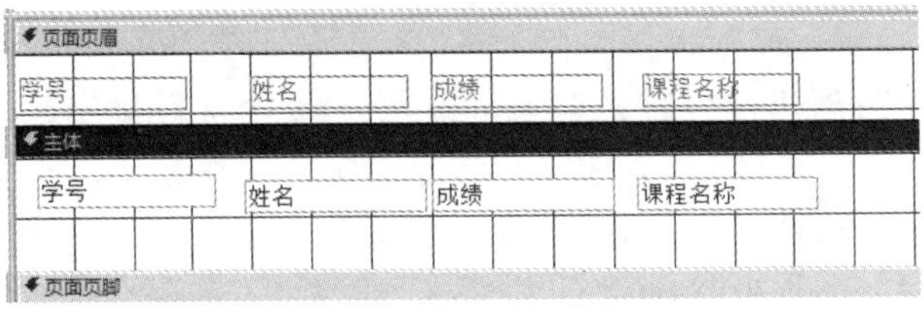

图 6-37　调整控件布局

（4）在主体节添加文本框控件。文本框中标签写“备注”，同步骤（3），将标签剪切到页面页眉节并调整其位置。

（5）在文本框中输入“=IIf([成绩] Is Null,"缺考", IIf([成绩]>=60,"及格","不及格"))”或者选中文本框，单击“属性表”，在弹出的属性表中选择“控件来源”，单击控件来源后面的…，弹出如图 6-38 所示的“表达式生成器”对话框，在表达式生成器中输入“=IIf([成绩] Is Null,"缺考",IIf([成绩]>=60,"及格","不及格"))”。

（6）单击“报表设计工具”→“设计”→“分组和排序”，如图 6-39 所示。

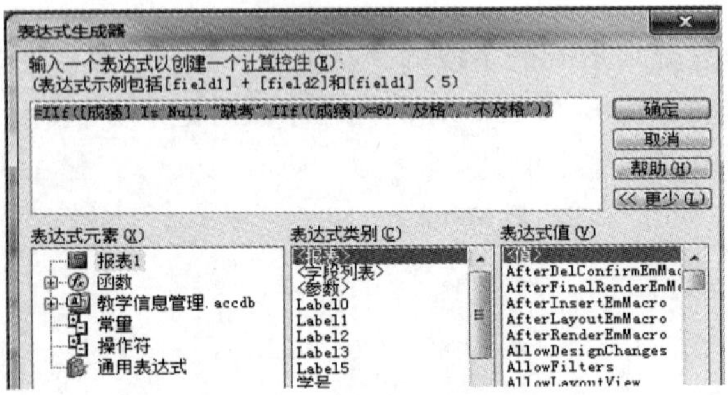

图 6-38　表达式生成器

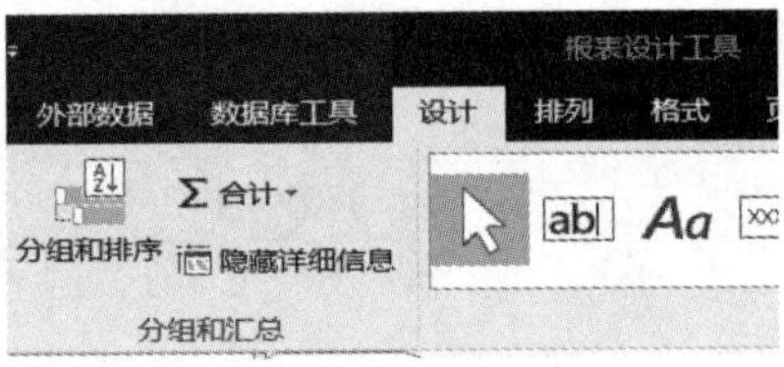

图 6-39　添加分组与排序字段

在报表主体节下面出现分组与排序界面，如图 6-40 所示。

图 6-40　添加的排序与分组字段

（7）单击“添加排序”，弹出如图 6-41 所示报表中供排序的字段列表。

（8）选择排序字段“课程名称”，单击“升序”后的下拉列表框，选择“降序”，如图 6-42 所示。

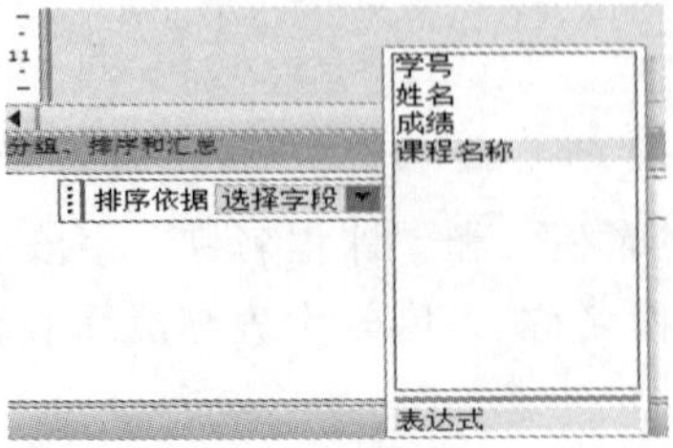

图 6-41　报表中的字段

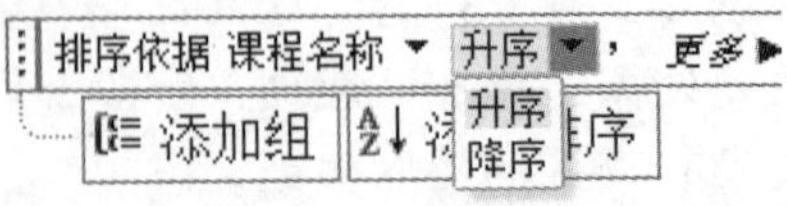

图 6-42　选择指定字段的排序方式

（9）切换到“报表视图”，查看结果，部分结果如图 6-43 所示。

图 6-43　报表的部分结果

（10）保存报表为“例 6-6 学生成绩报表”。

例 6-7　创建“例 6-7 班级课程平均分报表”，以班级和课程分组，显示各班各门课程的平均分，并显示学生的成绩明细信息，平均分保留 2 位小数，在页面页脚设置“共几页，第几页”的页码格式。

操作步骤：

（1）打开“教学信息管理”数据库，选择“创建”选项卡→“报表”选项组→“报表设计”。

（2）打开报表设计界面，单击“属性表”，在选择内容的下拉列表框中选择“报表”，如图 6-44 所示。

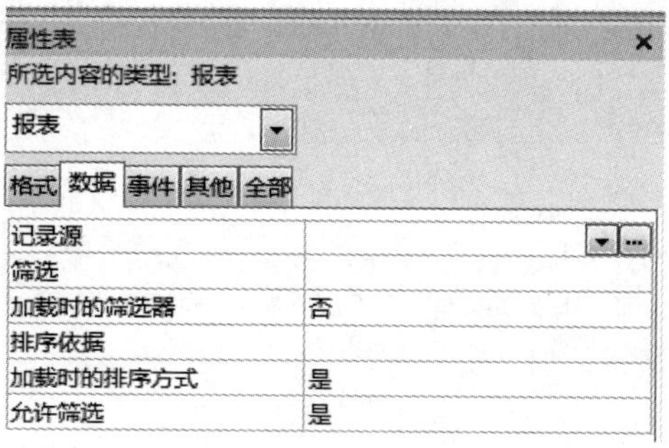

图 6-44　打开报表“属性表”对话框

（3）单击“数据”记录源后面的…，打开查询设计器，创建报表的数据源，如图 6-45 所示。

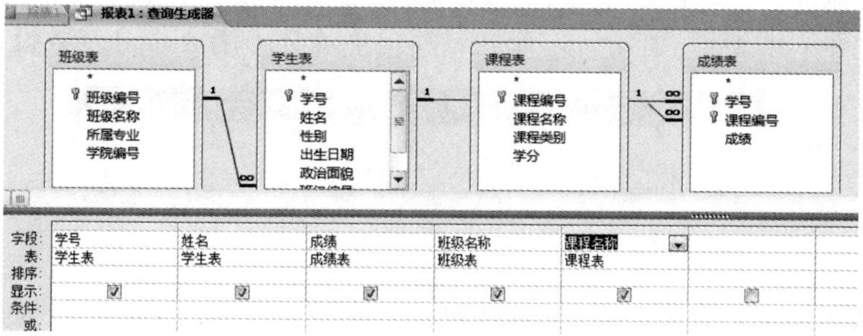

图 6-45　创建报表的数据源

（4）单击“查询工具”→“设计”→“关闭”，弹出如图 6-46 所示的对话框。

图 6-46　SQL 查询对话框

（5）单击“是”，关闭 SQL 查询对话框，返回到报表属性设计，数据源中显示 Select 语句创建的查询。

（6）单击“报表设计工具”→“设计”→“工具”→“添加现有字段”，弹出“可用于此视图的字段”，以及步骤（3）创建的查询中的字段。

（7）选择“学号”“姓名”和“成绩”字段，添加到报表的主体节，调整各控件布局。同例 6-6 步骤（3），将各控件标签放在页面页眉节。

（8）单击“报表设计工具”→“设计”→“分组和排序”，弹出如图 6-42 所示的添加组和排序字段界面。

（9）单击“添加组”，弹出类似图 6-41 所示的字段列表，选择“班级名称”字段后报表中自动添加“班级名称页眉”节。

（10）从字段列表中将“班级名称”字段拖到“班级名称页眉”节，

（11）按例 6-6 的第（7）步，设置按照“班级名称”降序排列记录。

（12）同理添加“课程名称页眉”节。

（13）单击“分组、排序和汇总”的“分组形式 课程名称”，在弹出的选项里单击“更多”，进一步展开各选项，如图 6-47 所示，单击“有页脚节”，即可添加“课程名称页脚”节。

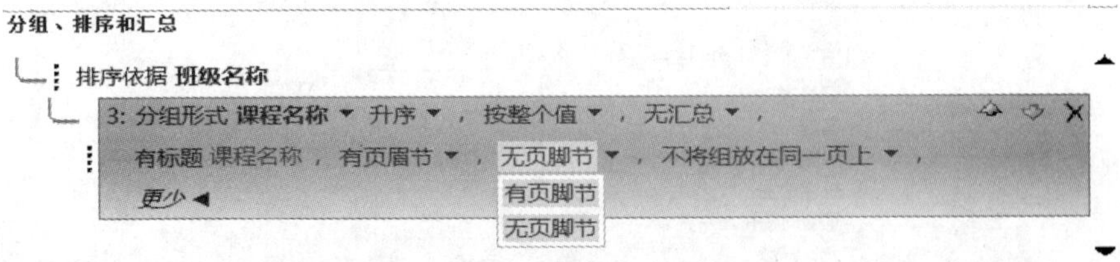

图 6-47　添加组页脚节

（14）在“课程名称页脚节”添加文本框控件，文本框自带标签的标题改为“平均成绩”（可直接在标签里输入，也可以选中标签更改标签的标题属性）；在文本框中输入“=Round(Avg([成绩]),2)”，如图 6-48 所示。（用 Avg 函数计算出平均分，用 Round 函数设置小数位数）

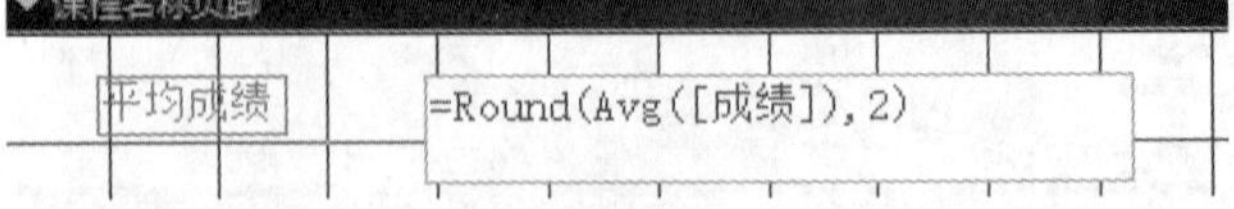

图 6-48　计算平均分

（15）在报表的“页面页脚”节，单击“报表设计工具”→“设计”→“页眉/页脚”→“页码”，弹出如图 6-49 所示的对话框，对页码进行设置，设置完毕后单击“确定”，返回窗体设计视图。

（16）调整报表中各节及各控件的位置，设计视图的结果如图 6-50 所示。

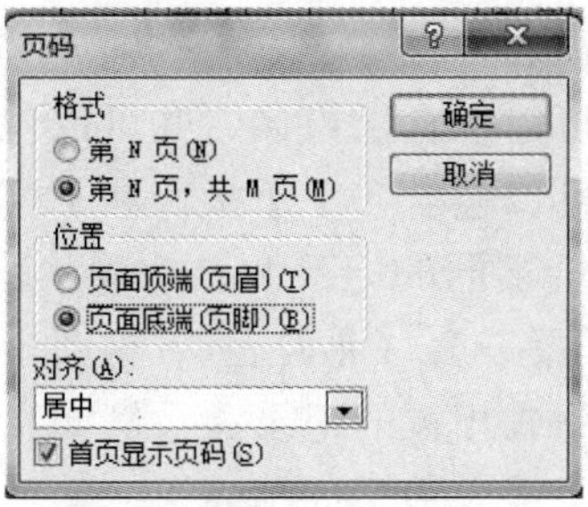

图 6-49　页码设置

图 6-50　报表的设计视图

（17）切换到“打印预览”视图查看结果，如图 6-51 所示。

图 6-51　报表部分预览结果

（18）保存报表为“例 6-7 班级课程平均分报表”。

6.3.3　子报表

子报表是插在其他报表中的报表，即报表中既有主报表，又有子报表。主报表可以是绑定的，也可以是未绑定的，即子报表可以基于表、查询或 SQL 语句，也可以不基于上述数据源。主报表可以包含子报表，也可以包含子窗体，并可以包含多个子报表或子窗体。

在子报表和子窗体中，同样可以包含多个子报表和子窗体。

主报表和子报表可以基于完全不同的记录源，此种状况主、子报表间没有真正的关系。例如，主报表为“院系表”，而子报表为“课程表”，这两个报表就不存在直接的关系。

主、子报表也可以基于相同的或相关的记录源。例如“学生表”和“成绩表”，主报表是“一对多”关系中的“学生表”，子报表为“成绩表”。

主、子报表还可以以链接的形式存在，但在创建子报表前应确保已与基础记录源表、查询或 SQL 语句建立了关联。

创建子报表的方法有两种，下面分别举例说明。

1. 在已有报表中创建子报表

例 6-8 创建“例 6-8 班级学生主子报表”，主报表为班级信息，子报表为“学生信息子报表”。

操作步骤：

（1）创建班级信息主报表，班级信息主报表设计视图如图 6-52 所示[具体步骤参考例 6-6 步骤（1）~（4）]。

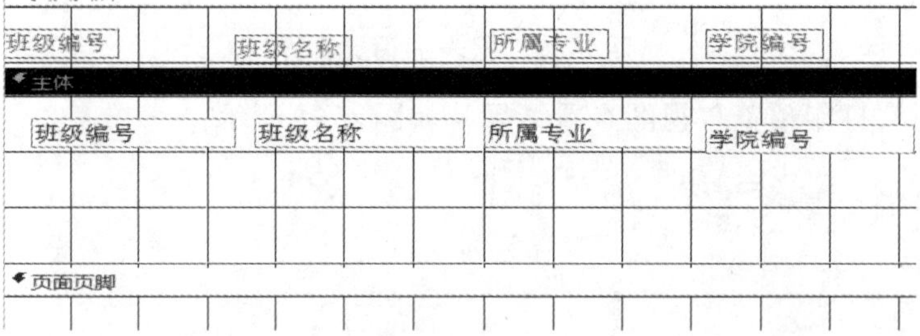

图 6-52　班级信息主报表设计结果

（2）在“报表设计工具”中激活“使用控件向导”，即单击“使用控件向导”。

（3）调整主体节的位置，让其有足够的空间存放子报表。

（4）在“报表设计工具”中单击“”子窗体/子报表，在主体节拖动鼠标，拖出子报表的大小，释放鼠标。弹出确定“子报表向导”之一——选择窗体或报表的数据源，如图 6-53 所示，在此选择“使用现有的表和查询”。

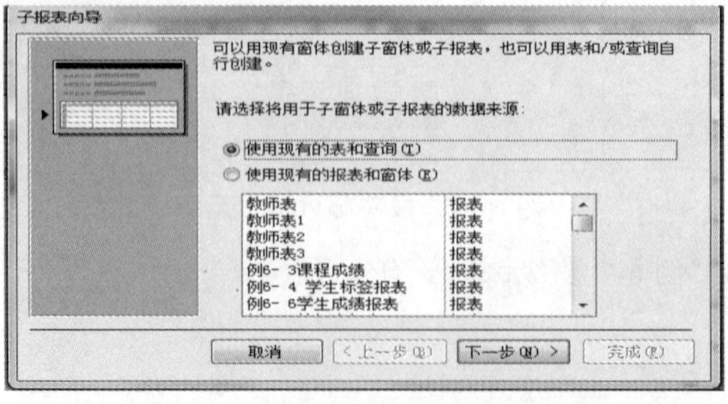

图 6-53　选择窗体或报表的数据源

（5）单击“下一步”，进入“子报表向导”之二——确定具体的数据源和报表中显示的字段，如图 6-54 所示，在此我们选择“表：学生表”作为数据源，将“学生表”中的“学号”“姓名”“性别”“出生日期”和“政治面貌”设置为选定字段。

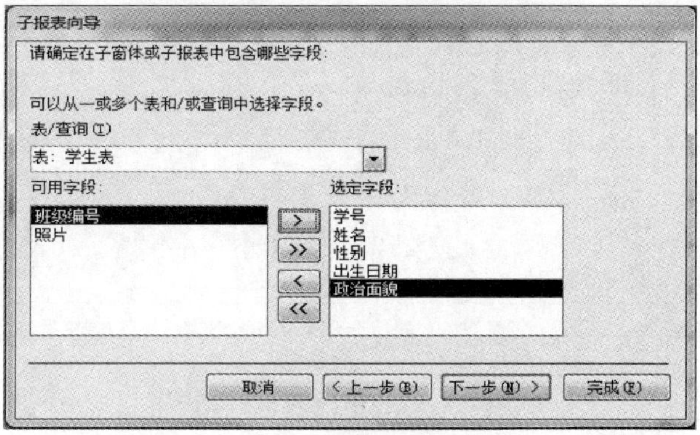

图 6-54　确定数据源和显示字段

（6）单击“下一步”，进入“子报表向导”之三——确定主/子表的链接字段。如图 6-55 所示，在此我们选择“从列表中选择”（如果两张表创建了一对多的关系，此链接字段通常为公共字段），当然也可以自定义链接字段。

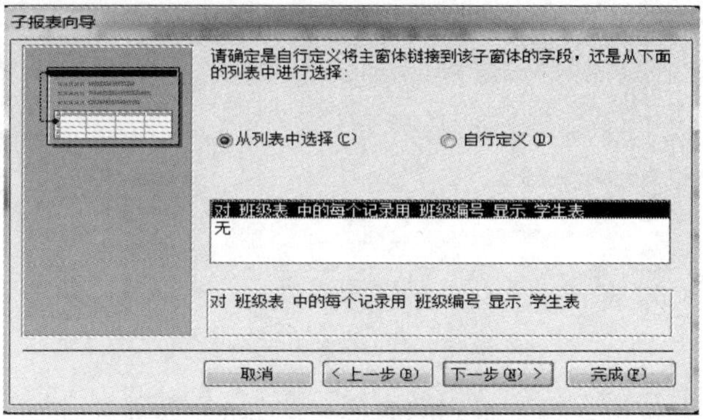

图 6-55　确定主/子表的链接字段

（7）单击“下一步”，进入“子报表向导”之四——确定子窗体/子报表的名称，在此我们键入“学生信息子报表”，如图 6-56 所示。

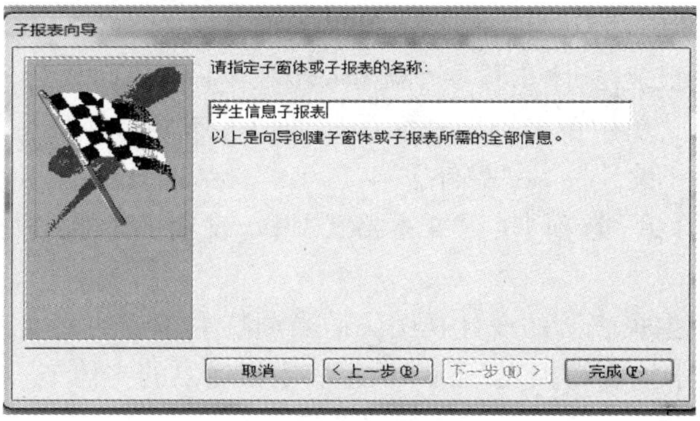

图 6-56　确定子报表的名称

（8）单击“完成”，查看报表的设计结果，在此可以调整窗口的布局，如图 6-57 所示。

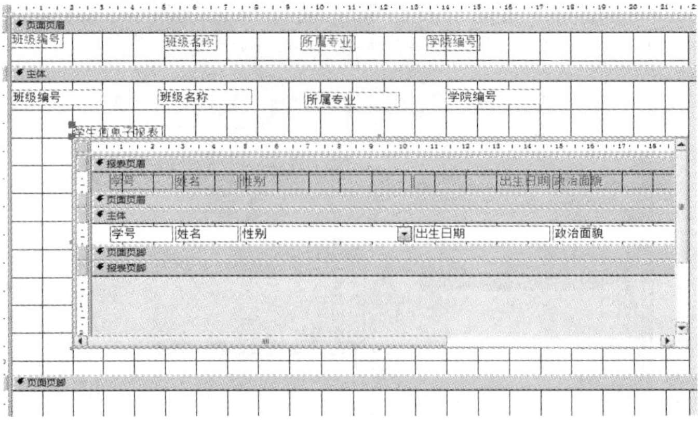

图 6-57　主/子报表设计结果

注：要调整子报表的位置，在子报表任意位置单击，当周围出现黄色框线时，即可拖动鼠标调整大小或位置。

（9）切换到报表视图查看结果，部分结果如图 6-58 所示。

图 6-58　主/子报表部分结果

（10）单击“保存”按钮，输入报表的名称“例 6-8 班级学生主/子报表”。

2. 将已有报表作为子报表拖入主表中

例 6-9　创建“例 6-9 学生成绩主/子报表”，主表为学生表报表，显示学生的“学号”和“姓名”，子表为“例 6-6 学生成绩报表”；报表页眉添加“学生表主报表”标题，黑体，20 号字。

操作步骤：

（1）创建学生表主报表[具体步骤参考例 6-6 步骤（1）~（4）]，在报表任意位置单击鼠标右键，在弹出的快捷菜单中单击“报表页眉”，即在报表设计视图中添加了报表页眉节。单击“报表设计工具”→“设计”→“控件”→“Aa”标签，在标签中输入“学生表主报表”，单击选中该标签，在“开始”选项卡→“文本格式”中，设置字体格式为“黑体”，字号为“20”，设计界面如图 6-59 所示。

（2）打开“学生表主报表”的设计视图，适当调整主体节的宽度。

（3）拖动“例 6-6 学生成绩报表”到“学生表主报表”的主体节，并适当调整其位置，界面如图 6-60 所示。

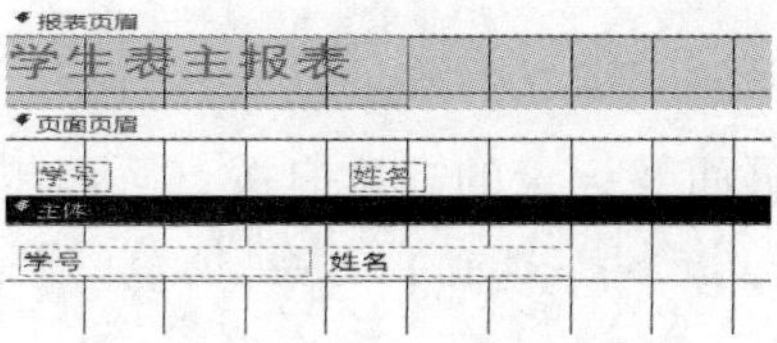

图 6-59　学生表主报表界面

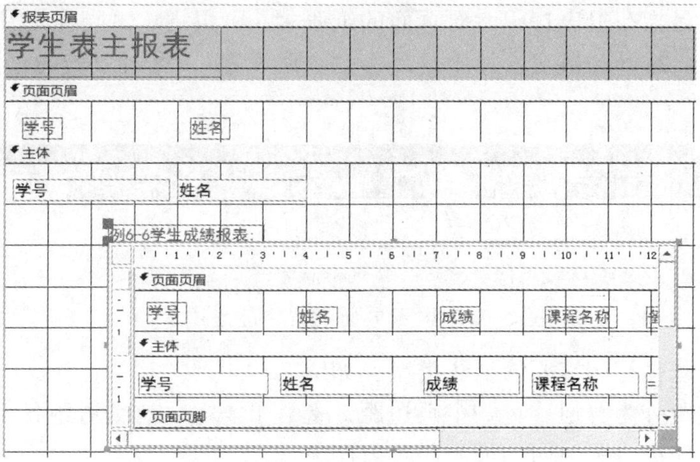

图 6-60　学生成绩主/子报表界面

（4）在报表设计视图中，将子报表标题“例 6-6 学生成绩报表:”更改为“学生成绩子报表”。

（5）切换到报表视图查看结果，部分结果如图 6-61 所示。

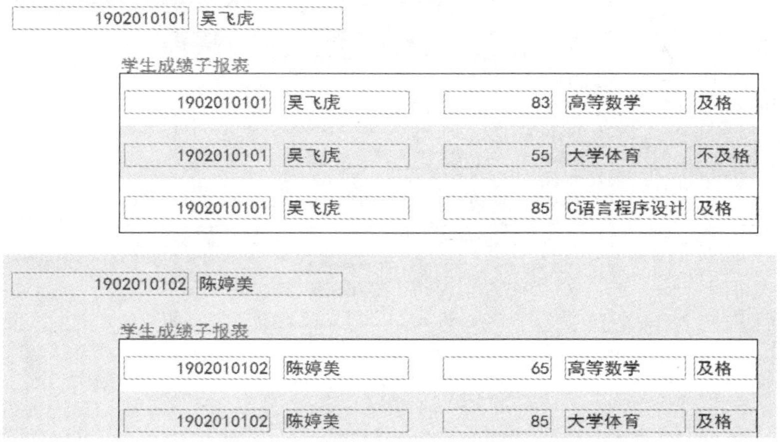

图 6-61　学生成绩主/子报表部分结果

（6）保存报表为“例 6-9 学生成绩主/子报表”。

注：此题的第二种做法，即在主/子报表均创建好后，激活控件向导，利用子报表向导插入子报表，在例 6-8 的第（4）步，图 6-53 中选择“使用现有的报表和窗体”，选择“例 6-6 学生成绩报表”，其他步骤同例 6-8。

6.4 报表打印与导出

报表每页打印的记录数与页面及记录的高度有关，页面越高打印的记录数越多，记录的高度越高，打印的记录数越少，每条记录的高度为主体节的高度。

6.4.1 报表页面设置

报表页面设置是指在报表打印前对页面的纸张大小、页眉、页脚样式及打印方向的设置。在报表设计视图中，打开“报表设计工具”→“页面设置”，可对报表的页面进行详细设置，如图 6-62 所示。

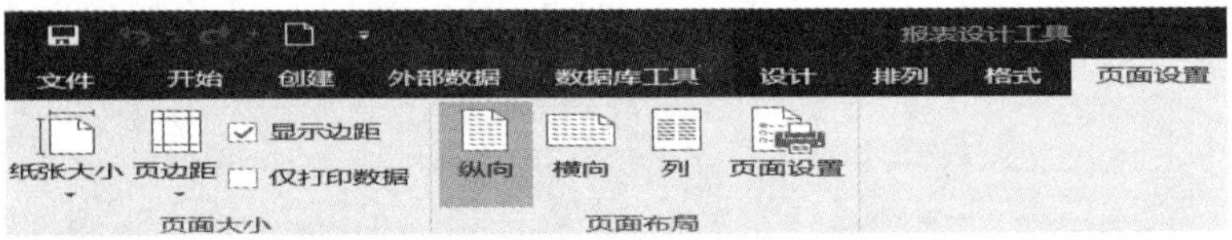

图 6-62 报表页面设置功能选项卡

纸张大小：可选择打印需要的纸张类型，如 A3、A4 等。

页边距：页边距分为普通、宽、窄页边距，上、下、左、右页边距各不同。

打印方向；打印提供了纵向和横向两种打印方向。

列：打印的列数，默认为一列，若是多列，可单击“列”，打开“页面设置”界面，在“列”选项里对列进行详细设置，如图 6-63 所示。设置一行的列数，行距及列与列间的距离，每列的宽度，打印时先行后列还是先列后行。

先行后列：报表有多行多列，可设置先按行打印，一行中的内容打印完，再打印其他行。

先列后行：报表有多行多列，可设置按列打印，一列打印完，再打印其他列。

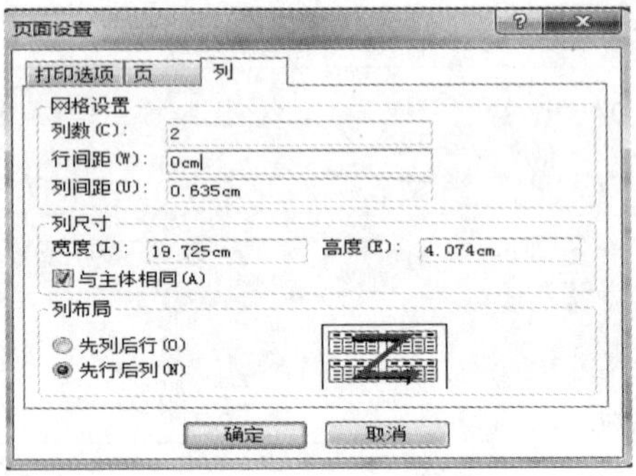

图 6-63 列的详细设置

在图 6-63 中通过“打印选项”可设置自定义页边距，在“页”选项里页可以设置打印方向和纸张大小。

6.4.2 报表的打印

报表设计好后，就可以对报表进行打印了，打印之前可预览报表。

1. 打印预览

可以在报表视图中切换到“打印预览”，也可在“文件”选项卡中，单击“打印”→“打印预览”，查看打印结果。

2. 报表打印

在确定打印结果无误后，在“打印预览”中直接单击“打印”；也可在“文件”选项卡中，单击“打印”→“打印”，查看打印结果。

6.4.3 报表的导出

Access 2016 可以将报表导出为.pdf 、.xps、.xlsx、.xml 和.txt 等文件格式，导出为其他格式的文件可独立使用。导出步骤通过下面的例子具体说明。

例 6-10 将“例 6-3 课程成绩”报表导出为以“例 6-10 课程成绩.pdf”命名的 PDF 格式。保存在 D 盘的 Access 文件夹下。

操作步骤：

（1）打开“教学信息管理”数据库，展开报表。

（2）选择“例 6-3 课程成绩”报表，即在“例 6-3 课程成绩”单击。

（3）单击“外部数据”→“导出”→“PDF 或 XPS”，如图 6-64 所示。

图 6-64 报表导出选项

（4）弹出保存位置及重命名对话框，设置保存位置，如图 6-65 所示。

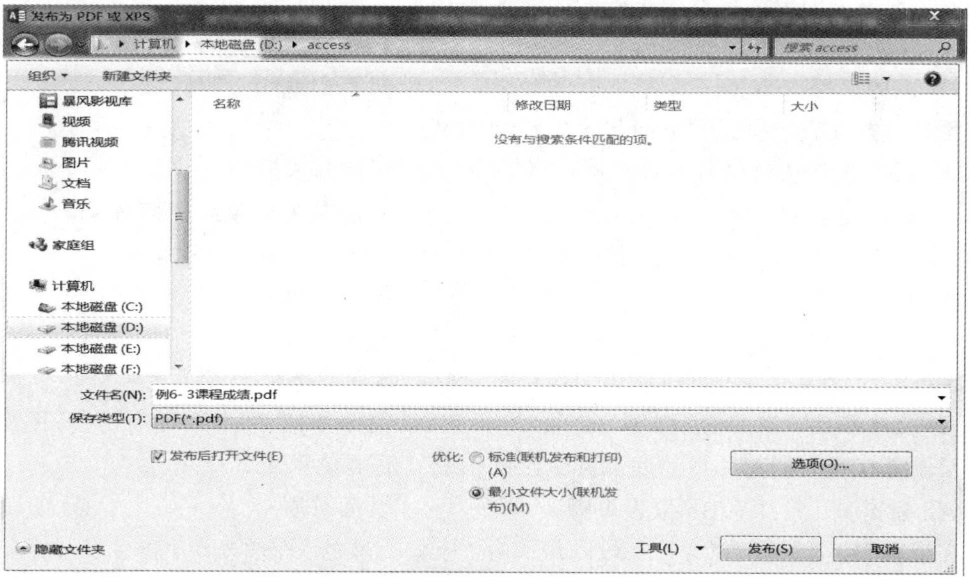

图 6-65 将报表转化为 PDF 格式

（5）单击图 6-65 中的“发布”按钮，完成对报表的转化。

（6）弹出保存导出步骤对话框，如图 6-66 所示，单击“关闭”。

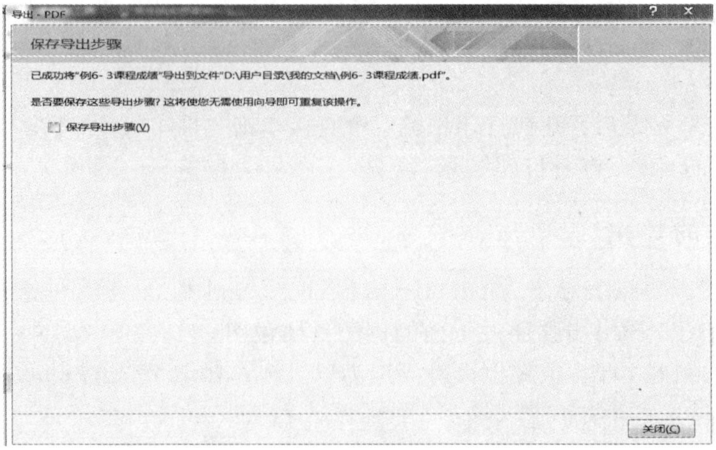

图 6-66　保存导出步骤对话框

（7）可在 D 盘的 Access 文件夹下查看转化的结果为“例 6-3 课程成绩.pdf”，将该 pdf 文件重命名为“例 6-10 课程成绩.pdf”。若计算机中安装了 PDF 阅览器，即可双击打开查看文件。

习　题

一、选择题

1. 以下叙述正确的是（　　）。
   A. 报表只能输入数据　　B. 报表只能输出数据
   C. 报表可以输入和输出数据　　D. 报表不能输入和输出数据
2. 要实现报表的分组统计，正确的操作区域是（　　）。
   A. 报表页眉或报表页脚区域　　B. 页面页眉或页面页脚区域
   C. 主体区域　　D. 组页眉或组页脚区域
3. 关于设置报表数据源，下面叙述中正确的是（　　）。
   A. 可以是任意对象　　B. 只能是表对象
   C. 只能是查询对象　　D. 只能是表对象或查询对象
4. 要设置只在报表最后一页主体内容之后输出的信息，正确的设置是（　　）。
   A. 报表页眉　　B. 报表页脚
   C. 页面页眉　　D. 页面页脚
5. 在报表设计中，以下可以做绑定控价显示字段数据的是（　　）。
   A. 文本框　　B. 标签　　C. 命令按钮　　D. 图像
6. 要设置在报表的每一页的底部都输出的信息，需要设置（　　）。
   A. 标签　　B. 报表页脚　　C. 页面页眉　　D. 页面页脚
7. 在报表中，要计算“数学”字段的最高分，应将控件的“控件来源”属性设置为（　　）。
   A. =Max（【数学】）　　B. Max（数学）
   C. =Max【数学】　　D. =Max（数学）
8. 要实现报表按某字段分组统计输出，需要设置（　　）。

A. 报表页脚　　B. 该字段组页脚　　C. 主体　　D. 页面页脚

9. 要显示格式为“页码总页数”，应当设置文本框的控件来源属性是（　　）。

A.【page】/【pages】　　B. =【page】/【pages】

C.【page】&“/”&【pages】　　D. =【page】&“/”&【pages】

10. 如果设置报表上某个文本框的控件来源属性为“=2*3+1”，则打开报表视图时，该文本框的显示信息是（　　）。

A. 未绑定　　B. 7　　C. 2*3+1　　D. 出错

11. 在报表中将大量数据按不同的类型分别集中在一起，称为（　　）。

A. 数据筛选　　B. 合计　　C. 分组　　D. 排序

12. 报表的数据来源不能是（　　）。

A. 表　　B. 查询　　C. SQL 语句　　D. 窗体

13. 报表不能完成的工作是（　　）。

A. 分组数据　　B. 汇总数据

C. 格式化数据　　D. 输入数据

14. 在报表设计时，如果要统计报表中某个字段的全部数据，计算表达式应放在（　　）。

A. 组页眉/组页脚　　B. 页面页脚/页面页脚

C. 报表页眉/报表页脚　　D. 主体

15. 在报表设计的工具栏中，用于修饰页面达到良好输出效果的控件是（　　）。

A. 直线和矩形　　B. 直线和圆形

C. 直线和多边形　　D. 矩形和圆形

二、填空题

1. 完整报表设计通常由报表页眉、________、________、________、________、______和组页脚 7 个部分组成。

2. Access 为报表提供了 4 种视图：打印预览、________、________和______视图。

3. 在 Access 中，报表设计时分节符以________标志显示在报表的左边界上。

4. 根据主体节内字段及数据的显示位置，将报表分为 3 种类型，分别是________、________和________报表。

5. Access 的报表对象的数据源可以设置为________。

6. 报表数据输出不可缺少的内容是______内容。

7. 计算控件的控件来源属性一般设置为________开头的计算表达式。

8. 要在报表上显示格式为“4/总 15 页”的页码，则计算控件的来源应设置为________。

9. 要设计出带报表线的报表，需要向报表中添加________控件完成报表线显示。

10. Access 的报表要实现排序和分组统计操作，应通过设置________属性来进行。

第 7 章　宏

宏是 Access 数据库的一个对象，它和表、窗体、查询、报表等其他数据库对象一样，拥有单独的名称。宏操作，简称为“宏”。宏是 Access 中执行特定操作或操作的集合，其中每一个操作实现特定的功能。一些简单重复的操作，如打开和关闭窗体、显示和隐藏工具栏、运行并打印报表等，实现这些操作的自动化可以极大地提高工作效率，同时也可以减少因失误操作引起的错误。执行宏时，Access 自动执行宏中的每一条宏操作，以完成特定的任务。

7.1　宏的概述

宏是 Access 2016 数据库对象之一，使用宏可以控制其他数据库对象，可自动执行一个或一组操作。宏的实现一般通过窗体中命令按钮的某些事件来实现，如通过命令按钮的单击事件来打开一张表，也可以在打开表的同时关闭窗体，弹出消息框等。这与命令按钮一次只能执行一种操作不同。

7.1.1　宏的基本概念

宏是由一个或多个操作组成的集合，其中每个操作都实现特定的功能，如“Opentable”操作命令可打开一张表，“Openform”可打开一个窗体。

可将宏看作一个工具，允许用户自动执行任务并向数据库对象中添加功能，如在窗体中添加一个命令按钮，单击此命令按钮时执行一个宏命令，此宏可以是一个操作，也可以是多个操作的集合。

宏可以由一系列操作组成一个宏，也可以由若干个子宏组成一个宏组。每个宏或子宏都有自己的宏名，每个子宏又由一系列操作组成。

7.1.2　宏的分类

宏分为简单宏、宏组和条件操作宏 3 种类型。

简单宏：由一条或多条简单操作组成。

宏组：由相关的宏组成。

条件宏：根据条件表达式确定在什么条件下运行宏，以及是否执行某个操作。

宏中包含的操作均由系统提供、由用户根据需要选择操作命令。一个宏中的操作命令在运行时按先后顺序依次执行。当设计了条件宏之后，则操作会根据满足的条件执行。

宏和宏组的区别：

宏是操作的集合，宏组是宏的集合。

一个宏组可包含一个或多个宏，每个宏包含一个或多个宏操作。

每一个宏操作由一个宏命令完成。

7.1.3 宏的功能

宏是 Access 数据库对象之一，使用宏可以将数据库中的各个对象有机地整合在一起，完成特定的任务。宏的主要功能有：

（1）打开、关闭表、查询、窗体、报表等对象。

（2）执行查询操作及数据的筛选。

（3）设置窗体中控件的属性。

（4）执行报表的显示、打印预览及打印功能。

（5）执行菜单上的命令选项。

7.1.4 宏的设计窗口

要创建宏，打开数据库后，选择“创建”→“宏与代码”→“宏”，如图 7-1 所示。

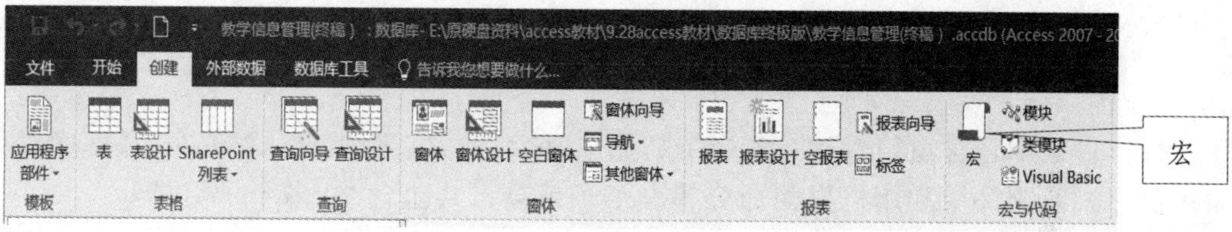

图 7-1　进入宏设计路径

单击图 7-1 中的“宏”，进入宏设计窗口，如图 7-2 所示。宏设计窗口分为“添加新操作”窗口和“操作目录”窗口。

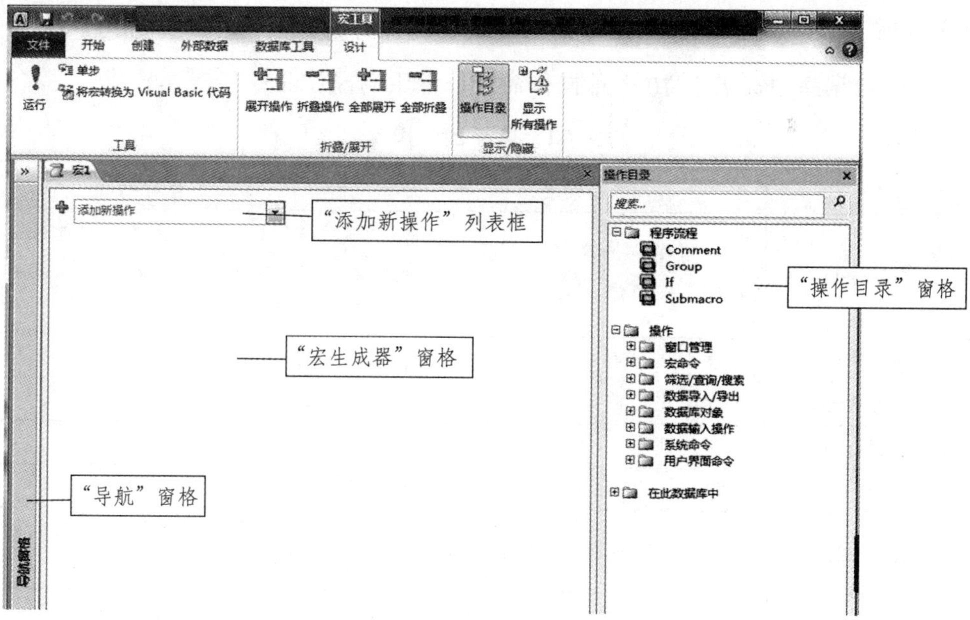

图 7-2　宏设计窗口

“导航窗格”显示数据库中各对象，单击“导航窗格”上方的“»”可展开或隐藏数据库对象。

“添加新操作”的下拉列表框提供了各种操作，操作除前四项外，其余是按字母升序排列的。

在“操作目录”窗格中，以树形结构分别列出“程序流程”“操作”和“在此数据库中”三个目录及其下层的子目录或部分宏对象。单击“▷”展开下一层的子目录或部分宏对象，此时“▷”变“◢”，单击“◢”可恢复折叠状态。

操作目录中包括程序流程、操作和在此数据库中三大部分，下面简单介绍。

1. 程序流程目录

Comment：注释，在宏运行时不执行，用于提高宏程序代码的可读性。

Group：分组，允许操作和流程在已命名、可折叠、未执行的块中分组，使宏的结构更清晰，可读性更好。

If：条件表达式，通过判断条件式的值来控制操作的执行，若表达式的值为“True”，执行相应条件块的值，否则执行另一条件块的值。

Submacro：在宏内创建子宏，每个子宏均有子宏名。一个宏可以包含若干子宏，而每一个子宏又可以包含若干个操作。

2. 操　作

操作目录中包含窗口管理、宏命令、筛选/查询/搜索、数据导入/导出、数据库对象、数据输入操作、系统命令和用户界面命令等 8 个子目录，共包含 70 多个子目录。

3. 在此数据库中

列出当前数据库中已有的宏对象，并且将根据已有宏的实际情况，还可能列出宏对象上层的宏、报表和窗体等目录。

7.1.5　常用的宏操作

在 Access 数据库中提供了 70 多种操作命令，常用的操作命令见表 7-1。

表 7-1　常见的宏操作

类型	命令	功能描述	参数说明
窗口管理	CloseWindow	关闭指定的窗口，若无指定窗口，则关闭当前窗口	对象类型：选择要关闭的对象类型。 对象名称：选择要关闭的对象名称。 保存：选择“是”或“否”
	MaximizeWindow	最大化当前窗口	无参数
	MinimizeWindow	最小化当前窗口	无参数
	RestoreWindow	窗口还原	无参数
宏命令	CancelEvent	中止一个事件	无参数
	RunCode	运行 Visual Basic 的函数过程	函数名称：要调用的 Visual Basic Function 过程名称
	RunMacro	运行一个宏	宏名：所要运行的宏的名称 重复次数：宏运行次数的上限
	RunMenuCommand	运行一个菜单命令	命令：输入或选择要执行的命令
	StopAllMacros	中止当前所有宏的运行	无参数
	StopMacro	停止当前正在运行的宏	无参数

续表

类型	命令	功能描述	参数说明
筛选/查询/搜索	ApplyFilter	对表、窗体或报表应用筛选、查询或 SQL 的 Where 子句，以便限制或排序表、查询、窗体或报表的记录	筛选名称：用以限制或排序表、窗体或报表中的记录的筛选或查询的名称。 当条件：有效的 SQL Where 子句或表达式，用以限制表、窗体或报表中的记录
	FindNextRecord	查找下一条记录，可以反复查找记录	无参数
	FindRecord	查找符合指定条件的第一条或下一条记录，记录能再激活的窗体或数据表中的查找	查找内容：指定要在记录中查找的数据（必选项）。 匹配：选择“字段任何部分”“整个字段”或“字段开头”（选择在字段的什么地方查找数据）。 区分大小写：选择“是”或“否”。 搜索：选择“向上”“向下”或“全部”。 格式化搜索：选择“是”将按数据在格式化字段中的格式进行搜索；选择“否”按数据在数据库中保存的形式进行搜索。 只搜索当前字段：选择“是”仅搜索每条记录的当前字段；选择“否”搜索每条记录的所有字段。 查找第一个：选择“是”从第一条记录开始搜索；选择“否”从当前记录开始搜索
	OpenQuery	在数据表视图、设计视图或打印预览中打开选择查询或交叉表查询	查询名称：要打开的查询名称。 视图：打开查询的视图方式。 数据模式：选择“增加”“编辑”或“只读”
	ShowAllRecord	从激活的表、查询或窗体中删除所有已应用过筛选，并显示表或结果集中的所有记录，或显示窗体的基本表或查询中的所有记录	无参数
数据库对象	GotoControl	将焦点移到被激活的数据表或窗体上指定字段或控件上	控件名称：获得焦点的字段或控件名称，只需输入字段名或控件名称，不需要完整的语法（必选项）
	GotoRecord	在表、窗体或查询结果中将指定的记录作为当前记录	对象类型：选择对象类型，此对象包含的记录将成为当前记录。输入为空将选择激活的对象。 对象名称：输入或选择指定的对象，此对象包含的记录将成为当前记录

续表

类型	命令	功能描述	参数说明
数据库对象			记录：选择将成为当前记录的记录。可选择首记录或尾记录，前面的记录或后边的记录，可定位到指定记录，也可定位到新记录。移动方向“向前移动”“向后移动”等。 偏移量：若在“记录”中选择了定位，需为记录输入一个数字或表达式；若选择了“向前移动”或“向后移动”，给出向前或向后移动的记录数
	OpenForm	在窗体视图、窗体设计视图、打印预览或数据表视图中打开一个窗体，并能通过选择窗体的数据输入与窗口方式来限制窗体所显示的记录	窗体名称：要打开的窗体的名称。 视图：选择要打开窗体的视图方式。 筛选名称：输入要应用的筛选。 当条件：输入 SQL Where 子句或表达式，可用表达式生成器来设置此参数。对于文本宏，不能用“=”开头。 数据模式：窗体的数据输入模式。 窗口模式：打开窗体的窗口模式
	OpenReport	以设计视图或打印预览方式打开报表或打印报表	参数与 Open Form 相同
	OpenTable	在数据表视图、设计视图或打印预览中打开表并选择表的数据输入方式	表名：选择打开表的名称。 视图：选择打开表的视图。 数据模式：表的数据输入模式
系统命令	Beep	通过扬声器发出嘟嘟声	无参数
	QuitAccess	退出 Microsoft Access	无参数
用户界面命令	AddMenu	自定义菜单栏、自定义快捷菜单、为 Microsoft Access 窗口添加全局菜单栏或全局快捷菜单	菜单名称：将出现在自定义菜单栏中的菜单名称 菜单宏名称：选择此菜单后要执行的宏或宏组名称。 状态栏文字：在状态栏要显示的文本
	MessageBox	显示包含警告信息或其他信息的消息框（常用于当验证失败时显示的一条信息）	消息：消息框中显示的文本。 发嘟嘟声：选择“是”或“否”，计算机是否发出嘟嘟声。 类型：消息框中显示的图标类型。 标题：消息框标题栏中显示的文本
	SetMenuItem	设置活动窗口的自定义菜单栏或全局菜单栏上的菜单项状态（启用或禁用，选中或不选中），仅适用于菜单栏由宏创建的自定义菜单	菜单索引：指定菜单的索引。 命令索引：设置选中菜单的命令的索引。 子命令索引：设置子菜单中的子命令索引。 标志：菜单项显示方式，变灰或变实（禁用还是启用）

7.2　创建宏

创建宏使用宏设计器，即在宏设计视图中创建。创建宏的过程主要有指定宏名、添加操作、设置参数及提供注释说明等。

7.2.1　创建简单宏

创建的宏是按宏名进行调用的，因为宏一般都由控件启动（常用控件为命令按钮），所以宏的设计一般包括控件准备、宏编程和触发设置三个步骤。

例 7-1　在“教学信息管理”数据库中，设计一个“例 7-1 数据库操作”窗体，该窗体中有若干命令按钮，其中之一为触发“例 7-1 打开学生表”宏，用来打开“学生表”。

操作步骤：

1. 控件准备

打开“教学信息管理”数据库，创建“例 7-1 数据库操作”窗体，在窗体主体节添加 3 个按钮，按钮的标题分别设为“打开学生表”“打开例 5-1 教师表窗体”和“打开例 6-2 学生班级报表”，如图 7-3 所示。

图 7-3　例 7-1 数据库操作窗体

2. 宏编程

打开“教学信息管理”数据库，进入如图 7-2 所示的宏设计器窗口，选择“宏”对象，打开“宏设计”窗口。

在“添加新操作”列表框中，单击后面的下拉列表框，选择 OpenTable 操作，在表名称下拉列表框中选择“学生表”；视图列表框中选择“数据表”；数据模式列表框中选择“编辑”，窗口设置如图 7-4 所示。

图 7-4　添加新操作窗口

设计完毕后单击“快速访问工具栏”的“保存”按钮，弹出“另存为”对话框，如图 7-5 所示，宏命名为“例 7-1 打开学生表”，按“确定”即可创建宏。

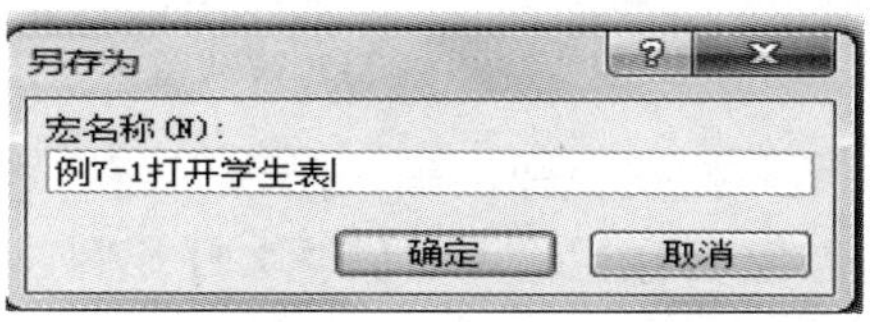

图 7-5　命名宏

3. 触发设置

返回到“例 7-1 数据库操作”窗体中，此时单击“打开学生表”按钮，窗体无任何反应。这是因为当这个按钮的鼠标事件发生时，系统检测它的属性表，没有发现已经定义的操作与之相联系。

打开“例 7-1 数据库操作”窗体设计视图，选中“打开学生表”按钮，单击“窗体设计工具”→“设计”→“工具”→“属性表”，打开按钮的“属性表”对话框，单击“事件”，在“单击”事件后的下拉列表框中选择“例 7-1 打开学生表”宏，如图 7-6 所示。

图 7-6　设置按钮的属性

关闭“属性表”，将“例 7-1 数据库操作”窗体切换到窗体视图，单击“打开学生表”，即可打开学生表。

例 7-2　创建“例 7-1 数据库操作”窗体中“打开例 5-1 教师窗体”的命令按钮事件，单击此按钮触发“例 7-2 打开例 5-1 教师窗体”宏，并只显示职称为“教授”的教师。

操作步骤：

（1）打开“教学信息管理”数据库，进入如图 7-2 所示的宏设计器窗口，单击“宏”对象打开“宏设计”窗口。

（2）在“添加新操作”列表框中，单击后边的下拉列表框，选择“OpenForm”，窗口各参数设置如图 7-7 所示。

图 7-7　创建“打开例 5-1 教师窗体”宏

（3）单击宏窗口中的“关闭”按钮，弹出确认是否保存“宏 1”的设置，如图 7-8 所示。

（4）单击“是”保存宏，在宏名称栏输入“例 7-2 打开例 5-1 教师窗体”，如图 7-9 所示，按“确定”，关闭宏设计。

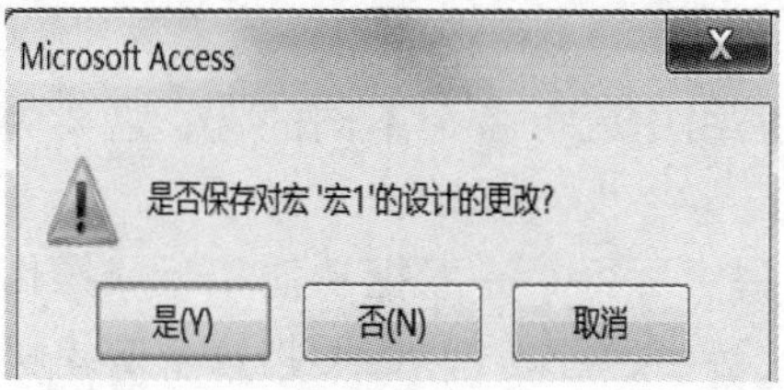

图 7-8　确定是否改变宏设计

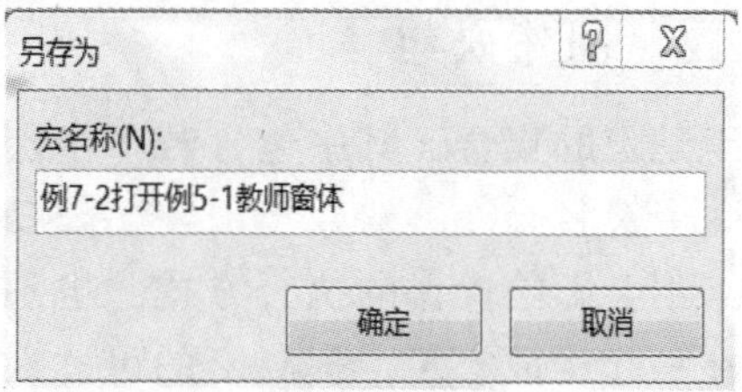

图 7-9　宏命名窗口

（5）打开“例 7-1 数据库操作”窗体设计视图，在“打开例 5-1 教师窗体”按钮上单击鼠标右键，在弹出的快捷菜单中单击“属性”，打开如图 7-10 所示的属性窗口。单击“事件”选项，在“单击”后面的下拉列表框中选择“例 7-2 打开例 5-1 教师窗体”宏，即设置“打开例 5-1 教师窗体”按钮事件为触发“例 7-2 打开例 5-1 教师窗体”宏，如图 7-10 所示。

图 7-10　设置“打开例 5-1 教师窗体”按钮事件

（6）切换到“例 7-1 数据库操作”窗体的窗体视图，单击“打开例 5-1 教师窗体”的按钮，即可打开“例 5-1 教师窗体”，且在此窗体里只显示职称为“教授”的教师，如图 7-11 所示（注：在记录选择器中显示“已筛选”）。在记录导航按钮上切换记录只能看到职称为“教授”的教师信息。

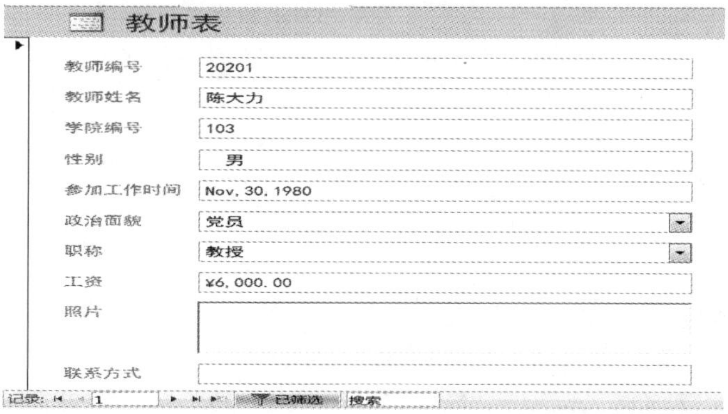

图 7-11　职称为“教授”的窗体

思考：在“例 7-1 数据库操作”窗体中加载“例 7-2 打开例 6-2 学生班级报表”宏。（提示：操作用 OpenReport）

7.2.2　创建宏组

宏组是宏的集合，其中包含若干个宏，为了在宏组中区分各个不同的宏，需要为每一个宏指定一个宏名。

宏组不会影响操作的执行方式，也不能单独调用宏运行。一般把功能相近或操作相关的宏组织在一起构成宏组，提高宏的可读性。此外在编辑大量宏时，也可将每个宏组块向下折叠成单行，从而减少必须进行的滚动操作。

若要运行宏组中的宏，格式为宏组.宏名。

例 7-3　创建宏名为“例 7-3 教师表操作宏组”的宏组，宏组中包含两个子宏，第一个子宏名为“打开教师表”，第二个子宏名为“关闭教师表”，应用于“例 7-3 教师表操作”窗体相应的按钮上。

操作步骤：

（1）打开“教学信息管理”数据库，设计一个窗体，命名为“例 7-3 教师表操作”，添加两个按钮，标题分别为“打开教师表”和“关闭教师表”，分别运行宏组中的两个宏，如图 7-12 所示。

图 7-12　操作教师表窗体

（2）单击“创建”→“宏与代码”→“宏”，进入如图 7-2 所示的宏设计器窗口。

（3）在“添加新操作”中选择“Submacro”，在“子宏”后的文本框中删除“Sub1”，输入“打开教师表”，在添加操作中选择“OpenTable”，各参数设置如图 7-13 所示。

（4）在如图 7-13 所示的“End Submacro”后“添加新操作”中，选择“Submacro”，在子宏后边的文本框中替换“Sub2”为“关闭教师表”，即给子宏命名，如图 7-14 所示。

（5）在其后的“添加新操作”中，添加操作“CloseWindow”，各参数设置如图 7-14 所示。

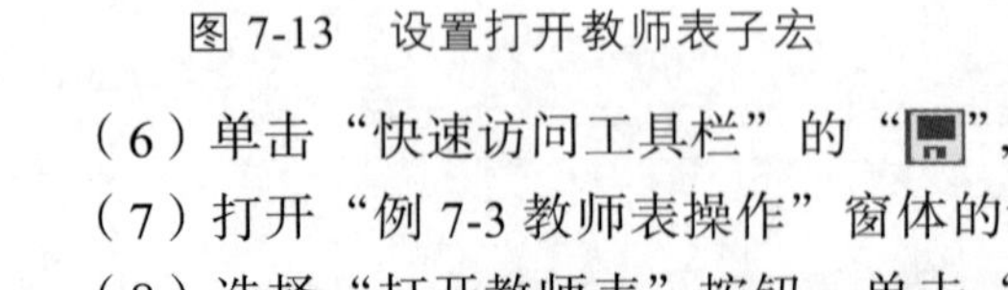

图 7-13　设置打开教师表子宏

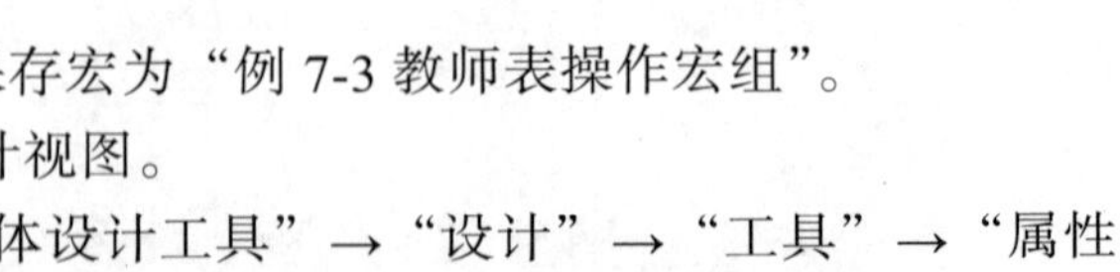

图 7-14　设置关闭教师表子宏

（6）单击“快速访问工具栏”的“”，保存宏为“例 7-3 教师表操作宏组”。

（7）打开“例 7-3 教师表操作”窗体的设计视图。

（8）选择“打开教师表”按钮，单击“窗体设计工具”→“设计”→“工具”→“属性表”，打开按钮的“属性表”对话框，单击“事件”，在“单击”下拉列表框中选择“例 7-3 教师表操作宏组.打开教师表”子宏，如图 7-15（a）所示。

（9）同理设置“关闭教师表”按钮的单击事件为“例 7-3 教师表操作宏组.关闭教师表”，

如图 7-15（b）所示。

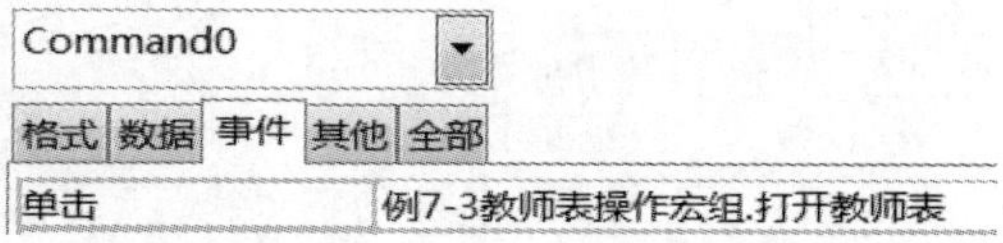

（a）

（b）

图 7-15　设置命令按钮的单击事件

（10）切换到窗体视图，分别单击两个命令按钮，观察运行结果。

7.2.3　创建条件宏

在一些情况下，可能希望仅当特定条件成立时才执行宏中的一个或多个操作，此时可在操作前面加上条件，形成条件宏。一般用 If、Else If 或 Else 块完成。

1. 条件宏简介

条件是个逻辑表达式，其返回值只有“真”和“假”两个，当条件成立时，返回值为“真”；当条件不成立时，返回值为“假”。

在宏设计窗口“添加新操作”中选择“If”选项，即可打开 If 块进行程序流程控制。If……Else，If……Else If 类似于 VBA 等其他序列编程语言。在“If”块的“条件表达式”中，输入决定何时执行该块的逻辑表达式，也可单击“条件表达式”右侧“生成器”按钮，用弹出的“表达式生成器”来生成逻辑表达式。

2. 条件宏的分类

条件宏中有单分支条件宏、双分支条件宏和多分支条件宏。

（1）单分支条件宏。

单分支条件宏的结构如图 7-16 所示，当 If 文本框中的条件表达式成立时，执行宏操作。

（2）双分支条件宏。

双分支条件宏的结构如图 7-17 所示，当 If 文本框中的条件表达式成立时，执行 If 下的宏操作，否则执行 Else 下的操作。

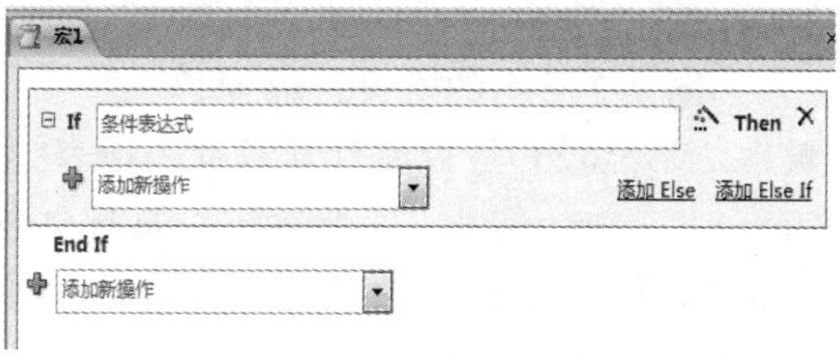

图 7-16　单分支条件宏

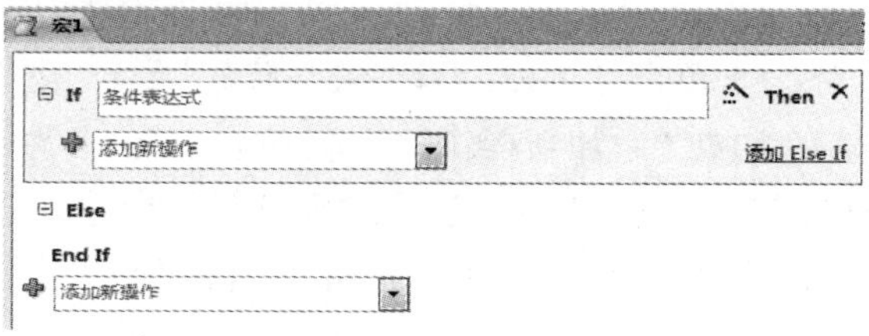

图 7-17　双分支条件宏

（3）多分支条件宏。

多分支条件宏的结构如图 7-18 所示，当 If 文本框中的条件表达式成立时，执行 If 下的宏操作，当 Else If 文本框中的条件成立时，执行 Else If 下的宏操作下的操作。如果都不成立，则执行 Else 下的宏操作。

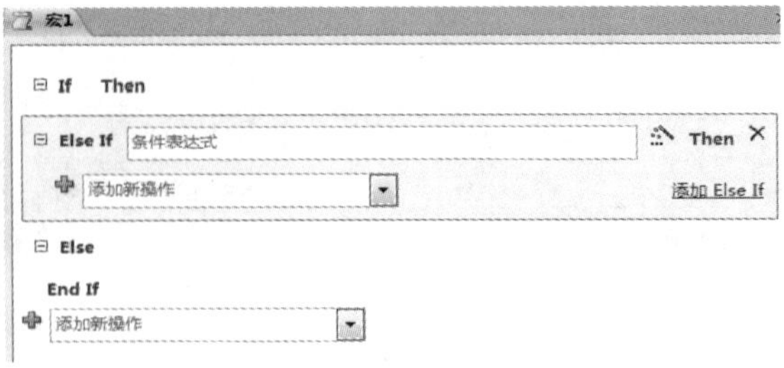

图 7-18　多分支条件宏

注：在输入条件表达式时，可能会引用窗体或报表上的控件值，可以使用下列语法：

Froms![窗体名称]![控件名称]!或[forms]![窗体名称]![控件名称]

Reports![报表名称]![控件名称]!或[Reports]![报表名称]![控件名称]

例 7-4　在“教学信息管理”数据库中，创建一个“例 7-4 if 条件宏”窗体，窗体中添加几个按钮，其中之一为“单分支条件宏”，单击该按钮，运行“例 7-4 单分支条件宏”。

具体要求如下：

（1）If 操作的条件表达式是“MsgBox（“是否要打开教师表报表?”,1）=1”，当该条件表达式的值为 True（即单击了由 MsgBox 函数打开的对话框中的“确定”按钮）时，执行操作，打开教师表报表；否则当条件表达式为 False 时（即单击了由 MsgBox 函数打开的对话框中的“取消”按钮），不执行打开教师表操作。

（2）在 If 块结束后（即 End If 的下一行），添加另一个不属于 If 块的 MessageBox 操作，该操作显示“这是一个 If 块的单分支结构的例子”消息框。

操作步骤：

（1）打开“教学信息管理”数据库，设计一个窗体，命名为“例 7-4 if 条件宏”窗体，添加两个命令按钮，标题分别为“单分支条件宏”和“双分支条件宏”，窗体设计如图 7-19 所示。

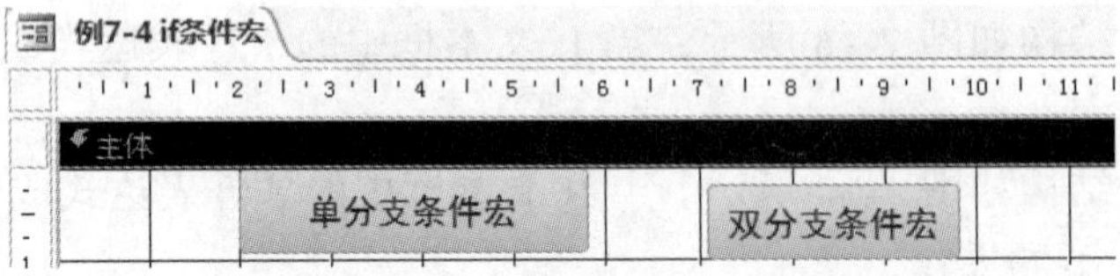

图 7-19　例 7-4 if 条件宏窗体

（2）单击“创建”→“宏与代码”→“宏”，进入如图 7-2 所示的宏设计器窗口。

（3）在“添加新操作”中选择 If，在 If 条件框中输入“MsgBox("是否要打开教师表报表",1)=1”，或者单击“”表达式生成器，当输入 MsgBox 时，弹出函数的各个参数，如图 7-20 所示，分别设置即可。（prompt 为消息框中的内容，为必选项，中括弧中的各选项为非必选项）

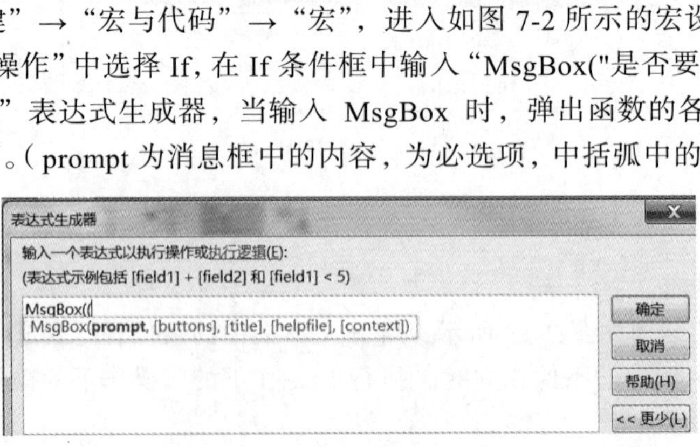

图 7-20　MsgBox 函数参数

（4）在“Then”后的添加新操作中添加新操作“OpenReport”，报表名称为“教师表”，其他采用默认，如图 7-21 所示。

（5）在 End If 后添加操作 MessageBox，设置各参数如图 7-21 所示。

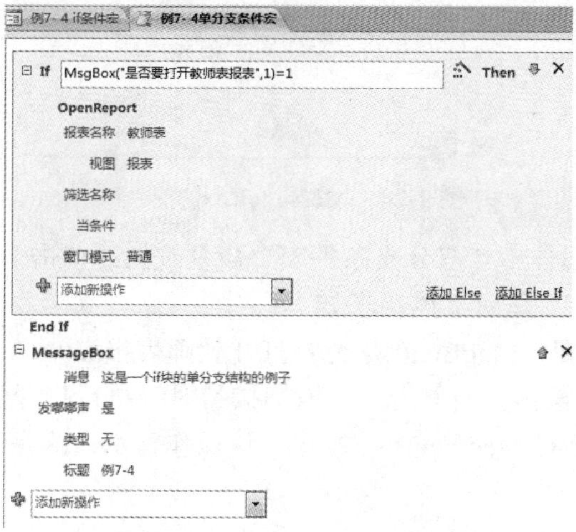

图 7-21　创建 if 单分支条件宏

（6）保存宏为“例 7-4 单分支条件宏”。

（7）打开“例 7-4 if 条件宏”窗体的设计视图，设置“单分支条件宏”按钮的单击事件为“例 7-4 单分支条件宏”。

（8）切换到“例 7-4 if 条件宏”窗体的窗体视图，单击“单分支条件宏”条件宏的命令按钮，弹出如图 7-22 所示的对话框。

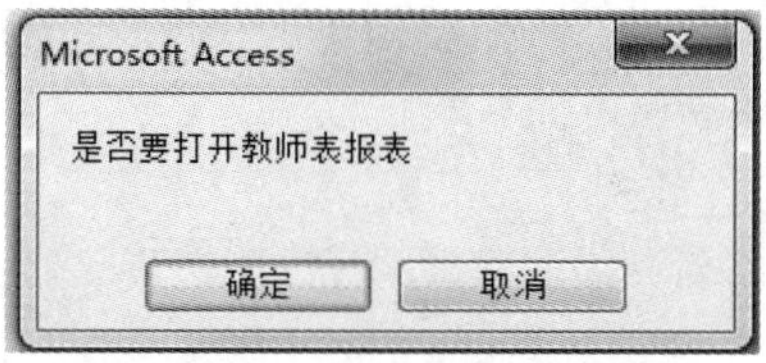

图 7-22　MsgBox 对话框

（9）单击“确定”，在打开教师表报表的同时，运行 MessageBox 函数，弹出消息框，消息框中显示“这是一个 if 块的单分支结构的例子”，如图 7-23 所示。

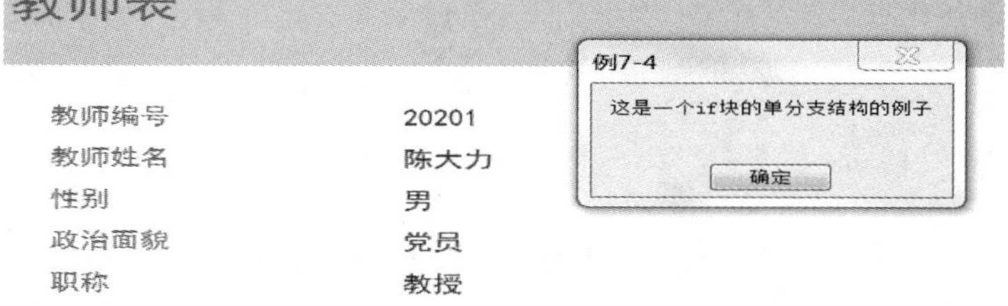

图 7-23　运行宏的结果

注：若在第（8）步中单击“取消”按钮，即 MsgBox("是否要打开教师表报表“,1) =0，条件表达式为 False，条件不成立，不执行 If 块的操作，即不打开报表；但因 MessageBox 操作

在 If 块之外（End If 后），所以仍旧执行，弹出 MessageBox 消息框，如图 7-24 所示。

因此，不论 If 条件是“True”还是“False”，End If 后的语句都执行。

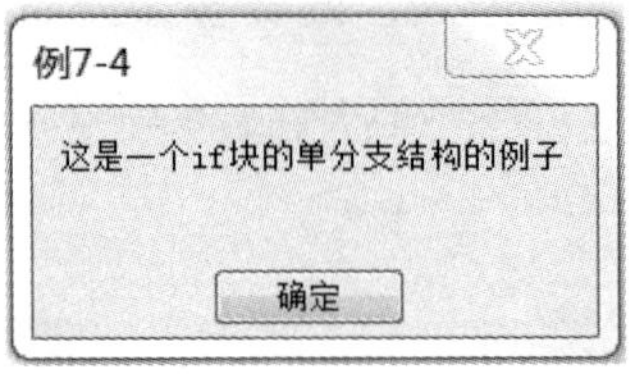

图 7-24　MessageBox 消息框

例 7-5　加载例 7-4 窗体中“双分支条件宏”命令按钮的单击事件，单击该按钮，实现运行“例 7-5 双分支条件宏”。该宏具体要求如下：

If 操作的条件表达式是“MsgBox(“是否要打开教师表报表?”,1)=1”，当单击“确定”按钮时，执行打开教师表报表操作；当单击“取消”按钮时，执行打开学生表操作；在 If 块结束后添加另一个不属于 If 块的 MessageBox 操作，该操作显示“这是一个 if 块的双分支结构的例子”消息框。

操作步骤：

（1）前（4）步同例 7-4 前（4）步。

（2）在如图 7-18 所示的界面中单击添加“Else”。

（3）在“Else”后的“添加新操作”的下拉列表框中选择“OpenTable”，表名称选择“学生表”，其他采用默认形式，参数设置如图 7-25 所示。

（4）在 End If 后添加操作 MessageBox，消息框中输入“这是一个 if 块双分支结构的例子”，标题文本框中输入“双分支”设置各参数如图 7-25 所示。

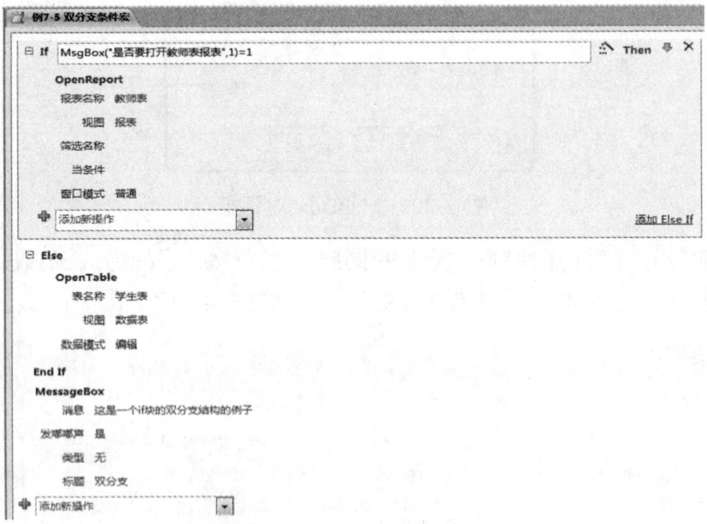

图 7-25　if 双分支结构参数设置

（5）保存宏为“例 7-5 双分支条件宏”。

（6）加载例 7-4 窗体中“双分支条件宏”按钮的单击事件为“例 7-5 双分支条件宏”。

（7）返回窗体视图，单击“双分支条件宏”按钮，观察运行结果。

① 单击“双分支条件宏”按钮，弹出如图 7-22 所示的 MsgBox 对话框。

② 若单击 MsgBox 对话框中的“确定”，弹出如图 7-26 所示的运行结果，打开了教师表报表。

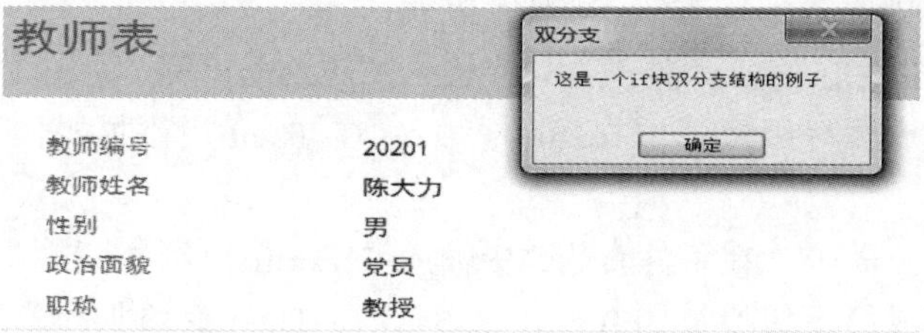

图 7-26　单击“确定”的运行结果

③ 若单击 MsgBox 对话框中的“取消”，弹出如图 7-27 所示的运行结果，打开了学生表。

图 7-27　单击“取消”的运行结果

注：

运行时，判断 If 条件是否成立，在此例中，If 条件由 MsgBox(“是否要打开教师表报表?”,1)=1 决定，按“确定”，即 MsgBox 值为 1，表达式的值为“True”，执行 Then 后操作；若按“取消”，即 MsgBox 值非 1，表达式的值为 Flase，执行 Else 后的操作。

例 7-6　创建名为“例 7-6 成绩等级换算”的窗体，在该窗体中添加一个文本框和一个按钮，当在文本框中输入百分制时，单击命令按钮触发“例 7-6 多分支条件宏”，输出相应的五分制等级，如图 7-28 所示。百分制与五分制之间的对应关系如下：

百分制分数	90 ~ 100	80 ~ 89	70 ~ 79	60 ~ 69	0 ~ 59
五分制等级	优秀	良好	中等	及格	不及格

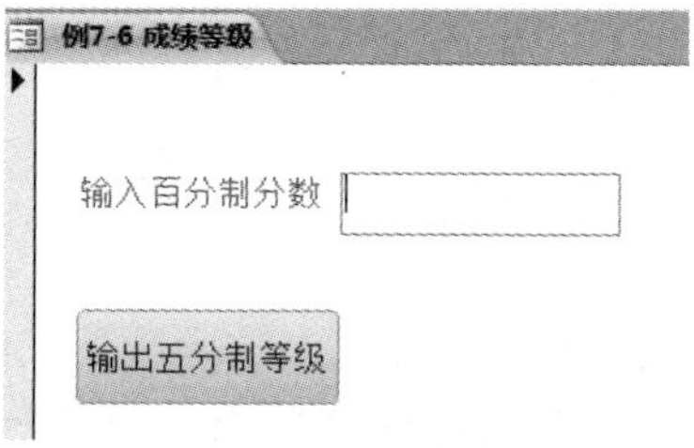

图 7-28　成绩等级换算界面

操作步骤：

（1）设计如图 7-28 所示的“例 7-6 成绩等级换算”窗体。

（2）单击“创建”→“宏与代码”→“宏”，进入如图 7-2 所示的宏设计器窗口。

（3）在“添加新操作”中选择 If，在 If 条件框中输入“[Forms]![例 7-6 成绩等级换算]![Text0]>=90 And [Forms]![例 7-6 成绩等级换算]![Text0]<=100”，在 Then 后添加操作 MessageBox，消息框中输入“优秀”，其他保留默认。

（4）单击“添加 Else If”，在条件表达式中输入“[Forms]![例 7-6 成绩等级换算]![Text0]>=80 And [Forms]![例 7-6 成绩等级换算]![Text0]<=89”，在 Then 后添加操作 MessageBox，消息框中输入“良好”。

（5）同理“添加 Else If”，在条件表达式中输入“[Forms]![例 7-6 成绩等级换算]![Text0]>=70 And [Forms]![例 7-6 成绩等级换算]![Text0]<=79”，在 Then 后添加操作 MessageBox，消息框中输入“中等”。

（6）继续“添加 Else If”，在条件表达式中输入“[Forms]![例 7-6 成绩等级换算]![Text0]>=60 And [Forms]![例 7-6 成绩等级换算]![Text0]<=69”，在 Then 后添加操作 MessageBox，消息框中输入“及格”。

（7）单击“Else”，添加操作 MessageBox，消息框中输入“不及格”。

宏部分设计界面如图 7-29 所示。

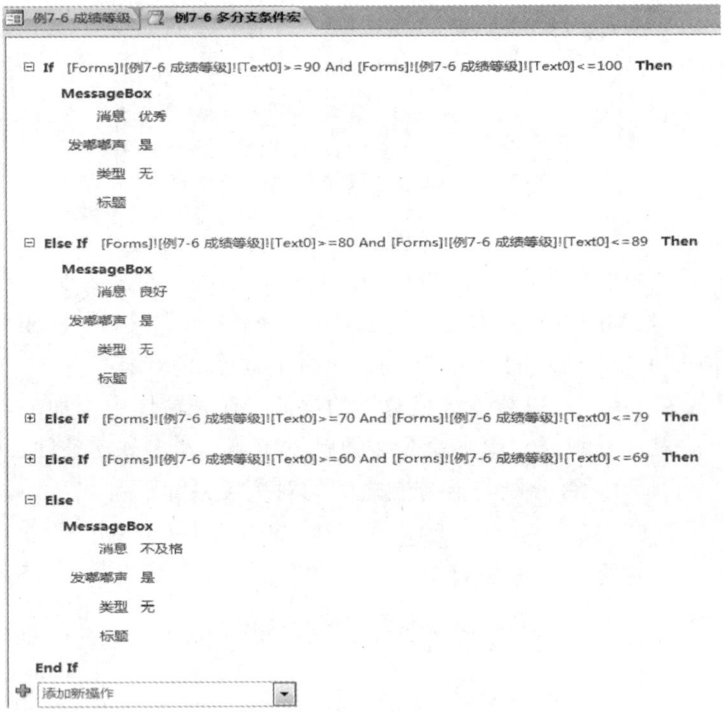

图 7-29　多分支条件宏

（8）保存宏为“例 7-6 多分支条件宏”。

（9）加载“例 7-6 成绩等级换算”窗体中“输出五分制等级”按钮的单击事件为“例 7-6 多分支条件宏”。

（10）返回窗体视图，观察其中一次运行结果，如图 7-30 所示，在文本框里输入“68”，单击命令按钮，弹出对话框，对话框中显示“及格”。

图 7-30 运行结果检验 1

注：在宏运行时，根据输入的成绩依次判断，看成绩是否在 90 ~ 100，若在此区间则执行第一个 If 操作；若不在，则继续判断是否在 80 ~ 89，若在即执行第一个“Else If”下的操作；若不在，继续判断下一个条件，在哪个范围内则执行相应的 Else If 下的操作，若均不在上面的范围内，则执行 Else 下的操作。

例如输入“54”，均不在 If 语句中，则执行 Else 后的语句，输出“不及格”对话框，如图 7-31 所示。

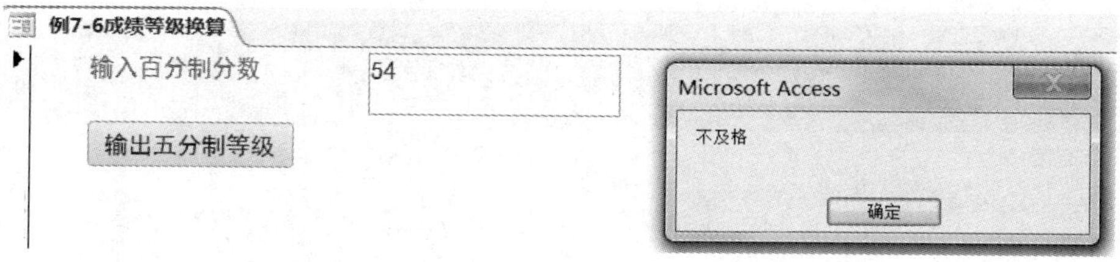

图 7-31 运行结果检验 2

7.2.4 创建自动执行的名为 AutoExec 的独立宏

Access 中设置了一个特殊的宏名 AutoExec。如果在 Access 中创建了一个名为 AutoExec 的宏，那么在打开数据库时将首先执行该“AutoExec”宏中的所有操作。

创建宏名为“AutoExec”的宏与其他宏创建方法一样，当保存该宏时，只需指定宏名为 AutoExec 即可。

例 7-7 在“教学信息管理”数据库中创建一个 AutoExec 宏，该宏实现打开“例 4-40 高于平均分的学生信息”查询操作。

操作步骤：

（1）单击“创建”→“宏与代码”→“宏”，进入如图 7-2 所示的宏设计器窗口。

（2）在“添加新操作”中下拉列表框中选择“OpenQuery”，各参数设置如图 7-32 所示。

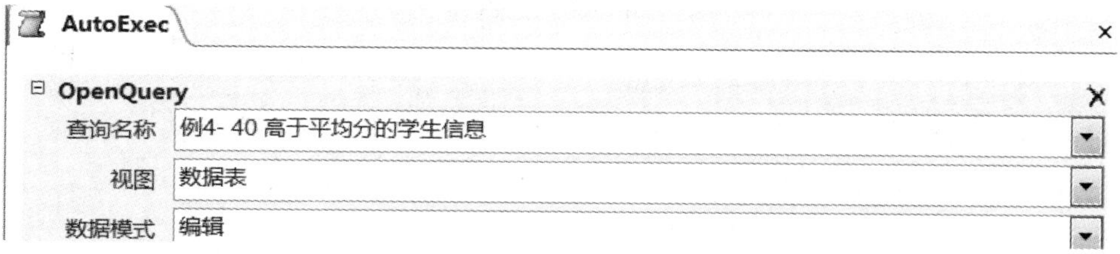

图 7-32 AutoExec 宏的各参数设置

（3）保存宏名为“AutoExec”。

（4）关闭宏设计窗口和“教学信息管理”数据库。

（5）再次打开该“教学信息管理”数据库的同时运行了 AutoExec 宏，即打开了“例 4-40 高于平均分的学生信息”查询。

7.3　修改宏

创建好的宏可以在宏的设计视图中进行修改，也可在宏生成器中对宏代码进行编辑，如添加新操作、修改操作、删除操作和移动操作等。

1. 宏的修改

修改宏的方法有以下几种：

（1）选中要修改的宏，单击右键，在弹出快捷菜单中选择“设计视图”，即打开该宏的设计窗口，在设计视图下对宏进行修改。

（2）在设计视图下单击“宏工具设计”→“工具”→“将宏转化为 Visual Basic 代码”，如图 7-33 所示，在代码窗格中修改所需代码。

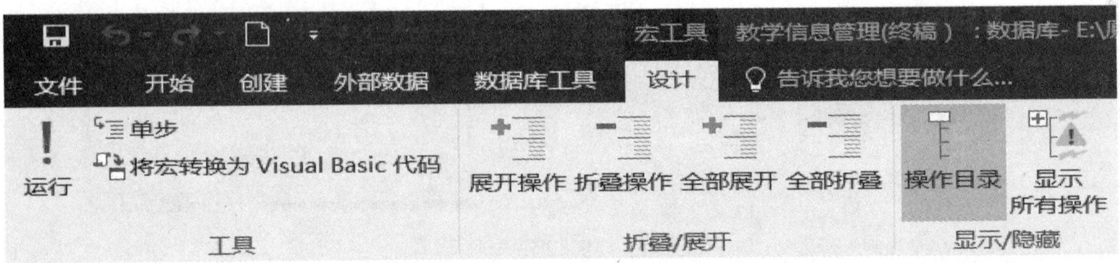

图 7-33　将宏转化为代码

（3）对于窗体或报表中某些控件加载的事件运行的宏（嵌入宏），需先打开窗体或报表的设计视图，再选择该控件，单击“属性”，在属性框中选择事件，找到加载的宏，单击该宏后面的“…”，如图 7-34 所示，即可打开该宏的设计视图，在设计视图下进行修改。

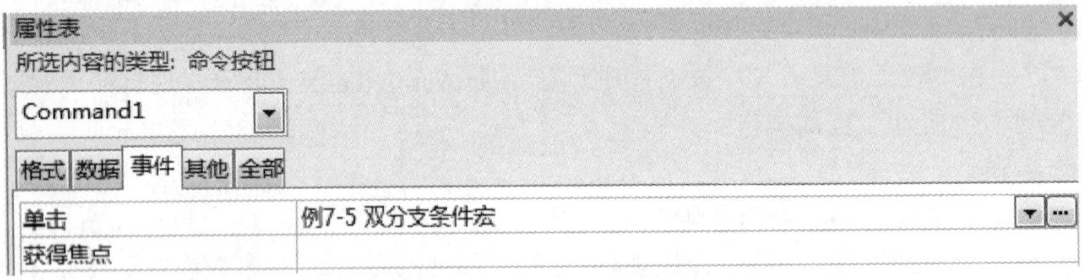

图 7-34　嵌入宏的修改

2. 宏的移动和删除

在宏设计窗口中，选中要移动的宏操作，利用操作后的“ ”上下箭头可对宏执行的次序进行移动，单击“ ”可删除选中的宏。

7.4　运行和调试宏

宏创建好后，可调试宏，也可运行宏。对于独立的宏，可直接指定该宏名运行此宏；对于含有子宏的宏组，需要应用“宏组.子宏名”的格式指定某个子宏，若不采用此种格式，则执行该宏组中的第一个宏。

7.4.1 运行宏

在运行宏的过程中，若宏的操作有误，则会显示出错信息提示框，用户根据提示框进行相应的修改后，若没有问题，即可运行。

运行宏的方法有以下几种：

（1）打开要运行宏的设计视图，单击“宏工具设计”→“工具”→“运行”，可直接运行宏。

（2）在 Access 2016 窗口中，双击导航窗格中的宏对象中的宏名，可直接运行宏。对于含有子宏的宏组，仅可运行第一个子宏。

（3）在 Access 2016 窗口中，选中某个要执行的宏，单击右键，在弹出的快捷菜单中，单击“！ 运行(R)”命令，可直接运行该宏。对于含有子宏的宏组，仅可运行第一个子宏。

（4）在 Access 2016 窗口中，选择要运行的宏（在该宏上单击），再单击“数据库工具”选项卡，在该选项下选择“宏”中的“运行宏”，即可运行选中的宏；也可在打开的数据库中，单击“数据库工具”选项卡中的“运行宏”命令，打开“执行宏”对话框，再在其后的下拉列表框中选择要运行的宏名，单击“确定”，即可运行选择的宏，如图 7-35 所示；若要执行某个宏组中的子宏，可直接选择，如要执行例 7-3 打开教师表操作，选择“例 7-3 操作教师表.打开教师表”，单击“确定”即可运行该子宏，如图 7-36 所示。

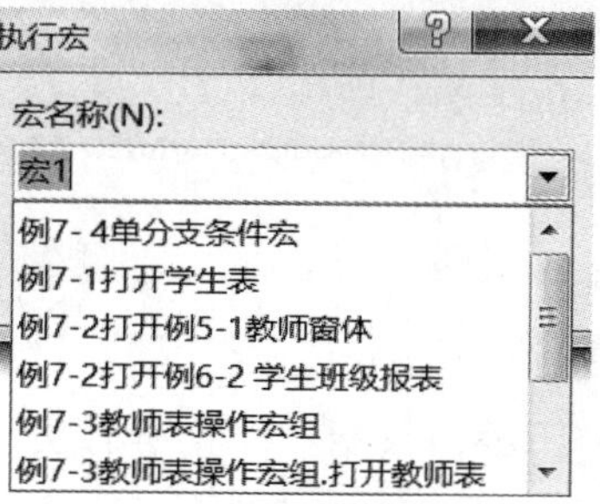

图 7-35 选择执行的宏

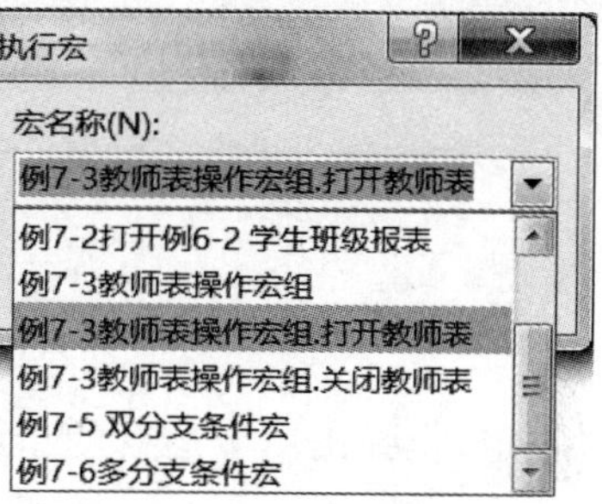

图 7-36 选择宏组中的子宏

（5）对于窗体、报表或控件的某个事件设置宏名或宏组.宏名，当该事件发生时（如按钮的单击事件），即可运行该宏或指定的子宏。

（6）从另一个宏中运行宏。在“宏生成器”窗格中，单击“添加新操作”组合框右端的下拉组合框，弹出“操作”的下拉列表，单击“RunMacro”，展开“RunMacro”操作设计窗格。在“宏名称”组合框的下拉列表中，列出所有独立宏的宏名；对于含有子宏的宏组，在该下拉列表中，以宏组.子宏名格式列出各子宏，在该下拉列表中，选中某个宏名或宏组.子宏名，即可运行该宏或子宏，如图 7-37 所示。

图 7-37 从一个宏中运行其他宏

（7）在 VBA 程序中，使用 DoCmd 对象的 RunMacro 方法运行宏。在指定宏名时，对于宏组，需用“宏组.子宏”格式指定某个子宏名。格式为：DoCmd. RunMacro。

例如，DoCmd. RunMacro “例 7-4 单分支条件宏”，即可运行“例 7-4 单分支条件宏”。

（8）打开数据库时自动运行宏名为 AutoExec 的宏，即若在数据库中创建了一个宏名为 AutoExec 的宏，那么在打开数据库时将首先执行该“AutoExec”宏中的所有操作。

7.4.2 调试宏

在运行宏的过程中，若宏出现错误或未达到预期的效果，就应当对宏进行调试，查找错误，以便改正。常用的调试方法是通过对宏进行单步执行来发现宏中错误的位置。

使用单步执行，可观察宏的流程和每一个操作的结果，而且还可排除导致错误或非预期结果的操作。

例 7-8 利用单步执行观察例 7-6 的执行流程。

操作步骤：

（1）在设计视图中打开“例 7-6 多分支条件宏”，单击图 7-33 中的“单步”，使“单步”处于激活状态 单步 。

（2）在窗体视图中打开“例 7-6 成绩等级”。

注：若不打开窗体，直接单击“ ! ”运行，会弹出错误对话框，如图 7-38 所示。

图 7-38　直接运行的错误信息

单击“确定”，弹出单步运行的错误，如图 7-39 所示，只能“停止所有宏”，打开对应窗体。

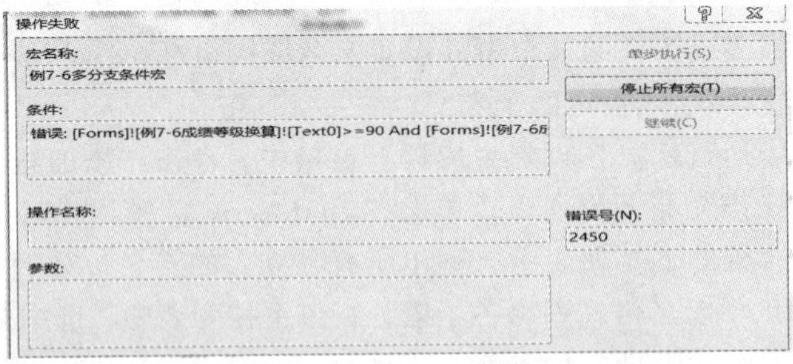

图 7-39　单步运行错误界面

（3）在窗体的文本框中输入“68”。

（4）在窗体中单击“输出五分制等级”。

（5）弹出单步执行宏对话框，如图 7-40 所示。在对话框中显示正在执行的宏名、条件的满足情况及操作名称等信息。

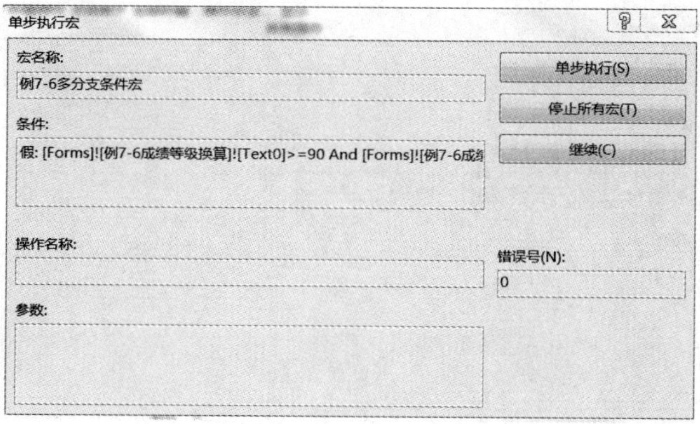

图 7-40　单步执行宏对话框

在此例中，判断 68 不在 90 ~ 100，所以条件表达式为“假”，则不执行操作。

（6）单击“单步执行”，继续判断，判断出 68 不在 80 ~ 89，所以条件表达式仍为“假”，如图 7-41 所示。

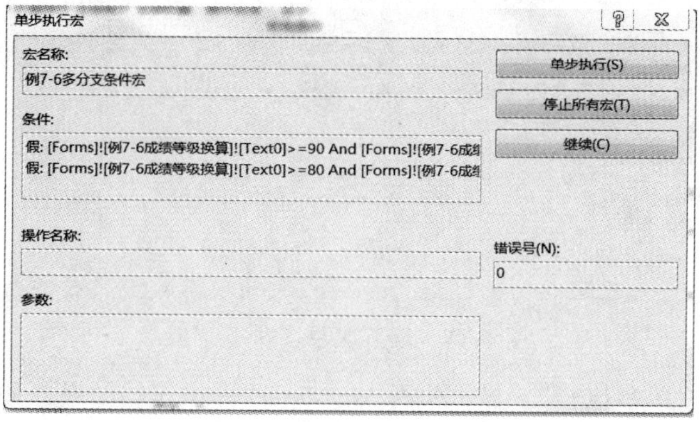

图 7-41　第二次单步执行结果

（7）继续单击“单步执行”，判断出 68 不在 70 ~ 79，所以条件表达式仍为“假”，如图 7-42 所示。

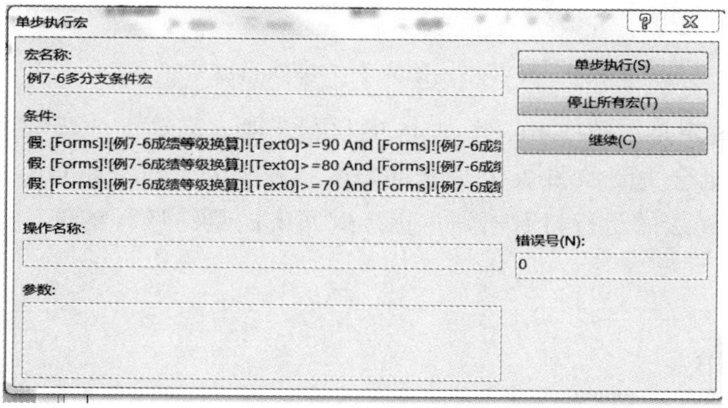

图 7-42　第三次单步执行结果

（8）继续单击“单步执行”，判断出 68 在 60 ~ 69，所以条件表达式为“真”，如图 7-43 所示。

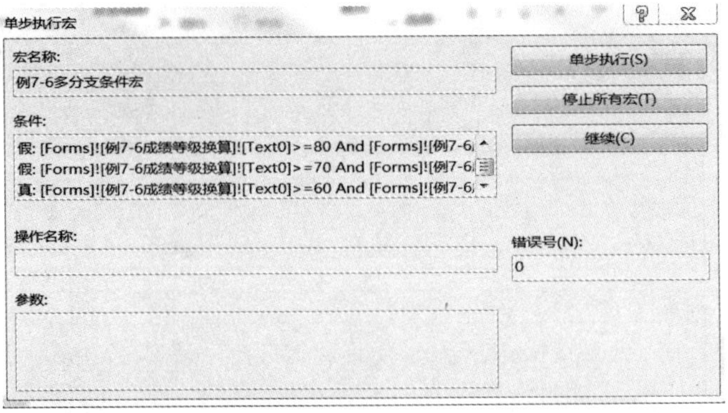

图 7-43　第四次单步执行结果

（9）继续单击“单步执行”，显示执行 MessageBox 操作并显示函数参数，如图 7-44 所示。

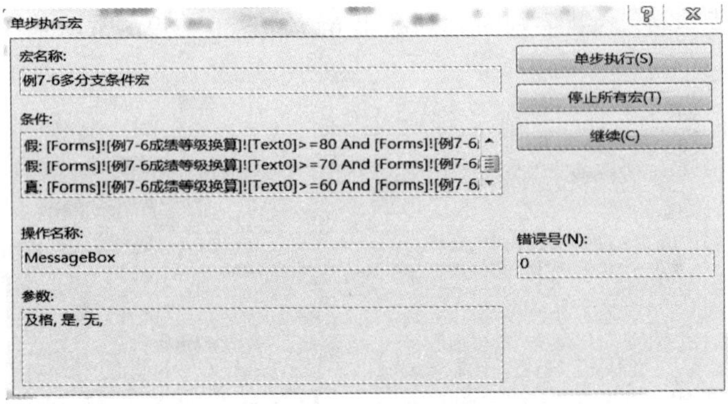

图 7-44　第五次单步执行结果

（10）继续单击“单步执行”，显示执行 MessageBox 操作的结果，如图 7-45 所示。

图 7-45　第六次单步执行结果

注：不是所有的宏是如图 7-40 ~ 图 7-45 的执行步骤；若在上述步骤中，无论哪步若单击了“停止所有宏”，则会关闭如图 7-40 所示的单步执行宏对话框，返回应用宏的窗体界面；若单击了“继续”，中间宏的运行将看不到，直接返回宏的最终运行结果，此例中将直接弹出如图 7-45 所示的界面。

7.5　宏与 VBA

7.5.1　宏与 VBA 编程

在 Access 2016 中，宏可以自动执行一个或一组操作，因此使用宏可自动完成许多任务。在 Access 2016 中，要完成相同的任务，还可通过 VBA（Visual Basic for Application）编程来实现。

宏是操作命令的集合，依赖于命令，功能受到限制，而 VBA 具有更强的表现力。在 VBA 中宏指令都有其对应的形式。实际上，宏指令系统是一种介质语言，宏指令都是翻译成 VBA 才得以执行的。

宏的优点在于无须编程即可完成对数据库对象的各种操作，在使用宏时，只需给出操作的名称、条件和参数，就可以自动完成特定的操作。与宏不同，Access 模块是将 VBA 代码的申明、语句和过程作为一个单元进行保存的集合。

在下列情况中使用 VBA 编程更好：

1. 创建或操纵对象

许多情况下，可在宏设计视图中设置要操纵的对象，不过，有些情况下用户可能想在代码中操纵对象的定义。通过使用 VBA，可以操纵数据库本身和数据库中的所有对象。

2. 执行系统级操作

用户可在宏内执行 RunApp 操作，以便在 Access 中运行另一个程序（如 Microsoft Excel），但无法在 Access 外部执行更多的操作。通过使用 VBA，用户可以检查某个文件是否存在于计算机上，使用自动化或动态数据交换与其他 Windows 的程序进行交互，还可以使用 Windows 动态链接库中的函数。

3. 每次操纵一条记录

可以使用 VBA 来逐条处理记录集，一次一条，对每条记录执行操作。而宏是同时处理整个记录集。

4. 使用内置函数或创建自己的函数。

Access 中包含许多内置函数，用户可以使用这些函数执行计算。通过使用 VBA 代码，用户可以创建自己的函数来执行超出表达式能力的计算或替代复杂的表达式，另外，用户可以在表达式中使用自己创建的函数。

7.5.2 将宏转化为 VBA 代码

在 Microsoft Access 中，可以自动将宏转化为 VBA 代码。

例 7-9 将“例 7-5 双分支条件宏”转化为 VBA 代码。

操作步骤：

（1）在设计视图中打开“例 7-5 双分支条件宏”，单击图 7-33 中的“宏工具”→“设计”→“工具”→“将宏转化为 Visual Basic 代码”。

（2）弹出如图 7-46 所示的对话框。

（3）单击“转换”按钮，Access 自动将该宏转换为 VBA 代码，并弹出转换完毕对话框，如图 7-47 所示。

（4）单击确定，即打开 VBA 界面，如图 7-48 所示，在 VBA 模块中多了一个“被转化的宏-例 7-5 双分支条件宏（代码）”，关闭 VBA 界面，返回到数据库界面，同样可以看到，在导航窗格模块对象中多了一个命名为“被转换的宏——例 7-5 双分支条件宏”的模块，如图 7-49 所示。

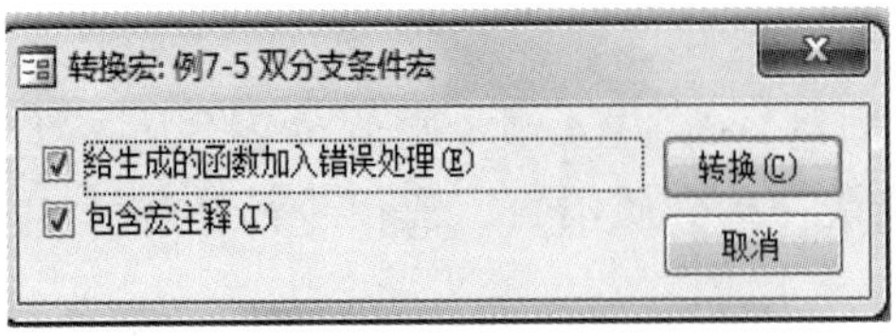

图 7-46　确定转化宏对话框

图 7-47　转换完毕对话框

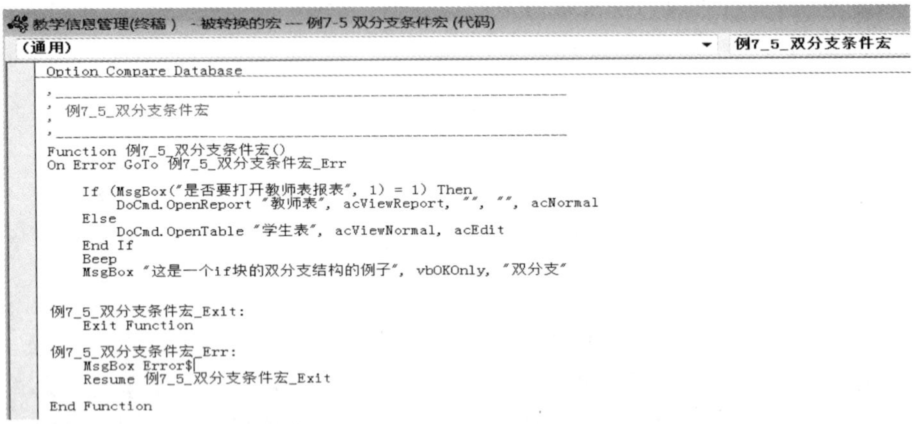

图 7-48　转化后的 VBA 界面

图 7-49　模块中的对象

注：可在 VBA 程序中通过更改程序修改宏；模块、宏均可以重命名，选择要更名的宏或模块，单击右键，在快捷菜单中选择“重命名”，输入新的名字即可。

习　题

一、选择题

1. 要限制宏命令的操作范围，可以在创建宏时定义（　　）。

A. 宏操作对象　　B. 宏条件表达式
C. 宏操作目标　　D. 窗体或报表的控件属性

2. OpenForm 基本操作的功能是打开（　　）。

A.表　　B. 窗体　　C. 报表　　D. 查询

3. 在条件宏设计时，对于连续重复的条件，要替代重复条件可以使用下面符号（　　）。

A.…　　B. =　　C. ，　　D. ；

4. 在宏的表达式中要引用报表 Test 上控件 txtName 的值，可以使用的引用是（　　）。

A. txtName　　B. test!txtName
C. Reports!test!txtName　　D. Reports!txtName

5. VBA 的自行运行控，应当命名为（　　）。

A. AutoExec　　B. AutoExe　　C. autoKeys　　D. AutoExec.bat

6. 为窗体或报表上的控件设置属性值的宏命令是（　　）。

A. Echo　　B. MsgBox　　C. Beep　　D. SetValue

7. 有关宏操作的叙述中，错误的是（　　）。

A. 宏的条件表达式中不能引用窗体或报表的控制值

B. 所有宏操作都可以转化为相应的模块代码

C. 使用宏可以启动其他应用程序

D. 可以利用宏组来管理相关的一系列宏

8. 有关条件宏的叙述中，错误的是（　　）。

A. 条件为真时，执行该行中对应的宏操作

B. 宏在遇到条件内有省略号时，终止操作

C. 如果条件为假，将跳过该行中对应的宏操作

D. 宏的条件内为省略号表示该行的操作条件与其上一行的条件相同

9. 创建宏时至少要定义一个宏操作，并要设置对应的（　　）。

A. 条件　　B. 命令按钮　　C. 宏操作参数　　D. 注释信息

10. 在创建条件宏时，如果要引用窗体上的控件值，正确的表达式引用是（　　）。

A. [窗体名]![控件名]　　B. [窗体名]控件名]

C. [Form]![窗体名]![控件名]　　D. [Forms]![窗体名]![控件名]

11. 使用宏组的目的是（　　）。

A.设计出包含大量操作的宏　　B. 设计出功能复杂的宏

C. 对多个宏进行组织和管理　　D. 创建 VBA 不能实现的操作

12. 有关宏的叙述中，错误的是（　　）。

A. 宏是一种操作代码的组合

B. 宏具有控制转移功能

C. 建立宏通常需要添加宏操作并设置宏参数

D. 宏操作没有返回值

13. 如果不指定对象，Close 基本操作关闭的是（　　）。

A. 正在使用的表　　B. 当前正在使用的数据库

C. 当前窗体　　D. 当前对象（窗体、查询、宏 1）

14. 运行宏，不能修改的是（　　）。

A.窗体　　B. 宏本身　　C. 表　　D. 数据库

15. 发生在控件接收焦点之前的事件是（　　）。

A. Enter　　B. Exit　　C. GotFocus　　D. Lost Focus

二、简答题

1. 什么是宏？

2. 什么是宏组？如何应用子宏？

第 8 章　模块与 VBA

8.1　VBA 编程概述

Visual Basic for Application（VBA）是 Microsoft Office 开发的一种通用自动化语言，也是 Visual Basic 的一种宏语言，其目的是能与其他应用程序进行共享并寄生于已存在的应用程序，并使常用的程序自动化和创建自定义的解决方案。

VBA 是 VB 的子集，是 Microsoft Office 系列软件的内置编程语言，是新一代标准宏语言，是用来创建 Access 模块对象的编程语言，可被所有 Microsoft 可编程应用软件共享。

VBA 采用面向对象程序设计方法。提供了相对完整的程序设计语言。

1. 宏与 VBA

宏与 VBA，参阅 7.5 节。

2. 模块与 VBA

模块是以 VBA 语言为基础编写的一个 Access 数据库对象。它位于 Access 2016 中的“宏与代码”工具栏中，它是由声明、语句和过程组成的集合。通俗地说，模块是 Access 数据库中用于保存 VBA 程序代码的容器。

利用模块可以将各种数据库对象进行连接，从而构成一个完整的系统。

8.2　模　块

8.2.1　模块的分类

Access 的模块有两种类型：类模块和标准模块。

1. 类模块

类模块是包含类定义的模块，包括其属性和方法的定义。

类模块有三种形式：窗体类模块、报表类模块和自定义类模块。

窗体类模块：该类模块包含在指定的窗体或其控件上事件发生时触发的所有事件过程的代码。这些过程用于响应窗体事件，实现窗体动作，完成用户操作。

报表类模块：该类模块包含在指定的报表或其控件上发生事件触发的所有事件过程代码。

自定义类模块：利用该模块可以创建自定义对象，可为这些对象定义属性、方法和事件，也可用 New 关键字创建窗体对象。

2. 标准模块

标准模块是包含在数据库窗口的模块对象列表中，包括任何位置运行的常用过程和与任何其他对象都无关的通用过程，这些过程不与 Access 数据库文件中的任何对象关联。

3. 类模块与标准模块的区别

（1）存储位置不同：类模块可以封装任何类型的代码，包含的数据是相对于类的实例对象而独立存在的。标准模块中公共变量的值改变后，后面的代码调用该变量将得到改变后的值。

（2）存活期不同：类模块中的数据只存在于对象的存活期，跟对象共生存或消失。标准模块中的数据存在于程序的存活期中，在程序的作用域内存在。

（3）Public 变量的使用范围不同：类模块中的 Public 变量只能在引用该类模块的实例对象时才被访问。标准模块中的 Public 变量在程序的任何地方均可用。

8.2.2　模块的创建方法

根据不同的模块分类，创建模块的方法有所不同，下面分别介绍。

1. 创建类模块的方法

方法 1：在窗体设计视图中选定控件（这里选择按钮），单击鼠标右键，在弹出的快捷菜单中单击“事件生成器”，弹出“选择生成器”对话框，在该对话框中选择“代码生成器”，如图 8-1 所示。

单击“确定”，在打开的 VBA 窗口中进行设置，如图 8-2 所示。

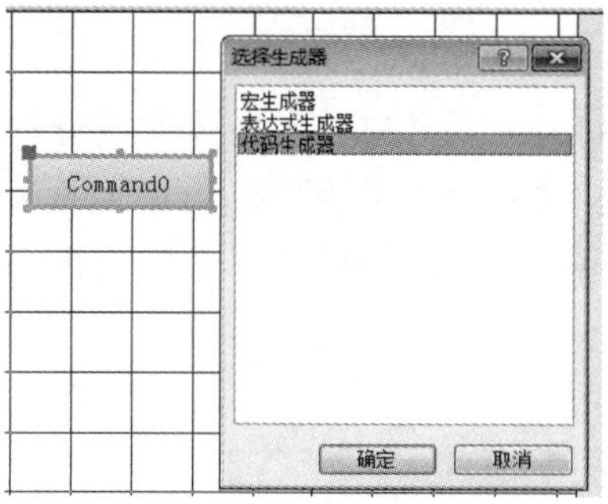

图 8-1　代码生成器

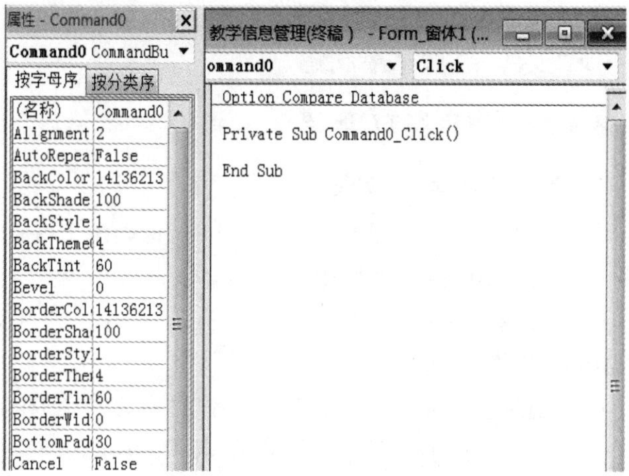

图 8-2　类模块设计界面

方法 2：在窗体设计视图中选定控件，打开该控件“属性”框，在属性面板中单击“事件”选项卡，在选择的某个事件后边单击“…”表达式生成器按钮，即可弹出如图 8-1 所示的界面，在此界面中选择“代码生成器”，也可打开如图 8-2 所示的代码界面，在此设置类模块。

方法 3：选择数据库窗口，单击“创建”选择卡，进入“宏与代码”选项组，点击“类模块”对象，即可新建空白类模块。

2. 创建标准模块

建立标准模块的方法：选择数据库窗口，单击“创建”选择卡，进入“宏与代码”选项组，点击“模块”对象，即可新建空白标准模块。

8.3 VBA 编程环境

VBA 的编程环境称为 VBE（Visual Basic Editor），是 Visual Basic 编辑器。VBE 提供了完整的开发和调试工具，用于创建和编辑 VBA 程序。

8.3.1 打开 VBE

在 Access 2016 中，打开 VBE 的方法有以下几种：

1. 通过数据库

（1）在数据库中，单击“数据库工具”→“宏”→“Visual Basic”。

（2）在数据库中，单击“创建”→“宏与代码”→“Visual Basic”。

（3）在数据库导航窗格，找到模块对象，双击选中的某个模块。

（4）同 8.2.2 节创建标准模块。

（5）同 8.2.2 节创建类模块方法 3。

（6）按 Alt+F11 组合键。

2. 通过窗体或报表视图打开 VBE

（1）同 8.2.2 节创建类模块方法 1 和方法 2。

（2）打开窗体或报表的设计视图，单击“窗体设计工具”/“报表设计工具”选项→“设计”→“工具”→“查看代码”。

8.3.2 VBE 窗口介绍

1. 窗口的界面及组成

参照 8.3.1 节中打开 VBE 的方法打开 VBE（在此我们打开“成绩表 1”窗体的设计视图，查看代码），VBE 窗口如图 8-3 所示。该窗口由两窗（“工程”窗口、“属性”窗口）、两框（“对象”框、“过程”框）、两区（“声明”区、“代码”区）、两图（“过程视图”“全模块视图”）及 VBE 工具栏组成。

在 VBE 的工具栏“视图”下，包含有多个视图窗口。

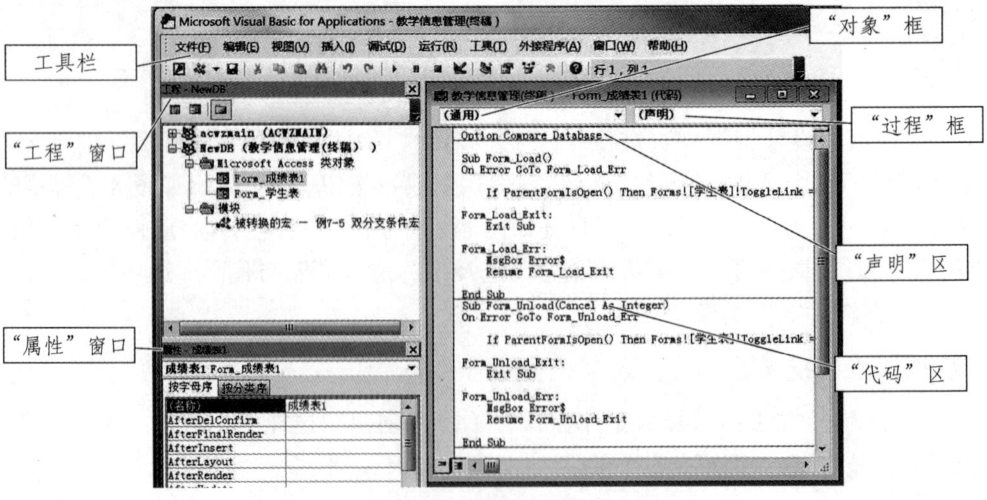

图 8-3 模块编程窗口

2. VBE 工具栏

VBE 工具栏主要由视图、插入模块、运行子过程/用户窗体、中断、重新设置、设计模式、工程资源管理器、属性窗口、对象浏览器等组成。标准的工具栏如图 8-4 所示。

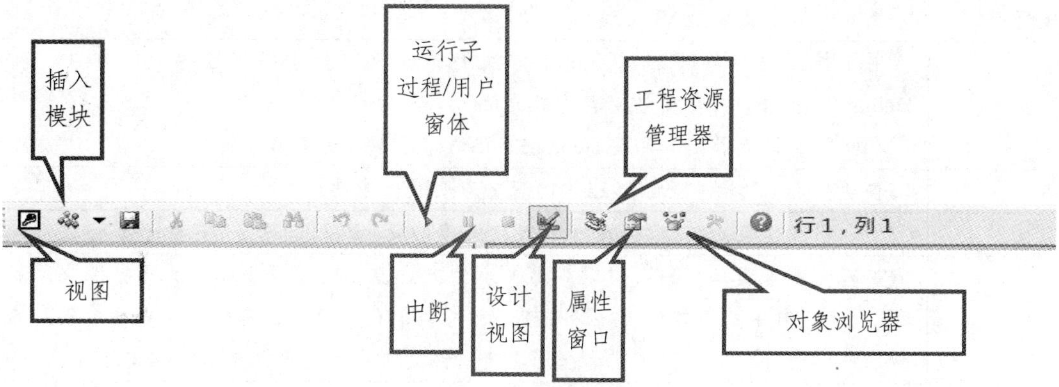

图 8-4　VBE 标准工具栏

VBE 标准工具栏常用功能按钮：

视图：切换到 Access 窗口。

插入模块：在当前位置插入一个模块、类模块或者一个过程。

运行子过程/用户窗体：运行模块中的程序。

中断：停止正在运行的程序，切换至中断模式。

重新设置：结束正在运行的程序。

设计模式：设计模式和退出设计模式进行切换，在设计模式下中断及重新设置按钮不可用。

工程资源管理器：用于打开工程资源管理器。

属性窗口：用于打开属性窗口。

对象浏览器：用于打开对象浏览器，用于查看和浏览 Access 支持的 VBA 应用程序中的可用对象，以及对象的方法和属性。

3. VBE 窗口

VBE 界面根据不同的对象设置了不同的窗口，有代码窗口、对象窗口、立即窗口、本地窗口、监视窗口及属性窗口，各窗口的打开可通过打开“视图”选项卡进行，如图 8-5 所示。

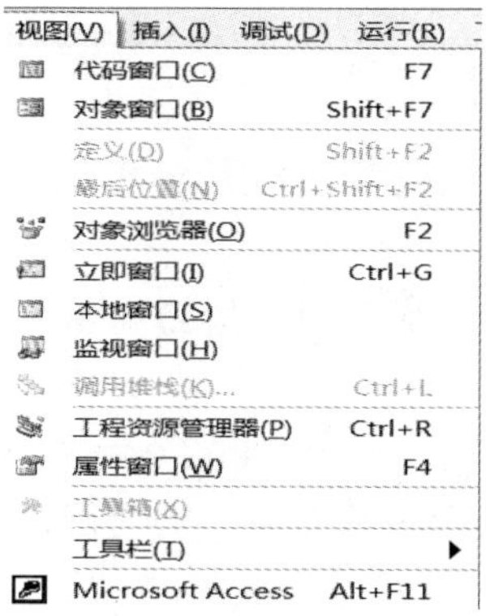

图 8-5　视图选项卡

各窗口的功能如表 8-1 所示。

表 8-1　各窗口的功能

窗口名称	功　能
代码窗口	编写、显示及修改 VBA 程序代码
立即窗口	用来快速计算的表达式、简单方法的操作及进行程序测试的工作窗口。可用 Debug.Print 语句打印变量或表达式的值。 在立即窗口使用“？”或 Debug.Print 语句显示表达式的值
本地窗口	自动显示出所有在当前过程中的变量声明及变量值
监视窗口	用于调试过程，动态了解变量或表达式值的变化情况，对代码的正确与否进行判断
工程窗口	工程资源管理器，该窗口以分层列表的方式显示当前数据库中的所有模块，如图 8-3 所示。可单击“查看代码”按钮显示相应的代码窗口；可单击“查看对象”按钮显示相应的对象窗口，也可单击“切换文件夹”按钮隐藏或显示对象文件夹
属性窗口	显示所选对象的各种属性，如图 8-3 所示，可以按属性的字母排序，也可按类别排序。属性窗口分左右两部分，左边显示属性名，右边设计的属性值，这种设置属性的方法称为“静态”设置法。还可在代码窗口利用 VBA 代码编辑属性，这种方法称为“动态”设置法

8.4　VBA 编程基础

VBA 编程同其他编程语句，一条语句是能够执行并完成一定任务的一个命令，程序是由多条命令组织起来实现的。VBA 中的一条语句包含关键字、常量、变量、运算符和表达式。

8.4.1　VBA 编程主要步骤

VBA 编程主要由以下五个步骤组成：

（1）创建用户界面。

（2）设置对象属性。

（3）编写对象事件过程。

（4）运行和调试。

（5）保存。

8.4.2　VBA 程序书写规则

（1）VBA 对标识符字母无大小写之分，默认为小写字母。

（2）程序书写要求。

程序的书写格式一般要求程序层次分明，适当地运用空格、空行及缩进让程序看起来整洁、格式统一。

① 通常一条语句写在一行中（如：P=(x-100)*0.96+100*0.48）。

② 一条语句较长时，则可以进行多行书写，用续行符（一个空格加一个“-”下划线）将一条语句分行书写。

③ 一行也可以书写多条短语句，但各语句之间以冒号“:”将不同的语句进行分开。

最好一行写一条语句。

例 8-1 一行语句写不下，分成两行写：

```
P=(x-100)*0.96 _
+100*0.48
```

例 8-2 一行写多条语句：

```
P=(x-100)*0.96 +100*0.48 : txt1.value=p
```

例 8-3 创建一个“VBA1”的模块，运行该模块，显示“计算机学院欢迎您”界面。

操作步骤：

① 打开“教学信息管理”数据库。

② 单击功能选项卡中“创建”→“宏与代码”→“模块”，默认创建了“模块 1”，并打开了 Microsoft visual basic for application 编辑器。

③ 在 Option Compare Database 代码下方输入：

```
Sub VBA1()
MsgBox prompt:="计算机学院欢迎您!"
End Sub
```

④ 单击工具栏的“保存”，在另存为对话框中输入模块的名称“VBA1”，单击“确定”。

⑤ 按“F5”，选择宏名，单击“运行”，观察结果。

（3）在语句代码中添加注释。

在编写程序时一般为了增加程序的可读性及后续软件的维护性，在编写程序时都会在适当的地方加入一些解释和说明，即注释语句。

注释方式有两种：“Rem”和“′”。

注释语句：此类格式可以直接放在其他语句之后，无须分隔符。

Rem 注释语句：此类格式要另起一行书写，或用冒号隔开，放在其他语句之后。

在 VBA 中，注释部分以绿色文本显示。

8.4.3 VBA 的数据类型

在 Access 2016 中，VBA 中用变量保存计算的结果，VBA 为变量定义一个数据类型的集合。它既可以是基本数据类型，也可以是用户自定义的数据类型。

在应用变量前，先要对变量进行申明，在申明中指定变量的类型。

1. 基本数据类型

VBA 中的基本数据类型有字符型（String）、字节型（Byte）、整型（Integer）、长整型（Long）、单精度（Single）、双精度（Double）、布尔型（Boolean）、日期型（Date）、货币性（Currency）和变体型（Variant）等。具体的存储空间和取值范围见表 8-2。

表 8-2 VBA 的基本数据类型

数据类型	类型标识	声明符号	存储空间	使用范围/说明
字节型	Byte		1 字节	0～255
整型	Integer	%	2 字节	-32768～+32768
长整型	Long	&	4 字节	-2147483648～+2147483647

续表

数据类型	类型标识	声明符号	存储空间	使用范围/说明
单精度数	Single	！或 E	4 字节	负数：-3.402823E38 ~ -1.401298E-45 正数：1.401298E-45 ~ +3.402823E38
双精度数	Double	#或 D	8 字节	负数：-1.79769313486232E308 ~ -4.94065645841247E-324 正数：4.94065645841247E-324 ~ 1.79769313486232E308
布尔型	Boolean	无	2 字节	True 或 False
字符型	String	$	10 字节	用双引号括起来的一串 ASCII 码字符，主要用来存放文字信息，1 ~ 2 GB
日期型	Date		8 字节	与日期和时间相关，用“#”括起来
货币型	Currency	@	8 字节	-922377203685477.5808 ~ +922377203685477.5807 数据表示与钱款相关
对象型	Object		4 字节	任何对象的引用，如图形、OLE 对象或其他对象
变体型	Variant	无	16 字节	所有未定义的变量默认类型

2. 用户自定义数据类型

此类型指的是用户自己根据需要进行自定义的数据类型，也可以由一个或多个 VBA 标准数据类型组合而成。用户自定义数据类型在关键字 Type...END Type 之间进行定义。语法格式如下：

```
Type <自定义数据类型名>
    <元素名 1> As <数据类型>
    <元素名 2> As <数据类型>
    … …
End Type
```

例 8-4 自定义一个新的类型 StudentType，该类型中包含 4 个元素，分别命名为：StuName（字符型）、StuNo（字符型）、StuBirthday（日期型）、StuSex（布尔型）。

```
Type    StudentType
    StuName As String
    StuNo As String
    StuBirthday As Date
    StuSex As Boolean
End Type
```

当用户定义类型后，就需要用 Dim、Public 或 Static 关键字来定义变量。对于用户自定义数据类型的变量赋值，需指明变量名、元素名，且两者之间用“.”分隔。语法格式如下：

```
变量名.元素名=变量值
```

例 8-5 在例 8-4 的基础上，声明一个新学生的信息类型变量 NewStu。

```
Dim NewStu AS StudentType      '定义一个学生信息类型变量 NewStu
NewStu.StuName="李丽莎"
NewStu.StuNo="1002020117"
```

```
NewStu.StuBirthday="2001-12-7"
NewStu.StuSex=True
```

对于例 8-5 中赋值中的重复部分，可以用关键字 With…End With 进行简化程序。简化后如下：

```
With NewStu
.StuName="李丽莎"
.StuNo="1002020117"
.StuBirthday="2001-12-7"
.StuSex=True
```

注：对每句相同的变量名进行省略；元素名前用的“.”，是英文下的。

8.4.4 常 量

常量是指在程序运行过程中，其值始终不变的量。VBA 的常量有直接常量和符号常量两种表示方法。

直接常量就是直接表示的整数、单精度数和字符串，如 456、5.68E+5、“StuName”等。符号常量就是用符号表示常量，符号常量有用户定义的符号常量、系统常量和内部常量 3 种。

1. 用户定义的符号常量

符号常量指在 VBA 编程过程中，模块中频繁使用的常量，可用关键字 Const 来定义，格式如下：

```
[Public|Private] Const
符号常量名称[As 数据类型]=常量值
```

例 8-6 符号常量示例

```
Public Const PI As Single=3.1415926
```

也可以像下面这样表示：

```
Const PI=3.1415926
```

2. 系统常量

系统常量是指 Access 系统启动时就已建立的常量，系统常量主要有 7 个：True、False、Yes、No、On、Off 和 Null 等， 这些常量在编写代码或所有应用程序中可以直接使用。

3. 内部常量

VBA 提供了一些预定义的内部符号常量，它们主要作为 DoCmd 命令语句中的参数。内部常量以前缀 ac 开头，常用的常量如表 8-3 所示。

表 8-3 常用的以前缀 ac 开头的内部常量

常 量	说 明
acViewPreview	以“打印预览”方式显示
acPreview	在“打印预览”视图中打开窗体
acTable	表
acQuery	查询

续表

常　量	说　明
acReport	报表
acMacro	宏
AcSaveYes	保存
AcSaveNo	不保存

8.4.5　变　量

变量是指在程序运行过程中，其值是可以变化的量。在 VBA 编程中，我们可以利用变量进行声明和存储计算结果、值或操作数据库中的对象。

1. 变量的命名规则

在为变量命名时，应遵循以下规则：

（1）变量名都是以字母开头，且只能由字母、数字和下划线“_”组成。

（2）变量的名字不能使用系统保留的关键字，即不能是 VBA 的关键字，如 Sub、Function 等。

（3）变量名不能包含空格、句号或点等字样，且在同一层次中不能重名。

（4）变量名的长度只能小于或等于 255 个字符。

注：不区分英文大小写字母，如 StuName、stuname 和 stuName 表示同一个变量。

2. 变量的声明

变量的声明是指在使用变量时要先定义后使用。

两种语法格式如下：

```
Dim 变量名 [As <数据类型>]
Dim 变量名 [类型说明符]
```

例 8-7　变量的声明示例

```
Dim x As Integer
Dim y%
```

说明：上例中的 x 和 y 都被定义为整型变量，但两个变量声明的格式不一样。

3. 变量的作用域

变量的作用域是指变量定义的位置不同，其作用的范围也不同。

根据变量的作用域的不同，可以将变量分为局部变量、模块变量和全局变量 3 类。

（1）局部变量。

局部变量是指定义在模块过程内部的变量，在子过程或函数过程中定义的或不用 Dim…As 关键字定义而直接使用的变量，这些都是局部变量，其作用的范围是其所在的过程，且仅在声明它的过程中可见。

（2）模块变量。

模块变量是在模块的起始位置、所有过程之外定义的变量。运行时在模块所包含的所有子过程和函数过程中都可见，在该模块的所有过程中都可以使用该变量，用 Dim…As 关键字定义的变量就是模块变量。

（3）全局变量。

全局变量就是用 Public 关键字在标准模块的所有过程之外的起始位置定义的变量，运行时在所有类模块和标准模块的所有子过程与函数过程中都可见。

在标准模块的变量定义区域，用下面的语句定义全局变量：

```
Public 全局变量名 As 数据类型
```

（4）数据库对象变量。

Access 建立的数据库对象及其属性，它们都可以作为 VBA 程序代码中的变量及其指定的值来加以引用。Access 中窗体对象和报表对象其引用格式分别如下：

```
Forms!窗体名称!控件名称[.属性名称]
Reports!报表名称!控件名称[.属性名称]
```

注：

① 关键字 Forms 和 Reports 表示其后面分别接窗体或报表对象，它表示的是一种集合，要求按格式固定输入。

② 格式中的“!”感叹号用来分隔开对象名称和控件名称。

③ “.”表示一个控件下的某个属性名称，可有可无。

例 8-8 引用窗体对象示例。

Forms！判断数的奇偶性！Lable2.Caption =

说明：为窗体控件 Lable2 设置标题为“判断数的奇偶性”。

8.4.6 表达式

表达式是由运算符、函数和数据等内容组合而成的，根据运算符的类型可以将表达式分为算数表达式、关系表达式、逻辑表达式和字符串表达式 4 种类型。

关于表达式部分，请参见 2.4.4 节。

8.4.7 函 数

在 VBA 的过程调用和函数过程调用中，可用到系统内自带的内置标准函数，完成许多系统操作。常用函数包括数学函数、字符串函数、日期/时间函数、类型转换函数和输入/输出函数。前几类函数在 2.4.3 节中有讲述，这里仅讲述输入/输出函数。

（1）InputBox 函数用于输入字符串数据。

其语法格式如下：

```
InputBox(<提示>[,<标题>][,<默认值>][,<x 坐标>][,<y 坐标>])
```

InputBox 函数显示一个对话框，“标题”字符串为对话框标题；“提示”字符串为对话框内显示的提示信息；“默认值”字符串为输入框中预置的输入内容；x，y 坐标分别用于指定对话框左边界距屏幕左边沿的距离和对话框上边界距屏幕上边沿的距离。

（2）MsgBox 函数用于显示一个提示信息对话框。

其语法格式如下：

```
MsgBox(<提示信息>[，<按钮设置值>][，<标题>])
```

“提示信息”字符串为对话框显示的信息；“标题”字符串指定对话框标题；“按钮设置值”为一整数，用于设置对话框显示按钮、图标等参数，该值由按钮类型与数目、图标样式、缺省设置、模式参数等 4 类数据中各取一个（或 0 个）相加得到。

8.5 面向对象程序设计概述

VBA 是 Access 内嵌的面向对象机制，基于面向对象模型，采用面向对象的程序设计语言编程，是一种可视化编程环境。在 VBA 编程中，对象处处可见，如窗体、报表、宏和各种控件等，甚至数据库本身也是一种对象。

面向对象程序设计思想是一种模拟现实世界的方法，将现实世界看成由许多对象组成，各对象之间可相互交流。从程序设计的角度看，各对象内部都有各自的数据和方法。

下面介绍面向对象编程的几个基本概念，对象、属性、方法和事件。

8.5.1 对　象

对象即为我们在客观世界里所看到的任何实体，可以是物，也可以是抽象的概念。在 Access 2016 中，常见的对象包括表、窗体、查询、报表、宏、模块等。

对象名用于标识具体的对象，如窗体、报表等均有名称，新对象的默认名为对象名称加一个唯一的整数。

如第一个创建的宏为宏 1，第二个创建的宏为宏 2，以此类推。

对于非绑定型控件，对象名为空间名称加唯一整数，如 Text1，Text2 等。

对于绑定型控件，对象名称为字段的名称，如姓名、学号等。

在 Access 中有 26 个常用对象，它们之间大多为父子关系，据此，可将对象分为两类，根对象和非根对象。根对象没有父对象，处于最高层。

在 Access 中有 7 个根对象，如表 8-4 所示。

表 8-4　Access 中的根对象

对象名	说明
Application	应用程序，即应用 Access 环境
DBengine	数据库管理系统，表、查询、记录、字段等均是它的子对象
Forms	所有处于打开状态下的窗体的集合
Reports	所有处于打开状态下的报表的集合
Screen	屏幕对象
Debug	立即窗口对象
Docmd	运行 Visual Basic 具体命令的对象

Access 中的非根对象，如表 8-5 所示。

表 8-5　Access 中的非根对象

对象名	说明	对象名	说明
Workspaces	工作区间	Parameter	参数
Datebase	数据库	Index	索引
Group	用户组	Document	文档
User	用户	Form	表单

续表

对象名	说明	对象名	说明
TableDef	表	Report	报表
Recordset	记录	Module	模块
Filed	字段	Control	控件
Container	容器	Section	节对象
Relation	关系	Property	属性
QueryDef	查询		

8.5.2 属 性

属性是描述对象的性质。在 VBA 中属性是每个可操作实体的特征，而任何可操作实体即为对象。对对象的数据描述，称为该对象的属性，如控件的标题、形状等。

在编辑代码的过程中，对对象的属性是通过赋值的方式来进行设置的，其引用格式为：

```
对象.属性=属性值
```

例 8-9 设置属性。

```
Form.caption="学生基本信息窗体"     ' 表示该窗体的标题属性为“学生基本信息窗体”
Text1.ForeColor=VbRed              ' 表示该文本的字体颜色设置为红色
```

注：属性会因对象的类别不同而不同，即使是同一类型的不同对象，属性也会有所不同。

8.5.3 事 件

在 Access 数据库中，对于事件的理解是针对对象而言。事件即为对象能够识别的一个动作（即事情或消息）。不同的对象可触发不同的事件，因此若使某一对象在某一事件发生时能做出所需要的反应，必须针对这一事件编写相应的代码来完成相应的功能。总体来说，Access 中对于事件的分类主要可以分为以下几类，如表 8-6 所示。

表 8-6 事件的分类

事件分类	描 述	各类常用的事件
键盘事件	键盘操作所引发的事件	如键按下：KeyDown；键释放：KeyUp；击键：KeyPress
鼠标事件	操作鼠标所引发的事件	如单击：Click；双击：DbClick；鼠标移动：MouseMove；鼠标按下：MouseDown
窗口事件	操作窗口时所引发的事件	如打开事件：Open；关闭事件：Close；激活事件：Activate；加载事件：Load
对象事件	对象进行操作时所引发的事件	如更新前：BeforeUpdate；更新后：AfterUpdate；更改：Change
操作事件	与操作数据相关的事件	如删除：Delete；成为当前：Current；插入前：BeforeInsert；插入后：AfterInsert

对于事件的响应一般来说有两种方式：

（1）用宏对象响应对象的事件；

（2）给事件编写 VBA 代码，用事件过程响应对象的事件。

例 8-10 用 VBA 代码编写鼠标单击事件。

```
Private Sub Command1_Click(  )
        ……
    END  Sub
```

其中，Command1 是对象名；Click 是事件名。

8.5.4 方　法

Access 中的方法其实就是对象利用内部函数来完成一些某种特定的功能，即它是当对象接受消息后能够执行的一个动作，也是对象接受某个消息后所采取的一系列操作的描述。每个对象都有自己的多种方法。其引用的格式为：

```
[对象.]方法 [ 参数名称]
```

对于方法的使用都是依托对象来完成某种特定的功能。

在 Access 中有一个重要的对象：DoCmd 对象，其功能是通过调用其内在的方法实现 VBA 编程中对 Access 的操作。

DoCmd 是通过调用 Access 内置的方法，在程序中可实现某些特定的操作。其语法格式：

```
DoCmd.方法名[参数]
```

说明：DoCmd 对象的大多数方法都有参数，参数可有可无。若缺省，将采用默认的参数。常见的打开对象的方法如表 8-7 所示。

表 8-7　DoCmd 对象使用方法

名　称	语法格式	功　能
用 DoCmd 对象打开窗体	DoCmd.OpenForm　"窗体名"	打开指定窗体
用 DoCmd 对象打开报表	DoCmd.OpenReport "报表名"acViewPreview	预览形式打开指定报表
用 DoCmd 对象运行宏	DoCmd.RunMacro　"宏名"	运行指定宏
用 DoCmd 对象关闭窗体	DoCmd.CloseForm　"窗体名"	关闭指定窗体
用 DoCmd 对象关闭报表	DoCmd.CloseReport　"报表名"	关闭指定报表
用 DoCmd 对象退出 Access	DoCmd.Quit	退出并关闭 Access

例 8-11 用 DoCmd 对象分别打开窗体、表及报表。

```
DoCmd.OpenForm“教师表”  ' 利用 DoCmd 对象的 OpenForm 方法打开窗体“教师表”
DoCmd.OpenTable“教师表”  ' 利用 DoCmd 对象的 OpenTable 方法打开表“教师表”
DoCmd.OpenReport“教师表”  ' 利用 DoCmd 对象的 OpenReport 方法打开报表“教师表”
```

注：对窗体和控件来说，SetForms（获得控制焦点）、Requery（更新数据）这些方法也得关注。

8.5.5 对象间的关系

为了更好地理解对象的属性、事件、方法三者的关系，我们可以用图 8-6 进行说明。

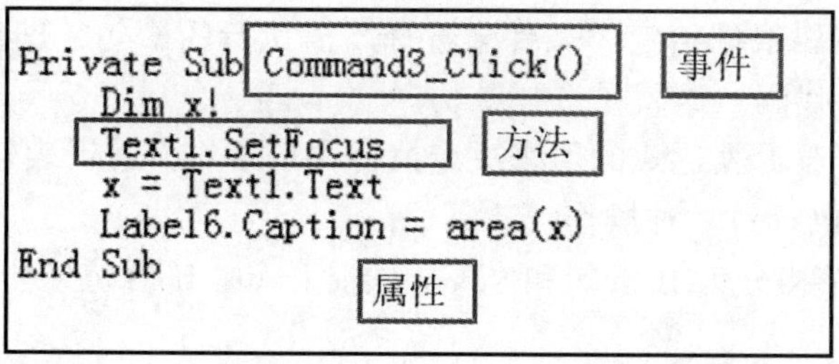

图 8-6　对象与事件、方法、属性的关系显示

在程序代码中引用对象的属性或调用对象的方法，有固定的语法格式：

[父对象名!]对象名.属性名

[父对象名!]对象名.方法名

注：父对象与子对象之间用“!”连接；对象与属性（方法）之间用“.”连接。

8.6　VBA 程序流程控制语句

VBA 程序是由大量的语句串命令所构成的，一个语句就会完成某项操作命令。因此，对于语句代码的执行顺序、调用的过程，都是通过执行语句而实现各种流程控制。

流程控制是对各种语句的应用，达到理想的程序运行效果。根据语句代码执行的顺序可将 VBA 流程控制语句分为三种：顺序结构、选择结构和循环结构。

8.6.1 顺序结构

顺序结构指计算机按照语句自上而下的排列顺序依次先后执行每一条语句。

例 8-12　输入某学生的大学语文、高等数学、大学英语三门课程成绩，计算该学生的总分。窗体界面如图 8-7 所示，代码界面如图 8-8 所示。窗体保存为“例 8-12 计算成绩的和（顺序结构）”。

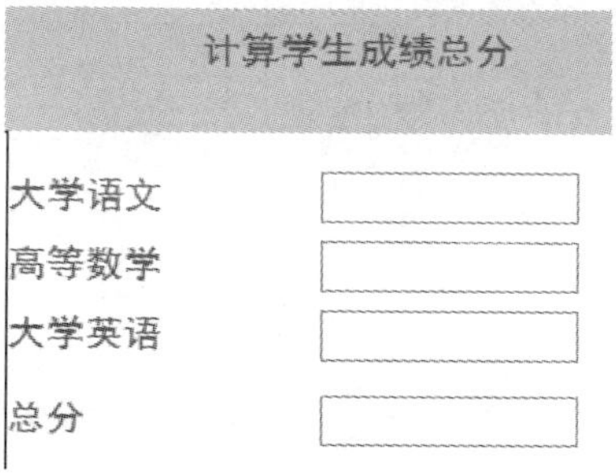

图 8-7　窗体界面

```
Option Compare Database

Private Sub Text8_Click()
Dim sum As Single
Dim x As Single
Dim y As Single
Dim z As Single
x = Text2.Value
y = Text4.Value
z = Text6.Value
sum = x + y + z
Text8.Value = sum
End Sub
```

图 8-8　代码界面

从图 8-7 及图 8-8 的结果可知：“sum=x+y+z”是把三门课程的成绩相加，并将结果赋值给 Text8 文本框。整个代码的执行过程，就是按照程序编码顺序自上而下执行，从而得出学生的总分，这就是顺序结构。

8.6.2　选择结构

计算机在执行程序时，通常情况下都是按照语句的书写顺序执行。但是在解决某些实际问题时，很多情况都需要根据给定的条件来选择所需执行的语句，即根据判断结果的不同而执行程序中不同部分的代码，这就是选择结构。

选择结构一般根据逻辑表达式的值来决定执行哪条语句，逻辑表达式的值为 True 时执行一种操作，为 False 时执行另一种操作。

在 VBA 中，选择结构分为 If 语句和 Select Case 语句。If 语句又分为单分支、双分支和多分支语句。

1. 单分支 If 语句

单分支 If 语句的格式：

```
If   <条件>   Then   <语句块>
```

单分支 If 语句根据条件判断语句是否执行，若条件表达式的值为 True，执行<语句块>；如果条件表达式的值为 False，则执行 If 语句后的下一条语句。其结构如图 8-9 所示。

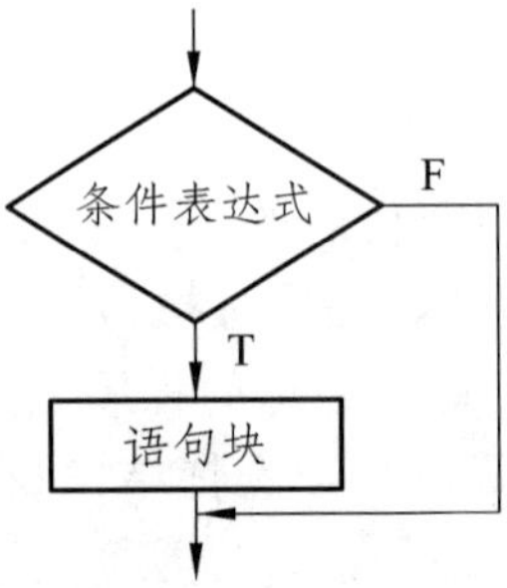

图 8-9　单分支 If 语句结构

例 8-13　比较 x 和 y 的大小，若 y 大于 x，则进行 x 和 y 的交换。

```
If   y>x       Then
     t=x
     x=y
     y=t
```

如果 y 大于 x，两数进行交换，否则不交换，即 x 存放较大的数。

2. 双分支 If 语句

双分支 If 语句的格式如下：

```
If   <条件>   Then
<语句块 1>
Else
<语句块 2>
End   If
```

双分支 If 语句同样也根据条件进行判定，若条件表达式的值为 True，则先执行<语句块 1>，<语句块 1>可包含 *N* 条语句，然后执行 End If 后的语句；如果条件表达式的值为 False，则执行 Else 语句后的<语句块 2>，最后执行 End If 后的语句。其结构如图 8-10 所示。

例 8-14　判断输入数据的奇偶性，窗体设计界面如图 8-11 所示，保存窗体为“例 8-14 判断数据的奇偶性”，运行窗体结果如图 8-12 和图 8-13 所示。

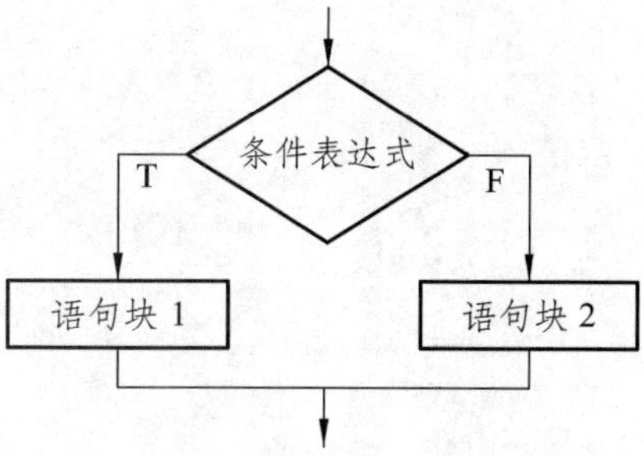

图 8-10　双分支 If 语句结构

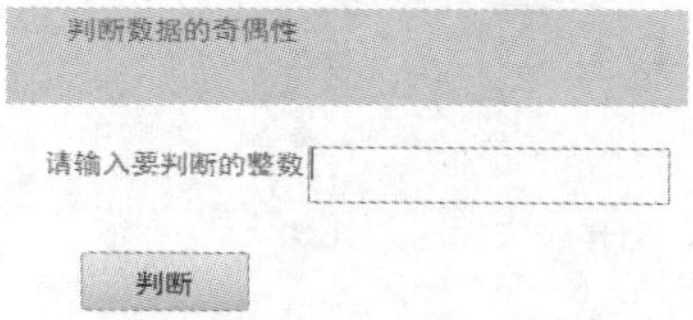

图 8-11　判断数据的奇偶性

图 8-12　奇数界面

图 8-13　偶数界面

窗体中“判断”按钮的鼠标单击事件代码设计如下：

```
Private Sub Command3_Click()
Dim a As Integer            ' 定义一个变量用于表示整数
a = Val(Text1.Value)        ' Text0 为第一个文本框的名称，用来表示输入的整数
If a Mod 2 = 0 Then         ' 奇数和偶数根据能否被 2 整除来区分
MsgBox                      "该数是偶数"
Else
MsgBox                      "该数是奇数"
End If
```

根据输入的数据判断，如输入 369，369 除以 2 取余，余数为 1，不满足余数为 0，表达式为 False，执行 Else 后的语句，“该数是奇数”。

3. *多分支 if 语句*

在实际应用中，经常要对多个条件进行判定，并做出不同的处理，这样的程序语句称为“多分支语句”。多分支 If 语句的格式如图 8-14 所示。

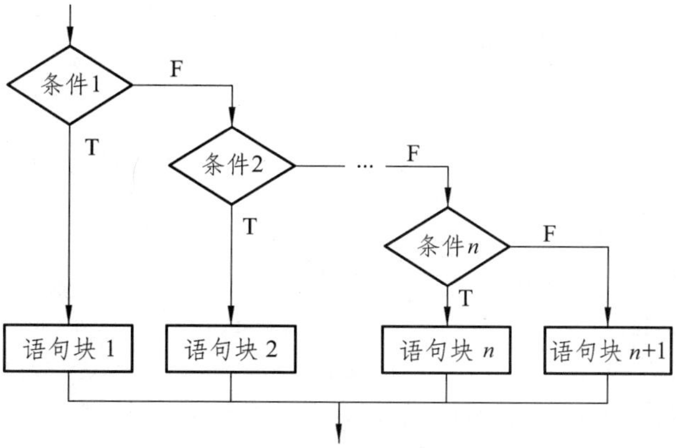

图 8-14　多分支结构

```
If  <条件 1>   Then
    <语句块 1>
    ElseIf <条件 2>   Then
    <语句块 2>
    ……
    ElseIf <条件 n>   Then
    <语句块 n>
    Else
    <语句块 n+1>
End  If
```

多分支语句执行时，若满足<条件 1>时，则执行<语句块 1>，然后执行 End If 后的语句；否则再判断<条件 2>，是否为真时，则执行<语句块 2>，以此类推，一直执行到当所有条件都不满足时，则执行语句块 Else 后的<语句块 n+1>。在程序执行的过程中，有且仅有一个分支的语句块被执行。

例 8-15　在成绩等级窗体中输入学生的分数（百分制），根据百分制成绩输出成绩的五分制等级，窗体界面如图 8-15 所示，保存为“例 8-15 分制转换”。其中 90 ~ 100 分为 A 等级，80 ~ 89 分为 B 等级，70 ~ 79 分为 C 等级，60 ~ 69 分为 D 等级，60 分以下为 E 等级。成绩转换窗体如图 8-16 所示，出错信息如图 8-17 所示。

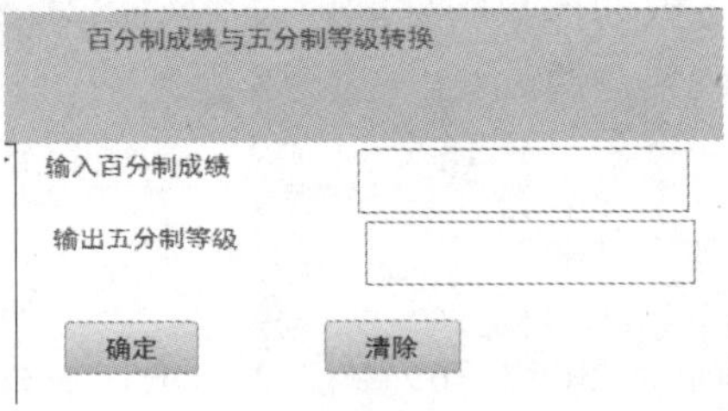

图 8-15　分制转换界面

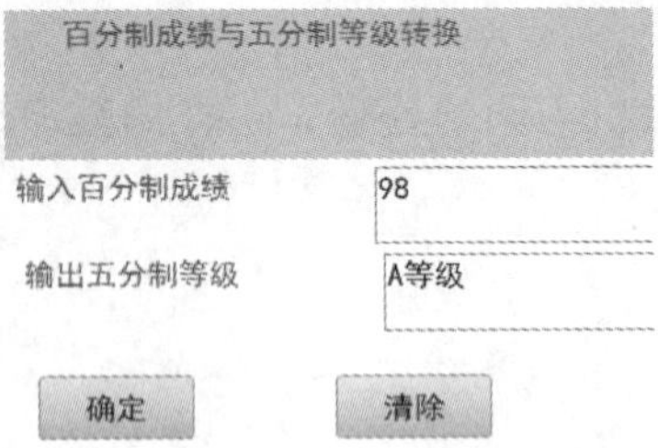

图 8-16　输入百分制换算成五分制

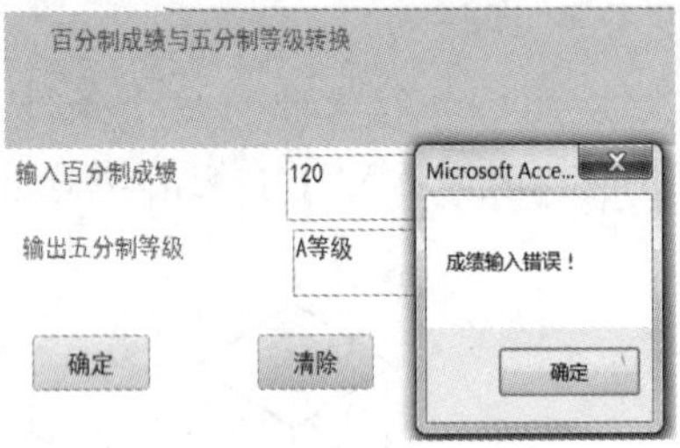

图 8-17　成绩出错信息

“确定”按钮代码如下：

```
Private Sub Command5_Click()          ' “确定”命令按钮“单击”事件
  Dim score As Single                 ' 定义一个变量用于表示输入的分数
  score = Val（Text1.Value）          ' Text1 为第 1 个文本框的名称，用来输入成绩
If (score < 0 Or score > 100) Then
      MsgBox "成绩输入错误！"          ' 输入不合理的成绩时的报错提示
```

```
    ElseIf score >= 90 Then
        Text3.Value = "A 等级"            ' Text3 为第 3 个文本框的名称，用来输出等级
    ElseIf score >= 80 Then
        Text3.Value = "B 等级"
    ElseIf score >= 70 Then
        Text3.Value = "C 等级"
    ElseIf score >= 60 Then
        Text3.Value = "D 等级"
    Else
      Text3.Value = "E 等级"
    End If
End Sub
```

思考：当输入下一个分数，文本框中清空，并给“清除”按钮加载事件。

4. *多分支 Select Case 语句*

使用 Select Case 语句的目的就是解决在条件复杂、分支太多时使用多个 If 语句烦琐问题，从而实现程序的简洁性与易读性。它可根据表达式的求值结果自主选择几个分支中对应的一个执行。其结构如图 8-18 所示。

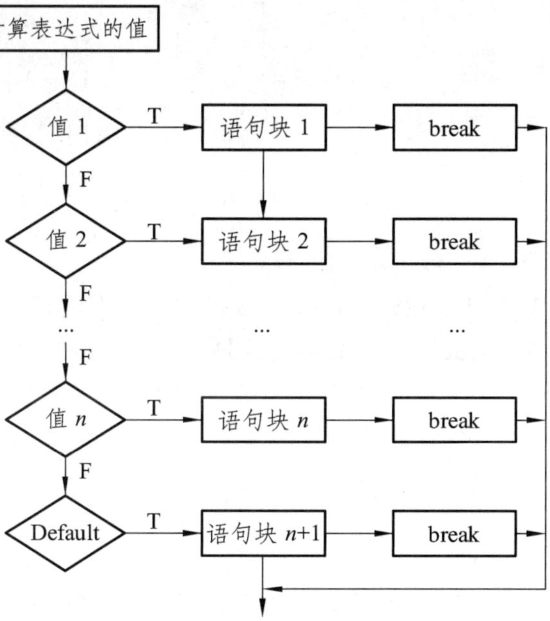

图 8-18　Select Case 语句结构

```
Select Case <表达式>
Case   <常量表达式 1>
           <语句块 1>
              ……
Case   <常量表达式 n>
```

```
        <语句块 n>
    Case Else
        <语句块 n+1>
End select
```

如图 8-18 所示，在 Select Case 语句中，可先计算变量或表达式的值，再依次计算 Case 子句中表达式的值，如果变量或表达式的值和某个 Case 表达式的值相吻合，则执行相应的语句序列，然后执行 End Select 下面的语句；若表达式的值都不符合条件，有 Case Else 部分的，就执行语句序列 $n+1$，否则执行 End Select 后面的语句。

例 8-16 将例 8-15 用 Select Case 语句表示。

```
Select Case score
      Case 90 to 100
      Debug.print "A 等级"
      Case 80 to 89
      Debug.print "B 等级"
      Case 70 to 79
      Debug.print "C 等级"
      Case 60 to 69
      Debug.print "D 等级"
Case esle
         Debug.print "E 等级"
End Select
```

5. 条件函数 IIf

IIf 函数的格式如下：

```
IIf(<条件表达式>,<表达式 1>,<表达式 2>)
```

该函数首先要计算“条件表达式”的值，根据“条件表达式”的值来决定函数返回值，当“条件表达式”的值为“True”时，IIf 函数返回<表达式 1>的值；否则，函数返回<表达式 2>的值。

例 8-17 求 x，y 中最大值，并把值大的量存入 MaxNum 变量中。语句如下：

```
MaxNum=IIf(x>y,x,y)
```

8.6.3 循环结构

在程序设计中或解决一些实际问题时，都会遇到需要重复相同操作时，即多次执行某一条语句或某些语句序列，在此种情况下可以使用循环语句，在满足条件的前提下重复执行一行或几行程序代码。

在 VBA 中，循环语句有 3 种：

（1）For…Next 语句。

（2）Do…Loop 语句。

（3）While…Wend 语句。

1. For…Next 语句

For…Next 循环语句一般用于循环次数已经确定或已知循环结束条件的情况，主要用于实现“次数型”循环。其格式如下：

```
For 循环变量=初值 To 终值[Step 步长]
    循环体
    [条件语句序列
     Exit For
    结束条件语句序列]
Next [循环变量]
```

For 语句的执行步骤如下：

（1）给循环变量取初值。

（2）根据循环变量与终值的比较结果，确定循环是否继续进行。

（3）执行循环体。

（4）循环变量值增加步长，即循环变量=循环变量+步长，程序跳转到第（2）步。

For 循环语句的执行流程图如图 8-19 所示。

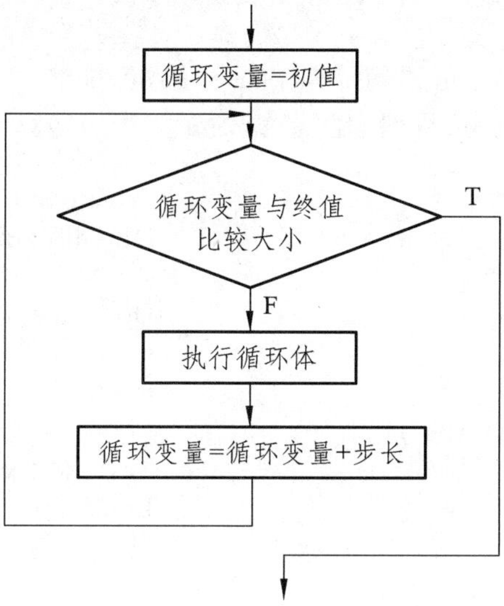

图 8-19　For 循环语句的执行流程

例 8-18　利用 For…Next 循环语句，输出 1+2+…+100 之和的结果。窗口界面如图 8-20 所示，代码如图 8-21 所示。

图 8-20　窗体机界面

```
Option Compare Database

Private Sub Command3_Click()
Dim n As Integer, s As Integer
s = 0
For n = 1 To 100
s = s + n
Next n
Text1.Value = s
End Sub
```

图 8-21　代码界面

由图 8-21 代码可知，先给循环变量 n 赋初值 1，再与终值 100 进行比较，如果循环变量小于 100，则执行循环体语句，最终把求和结果的值赋给文本框控件 Text1 中。

思考：计算以下两题：

```
2+4+…+100
1+1/2-1/3+1/4+…
```

2. Do…Loop 语句

Do…Loop 语句主要用来定义要多次执行的语句块或一个条件，当这个条件为 False 时，就结束循环。Do…Loop 语句的两种格式如下：

（1）Do While…Loop。

功能：当条件式的结果为 True 时，则重复执行循环体。一直持续到当条件式结果为 False 或执行到 Exit Do 时，则结束整个循环。程序流程图如图 8-22 所示。其语句格式如下：

```
Do While <条件式>
    循环体
    [条件语句序列
    Exit Do
    结束条件语句序列]
Loop
```

例 8-19 用 Do While…Loop 语句计算 1+2+…+100 的和。

程序代码如图 8-23 所示，流程图如图 8-22 所示。

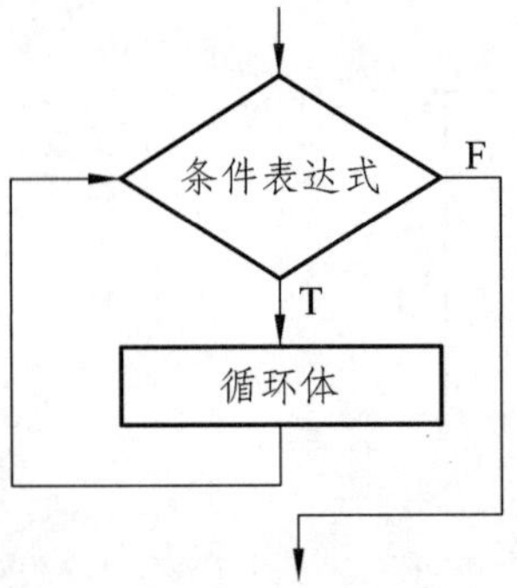

图 8-22 Do While…Loop 语句流程

```
Private Sub Command0_Click()
Dim n As Integer, s As Integer
s = 0
Do While n <= 100
s = s + n
n = n + 1
Loop
Text1.Value = s
End Sub
```

图 8-23 例 8-19 程序代码

思考：对比例 8-18 和例 8-19，同一个题目，实现的程序语句不一样，差别在哪里？

（2）Do Until…Loop。

功能：当条件式的结果为 False 时，则重复执行循环体。一直持续到当条件式结果为 True 或执行到 Exit Do 时，则结束整个循环。结构流程图如图 8-24 所示。

其语句格式如下：

```
Do Until <条件式>
    循环体
  [条件语句序列
  Exit Do
  结束条件语句序列]
Loop
```

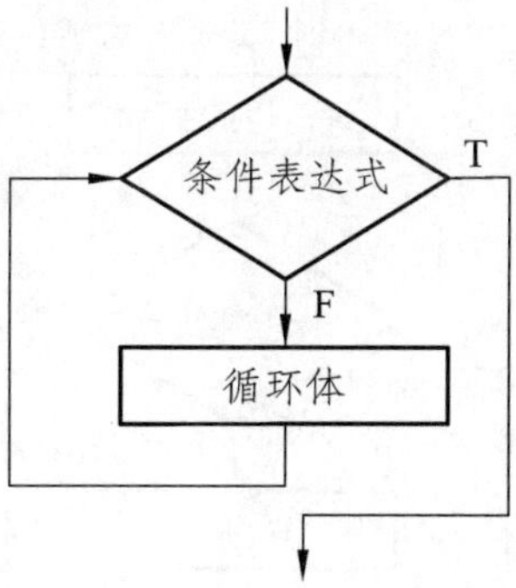

图 8-24　Do Until…Loop 循环语句流程

例 8-20　用 Do Until…Loop 语句计算 1+2+…+100 的和。

代码如下：

```
Private Sub Command3_Click()
    Dim n As Integer, s As Integer
    s = 0
    Do Until n > 100
    s = s + n
    n = n + 1
    Loop
    Text1.Value = s
End Sub
```

思考：对比例 8-19 和例 8-20，同一个题目，用 Do While…Loop 和 Do Until…Loop 实现的程序结果一样，那差别在哪里？

3. While…Wend 语句

功能：While…Wend 语句适用于只知道了控制条件，但不知道到底需要执行多少次循环体才能结束循环，即执行的次数根据条件而进行变动。它与事先就能确定循环次数的 For…Next 循环完全不同。

While 语句格式如下：

```
While 条件
   [循环体]
Wend
```

注：While：循环的开始。

条件：任何合法的关系表达式或逻辑表达式。当表达式为真时，循环将继续执行循环体；当表达式为假时，则不执行循环体。

循环体：由一条或多条语句组成，可反复执行的语句。但 While 循环语句不能修改循环条件，为避免死循环，我们必须在循环体内设置相应的语句，以便能让整个循环趋于结束。

Wend：循环的结尾。将对条件进行求值以确定是否要结束循环。

While…Wend 循环语句流程图如图 8-25 所示。

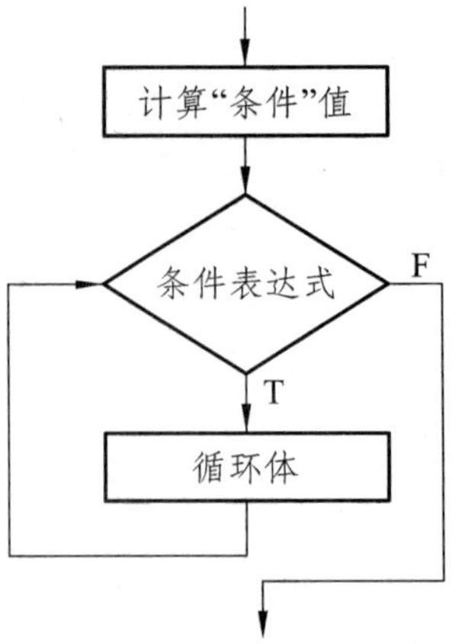

图 8-25 While…Wend 循环语句流程

例 8-21 分析下列程序代码实现何功能？

```
Dim x As Integer
X=1
While x<100
Debug.print    x
  x=x+1
Wend
```

8.7 VBA 程序中的过程调用与参数传递

数据库中的 VBA 过程和函数是作为一个整体保存在模块中，即过程是模块的组成单元。用 VBA 语言的声明和语句组成的单元我们称之为过程。过程是一段独立的程序代码，用来执行特定的任务，并且此代码能被反复调用。

VBA 根据是否有返回值将过程可分为两种类型：Sub（子程序）过程和 Function（函数）过程。我们在对过程命名时要注意过程名是标识符，故命名规则跟变量的命名规则相同。为了避免在调用过程中出现混乱，我们必须记得：过程不能与模块同名；所有标准模块中的过程也不能重名。

8.7.1 Sub 过程

Sub 过程是执行一系列操作的过程，又称为子过程。调用 Sub 过程只执行一系列操作，无返回值。它一般置于标准模块和类模块中。

1. Sub 过程定义格式

```
[Public | Private][Static]Sub  子程序名（形参 1 as  数据类型，形参 2 as  数据类型，.....）
   语句序列
End   Sub
```

说明：过程名前有 Public 的，说明此过程能被所有模块的所有其他过程调用；用 Private

定义，则说明此过程只能被同一模块的其他过程调用；Static 则只用于设置静态变量或局部变量。

例 8-22 将给定的两个参数 x 和 y 进行互换。要求定义一个过程 swap 实现该功能。

```
Public Sub swap(x As Integer, y As Integer)
    Dim z As Integer
    z = x
    x = y
    y = z
End Sub
```

2. Sub 过程调用格式

事件的过程调用是将过程与发生在如窗体或控件等对象上的事件联系起来，当事件发生后，相应的过程也将执行。

其子过程调用的格式如下：

```
子过程名 实参 1，实参 2，…
Call 过程名（实参 1，实参 2，…）
```

例 8-23 任意输入两个数，调用例 8-22 的 swap 子过程，并显示出结果。

操作步骤如下：

（1）添加过程 Data_In_Out，实现数据的输入/输出，分别用以上两种格式进行调用 swap 的方法。

（2）完成代码的编写，再单击工具栏上的“保存”按键，保存模块。

（3）将光标位于编写程序代码框的任意处，单击工具栏上的“运行子过程/用户窗体”按钮，在“立即窗口”的窗口中显示交换后的两数结果，如图 8-26 ~ 8-28 所示。

注：

① 调用 Sub 子过程时，格式 2 的实参必须加括号，而格式 1 的实参则不能加括号。

② 无论使用格式 1 或格式 2，参数之间都必须用逗号分隔，并且实参要与形参的个数相同，且类型匹配。

③ 标准模块中的过程能被所有对象调用，而类模块中的过程只能在本模块中有效。

④ Sub 子过程以关键词 Sub 开始，以 End Sub 结束。

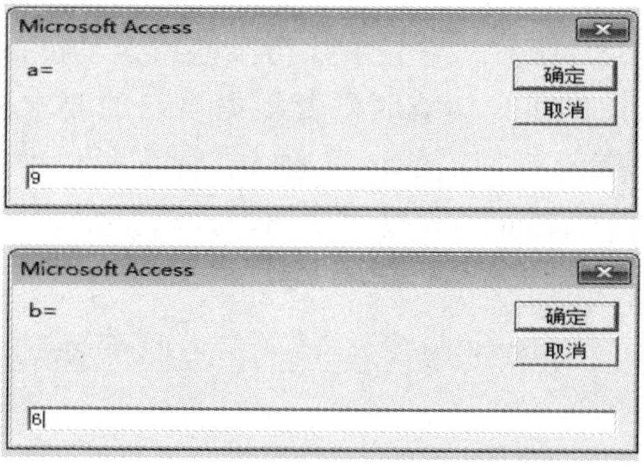

图 8-26 输入 a 和 b 任意值

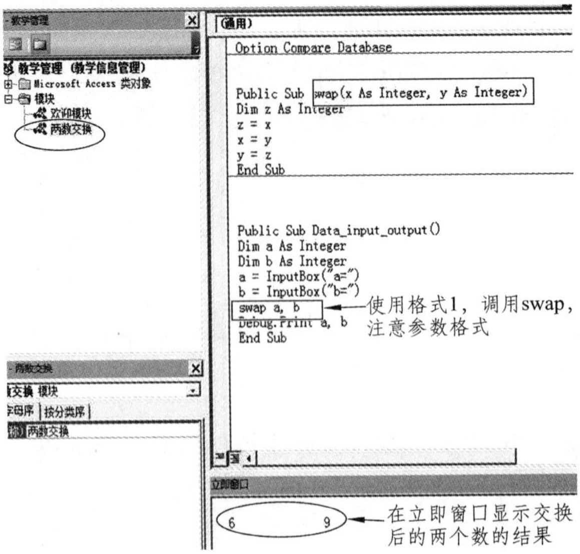

图 8-27　使用格式 1 调用 swap 及运行结果

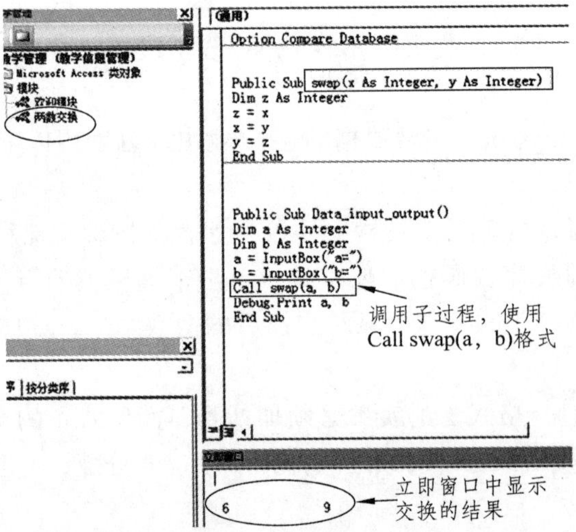

图 8-28　使用格式 2 调用 swap 及运行结果

8.7.2　Function 过程

Function 过程又称为自定义函数，它是能执行某些特定功能的语句块。VBA 提供了大量的内置函数，编程时直接引用即可！但有时需要根据自己的要求进行自定义函数，而且需要有返回值。而 Function 过程是有返回值的，它通常在标准模块中进行定义，其使用方法与内置函数相似。因此，Sub 过程和 Function 过程之间最大的区别：是否有返回值。

1. Function 过程定义格式

```
Function 过程名（形参 as 数据类型，形参 2 as 数据类型，…） as 数据类型
语句序列
过程名=表达式
End Function
```

2. Function 过程调用格式

调用 Function 过程的方式是直接引用过程名，过程名通常用在表达式中。

例 8-24 使用 Function 过程，计算输入的 *n* 的阶乘，即求 *n*!（*n* 为自然数）。

为了演示的方便，本题用图 8-29 所示的窗体说明结果值，详细代码如图 8-30 所示。

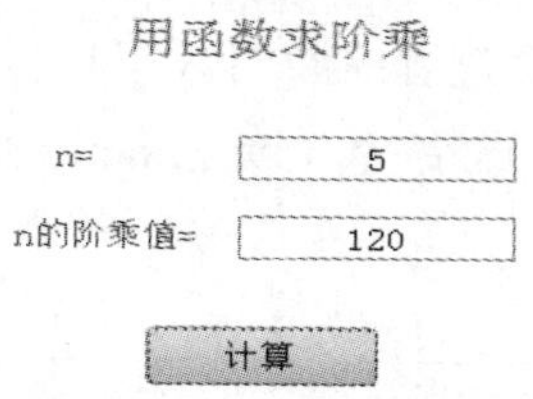

图 8-29 用函数求阶乘窗体

```
Option Compare Database

Function fac(n As Integer) As Long
Dim i As Integer, s As Long
    s = 1
For i = 1 To n
    s = s * i
Next i
    fac = s
End Function

Private Sub Command5_Click()
  Dim n As Integer, m As Long
  n = Text1
  Text2 = fac(n)          调用fac()函数
End Sub
```

图 8-30 调用 Function 过程

注：

① 同 Sub 过程一样，形参与实参不仅个数相同，类型也得匹配。

② “过程名=表达式”是定义 Function 过程必需的语句。

③ 在其格式 Function 过程名（形参 as 数据类型，形参 2 as 数据类型，.....）as 数据类型前可以用 Public 或 Private 或 Static 定义过程的作用域。

④ 主程序调用函数与调用过程不同，它不是执行一个过程，而是得到一个结果。

3. 创建函数的过程

（1）在工程资源管理器窗口双击某个模块名打开该模块。

（2）单击“插入”→“过程”命令，出现“添加过程”对话框，如图 8-31 所示，在“名称”文本框中输入名称。

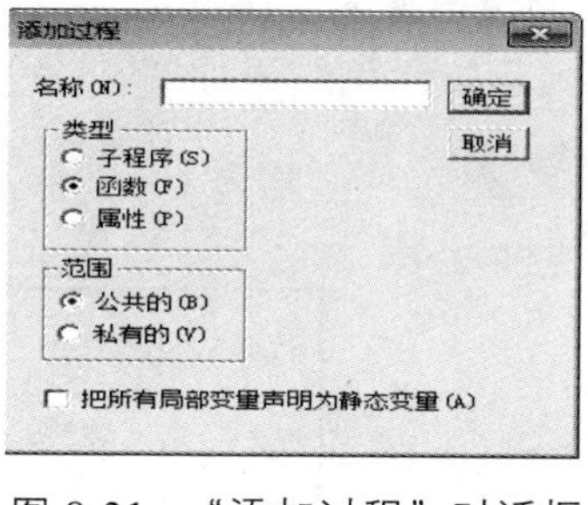

图 8-31 “添加过程”对话框

（3）在“类型”选项组中选择“函数”，单击“确定”按钮。

（4）在 VBE 代码窗口中已经添加了一个新的函数过程，在代码窗口输入相应代码后保存即可。

8.7.3 参数传递

1. 形参与实参

在 8.7.2 节的过程调用中，用到了形参与实参。形参即形式参数，它是指在定义通用过程时，出现在 Sub 或 Function 语句中的变量名后面括号内的数，用来接收传送给子过程的数据，其默认的数据类型为 Variant，用户也可为参数指明数据类型。形参表中的各个变量之间用逗号分隔。

形参变量只有在被调用时才分配内存单元，在调用结束时，就会马上释放所分配的内存单元。因此，形参只在函数内部有效，函数调用结束返回主调函数后则不能再使用该形参变量。

实参即为实际参数，它可以是常量、变量、表达式、函数等，无论实参是何种类型的量，在进行函数调用时，它们都必须有确定的值，以便把这些值传送给形参。因此，应预先用赋值、输入等办法使参数获得确定值。在调用 Sub 或 Function 过程时，写入子过程名或函数名后括号内的参数，其作用是将它们的数据（数值或地址）传送给 Sub 或 Function 过程与其对应的形参变量。

2. 参数传递

参数传递是指在调用过程中主调过程和被调过程之间一般都会有数据传递，主调过程的实参传递给被调过程的形参，然后执行被调过程。实参向形参的数据传递有两种方式：按值传递和按址传递。

（1）按值调用。

按值传递是在形参的前面加 ByVal 关键字，表示参数传递是按此种方式进行的一种单向的数据传递。其传值的参数传递过程是：主调过程调用时只能由实参将值传递给形参，调用结束后不能由形参将操作结果返回给实参，即主调用过程或函数中的值会变化。

（2）按址调用。

按址传递是在形参的前面加 ByRef 关键字，表示参数传递是按此种方式进行的一种双向的数据传递。其传值的参数传递过程是：主调过程调用时只能由实参将值传递给形参，调用结束后不能由形参将操作结果返回给实参，即主调用过程或函数中的值不会变化。

（3）两种传递方式的示例演示。

例 8-25 传址调用（ByRef）和传值调用（ByVal）的结果对比。

例 8-25 的示例代码如图 8-32 所示，示例结果如图 8-33 所示。

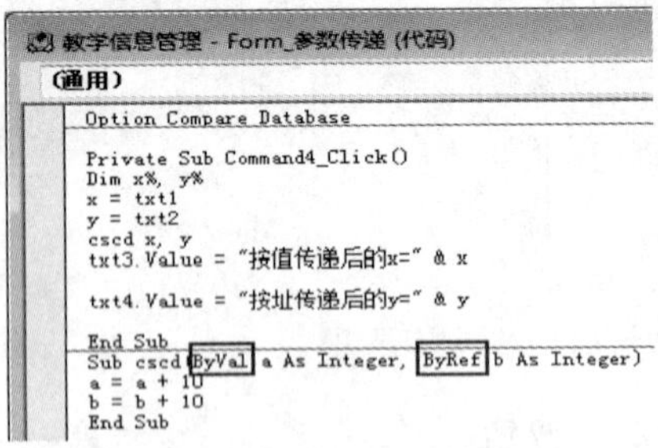

图 8-32 参数传递示例代码

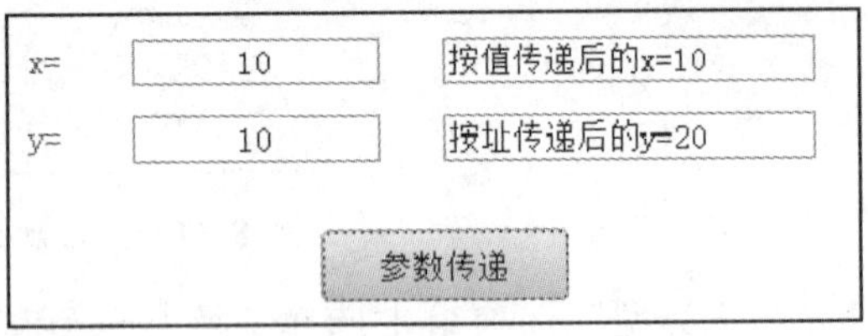

图 8-33 参数传递示例结果

说明：

（1）从图 8-32 中可知，此例包含了主过程 Command4_Click 和子过程 cscd。

（2）在子过程中 a 参数是按 ByVal 传值调用的，在主调用过程中的值不会跟着变化，故其值还是输入值；而子过程中 b 参数是按 ByRef 传址调用的，在主调用过程中的值会跟着变化，会将实参的值传给形参，故得到按址传递后的新值。

8.8 VBA 程序的运行错误处理与调试

编写程序过程中，错误在所难免，经过不断地更改和调试，使程序运行畅通，这也是 VBA 基本功能之一。

8.8.1 VBA 程序的运行错误处理

在编写 VBA 程序代码时，程序错误是不可避免的。所以必须认识程序在调试中出现的语法错误、运行错误和逻辑错误。在 VBA 调试出错时，VBA 会停止程序执行并显示出相应的出错信息。如 On Error GoTo 等 4 种设置错误陷阱语句对程序进行错误处理。

1. 模块中常见的 3 类错误

（1）语法错误。

语法错误指编写的程序语法有误，不符合程序语言编写的规则，如变量定义错误、不符合变量的类型、语句前后不匹配等。

（2）运行错误。

运行错误指在程序运行时提示出来的错误。一般常见的原因有数据传递的类型不匹配、数据发生异常和动作发生异常等。

（3）逻辑错误。

逻辑错误又称“语义错误”。与语法错误不同，这种错误的程序从语法上来说是正确的，只是应用程序没有按照希望的结果执行，导致运算结果不符合逻辑，即显示的是错误的运行结果。

2. 设置错误陷阱的 4 种语句

（1）On Error Goto 语句。

此语句 Goto 后接的是标号，表示在遇到错误发生时，会自动控制程序的处理，并将转移到标号位置执行错误处理程序。

（2）Err 对象。

Err 对象是具有全局范围的特定对象，其缺省属性是 Number，由错误的生成者来设置，从而可返回错误代码。

（3）Error()函数。

Error()函数返回出错代码所在的位置，或根据错误代码返回错误名称。

（4）Error 语句。

Error 语句用于错误模拟，以检查错误处理语句的正确性。

8.8.2 VBA 程序的调试

VBA 程序的调试是指用户编写好代码后点击“运行”时，在程序中查找并修改错误的过程。通过调试，我们可以快速、准确地找到问题所在，使编程人员及时修改并完善程序。

1. 调试工具

在 VBE 环境中，可以有两种方式打开调试工具：

（1）执行“视图”菜单的级联菜单“工具栏”中的“调试”命令，可以打开“调试”工具栏，如图 8-34 所示。

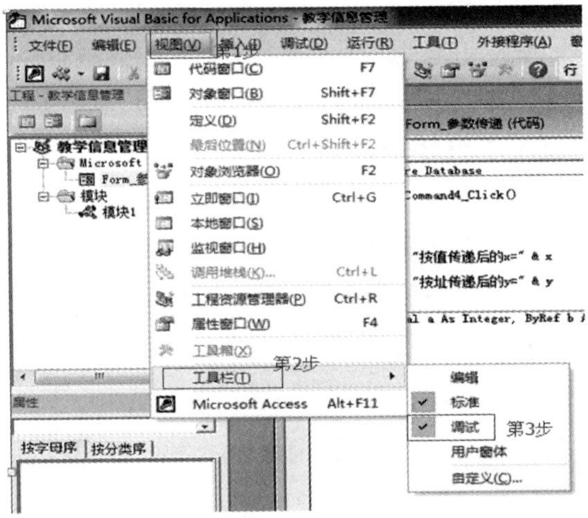

图 8-34 调试窗口

（2）在菜单空白位置单击鼠标右键，在弹出的快捷菜单中选择“调试”选项或打开“调试”工具栏，如图 8-35 所示。

图 8-35 “调试”工具

调试工具栏中各按钮的作用如表 8-8 所示。

表 8-8 调试工具栏各按钮的功能

按钮图	按钮名称	按钮功能
	设计模式	进入和退出设计模式
	运行子过程/用户窗体	运行模块程序
	中断运行	中断正在运行的程序
	重新设置	结束正在运行的程序，重新进入模块设计状态
	切换断点	设置/取消“断点”
	逐语句	单步执行每一行代码，每操作一次，程序就执行一步，即单步跟踪操作
	逐过程	与“逐语句”相似，只是被调用的过程是在本过程内单步运行
	跳出	正在调试运行的程序在过程内提前结束，返回到主调过程中调用语句的下一条代码

2. 调试技术

VBA 提供的调试技术有设置“断点”、单步跟踪和设置监视窗口。

（1）设置断点。

“断点”就是在过程的某个特定语句上设置一个位置点以中断程序的执行。设置和使用“断点”是程序调试的重要手段，它贯穿于程序调试运行的整个过程。

“断点”的设置可以在一个程序中设置多个，一般在需要调试的代码段设置断点。不过在设置断点前，我们都应先选择断点所在的语句行，然后才设置断点，这样程序调试就会按预设的进行，程序执行到有断点的地方就会停下来。在 VBE 环境里，设置好的“断点”行在代码窗口最左边有一个“酱色”的圆圈“|●|”，同时所在行的代码以“酱色”亮条显示，如图 8-36 所示。

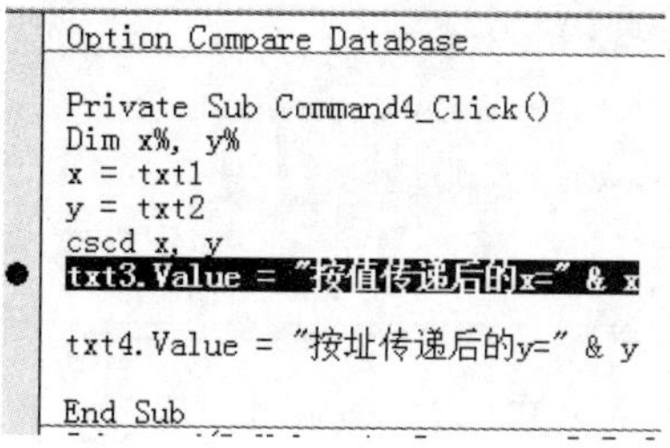

图 8-36 “断点”设置

设置和取消断点的 4 种方法：

① 单击“调试”工具栏中的“切换断点”按钮，可以设置和取消“断点”。

② 执行“调试”菜单中的“切换断点”命令，可以设置和取消断点。

③ 按 F9 键，可以设置和取消断点。

④ 用鼠标光标移至行首点单击设置和取消断点。

（2）单步跟踪。

单步跟踪是指一行一行地执行程序，每执行一行语句后就停下来等待指示，这样就可以详细了解程序的执行顺序，添加变量或表达式，也可以通过这些变化来排查程序中存在的错误和掌握实时的各种状况。

（3）使用调试窗口。

在 VBA 中，用于调试的窗口包括本地窗口、立即窗口、监视窗口和快速监视窗口。对于上述部分窗口的简单介绍可见第 8.3.2 节中的表 8-1。

① 本地窗口。

单击 VBE 窗口菜单栏中的“视图”菜单中的“本地窗口”命令，就可以打开“本地窗口”，此在窗口中，可自动显示出所有在当前过程中的变量声明及变量值，如图 8-37 所示。

② 立即窗口。

单击 VBE 窗口菜单栏中的“视图”菜单中的“立即窗口”命令，就可以打开“立即窗口”，此窗口主要是用来进行快速计算的表达式计算、简单方法的操作及进行程序测试的工作窗口。若在立即窗口中，输入或粘贴一行正确编译的代码，再按下回车键来执行该代码，便可以在下方显示其结果值，如图 8-38 所示。

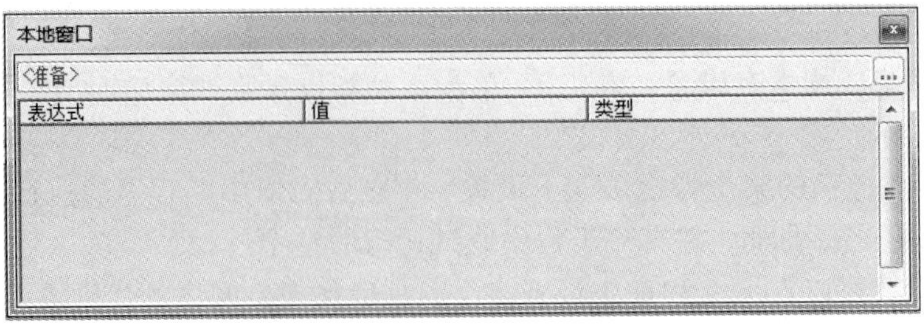

图 8-37 “本地窗口”窗口

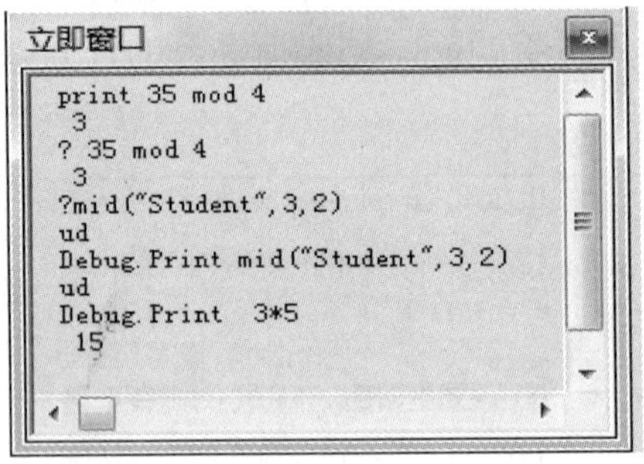

图 8-38 “立即窗口”示例演示

注：

a.“Print”命令与“?”命令的功能相同，都是在立即窗口输出结果值。

b. 在 VBA 代码中，可使用形如“Debug.Print 表达式”的语句，可在立即窗口中显示出该表达式的值。

c.“立即窗口”的代码不能保存。

③ 监视窗口。

单击 VBE 窗口菜单栏中的“视图”菜单中的“监视窗口”命令，就可以打开“监视窗口”，此窗口主要用来增添监视表达式的方法，程序可以动态了解一些变量或表达式值的变化状况。

④ 快速监视窗口。

在“快速监视“对话框中，我们可以查看表达式及表达式的当前值。

习　题

一、选择题

1. 模块是用 Access 提供的（　　）语言编写的程序段。

A. VBA　　B. SQL　　C. VC　　D. FoxPro

2. 在 VBA 中，用户没有显示声明或用符号来定义变量的数据类型，变量的默认数据类型为（　　）。

A. Integer　　B. String　　C. Boolean　　D. Variant

3. 不属于 VBA 数据类型的是（　　）。

A. 长整型　　B. 字符型　　C. 布尔型　　D. 指针型

4. 把 VBA 程序的多行语句写在一行中，其分隔符必须使用符号（　　）。

A. :　　B. 、　　C. ;　　D. .

5. VBA 中定义符号常量使用的关键字是（　　）。

A. Const　　B. Dim　　C. Public　　D. Static

6. VBA 程序流程控制的方式有（　　）。

A. 顺序控制和循环控制　　B. 顺序控制和分支控制

C. 循环控制和分支控制　　D. 顺序、选择和循环控制

7. 有窗体的单击事件过程如下：

```
Private sub Form_Click( )
  Result=1
  For i=1 to 6 step2
     Result=result * i
  Next i
  MsgBox result
End sub
```

打开窗体运行后，单击窗体，则消息框的输出内容是（　　）。

A. 1　　B. 4　　C. 15　　D. 120

8. 以下程序段运行结束后，变量 x 的值为（　　）。

```
x=2
y=4
Do
  x=x*y
  y=y+1
Loop while y<4
```

A. 2　　B. 4　　C. 6　　D. 8

9.Sub 过程和 Function 过程最根本的区别是（　　）。

A. Sub 过程可以使用 Call 语句或直接使用过程名调用，而 Function 过程不可以

B. Sub 过程的过程名不能返回值，而 Function 过程能通过过程名返回值

C. Function 过程可以有参数，而 Sub 过程不可以有参数

D. 两种过程参数的传递方式不同

10.若要在子过程 swap 调用后返回两个变量的结果，下列过程定义语句中有效的是（　　）。

A. Sub swap(a,b)　　B. Sub swap(ByVal a,b)

C. Sub swap(a,ByVal b)　　D. Sub swap(ByVal a,ByVal b)

二、填空题

1. InputBox 函数的返回值类型是________________。
2. 要显示当前过程中的所有变量及对象的取值，可以利用的调试窗口是____________。
3. 在过程定义中，ByRef 的含义是________________。
4. 在 VBA 中，能自动检查出来的错误叫______________错误。
5. 在窗体中添加 1 个命令按钮，名称 Command()，然后编写如下程序：

```
Private Sub Command0_Click()
    Dim sum As Integer, i As Integer
    Sum=0
    For i=1 to 10 step2
       Sum=sum+i
    Next i
    MsgBox sum
  End Sub
```

窗体打开运行后，单击命令按钮，则消息框的输出结果是__________________。

第9章 实 训

Access 2016是操作性较强的一个软件,需要通过大量的上机实验来掌握所学的理论知识。为了让用户更好地掌握理论知识，各章节均设计了实验题目，便于学生巩固本书内容，更加自如地应用该软件。

实训1 Access 2016数据库

（1）安装Access 2016软件或Office 2016办公软件。

（2）在D盘创建Access文件夹。

（3）使用“我的模板”创建“联系人”数据库，保存在D:\Access文件夹下。

（4）创建一个空数据库，命名为“教学管理”数据库。

（5）保存“教学管理”数据库在D:\Access文件夹下。

（6）备份“教学管理”为“教学管理1”数据库，保存在当前文件夹下。

（7）对备份“教学管理1”数据库加密。

（8）对备份“教学管理1”数据库解密。

（9）打开“联系人”数据库。

（10）关闭“联系人”数据库。

实训2 创建表

打开“实验1”创建的“教学管理”数据库，完成以下题目：

（1）利用“数据表视图”创建如表9-1所示的“教师表”。

表9-1 “教师表”结构

字段名	字段类型	字段大小	是否为主键
教师编号	短文本	5	是
姓名	短文本	10	否
性别	短文本	1	否
参加工作时间	日期/时间	短日期	否
政治面貌	短文本	8	否
职称	短文本	4	否
学院编号	短文本	10	否
工资	货币	2位小数	否
联系方式	短文本	10	否

（2）利用“数据表视图”创建如表9-2所示的“成绩表”。

表 9-2 “成绩表”结构

字段名	字段类型	字段大小	是否为主键
学号	短文本	10	是
课程编号	短文本	5	是
成绩	数字	单精度（1 位小数）	否

（3）使用“设计视图”创建如表 9-3 所示的“班级表”。

表 9-3 “班级表”结构

字段名	字段类型	字段大小	是否为主键
班级编号	短文本	10	是
班级名称	短文本	20	否
所属专业	短文本	20	否
学院编号	短文本	10	否

（4）使用“设计视图”创建如表 9-4 所示的“课程表”。

表 9-4 “课程表”结构

字段名	字段类型	字段大小	是否为主键
课程编号	短文本	5	是
课程名	短文本	20	否
课程类型	短文本	5	否
学分	数字	字节	否

（5）使用“设计视图”创建如表 9-5 所示的“课程表”。

表 9-5 “授课表”结构

字段名	字段类型	字段大小	是否为主键
课程编号	短文本	5	否
教师编号	短文本	5	否
班级编号	短文本	10	否

（6）使用“数据表”和“设计视图”创建如表 9-6 所示的“学生表”结构。

表 9-6 “学生表”结构

字段名	字段类型	字段大小	是否为主键
学号	短文本	10	是
姓名	短文本	10	否
性别	短文本	1	否
出生日期	日期/时间	8	否
政治面貌	短文本	8	否
班级编号	短文本	10	否
照片	OLE 对象		否

（7）在“学生表”中设置“学号”右对齐；“性别”红色显示，并以 2 个字符为基准。

（8）在“学生表”中设置“出生日期”格式为“字段的格式显示样式为“Mar，06，2000”格式。

（9）在“学生表”中设置“性别”字段默认值为“女”。

（10）在“教师表”中设置工资保留两位小数。

实训 3　设置字段的属性

以下题目在实验 2 的基础上完成。

（1）在“成绩表”中，增加一个字段“是否及格”，数据类型为“是/否”，格式设置为：“真”显示为“及格”，“假”显示“不及格”。

（2）在“学生表”中增加一个字段“联系方式”，字段为“文本”型，字段大小为“20”。

（3）将“学生表”中的“联系方式”字段的输入掩码设置为“020-********”形式。其中，“020-”部分自动输入，后 8 位为 0～9 的数字。

（4）将“学生表”中“性别”字段的“有效性规则”为：“男”或“女”；“有效性文本”的提示信息为：性别只能输入"男"或"女"。

（5）在“成绩表”中设置成绩字段的“有效性文本”的提示信息为：“0～100 的数”。

（6）在“教师表”中将“参加工作时间”的标题改为“入职时间”。

（7）在“教师表”中将“性别”字段的默认值设置为“女”。

（8）在“教师表”中将“姓名”字段设置为必填字段。

（9）在“教师表”中将“姓名”字段的索引设置为“有（有重复）”。

（10）在“教师表”中，建立“性别+工资”多字段的索引。

实训 4　表结构的修改

（1）在“学生表”的“政治面貌”后添加“籍贯”字段，文本数据，大小为 30，移动“籍贯”到出生日期后面，根据实际情况，在各表中输入数据（注意主键与外键）。

（2）在“学生表”中删除“籍贯”字段。

（3）将“学生信息.xlsx”数据导入数据库“学生表”中（包含“电子商务 1 班”和“电子商务 2 班”学生信息）。

（4）向“教师表”中输入不少于 20 条记录。

（5）向“班级表”中输入不少于 10 条记录（包含“电子商务 1 班”和“电子商务 2 班”）。

（6）向“课程表”中输入不少于 10 条记录。

（7）向“授课表”中输入不少于 60 条记录。

（8）将“成绩表.xlsx”中的数据导入数据库“成绩表”中。

（9）将数据库中的“教师表”导出为“教师表.xlsx”.

（10）向数据库“学生表”中添加自己的信息为一条新记录。

（11）删除步骤（10）中添加的记录。

（12）在“学生表”里查找所有刘姓同学。

（13）设置“成绩表”的字体为“黑体”，字号为 20 号字。

（14）设置“成绩表”的行高为“20“，”成绩”列宽为“14“，冻结“课程编号”列。

（15）设置“成绩表”的格式，网格线颜色为“绿色”“实线”；单元格效果为“凸起”。

实训 5　数据表的操作

在“教学管理”库中，完成以下题目。

（1）在“教学管理”数据库中，复制 3 份“成绩表”在本数据库中，并重命名为“成绩表 1”“成绩表 2 和“成绩表 3”。复制“成绩表”到“联系人数据库”中。

（2）在“教学管理”数据库中，复制 4 份“学生表”在本数据库中，并重命名为“学生表 1”“学生表 2”“学生表 3”和“学生表 4”。

（3）在“成绩表 1”中，按成绩降序排序。

（4）在“成绩表 2”中，按学号升序，成绩升序排序。

（5）在“成绩表 3”中，按学号升序，成绩降序排序。

（6）在“学生表 1” 筛选所有的女同学。

（7）在“学生表 2”中筛选 2000 年出生的学生。

（8）在“学生表 3”中筛选 9 月出生的学生。

（9）在“学生表 4”中筛选姓“王”的“党员”。

（10）创建“学生表”的子数据表为“成绩表”，并观察结果。

（11）删除“学生表”的子数据表“成绩表”，并观察结果。

（12）根据实际情况，分析并创建“教学管理”数据库中的各表间关系。

实训 6　创建查询 1

（1）使用查询向导，创建名为“实验 4-1 学生基本情况”的查询，显示学生的“学号”“姓名”“性别”“政治面貌”和“出生日期”信息。

（2）使用查询向导，创建名为“实验 4-2 学生基本信息”的查询，包括“学号”“姓名”“性别”“出生日期”“班级名称”和“所属专业”。

（3）使用交叉表查询向导创建“实验 4-3 各个班男女生人数交叉表查询”。

（4）使用“查找重复项查询向导”，统计各学院不同职称的教师人数，命名为“实验 4-4 各学院教师职称统计”。

（5）使用“查找不匹配项查询向导”，创建名为“实验 4-5 缺考的学生信息”查询。

（6）利用查询设计视图创建“实验 4-6 女教师授课情况”，显示字段为教师“姓名”“性别”“课程名称”和“学分”字段，按学分降序排列。

（7）创建名为“实验 4-7 电子商务总分前 5 名学生”查询，显示“学号”“姓名”和“总分”信息。

（8）创建名为“实验 4-8 学生成绩统计”查询，统计不同课程、不同班级参加考试的考生人数、平均分（保留 2 位小数）、最高分、最低分等信息。

（9）创建名为“实验 4-9 学生年龄”查询，显示“学号”“姓名”“出生日期”和“年龄”。

（10）创建名为“实验 4-10 学生平均分”查询，统计所有学生的平均分，要求平均分保留 2 位小数（应用函数完成），以课程名称为单位，按课程名称升序和平均分降序排列。

实训 7　创建查询 2

（1）使用参数查询，创建名为“实验 4-11 学生性别班级参数”的查询，根据提示信息：“请输入学生性别：”和“请输入班级名称：”，查询某个班级学生的“学号”“姓名”“性别”和“班级名称”信息。

（2）使用参数查询，创建一个名为“实验 4-12 按姓氏查找学生”的参数查询，提示信息为“请输入姓氏”，显示学生的“学号”“姓名”和“出生日期”。

（3）使用参数查询创建一个名为“实验 4-13 按出生日期查找学生”查询，根据输入的日期范围查找相应的学生，显示“学号”“姓名”“性别”和“出生日期”，并设置参数的类型为日期。

（4）创建一个交叉表“实验 4-14 各专业男女生的人数”，统计各专业男女生人数，行标题为“性别”，列标题为“专业名称”，对“姓名”计数。（提示：可创建过渡查询）

（5）创建“实验 4-15 各个班各科成绩平均分交叉表查询”，平均分保留 2 位小数。

（6）利用“生成表”查询创建名为“实验 4-16 优秀成绩生成表”查询对象，显示字段“班级名称”“学号”“姓名”“课程名称”和“成绩”等，且成绩≥80 的查询，同时生成新表“实验 4-16 优秀成绩表”。

（7）在本数据库中复制“学生表”结构，为“学生表 5”。

（8）创建“实验 4-17 追加查询”，将“英语 2019 班学生表”中所有女同学的记录追加到“学生表 5”中。（注：若无“英语 2019 班学生表”学生信息，请向相关表中添加记录）

（9）创建名称为“实验 4-18 年龄更新”的查询对象，该查询用于将“学生表 2”中所有学生的年龄加 1。

（10）备份“教学管理”数据库，取名“教学管理 2”。

（11）在“教学管理 2”中，创建名称为“实验 4-19 删除电子商务 1 班”查询，删除“电子商务 1 班”及该班的所有学生信息。

实训 8　SQL 查询 1

以下题目在“教学管理”数据库中，应用 SQL 语句完成。

（1）创建“英语 19 班”表，结构如表 9-7 所示，查询保存为“实验 4-20 创建英语 19 班表”。

表 9-7　英语 19 班表的结构

字段名	字段类型	字段大小	备注
学号	短文本	11	主键
姓名	短文本	10	不为空
性别	短文本	1	
出生日期	日期时间		
入学成绩	数字	整型	
照片	OLE 对象		图片

（2）在“英语 19 班”表中增加“籍贯”文本型字段，字段大小为 30，查询保存为“实验 4-21 增加字段查询”。

（3）将“英语 19 班”表中的“籍贯”字段删除，查询保存为“实验 4-22 删除字段查询”。

（4）删除“英语 19 班”表。

（5）向“学生表”中插入一条记录“2019080948”“张晓明”“男”“2001-1-1”“团员”，查询命名为“实验 4-23 追加记录查询”。

（6）将学生表中“张晓明”同学的政治面貌改为“党员”，查询保存为“实验 4-24 更新查询”。

（7）删除“学生表”中所有“电子商务 2 班”的学生记录，查询保存为“实验 4-25 SQL 删除查询”。

（8）创建“实验 4-26 SQL 学生所有字段查询”。

（9）创建“实验 4-27 SQL 消除重复项查询”，查询教师的职称。

（10）创建“实验 4-28 SQL 学生年龄查询”，要求显示学生的“学号”“姓名”“出生日期”和“年龄”，并按年龄升序排列。

实训 9　SQL 查询 2

（1）创建“实验 4-29 SQL 00 后男生查询”查询 2000 年后出生的男生，数据源为学生表，要求显示“学号”“姓名”“性别”和“出生日期”。

（2）创建“实验 4-30 年龄小于 18 的学生查询”，要求显示“学号”“姓名”“性别”和“出生日期”。

（3）创建“实验 4-31 SQL 工资前 10 的教师查询”，显示“教师编号”“教师姓名”“职称”“参加工作时间”“工资”，以工资降序排列。

（4）创建“实验 4-32 SQL 学生平均分查询”，数据源为“成绩表”。

（5）创建“实验 4-33 SQL 学生优秀成绩查询”，平均分大于 85，数据源为“成绩表”。

（6）查询女教师所授课程，显示“教师编号”“教师姓名”“职称”和“课程名称”，保存查询为“实验 4-34 SQL 女教师授课查询”和“实验 4-35 SQL 女教师授课查询”。（要求用 Where 和 Inner Join 分别完成）

实训 10　窗体 1

（1）应用“窗体”创建“学生表”窗体，保存为“实验 5-1 学生窗体”。

（2）使用“空白”窗体按钮创建“实验 5-2 学生表窗体”，要求显示“学号”“姓名”“性别”和“出生日期”。

（3）使用窗体向导创建“实验 5-3 学生表数据表”窗体，要求显示“学号”“姓名”“性别”和“出生日期”，采用布局为“数据表”，样式为“标准”。

（4）使用窗体向导创建“实验 5-4 学生成绩”窗体，要求显示“学号”“姓名”“性别”“课程名称”和“成绩”。

（5）使用“多个项目工具”创建“实验 5-5 教师表多个项目窗体”。

（6）通过“数据表”工具创建“实验 5-6 教师表数据表窗体”。

（7）通过“分割窗体”工具创建“实验 5-7 教师表分割窗体”。

（8）使用“模式对话框”工具创建“实验 5-8 模式对话框窗体”。

（9）创建各个班大学英语平均成绩簇状柱形图图表窗体，保存窗体名为“实验 5-9 图表窗体”。

（10）创建“实验 5-10 图表窗体 2”，折线图显示各个学院不同职称的教师平均工资。

实训 11　窗体 2

（1）创建“实验 5-11 文本框控件窗体”，显示教师表中“教师编号”“姓名”“参加工作时间”和“教龄”（提示：“教龄”为计算文本框）。

（2）创建“实验 5-12 列表框窗体”，应用列表框选择“姓名”，同步显示“教师编号”和“职称”，数据源为“教师表”。

（3）创建“实验 5-13 组合框设计窗体”，通过组合框显示班级表中的班级名称。

（4）创建“实验 5-14 命令按钮窗体”，在“班级表纵栏表窗体”中添加四个命令按钮，分别命名为 CmdFirst、CmdNext、CmdPrevious 和 CmdLast，即切换到第一条记录、下一条记录、前一条记录和最后一条记录。

（5）创建“实验 5-15 复选框窗体”，该窗体中显示“学号”“姓名”“课程名称”“学分”和“成绩”用复选框显示，若及格则选中复选框，否则不选中。

（6）创建一个“实验 5-16 选项组切换按钮设计窗体”，使用选项组，根据学生的成绩显示相对应的学分，及格即获得相应学分，不及格即得不到该门课的学分。

（7）利用窗体设计视图、绑定对象框控件、未绑定对象框控件和图像控件修饰窗体，创建“实验 5-17 窗体界面设计”，数据源为“学生表”，显示所有字段。

实训 12　报表 1

（1）通过“报表”创建“实验 6-1 班级表报表”，显示班级表中所有字段。

（2）通过“空报表”，创建“实验 6-2 教师表报表”，显示“教师编号”“姓名”和“所属系”。

（3）通过“报表向导”创建“实验 6-3 学生班级”报表，显示“学号”“姓名”“班级编号”和“班级名称”。

（4）通过标签向导创建“实验 6-4 学生标签报表”，显示学生的“学号”“姓名”和“出生日期”，要求标签大小为 72 mm×72 mm，字体黑体，字号 20，一行显示两条记录信息。

（5）通过设计视图创建“实验 6-5 学生报表”，显示学生的“学号”“姓名”“性别”和“出生日期”。

（6）在实验 5 中添加计算文本框，计算学生年龄。

实训 13　报表 2

（1）创建“实验 6-6 优秀学生成绩”报表，显示“学号”“姓名”“课程名称”和“成绩”，添加“备注”。备注显示“优秀”或“一般”，成绩≥85 为优秀，<85 为一般，以成绩降序显示记录。

（2）创建“实验 6-7 课程性别平均分报表”，以性别和课程分组，显示不同性别各门课程的平均分，并显示学生的成绩明细信息，平均分保留 2 位小数。

（3）创建“实验 6-8 院系班级主子报表 1”，主报表为院系信息，子报表为“班级信息子报表”（提示：用子窗体/子报表控件）。

（4）创建“实验 6-8 院系班级主子报表 2”，主报表为院系信息，子报表为“班级信息子报表”（报表属性中设置子报表）。

（5）在“实验 6-7 课程性别平均分报表”的页面页脚节，添加“第 *N* 页，共 *N* 页”，纸张大小设置为 A4 纸，打印方式为“先行后列”，预览结果。

（6）将“实验 6-6 优秀学生成绩”报表导出为以“实验 6-9 优秀学生成绩.pdf”命名的 PDF 格式，并保存在 D 盘的 Access 文件夹下。

实训 14　宏 1

（1）设计一个“实验 7-1 数据库操作”窗体，该窗体中有若干命令按钮，如图 9-1 所示。

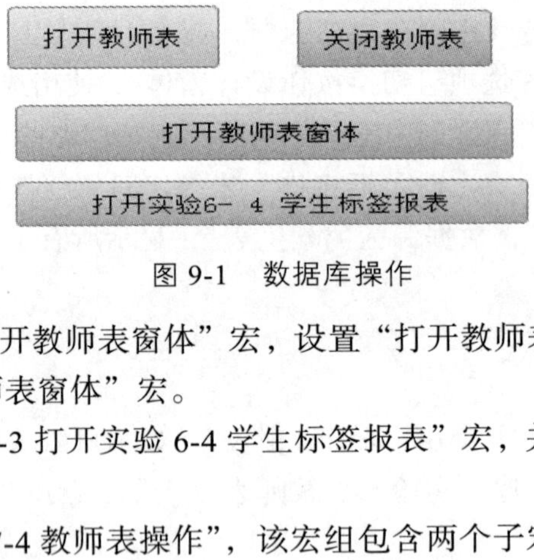

图 9-1　数据库操作

（2）创建“实验 7-2 打开教师表窗体”宏，设置“打开教师表窗体”命令按钮的单击事件为运行“实验 7-2 打开教师表窗体”宏。

（3）同理创建“实验 7-3 打开实验 6-4 学生标签报表”宏，并设置相应命令按钮的单击事件运行该宏。

（4）创建宏组“实验 7-4 教师表操作”，该宏组包含两个子宏，分别为“打开教师表”和关闭“教师表”，设置如图 9-1 所示的对应命令按钮的单击事件，运行两个子宏。

（5）创建一个“实验 7-5 If 条件宏”窗体，窗体中添加两个命令按钮，其中之一为“单分支条件宏”，单击该按钮，运行“实验 7-5 单分支条件宏”。

具体要求如下：

If 操作的条件表达式是“MsgBox(“是否要打实验 6-4 学生标签报表”,1)=1”，当该条件表达式的值为 True（即单击了由 MsgBox 函数打开的对话框中的“确定”按钮）时，要执行操作，打开实验 6-4 学生标签报表。在 If 块结束后（即 End If 的下一行），添加另一个不属于 If 块的 MessageBox 操作，该操作显示“单分支条件宏的实验”消息框。

实训 15　宏 2

（1）创建“实验 7-6 登录窗体”，在该窗体上添加一个文本框和两个命令按钮，分别为“确定”和“取消”，文本框的标签设置为“请输入用户名”，文本框的值为“fch”。当在文本框中输入正确的值“fch”时，单击“确定”，运行宏“打开教师表”；若输入错误的值，应用 MessageBox 弹出“用户名错误，请重新输入”。单击“取消”，关闭“实验 7-6 登录窗体”。

实验步骤：

① 创建“实验 7-6 登录窗体”窗体。

② 添加文本框控件，更改标签的名字为“请输入用户名”。

③ 设置文本框的输入掩码为“密码”。

④ 添加两个命令按钮，标题分别为“确定”和“取消”。

⑤ 创建“确定”按钮宏，如图 9-2 所示。

⑥ 创建“取消”按钮宏，如图 9-3 所示。

⑦ 分别设置“确定”和“取消”的单击事件。

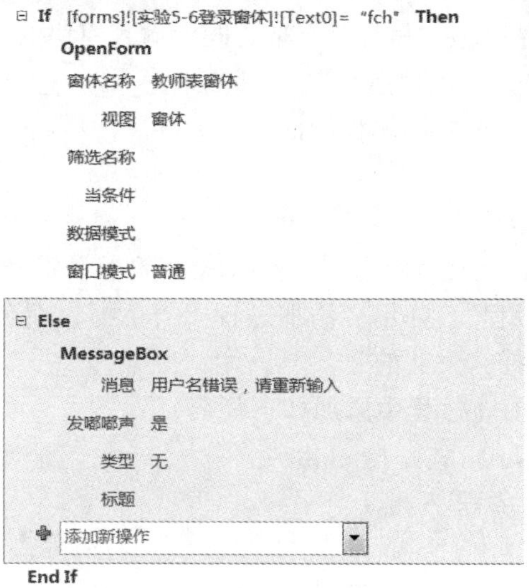

图 9-2　确定按钮宏

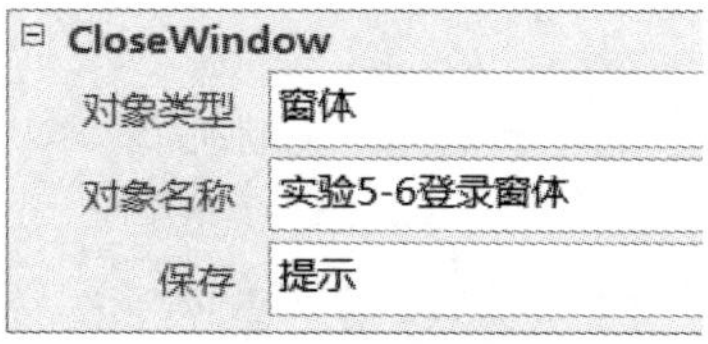

图 9-3　取消按钮

（2）单步调试“实验 7-6 登录窗体”创建的宏。

（3）在“教学管理”数据库中，设计一个宏“打开教师窗体”，用来打开“教师表”窗体，显示所有“计算机学院”的教师。

提示：设置“OpenForm”操作参数，在“窗体名称”下拉框中选择“教师表”，在“视图”下拉框中选择“窗体”，在“Where 条件”框中输入“[学院名称]=" 计算机学院"”，“数据模式”选择“只读”,“窗体模式”选择“普通”。

（4）创建自动执行的宏，该宏用于打开“学生表”。（提示应用 AutoExec）

实训 16　VBA

（1）创建一个“VBA1”的程序，运行该程序，显示“预祝您顺利通过 Access 二级考试!”界面。

实验步骤：

① 打开“教学管理”数据库。

② 单击功能选项卡中“创建”→“宏与代码”→“模块”默认创建了“模块 1”，并打开了 Microsoft Visual Basic for Application 编辑器。

③ 在 Option Compare Database 代码下方输入：

```
Sub VBA1()
MsgBox prompt:=" 预祝您顺利通过 Access 二级考试!"
End Sub
```

④ 单击工具栏的“保存”，在“另存为”对话框中输入模块的名称“VBA1”，单击“确定”。

⑤ 按 F5 键，选择宏名，单击“运行”，观察结果。

（2）使用 VBA 编写一个正方体体积的函数。

实验步骤：

① 打开“教学管理”数据库。

② 在导航窗格双击“VBA1”模块，打开 VBA 编辑器。将光标定位到“VBA1”的后边，单击“插入”选项卡→“过程”，弹出“添加过程”对话框，在名称文本框中输入“CBM”，类型选择“函数”，范围选择“公共的”。

③ 单击“确定”，在 CBM 过程中添加如下代码：

```
Public Function CBM(ByVal r As Double)
CBM = r ^ 3
End Function
```

④ 创建一个子过程“Test”，该过程调用函数“CBM”，代码如下：

```
Public Sub test()
Dim r As Single
r = 5
result = CBM®
MsgBox "棱长为  " & r & "正方形的体积是:" & result
End Sub
```

⑤ 运行“Test”观察结果。

（3）改进实验 2，棱长通过输入对话框输入，输入不同的棱长，输出不同的体积。（提示：用到 InputBox）

注：各实验参照对应的例题。

习题参考答案（部分）

第 3 章

一、选择题

1. A　2. C　3. D　4. C　5. C　6. A　7. B　8. B　9. D　10. D
11. B　12. B　13. C　14. C　15. A　16. B　17. B　18. A　19. B　20. D
21. B　22. A　23. B　24. C　25. D　26 A.　27. B　28. A　29. D　30. D

二、填空题

1. 表 数据
2. 参照完整性
3. 冻结
4. 拼音字母
5. =60
6. 找出职员表中姓李的职员的名字和年龄
7. 数据表视图　设计视图　表向导
8. 关系
9. 超级链接
10. 主关键字
11. 长文本型
12. 数据来源
13. 制约着
14. 字段名
15. 约束条件
16. 输入格式
17. 表的设计视图
18. 表的数据表视图
19. 数据
20. 数据查找

三、略

第 4 章

一、选择题

1. A　2. D　3. B　4. C　5. D　6. B　7. A　8. D　9. D　10. B
11. D　12. A　13. A　14. C　15. D　16. A　17. A　18. A　19. B　20. B

二、略

第 5 章

一、选择题

1. C　2. A　3. D　4. D　5. B　6. D　7. C　8. A　9. B　10. A
11. B　12. B　13. D　14. D　15. A　16. A　17. C　18. D　19. B　20. B

二、填空题

1. 表、查询
2. 向导、设计视图
3. 子窗体、表格
4. 节、主体节
5. 属性
6. 表

第 6 章

一、选择题

1. B　2. D　3. D　4. B　5. A　6. D　7. A　8. B　9. D
10. B　11. C　12. D　13. D　14. C　15. A

二、填空题

1. 报表页脚、页面页眉、页面页脚、主体、组页眉
2. 报表视图、布局视图、设计视图
3. 短虚线
4. 纵栏式报表、表格式报表、两端对齐报表
5. 表或查询
6. 主体
7. 等号“=”
8. =【page】&“/总”&【pages】&“页”
9. 直线或矩形
10. 排序与分组

第 7 章

一、 选择题

1. B　2. B　3. A　4. C　5. A　6. D　7. A　8. B　9. C
10. D　11. C　12. B　13. C　14. B　15. A

二、略

第 8 章

一、选择题

1. A　2. D　3. D　4. A　5. A　6. D　7. C　8. D　9. B　10. A

二、填空题

1. 字符串　2. 立即窗口　3. 传址调用　4. 语法错误　5. 25

参考文献

[1] 陈薇薇. Access 2016 数据库基础与应用教程[M]. 北京：人民邮电出版社，2017.

[2] 教育部考试中心. 全国计算机等级考试二级教程 Access 数据库程序设计：2017 年版[M]. 北京：高等教育出版社，2016.

[3] 教育部考试中心. 全国计算机等级考试二级教程 Access 数据库程序设计：2018 年版[M]. 北京：高等教育出版社，2017.

[4] 教育部考试中心. 全国计算机等级考试二级教程 Access 数据库程序设计：2019 年版[M]. 北京：高等教育出版社，2019.

[5] 全国计算机技术与软件专业技术资格考试办公室. 2018 上半年试题分析与解答[M]. 北京：清华大学出版社，2019.